VUELO SIN MOTOR
técnicas avanzadas

VUELO SIN MOTOR
técnicas avanzadas

Helmut Reichmann

2ª Edición

Australia • Canadá • México • Singapur • España • Reino Unido • Estados Unidos

Vuelo sin motor. Técnicas avanzadas
© Helmut Reichmann

Gerente Editorial Área Técnico-Vocacional:
Mª José López Raso

Editoras de Producción:
Clara Mª de la Fuente Rojo
Consuelo García Asensio
Olga Mª Vicente Crespo

Título original:
STRECKENSEGELFLUG

Traducido por:
Javier Rodríguez
de Carcer y Erasun

Impresión:
Top Printer Plus, S.L.L.
c/ Puerto de Guadarrama, 48
Políg. Ind. Las Nieves
28935 Móstoles (Madrid)

COPYRIGHT © 1987 International Thomson Editores Spain Paraninfo, S.A.
2ª edición, 2ª reimpresión, 2006

Magallanes, 25; 28015 Madrid
ESPAÑA
Teléfono: 91 4463350
Fax: 91 4456218
clientes@paraninfo.es
www.paraninfo.es

© Motorbuch Verlag, Stuttgart, Alemania

Impreso en España
Printed in Spain

ISBN: 3-87943-371-2
(edición alemana)
ISBN: 84-283-1567-1
(edición española)
Depósito Legal: M-3.196-2006

(011/78/05)

Reservados los derechos para todos los países de lengua española. De conformidad con lo dispuesto en el artículo 270 del Código Penal vigente, podrán ser castigados con penas de multa y privación de libertad quienes reprodujeren o plagiaren, en todo o en parte, una obra literaria, artística o científica fijada en cualquier tipo de soporte sin la preceptiva autorización. Ninguna parte de esta publicación, incluido el diseño de la cubierta, puede ser reproducida, almacenada o transmitida de ninguna forma, ni por ningún medio, sea éste electrónico, químico, mecánico, electro-óptico, grabación, fotocopia o cualquier otro, sin la previa autorización escrita por parte de la Editorial.

Otras delegaciones:

México y Centroamérica
Tel. (525) 281-29-06
Fax (525) 281-26-56
clientes@mail.internet.com.mx
clientes@thomsonlearning.com.mx
México, D.F.

Puerto Rico
Tel. (787) 758-75-80 y 81
Fax (787) 758-75-73
thomson@coqui.net
Hato Rey

Chile
Tel. (562) 531-26-47
Fax (562) 524-46-88
devoregr@netexpress.cl
Santiago

Costa Rica
EDISA
Tel./Fax (506) 235-89-55
edisacr@sol.racsa.co.cr
San José

Colombia
Tel. (571) 340-94-70
Fax (571) 340-94-75
clithomson@andinet.com
Bogotá

Cono Sur
Pasaje Santa Rosa, 5141
C.P. 141 - Ciudad de Buenos Aires
Tel. 4833-3838/3883 - 4831-0764
thomson@thomsonlearning.com.ar

Buenos aires (Argentina)

República Dominicana
Caribbean Marketing Services
Tel. (809) 533-26-27
Fax (809) 533-18-82
cms@codetel.net.do

Bolivia
Librerías Asociadas, S.R.L.
Tel./Fax (591) 2244-53-09
libras@datacom-bo.net
La Paz

Venezuela
Ediciones Ramville
Tel. (582) 793-20-92 y 782-29-21
Fax (582) 793-65-66

tclibros@attglobal.net
Caracas

El Salvador
The Bookshop, S.A. de C.V.
Tel. (503) 243-70-17
Fax (503) 243-12-90
amorales@sal.gbm.net
San Salvador

Guatemala
Textos, S.A.
Tel. (502) 368-01-48
Fax (502) 368-15-70
textos@infovia.com.gt
Guatemala

Indice de Materias

Visión de conjunto	9
Sobre la presente obra	11

PRIMERA PARTE: LA PRACTICA DEL VUELO

Vuelo con corrientes ascendentes	15
Vuelo de ladera u orográfico	15
Vuelo a térmica	19
Fuentes de producción de térmicas	19
Producción de masas de aire inestable en las proximidades del suelo	19
¿Dónde se encuentran los factores desencadenantes de las térmicas?	21
Búsqueda de corrientes ascendentes a baja altura	23
Penetración en la térmica	25
Determinación del centro de la térmica y ascenso en espiral	26
Vuelo en corrientes ascendentes, cuando no es posible fijar el centro	29
Vuelo térmico en grupo	30
Salida o abandono de la térmica	30
Vuelo térmico con apoyo nuboso cumuliforme	31
Desarrollo de la térmica, con buen tiempo y cúmulos	31
Táctica para la búsqueda de térmicas con buen tiempo y cúmulos	33
Desarrollo de cúmulos, con aire húmedo en el entorno	37
Táctica del vuelo con estratocúmulos	37
Desarrollo de los grandes cúmulos	37
Búsqueda de térmicas, bajo el cúmulus congestus	40
El cumulonimbus	40
Corrientes ascendentes en hilera	43
Táctica de vuelo en calles de nubes	43
Vuelo a través de zonas con cielo despejado	48
Térmicas engendradas por la industria	49
Térmicas sin condensación	49
Brisa marítima. Frentes de vientos marítimos	50
Vuelo sobre barreras convectivas	52
Vuelo en ondas de montaña	54
Formación de la onda de montaña	54
Modelo de onda de montaña	55
Táctica de vuelo en ondas de montaña	56
Onda de inversión y onda de cizalladura	58
Vuelo sin motor dinámico	59

Navegación 62

   Preparación del vuelo 62
      Las cartas aeronáuticas 62
      Determinación de la ruta de vuelo 63
      Preparación de la carta aeronáutica 66
      Determinación del rumbo con viento cruzado 66
      Tablilla de datos 68
   Navegación durante el vuelo 70
      Después de desenganchar 70
      Puntos de viraje y metas 73
      Navegación con muy poca visibilidad y vuelo entre nubes, sobre terreno uniforme ... 76
      Pérdida de orientación o desorientación 77
      El planeo final 77

Aterrizaje fuera de pista 78

      Criterio para la elección del lugar de aterrizaje 78
      Vuelo de aproximación al campo de aterrizaje 79
      Vuelos de aproximación de carácter extraordinario 80
      Toma de tierra en casos especiales 81
      Tras el aterrizaje fuera de pista 81
   Certificación del vuelo 84
      Código deportivo 84

Las velocidades de planeo (Sollfahrt) 86

   ¿Cómo lograr el planeo más prolongado? 86
   ¿Cómo alcanzar una elevada velocidad de crucero? 87
      Qué es más importante, ¿el vuelo ascensional o el vuelo de planeo? 88
      Probabilidades de encontrar una corriente ascendente 90
      Ascensión inicial y ascensión final 91
      Disminución de la velocidad de crucero, causada por un incorrecto ajuste del anillo ... 93
      El vuelo de delfín 94
      Lastre de agua 97
   El planeo final 99

Las facultades físicas individuales 101

Táctica de competición 103

      El equipo de apoyo en tierra 103
      La guerra de nervios 104
      La salida de meta 105
      Táctica en ruta 106
      Influencia de la clasificación sobre la táctica de vuelo 108

Instrucción teórica y entrenamiento 110

      Entrenamiento en tierra 110
      Vuelos de entrenamiento 111

El equipamiento 115

      El modelo de velero 115

Preparación del velero para las competiciones 116
Elección de los instrumentos de a bordo 116
Recordatorio 119

SEGUNDA PARTE: TEORIA

Meteorología 123

Curva de gradiente de temperaturas del aire 123
   Diagramas termodinámicos 124
   Variaciones del gradiente de temperaturas del aire durante el transcurso del día. 125
Ayudas meteorológicas, para el piloto de vuelo sin motor 126
   Determinación del desarrollo de la térmica en función del tiempo 126
   El termógrafo 127
   Termómetros húmedo y seco, para conocer el nivel de condensación 128
   Medición de intensidad del viento de superficie 129
   El espejo de nubes, para la medición del viento de altura 129
Mecánica de la convección térmica 134
   Burbuja térmica ascendente 134
   Térmica de fuente fija, con viento 136
   Mediciones atmosféricas 136
Condiciones climatológicas para el vuelo sin motor, en Europa 137
Información meteorológica para vuelos de distancia 144
   Impresos de predicción meteorológica 144

Velocidades de planeo (Sollfahrt) 146

Curva polar de velocidades del velero 147
1. Velocidades de planeo (Sollfahrt) – Coeficiente de planeo 148
   A. Optima senda de planeo, con aire en calma 148
   B. Planeo óptimo con viento horizontal y sin corrientes ascendentes o descendentes, a lo largo del trayecto del vuelo 149
   C. Plano óptimo con viento en calma sobrevolando zonas de corrientes ascendentes y descendentes 149
2. Velocidades de planeo (Sollfahrt) – Velocidad de crucero 151
   Representación gráfica de las velocidades de planeo (Sollfahrt) 151
   Planeo entre térmica y térmica, con aire en calma 151
   Construcción de la gráfica de las velocidades de planeo (Sollfahrt) con aire en calma 152
   Planeo entre dos corrientes ascendentes, con masas de aire en movimiento 153
   Pérdidas debidas a una elección errónea de la velocidad de vuelo 156
   Teoría clásica de la velocidad de planeo (Sollfahrt). Aspecto matemático 157
El vuelo de delfín 162
   Primer modelo de vuelo de delfín 162
   Variaciones de velocidad para adecuar la velocidad de vuelo a la velocidad de planeo (Sollfahrt) 169
3. Velocidades de planeo (Sollfahrt) – Velocidad ascendente 170
Vuelo circular y vuelo de crucero con lastre de agua 171
Planeo final 176

Equipamiento 181

   Instrumentos 181
      Estudio individual de cada instrumento 181
      Variómetros 187
         a) Indicador de velocidad vertical 187
         b) Variómetros de energía total 188
         c) Variómetros netos 194
         d) Variómetro de velocidades de planeo (Sollfahrt) 198
      Computadoras de a bordo 202
      Brújulas 203
      Indicador de viraje: bastón y bola 206
      Medidor del coeficiente de sustentación 207

Errores de indicación en los instrumentos neumáticos 209

      Altímetro y barógrafo 209
      Anemómetro 210
      Variómetro 211

Instalación de los instrumentos de a bordo 217

      Conexión esquemática de los instrumentos neumáticos 217
      Comprobación de los instrumentos de a bordo 219
      Fabricación de la bomba de vacío 219
      Control de estanqueidad de los instrumentos 220
      Comprobación de la calibración correcta de los instrumentos neumáticos 222

Errores en la determinación de las velocidades de planeo (Sollfahrt) debidos a la altura 224

      ¿Es nuestra velocidad de vuelo excesivamente alta o baja, al volar a gran altura? . 224

Anexo 1. – Tabla para hallar la posición del velero en la carta 229

Anexo 2. – Soporte de la cámara fotográfica 231

Visión de conjunto

Al piloto de vuelo sin motor le preocupa en primer lugar el «cómo» de las cosas, para pensar después en el «porqué» de las mismas. De acuerdo con ello esta obra está dividida en dos partes. Comienza informando al piloto con la máxima claridad para que después pueda aplicar los conocimientos adquiridos, sin someterlo desde un principio a fórmulas y diagramas.

Primera parte: La práctica del vuelo

Se expone, en esta parte, cuanto precisa conocer el piloto para participar con éxito en vuelos de distancia, de altas prestaciones o de competición. Toda información relativa a la práctica de vuelo está apoyada, de forma escueta y sencilla, por los fundamentos técnicos teóricos absolutamente necesarios para su mejor comprensión.

Vuelo en corrientes ascendentes.
Navegación.
Velocidad de planeo (Sollfahrt).
Facultades físicas personales.
Táctica de competición.
Instrucción teórica y entrenamiento.
Equipamiento.

Segunda parte: Teoría

Constituye la segunda parte la base teórica en que se funda la primera. Comprende además un conjunto de informaciones concretas que facilitan la comprensión de los problemas que plantea el vuelo sin motor de carácter deportivo. Está expuesta de tal forma que mantiene un paralelismo y conexión constantes entre la teoría y la práctica, pese a no ser esta última su objetivo.

Meteorología.
Velocidad de planeo (Sollfahrt).
Equipamiento.

Sobre la presente obra

La aspiración a moverse libremente en el espacio, el viejo sueño de volar, adquiere indudablemente en el vuelo sin motor su más perfecta realización. El piloto de vuelo sin motor descubre un mundo, que parecía hasta hace poco inalcanzable. Un mundo de fuerzas impetuosas, salvajes o suaves, impresionantes y secretas. Se une a ellas, vuela con ellas y las domina aprovechando su dinamismo. Las alas le liberan de la pequeña e insignificante rutina diaria, que queda atrás.

Cuanto mejor comprendamos la naturaleza y más diestros seamos en aprovechar sus fuerzas, tanto más rápidos seremos y mayores distancias podremos sobrevolar. Nuestras posibilidades dependen de las cualidades y prestaciones del velero, otras son fruto de nuestra intuición y la mayoría es el resultado de nuestro esfuerzo por aprender. El cuerpo ha de soportar cargas para las que no está preparado, mientras la mente ha de enjuiciar, valorar y decidir nuevas situaciones.

Probablemente pocos deportes exigen, independientemente del esfuerzo físico, un conocimiento tan profundo de los fenómenos de la naturaleza, como el vuelo sin motor.

Los resultados actualmente alcanzados por el vuelo sin motor – que parecían imposibles hace unos años – sólo en parte se deben al mejoramiento aerodinámico de los modernos veleros. Es incuestionable que su evolución, durante los últimos 15 años, ha sido rápida y afortunada. Esta evolución del vuelo – resultado de tácticas y técnicas aportadas por los pilotos – ha conseguido éxitos, quizá menos vistosos, pero de gran eficacia. El dominio del velero y la maestría en el pilotaje – antaño tan apreciados por los grandes pilotos – no constituyen hoy día un requisito previo para el vuelo sin motor de competición. El talento personal sigue jugando un papel importante, pero por sí sólo no conduce de inmediato al éxito. Ha de ir acompañado de un gran conocimiento y de mucha práctica. Ambos se complementan, de modo que quien posea talento requiere menos práctica. De todos modos el conocimiento es insustituible. En el vuelo de distancia, que se lleva a cabo en las competiciones, sólo tiene posibilidades de triunfar quien domine el aspecto teórico. Este incluye amplios conocimientos de meteorología y algunos relativos a la física y a las matemáticas.

Entre estos conocimientos unos son sencillos y comprensibles, otros sin embargo son complejos y complicados. Suponen un gran número de datos, que juegan importantes y diferentes papeles en el vuelo sin motor. El éxito no descansa en ningún truco, a pesar de que algunos pilotos erróneamente lo sigan creyendo. Se precisa conocer un sinfín de factores, valorar su importancia, vislumbrar alternativas y tomar decisiones. Cuando éstas sean adecuadas se tendrá la posibilidad de lograr el triunfo; pero será muy difícil, por no decir imposible, que todas las decisiones adoptadas sean correctas.

En las grandes competiciones es frecuente que algunos pilotos, durante el trayecto, obtengan grandes ventajas sobre sus competidores, alcanzando sin embargo la meta al mismo tiempo que ellos. Aparentemente tanto unos como otros cometen diferentes errores, ya que a la postre el resultado es idéntico. Si un piloto fuera capaz de aprovechar al máximo todas las posibilidades meteorológicas, conseguiría, incluso en campeonatos mundiales, una ventaja del 10 al 20% sobre el ganador.

Por lo tanto, la destreza del buen piloto consiste en cometer el menor número de errores, o por lo menos no tantos como sus competidores. Heinz Huth, a este respecto, contestó a un periodista que le preguntaba por el secreto del éxito: "Fueron los otros quienes me permitieron ganar". ¿Comprendió acaso el periodista el significado de la respuesta?

Si con esta obra logro aclarar problemas de pilotaje, compartir mis experiencias en las competiciones y ayudar al piloto en la toma de decisiones, habré conseguido el propósito que persigo y contribuido a la belleza de este deporte.

Primera parte:
LA PRACTICA DEL VUELO

Vuelo con corrientes ascendentes

VUELO DE LADERA U OROGRAFICO

La técnica del vuelo de ladera, que en los primeros tiempos del vuelo sin motor posibilitó vuelos prolongados e incluso vuelos de distancia, a veces es calificada de anticuada cuando en realidad no ha perdido su importancia. No significa esto que de nuevo haya de volarse de ladera en ladera, sino que en momentos excepcionales – por ejemplo volando sobre zona de montañas o, todavía más importante, momentos antes de entrar en pérdida sobre una zona ligeramente montañosa – el conocimiento de esta técnica resulta de suma importancia. Las corrientes ascendentes engendradas por las laderas desencadenan las denominadas «térmicas de ladera» a las que, por ser muy frecuentes, dedicaremos nuestra atención en primer lugar.

El principio en que se basa su formación es bien sencillo: una corriente de aire horizontal es desviada verticalmente por un obstáculo (la ladera) para posteriormente descender en la zona de sotavento. Como ejemplo ideal supongamos que el perfil del corte transversal de la ladera tiene la forma de media circunferencia y que longitudinalmente la ladera es infinita. Supongamos además que es transversalmente perpendicular a la dirección del viento, de forma que engendra una superficie de ascensión óptima, formando ángulo recto con la ladera transversal a la dirección del viento y extendiéndose hacia arriba (Wallington).

Si los veleros se mantienen en esta superficie inclinada, irán tomando altura con relativa rapidez.

Un velero que se aproxime a baja altura debe recorrer el siguiente trayecto ideal: permanecer próximo a la ladera, ascender hasta alcanzar la altura X y, a partir de este punto, continuar elevándose a lo largo de esta superficie radial, con valores decrecientes de ascensión. La máxima altura de vuelo corresponde al punto Y, situado sobre dicha superficie y donde la componente vertical del aire ascendente se equilibra con el índice de descenso del velero.

La realidad orográfica – gracias a Dios – tiene poco parecido con nuestro ejemplo ideal y geométrico. Recordemos, a este respecto, el hecho preocupante de que en las laderas lisas la zona de mejores corrientes ascendentes está precisamente muy próxima de la ladera. Las laderas rugosas, por el contrario, están rodeadas de una zona de turbulencias, más o menos amplias, poco favorables. En este caso, para ascender hay que alejarse de la ladera y aprovechar corrientes más tranquilas.

Como norma, en las proximidades de la ladera es preciso volar con suficiente velocidad, es decir, contando con un margen que nos permita escapar de una repentina corriente descendente. No es nada insólito en los Alpes encontrar torbellinos, que tan pronto elevan el velero a una velocidad de 4 a 5 m/seg. como lo precipitan a 7 u 8 m/seg., y que son imposibles de neutralizar no contando con un margen de velocidad.

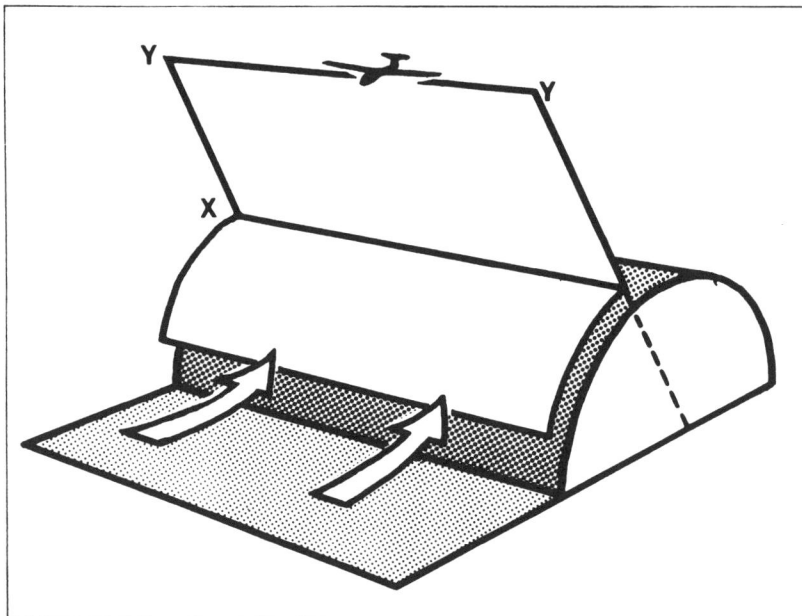

Fig. 1 – Representación esquemática del viento de ladera y de la superficie óptima de ascensión.

TURBULENCIAS A BARLOVENTO EN LADERAS DE FUERTE PENDIENTE

Con frecuencia las turbulencias se originan al pie de las laderas muy inclinadas. Esta es la razón de que las laderas de fuerte pendiente no sean las más convenientes. Aquellas de inclinación más suave resultan más ficaces, por ser menos propensas a las turbulencias a barlovento. De todos modos, no es posible sentar afirmaciones categóricas, dada la irregularidad de las masas de aire. Una ladera de fuerte pendiente puede parecernos peligrosa a primera vista, mientras otra más suave puede aparentar falsamente que no encierra ningún riesgo. En efecto, en las laderas de aspecto suave se han producido accidentes.

En las laderas de gran pendiente es posible escapar con mayor rapidez de la acción de una corriente descendente, variando el rumbo en dirección de la vertiente del valle. Los tramos horizontales, que a veces aparecen en las laderas de fuerte inclinación exigen una atención especial, ya que suelen producir turbulencias. Por lo tanto, constituye una importante medida de seguridad contar con una reserva de velocidad y mantenerse suficientemente distanciado del suelo, tanto en las laderas de suave inclinación como en los tramos horizontales de las laderas de fuerte inclinación.

DONDE SE DEBE ASCENDER ¿ANTES O DESPUES DE LA CIMA?

Siempre antes de alcanzar la cima y alejado de la ladera. Una vez rebasada la cima, la zona de óptima ascensión suele estar situada a barlovento y frente a la cima. Sin embargo esto no es siempre así, pués depende de dos factores: del perfil de la ladera y del gradiente meteorológico del viento.

IMPORTANCIA DEL TRAMO QUE PRECEDE A LA LADERA

En la producción del viento de ladera, es mucho más importante que la inclinación o altura de la ladera, que el terreno que la precede esté libre de todo obstáculo. Incluso en las altas montañas, con fuertes pendientes, no se desencadenan corrientes ascendentes cuando delante de sus laderas se encuentran montes, o elevaciones del terreno, que obstaculizan las masas de aire o varían la dirección del viento. Este efecto es muy frecuente y sorprende a los pilotos que por primera vez penetran en zona montañosa. Rara vez vale la pena sobrevolar laderas cuyo tramo de barlovento no esté libre de obstáculos. En algunas ocasiones ocurre incluso que el viento sopla en dirección contraria a la esperada, perdiéndose altura cuando se pensaba ascender.

LAS CIMAS O DIVISORIAS ROMAS RESULTAN INADECUADAS

Aquellas montañas en que el viento puede escapar por sus costados no dan lugar a corrientes ascendentes, a pesar de tener altura suficiente, inclinación adecuada y no existir obstáculos en la trayectoria del viento. A sotavento de la ladera vuelven a encontrarse las masas de aire, produciéndose a veces incluso corrientes ascendentes. Este fenómeno, cuando ocurre en montañas elevadas recubiertas de hielo o nieve, enfría las masas de aire a medida que con la altura disminuye la presión atmosférica (enfriamiento adiabático) llegando a formar corolas de nubes en las cimas. Las montañas alemanas del Matterhorn, dada su forma, son un ejemplo frecuente de este fenómeno.

CIMAS ALARGADAS, INCLUSO DE POCA ALTURA

Las cimas alargadas, incluso cuando son de poca altura, son en general fuentes regulares de corrientes ascendentes, siempre y cuando estén más o menos perpendiculares al viento. Elevaciones de menos de 50 metros suelen engendrar corrientes ascendentes, siempre y cuando el resto de los factores sean favorables. Un ejemplo característico de lo descrito son las corrientes ascendentes que se forman en las dunas Von Rossitten, antiguo escenario de records en vuelos de resistencia.

EFECTO DE TOBERA-VENTURI EN LA LADERA

Cuando la ladera tiene repliegues transversales, formando compartimentos de ángulo muy abierto frente al viento, el aire se encajona en el fondo y la corriente ascendente adquiere mayor velocidad, superando así fácilmente el obstáculo. Resulta lógico, por lo tanto, buscar semejantes lugares durante el vuelo. En general resulta más ventajoso volar trazando «8», en lugar de recorrer la ladera todo a lo largo de la misma. Puede ser más efectivo volar momentáneamente en círculo, restableciendo el vuelo cuando el viento sea de cara. Pero esta técnica requiere, incluso en pilotos con mucha experiencia, un perfecto dominio del velero y excelentes facultades de previsión. En efecto, el velero frente a las corrientes ascendentes y próximo al suelo de la ladera sigue siendo atraído por la gravedad, pudiendo quedar atrapado, por insuficiencia de altura o de velocidad, antes de que logre completar el círculo. Sigue siendo válido el principio según

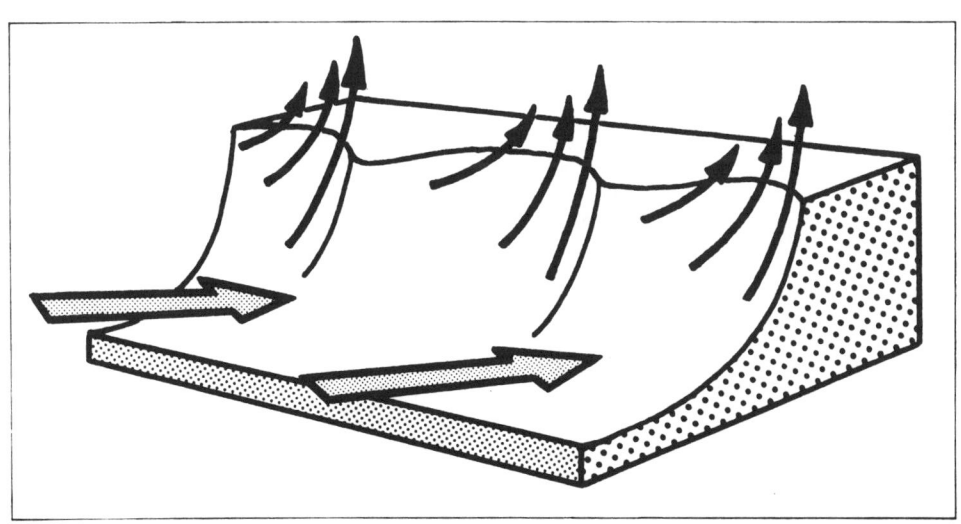

Fig. 2 – Efecto de tobera–Venturi producido por el viento perpendicular a la ladera, en los compartimentos formados por los repliegues transversales de la misma.

el cual los virajes han de realizarse en sentido opuesto a la ladera. Cuando la dirección del viento es perpendicular a la ladera, a barlovento de cada uno de esos compartimentos el aire actúa como si fuera un venturi.

VARIACION DE VELOCIDAD

Cuando no es posible o conveniente permanecer sobre estas toberas o venturis, se sobrevuelan las zonas de buena ascensión, procurando hacerlo a una velocidad inferior de la que corresponde a zonas de menor intensidad. Si en estas zonas de ascensión la intensidad de las corrientes ascendentes fuera inferior al descenso del velero, la variación de velocidad es el factor determinante que permite recobrar altura. Los virajes han de realizarse sobre lugares adecuados a fin de aprovechar al máximo las fuerzas ascendentes, para minimizar la pérdida de altura que siempre supone alejarse de la ladera.

NORMAS PARA EL VUELO DE LADERA

Cuando el tiempo es favorable, en las laderas situadas en los alrededores del aeródromo suelen volar gran número de veleros. Esto exige una reglamentación que impida la aparición de situaciones peligrosas. Al igual que en el vuelo térmico en grupo, rige el principio de que todo piloto no sólo controla su propio vuelo sino que además observa y presupone el vuelo de los demás.

- El vuelo de ladera debe realizarse con velocidad suficiente, aumentándola en caso de turbulencias.
- Jamás el piloto virará hacia la ladera. Volará dibujando lazos (u «8» estirados) y realizará los virajes en el sentido del valle.
- Ha de evitar toda situación de resbale; para ello debe fijar la atención en la lanita que se utiliza normalmente como indicador de que el avión está resbalando.
- Procurará no trazar círculos completos en las cercanías de la ladera.
- En las zonas de corrientes descendentes volará aumentando la velocidad; mientras que en las zonas de corrientes ascendentes disminuirá la velocidad y se mantendrá suficientemente alejado de la ladera.
- Evitará que el viento arrastre el velero, hacia la ladera de la otra vertiente.
- Cuando sean varios los veleros que sobrevuelan una misma ladera, la prioridad corresponde a los veleros cuyo plano derecho da hacia la ladera (ya que no es posible desviarse en esta dirección). Los veleros cuyo plano izquierdo da hacia la ladera han de alejarse de la misma, dejando espacio suficiente para que los que vuelan en sentido contrario puedan pasar entre ellos y la ladera.
- Todo adelantamiento durante el vuelo de ladera, siempre debe realizarse por el costado del valle y nunca entre la ladera y el velero al que se pretende adelantar.
- Los reglamentos locales para vuelos de ladera determinan: los puntos de viraje, la altura mínima de regreso al aeródromo, los puntos de referencia, etc..

NO LIMITARSE A OBSERVAR UNICAMENTE EL VIENTO DE LADERA

Tanto en los vuelos de distancia como en los de competición, durante la búsqueda a baja altura de corrientes ascendentes, han de tenerse en cuenta las dos principales fuerzas de energía: es decir, los vientos de ladera y la formación de térmicas. Todas las corrientes, ascendentes o descendentes, tienen su origen en una de estas dos fuentes de energía. En general el viento de ladera se origina por la distinta distribución de presiones, determinada por el viento. Las térmicas, en cambio, tienen por causa las radiaciones solares y la distinta distribución de las temperaturas del aire.

Ambas fuentes de energía producen tanto corrientes ascendentes como descendentes, intensificando, reduciendo o neutralizando entre sí sus efectos. El arte de prever el resultado de la suma de estas energía nos indicará cuándo es posible encontrar nuevas corrientes ascendentes, o por el contrario cuándo la única posibilidad es aterrizar; suponiendo, claro está, que en ambos casos el "aire no esté muerto" (es decir, no encontrarnos en una situación de "calma chicha").

VUELO A TERMICA

¡Mantengámonos durante los primeros momentos a poca altura! ¿Qué indicios nos hacen presentir la existencia de una térmica? ¿Cómo se está engendrando? ¿Qué o quién la desencadena? ¿Qué factor o factores determinan su carácter? En todo planteamiento táctico de vuelo a poca altura ha de saberse diferenciar claramente la fuente de masas de aire caliente del factor determinante de la térmica. He aquí dos problemas distintos que exigen un estudio separado.

Fuentes de producción de térmicas

Entendemos por fuentes de producción de térmicas, aquellas zonas donde el aire se convierte en más ligero que el resto del que le rodea, de tal modo que asciende o basta un impulso para desencadenar su ascensión. Dicho de otro modo, las fuentes de producción de térmicas provocan la inestabilidad de las masas de aire próximas al suelo.

EL AIRE ES MAS LIGERO CUANTO MAS CALIENTE Y HUMEDO SEA

Normalmente el aire caliente es más ligero. Sus moléculas se mueven con mayor rapidez y por ello requieren más espacio. Esto da lugar a que la masa de aire aumente de volumen y consecuentemente disminuya de peso específico.

El aire es una mezcla de gases, constituida esencialmente por nitrógeno, oxígeno, anhídrido carbónico, gases nobles y agua gasificada (vapor de agua transparente). El vapor de agua es 3/8 veces más ligero que el aire seco. Así pues, el aire será más ligero cuanto más vapor de agua contenga.

EL AIRE ES MAL CONDUCTOR DEL CALOR

El aire es un mal conductor del calor. El aire se enfría lentamente. La masa de aire una vez calentada mantiene el calor, a menos que entre en contacto con otras masas de aire o tenga que adaptarse a una presión menor, enfriándose al expansionarse.

EL SUELO, Y NO EL SOL, ES QUIEN CALIENTA EL AIRE

Durante los días claros los rayos solares atraviesan el aire sin calentarlo. El nacimiento de una térmica requiere que aumente la temperatura del aire, siendo la tierra quien lo calienta.

Producción de masas de aire inestable en las proximidades del suelo

El número de factores que favorecen o impiden la formación de masas de aire inestable, en las proximidades del suelo, es infinito, Por ello sólo señalaremos los de mayor importancia, a fin de determinar las posibilidades de producción de térmicas.

1. *Las radiaciones solares.*

   – *La sombra producida por nubes* pasajeras interrumpe el calentamiento de la tierra. Las zonas que han estado en sombra durante un período prolongado no suelen ser fuentes de producción de térmicas. Una débil ascensión, iniciada a poca altura, no proseguirá cuando se acerque un amplio campo de nubes, puesto que éstas impedirán la adquisición de nueva energía. Pero si la zona calentada por los rayos del sol hubiera engendrado una reserva suficiente de aire caliente, bastará con esta energía acumulada para que se engendre una térmica, a pesar de que aparezcan sombras.

   – *Las zonas amplias protegidas de los rayos solares* generalmente impiden la producción de corrientes ascendentes aprovechables, a menos que se trate de zonas de gran extensión. Cuando el aislamiento de los rayos solares es puramente local, por ejemplo debido a nubes de tipo cumuliforme, a nubes tormentosas, etc. la convección resulta imposible dentro de la zona, pero no fuera de ella, donde pueden desarrollarse con toda normalidad.

- *El vapor, el polvo y el humo de las fábricas* pueden, en función de su densidad y sobre todo durante la mañana, impedir la convección dentro de su zona de influencia. Así, por ejemplo, las fábricas de la ciudad de Ludwigshafen emiten tal cantidad de humo que, en días de viento flojo y alta presión atmosférica, impiden la aparición de térmicas en un radio de acción de por lo menos 20 kilómetros.

- *El ángulo de incidencia de los rayos solares* determina el reparto de la energía existente en una superficie. Este ángulo depende a su vez de la latitud geográfica, de la época del año, de la hora del día y de la inclinación del terreno. Así, las zonas montañosas resultan más adecuadas que los llanos para la práctica del vuelo sin motor, porque el reparto desigual del calor, entre laderas expuestas al sol y zonas sombreadas, produce rápidas diferencias de temperatura.

2. *El calentamiento del suelo depende de su propia configuración.*

    - *Los suelos húmedos emiten vapor* de agua. El calor de vaporización consume gran cantidad de calor, imposibilitando el calentamiento del suelo.

    - *Los suelos húmedos* conducen el calor hacia la profundidad de los mismos, ya que el agua es buen conductor del calor.

    - *El elevado calor específico del agua* es la causa de que la acumulación de energía ocurra sin que se produzca una elevación sensible de la temperatura del suelo.

    - *Las plantas verdes emiten vapor de agua* en cantidades asombrosas: un gran árbol de mucho follaje consume, durante un caluroso y seco día de verano, hasta tres toneladas de agua. Las plantas de suelo húmedo evaporan más agua que las de secano. Cuanto más seca sea la planta, tanto mayor será el calentamiento del suelo. Un bosque de pinos es mucho más aprovechable que un bosque de árboles de gran follaje. El monte bajo es más aprovechable que el bosque....

- *El viento acelera la evaporación* de la humedad producida por las plantas y por el suelo. Las turbulencias traen constantemente nuevas masas de aire seco a la superficie. De este modo la humedad se reparte sobre mayores zonas.

- *La cantidad de las distintas radiaciones absorbidas* por el suelo depende de la composición de éste. Parte de la energía solar es reflejada por el suelo, en forma de rayos infrarrojos (ondas largas). Cuanto menor sea la reflexión, tanto mayor será la parte de rayos absorbidos y por ende tanto mayor la energía retenida por el suelo.

La tabla expuesta a continuación señala la energía solar que los suelos pierden por reflexión (según Wallington).

Tipo de superficie	Radiaciones reflejadas
Diversas tierras de producción de cereales	3 al 15%
Tierra oscura	8 al 14%
Superficie arenosa húmeda	10%
Terrenos estériles	10 al 20%
Superficie arenosa seca	18%
Prados y césped	14 al 37%
Campo arado y seco	20 al 25%
Supeficies desérticas	24 al 28%
Zonas heladas o nevadas	46 al 86%

De esta tabla parece deducirse que la reflexión es mayor en las superficies claras y llanas.

3. *Tiempo que tarda el calor en pasar del suelo al aire.*

    - *Los vientos fuertes* engendran turbulencias que mezclan entre sí las masas de aire próximas al suelo con el aire de las capas superiores, de tal forma que el calor del suelo se reparte sobre una zona relativamente amplia. Esto da lugar a un enfriamiento constante del suelo. Así las fuentes de aire cálido son escasas en las proximidades del suelo, resultando todavía menor el número de corrientes ascendentes de gran amplitud.

    - *Las zonas protegidas del viento*, por el contrario, prolongan el proceso de calentamiento del aire. A esto se debe que en los campos de cereales la temperatura del aire al pie de los tallos sea superior en 2 a 3 grados a la temperatura medida medio metro por encima del las plantas. La temperatura por encima de un campo de patatas es de 2 a 5 grados inferior a la temperatura medida en el propio campo (Wallington). La hierba alta y seca, los matorrales, los arbustos y la maleza seca producen análogos efectos. Los edificios y las copas de los árboles retienen prolongadamente el aire. Desde la perspectiva del vuelo resulta sorprendente las excelentes térmicas que en algunas ocasiones se producen en las laderas situadas a sotavento, en donde el aire pudo calentarse durante largo tiempo. Las hondonadas son en general adecuadas para engendrar masas o colchones de aire inestable.

– *Los desencadenamientos múltiples de térmicas* agotan demasiado pronto la energía y consecuentemente disminuyen prematuramente la fuerza ascensional de las mismas. Donde existen pocos factores desencadenantes (calma chicha, terreno homogéneo) raramente se producen térmicas, pero de ocurrir lo harán con mayor fuerza ascensional.

4. *Inestabilidad a consecuencia de diferencias de humedad.*

Un alto grado de humedad en el aire puede ser causa de fenómenos de carácter local, por ejemplo corrientes ascendentes en zonas pantanosas o sobre pequeños lagos. Esto explica algunas observaciones obtenidas durante los vuelos, señalando que en ocasiones la temperatura del aire ascendente era inferior a la del aire en las inmediaciones.

La acción resultante del conjunto de todos estos factores no puede calcularse matemáticamente. Estos factores aisladamente, ya de por sí son de difícil medición. Entonces, ¿cómo determinar el efecto suma de todos los factores, cuando entre sí unos se debilitan y otros se refuerzan? Para la táctica de vuelo es de gran valor recordar las modalidades de actuación señaladas. Tan sólo practicándolas puede lograrse la mejor comprensión de las corrientes ascendentes y adquirir así la experiencia necesaria para valorar acertadamente las condiciones climatológicas.

PASEAR MENTALMENTE

El vuelo a baja altura facilita esta valoración. Imaginémonos un paseo a pie a lo largo de la zona sobrevolada. Mentalmente se deduce con rapidez dónde puede encontrarse aire caliente y dónde no. Así, por ejemplo, al andar por arena calentada por el sol nos abrasamos los pies, mientras que se siente fresco al pasear a través de un bosque frondoso o a lo largo de un arroyo. Por el contrario, en un campo seco de patatas o de cereales suele sentirse un calor insoportable.

Este procedimiento de ayuda mental facilita el reconocimiento de las capas inferiores del aire que, con viento flojo, son las que dan lugar a las térmicas. También permite distinguir con claridad dónde hay aire húmedo, buen indicio de la existencia de térmicas. Pero su desventaja consiste en que ha de llevarse a cabo volando a poca altura. En montaña este paseo imaginario debería realizarse volando a la misma altura, para que las comparaciones fueran precisas.

El hecho de que una térmica ascienda en la vertical de su fuente o en lugar distinto, depende de otros factores.

¿Dónde se encuentran los factores desencadenantes de las térmicas?

El aire caliente puede permanecer de forma inestable, incluso en las capas más bajas, mientras no influya en él un factor desencadenante. Fred Weinholtz lo compara con el agua que se acumula sobre el techo de un sótano húmedo. Las gotas permanecen pegadas en el techo hasta que se toca con el dedo una de ellas. En ese momento se desencadena inmediatamente un chorro de agua, alimentado por las restantes gotas de agua que rodean el factor desencadenante, que en este caso es el dedo que toca el techo.

– Cuando en las proximidades del suelo existe suficiente aire caliente, basta un mínimo impulso para desencadenar el impresionante mecanismo de la convección térmica, constituido por corrientes ascendentes de miles de metros cúbicos de aire.

Competición de clase junior. Vuelo a realizar: 120 kms. de trayecto triangular, con térmicas muy débiles. Despego demasiado tarde, pierdo mucho tiempo en realizar el primer viraje, ya que la térmica queda casi anulada por una sombra. Por radio oigo como delante de mí se continua volando con valores moderados de ascensión, mientras que por detrás parece no haber nadie. ¡Tengo que salir de esta sombra en busca del sol! Alcanzo los bordes de la zona soleada, con 400 metros de altura. Nada ocurre, a pesar de sobrevolar terreno adecuado de campos y huertas. El sol brilla sobre esta zona desde hace pocos instantes y el aire sigue inerte. Señalo mi situación por radio y el lugar donde probablemente habré de aterrizar. Sigo adentrándome en la zona soleada. Una carretera atreviesa una esplanada sin obstáculos. Podría ser un lugar adecuado para aterrizar. Vuelo trazando lazos en «S», pero sigo sin encontrar corrientes para volar en círculo. A 200 metros de altura el aire parece menos estable. A 150 metros de altura, después de haber fijado un terreno donde aterrizar, me doy cuenta de que en algún lugar se está desencadenando una corriente ascendente que, por encontrarme a muy poca altura, no creo poder aprovechar, a menos que localice su punto de arranque. En el tramo de viento en cola hacia el aterrizaje y a unos 120 metros realizo un viraje – más para tranquilizarme que como última esperanza – hacia un lugar donde, junto a un poste, aparece un amontonamiento de piedras, en forma de pirámide de 3 a 4 metros de alto y.......efectivamente el velero se eleva. Viro a la izquierda y examino de nuevo mi posibilidad de escape hacia el campo de aterrizaje elegido. Durante los primeros momentos pierdo de 10 a 20 metros de altura, pero centrándome mejor logro mantenerme, y finalmente me elevo a 2 m/seg. Soy feliz disfrutando del placer de haber escapado por los pelos.

Estas experiencias no constituyen una rareza. Es constumbre sobrevolar cualquier posible factor desencadenante antes de aterrizar. Nunca ha de desperdiciarse la mínima oportunidad que permita elevarnos; pero sin poner jamás en peligro la seguridad del posible aterrizaje. Durante el campeonato de Alemania, que tuvo lugar en Oerlinghausen, cuando estaba a punto de hundirme me salvó la decisión de no seguir trazando «S» a 120 m. de altura sobre los sombreados y lisos campos de las montañas de Paderborn. Sin embargo, 300 m. más arriba, el resto de los veleros seguían elevándose. Así pues, bajé por la ladera hacia un tramo de arroyo soleado, junto a unas casas y arbustos, alcanzando un punto donde se estaba desencadenando una corriente ascendente. Varios compañeros de fatiga, que sobrevolaban los campos a mi misma altura, se vieron obligados a aterrizar tan sólo a 500 m. de mí. En cierta ocasión, en Australia, me salvó un grupo de álamos. Sin embargo el piloto que me seguía, por trazar un círculo de más sobre estos mismos árboles, perdió altura y no pudo aprovechar la térmica. En la «European Gliding Competition», que se celebra en Dunstable (Inglaterra), es costumbre aceptada, sobrevolar los más insignificantes campos quemados, pues incluso con poco viento y cielo cubierto desencadenan térmicas.

El número de estos ejemplos podría ser mayor. *Cuanto más estable es el tiempo y menos movido el terreno, tanto menor es el número de impulsos capaces de desencadenar térmicas.* Se exponen a continuación algunos de los factores desencadenantes más frecuentes.

1) *Factores desencadenantes por falta de viento.*

– *Contrastes de temperatura:*
Cimas de montaña (las laderas se calientan de modo diferente).
Lindes de bosques.
Líneas donde termina la zona nevada en alta montaña.
Las orillas.

– *Temperaturas locales muy elevadas:*
Incendios.
Industrias (p. ejemplo: fundiciones de acero).

– *Impulsos dinámicos:*
Automóviles.
Despegue con remolque–torno.
Movimientos de masas de aire debidos a convecciones.

2) *Factores desencadenantes por el viento.*

Aparecen en gran número, particularmente sobre las laderas, engendrando (aunque sean mínimos) vientos ascendentes de ladera. Es de destacar los venturis de laderas.

Pliegues del terreno, irregularidades de altura en el terreno (plantaciones, etc.).

Las lindes de los bosques y de las plantaciones.

Las orillas del mar con brisa marítima.

Con *viento fuerte* los comportamientos varían. Las turbulencias imposibilitan la formación de reservas de aire caliente junto al suelo. En estos casos el calor del suelo se propaga a la totalidad de la capa de turbulencias desencadenando el aire caliente, cuando es inestable, con absoluta independencia de la configuración del terreno. Sólo en las altas cumbres pueden producirse, en estas mismas circunstancias, factores desencadenantes dependientes de la configuración del terreno, ocurriendo durante todo el día y de manera uniforme.

Búsqueda de corrientes ascendentes a baja altura

Si durante el vuelo de distancia nos encontráramos a baja altura, será será practicamente imposible orientarse por las nubes. No debemos en este caso dejarnos guiar por los compañeros que siguen volando a gran altura, ya que las corrientes ascendentes que están aprovechando pueden haber quedado interrumpidas en las proximidades del suelo. Es asombroso el «instinto de rebaño», que suelen producir las competiciones, responsables del «hundimiento» de muchos pilotos. Por dejarse guiar ciegamente por los otros veleros que se elevan a gran altura con gran facilidad, se cometen errores descorazonadores. Para salir de una situación de hundimiento, sin guiarnos por los demás sino sólo ateniendose a las condiciones meteorológicas, ha de repasarse rápidamente todo lo señalado sobre las fuentes de producción de térmicas y sus factores determinantes. Cuando a pesar de ello no se logre encontrar la corriente ascendente en el lugar esperado, lo probable es que se deba a un juicio erróneo sobre la acción conjunta de los factores desencadenantes. Si el razonamiento hubiera sido correcto, el fallo será debido a que la corriente ya había cesado. Para que las masas de aire sean de nuevo inestables, es preciso tiempo y un nuevo factor desencadenante. La mayor probabilidad de dar con una térmica activa es no volando en línea recta y haciendo caso omiso de los posibles «puntos milagrosos». De este modo no maldeciremos nuestra mala suerte de no encontrar por casualidad ninguna térmica. Si volando a baja altura se encontrara una corriente de aire ascendente, que permitiera mantenernos en un cero, se permanecerá en ella; pues los rayos del sol normalmente irán mejorando la situación y pronto se podrá ascender. Si esto no ocurre, al menos se habrá ganado tiempo para sobrevolar todos los posibles factores desencadenantes, ya que en esta situación la velocidad de vuelo no tiene importancia. De este modo, siempre será posible percibir en el entorno algún signo inequívoco de corriente ascendente, como por ejemplo, el vuelo circular de una ave de rapiña.

Las aves buscadoras de térmicas. El águila ratonera es un ave de rapiña que posee un desarrolladísimo instinto para encontrar térmicas. (Hasta ahora no ha sido posible explicar biológicamente este instinto, creyéndose que el oido del ave realiza una función variométrica innata). También otras aves tales como las cigüeñas, las gaviotas, las garzas y las golondrinas, o los buitres y los pelícanos en los paises del Sur, logran encontrar el centro de las térmicas con mucha más precisión que el hombre, a pesar de sus concimientos metereológicos, de sus instrumentos y de sus equipos electrónicos. Merecen especial atención los vencejos (pájaros muy parecidos a las golondrinas que, durante el verano, emiten chillidos agudos y vuelan con extrema precisión alrededor de los edificios). Todavía no ha sido posible confirmar si estos pájaros aprovechan las térmicas para volar más fácilmente o bien porque en ellas encuentran una mayor densidad de insectos. Donde ellos aparezcan pueden olvidarse los instrumentos de a bordo, pues no podrá encontrarse mejor corriente ascendente en los alrededores. Si se vieran al mismo tiempo un águila ratonera volando en círculo, y en otro lugar un grupo de vencejos, éstos son quienes señalan mejor la corriente ascendente. Otro aspecto que pueden enseñarnos estos artistas del vuelo, es que, después de dar unas cuantas vueltas, se alejan. No lo hacen porque hayamos podido asustarlos, ya que vuelan a la misma velocidad del velero y su maniobrabilidad es muy superior. (¡Resultaría curioso calcular cuantas –g alcanzan en sus increibles maniobras!). ¡Los vencejos se alejan en busca de mejores térmicas, mucho antes de que seamos capaces de descubrirlas! Deberíamos fijar el centro de las térmicas al igual que estos pájaros y contar con su misma movilidad, para conseguir el máximo aprovechamiento de las posibilidades climatológicas, Pero..... ¡estamos todavía muy lejos de conseguirlo!.

La observación de los otros veleros que, situados a nuestra misma altura, se encuentran en busca de térmicas, aunque menos fiable que el vuelo de los pájaros, es todavía más precisa que las indicaciones de los instrumentos de a bordo. Quien vuele fijándose exclusivamente en sus instrumentos corre un grave riesgo y se convierte en un peligro para los demás. Comete una indudable torpeza, ya que resulta más sencillo descubrir las corrientes ascendentes observando el vuelo de los demás.

Cuando nos mantengamos en un cero, hemos de echar un vistazo al altímetro de cuando en cuando. En caso contrario podría ocurrir que, al tratar de fijar el centro de la corriente, nos mantuviéramos volando por encima de nuestros compañeros por perder simplemente

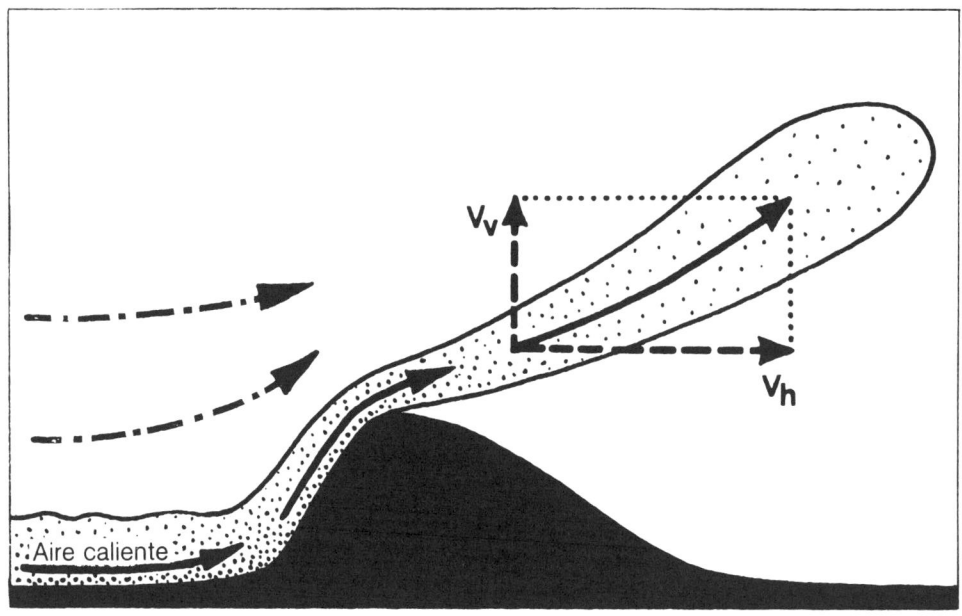

Fig. 3 - Desencadenamiento inclinado de una térmica, próxima de la ladera. V_v = vector vertical de la térmica. V_h = vector horizontal de la térmica.

menos altura que ellos. En el lugar de aterrizaje común veríamos lo ilógico de nuestro comportamiento al preguntarnos mutuamente: ¿Por qué no iniciaste el vuelo en línea recta?, yo entonces también...

Durante los días sin viento pueden reconocerse los factores desencadenantes fijándose en el movimiento de los campos de cereales. En los países cálidos y de suelo polvoriento, los factores desencadenantes no sólo hacen volar los papeles, sino que además engendran nubes turbulentas de polvo, auténticos «dust-devils», en forma de trompa y fácilmente visibles gracias a las reverberación atmosférica. Tanto el movimiento de los cereales como los «dust-devils», siempre y cuando no sean demasiado pequeños, son signos inequívocos de térmicas, que permiten a simple vista descubrir las corrientes ascendentes en su fase de desencadenamiento.

Un juicio certero, cuando se busca una térmica, comienza analizando la fuerza del viento, su dirección y los factores desencadenantes. A continuación, siguiendo el ejemplo de nuestro paseo imaginario, se reflexiona sobre cuáles son los lugares en que han podido formarse masas de aire caliente.

El razonamiento siguiente consiste en descubrir dónde puede desencadenarse la térmica, al ser impulsado el aire caliente por el viento hacia un obstáculo. Las probabilidades de producción de térmicas resultan más sencillas y fiables cuando el cielo está despejado, puesto que entonces no existen zonas de sombra donde los rayos solares no penetran.

En las zonas montañosas lo aconsejable es volar a lo largo de las cimas. En efecto, la térmica, al igual que los vientos de alta montaña, asciende a lo largo de la ladera hasta alcanzar las crestas, donde se separa definitivamente. En la cima de la montaña no vale la pena pensar sobre en cuál de las dos laderas se encuentra la fuente térmica, pues se desencadena casi siempre sobre la misma cresta. Por debajo de la cima, lo problable es que la térmica ascienda a lo largo de la ladera y no verticalmente. Con viento débil estas corrientes suelen ser frecuentes, exigiendo un pilotaje similar al del vuelo de ladera. Si el perfil de la ladera tuviera cortes pronunciados, la térmica, en este preciso lugar, puede separarse de la ladera antes de alcanzar la cima. El viento la desplaza por encima de la cresta, convirtiéndose en una corriente tubular inclinada. Al volar en espiral dentro de la misma es preciso, cuando el viento resulta de cara, evitar que éste pueda arrastrar al velero fuera de la térmica, hacia zonas de corrientes descendentes. A baja altura ha de ponerse el máximo cuidado en no trazar mal el círculo, pues de lo contrario podremos encontrarnos en el suelo.

También es cierto que a poca altura la corriente ascendente puede confluir con otras, empujándonos hacia su centro sin necesidad de realizar ninguna maniobra. Pero si nos mantenemos en un cero el propio peso del velero lo desplazará fuera de la corriente ascendente. En efecto, en los puntos de equilibrio ascensional, el vector vertical de la térmica V_v está equilibrado por el peso del velero, mientras que el vector horizontal de la térmica V_h, de no neutralizarlo, nos desplazará rápidamente a sotavento. Por lo tanto, el velero por sí sólo nunca será atraído hacia el centro de la térmica. Para lograr que se mantenga en la térmica se requiere una máxima concentración, un pilotaje perfecto y una exacta compensación de energías.

SEGURIDAD EN EL VUELO CIRCULAR
A POCA ALTURA

Se da por descontado que, tanto en el vuelo a baja altura como en cualquier otra maniobra, la seguridad de vuelo exige un perfecto dominio del velero. En las capas inferiores se suelen presentar, inesperada y frecuentemente, ciertas turbulencias. Los principiantes, al virar en círculo a baja altura, tienen la tendencia de volar demasiado deprisa cuando el viento es de cara y, por el contrario, de hacerlo demasiado despacio cuando el viento resulta de cola. Esto último se debe a la equívoca impresión de ir excesivamente deprisa cuando se vuela cerca del suelo. Teniendo en cuenta que una situación de resbale resulta extremadamente peligrosa volando a baja altura, es preciso tener bien controlados tanto los instrumentos como la lanita situada en la cúpula del velero. Recordemos que las indicaciones de la lanita son de extremada importancia en los veleros de competición, y que su exacta observación hubiera podido evitar graves accidentes en muchas ocasiones. Cuando al entrar en la zona de viento en cara notemos que se pierde altura, no olvidemos que la velocidad del velero disminuye al decrecer la intensidad del viento en las proximidades del suelo. Durante la búsqueda de térmicas a baja altura la seguridad constituye la máxima preocupación. Siempre ha de haberse escogido previamente un campo de aterrizaje, que sea posible alcanzar incluso siendo sorprendidos por una corriente descendente.

Penetración en la térmica

Generalmente el velero pierde altura en las proximidades de la térmica. Esta zona ha de sobrevolarse con relativa rapidez. Cuando una fuerza ascensional nos impide repentinamente seguir volando en línea recta, hemos de elevarnos adoptando una fuerte pendiente, convirtiendo así nuestra energía cinética en energía potencial. Poco antes de alcanzar el punto más alto, se varía la posición del plano en el sentido del viraje, manteniendo la velocidad deseada para el vuelo en espiral. La curva de penetración en la térmica es algo que debe «llevarse en la sangre», desde el día en que se superó la Prueba C. La lanita debe mantenerse en el centro durante toda la maniobra.

Para realizar esta maniobra se ha de disponer de un variómetro compensado en perfecto estado que indicará, al elevarnos, si la corriente ascendente tiene o no la intensidad prevista. Este instrumento nos ahorra realizar círculos inútiles, cuando las corrientes son demasiado débiles e incluso puede evitarnos pérdidas de altura.

La maniobra normalmente se desarrolla con toda tranquilidad. Empieza adentrándonos en una zona de corrientes ascendentes, en la que desconocemos donde se encuentran sus fuentes. Reducimos la velocidad a 100 km/h., o menos, para que no se nos pase por alto ninguna. Si el velero empezara a elevarse, no se inicia inmediatamente el primer círculo. Nuestro propósito es alcanzar la máxima altura en el mínimo de tiempo, dentro de la zona más adecuada. Por lo tanto, concentrándonos todo lo posible y estando alerta a las posibles rachas, se vuela trazando «S» estiradas, procurando mantener la palanca de mando con la máxima sensibilidad. Se corrige la tendencia del plano a elevarse. No se comienza a trazar el primer círculo hasta que la aguja del variómetro compensado indique una velocidad ascensional por lo menos 0,3 m/seg. superior a la velocidad estimada, de acuerdo con las circunstancias. (Este pequeño margen, de 0,3 m/seg. ha de compensar el aumento del efecto gravitatorio durante el viraje). Una vez alcanzado el momento de máxima ascensión (que nos indica la presión de nuestro cuerpo sobre el asiento o la señal acústica del variómetro) inmediatamente decrece el valor de la fuerza ascensional. ¿En qué dirección ha de iniciarse el primer círculo? Sobre esto nada hay escrito. Cuanto se oiga al respecto no tiene fundamento alguno, pues no existe procedimiento ni regla que dé a conocer el sentido de giro de las térmicas. Por supuesto se conseguiría una mayor aproximación al centro de la térmica, lo que constituye una gran ventaja, volando a baja velocidad y con viento de cara, pues disminuye la fuerza centrífuga. Sin embargo el movimiento giratorio de las corrientes ascendentes, justo encima del suelo, puede ser en cualquiera de los dos sentidos. (Resultado de un cálculo realizado en más de 100 supuestos). Los tornados son casos excepcionales y gracias a Dios una rareza. H. Jaeckisch contestó a una pregunta, formulada a este respecto en un seminario: "Mientras las nubes no giren......". Por lo tanto el sentido de giro supuesto es de nuestra libre elección. La elección del sentido de giro que conduzca a la mejor ascensión, constituye la primera maniobra a realizar en el vuelo en espiral. No acertar o tener el vicio de girar siempre en el mismo sentido puede hacernos perder la posibilidad de acercarnos lo más posible al centro de la térmica y, como consecuencia, no realizar la mejor ascensión. Si al iniciar el vuelo de aproximación a una posible térmica la aguja del variómetro no supera en 0,3 m/seg. el valor ascensional previsto para iniciar el vuelo en espiral, debe continuarse el vuelo en busca de una nueva térmica y no perder el tiempo realizando círculos.

Determinación del centro de la térmica y ascenso en espiral

Pensemos de nuevo en el águila ratonera o, mejor todavía, en el vencejo. Alguna razón ha de existir para que estos especialistas del vuelo térmico no se mantengan planeando sobre un mismo lugar. El aire dentro de la térmica no es homogéneo, por lo tanto ha de volarse en función del mismo. Si éste fuera caliente nos elevaremos, pero si nos enfretáramos a una corriente extraña, cuya procedencia no nos fuera posible reconocer, el planeador tendrá tendencia a hundirse. La presencia de turbulencias horizontales (en las proximidades de la capa de inversión y en los casos de cizalladura) aumenta las dificultades del vuelo. De vez en cuando se encuentran corrientes ascendentes uniformes que permiten realizar de 5 a 10 círculos, sin necesidad de fijar el centro más de una vez. Pero este es un caso excepcional. La fijación del centro de la térmica no se realiza tan sólo una vez, al iniciar el vuelo en espiral. Tampoco se vuela trazando círculos idénticos hasta alcanzar la base de las nubes. La fijación del centro de la térmica es una necesidad constante, durante todo el vuelo en espiral. En primer lugar ha de buscarse la zona de óptima ascensión. Para ello nos apoyaremos en la sensación de aceleración, escucharemos los cambios de tono del variómetro acústico, nos fijaremos en las variaciones de la aguja del variómetro de energía total compensada (la posición de la aguja no interesa) y por último, observaremos el ruido que produce el velero al aumentar de velocidad. La sensación de aceleración que registra el cuerpo tiene una importancia primordial, por permitir reacciones mucho más rápidas. Incluso un hipotético variómetro sin retraso alguno de indicación, sólo señala que el velero asciende cuando efectivamente se está elevando. Nosotros, sin embargo, unas fracciones de segundo antes lo hubiéramos detectado. Resulta sorprendente que ninguno de los fanáticos del variómetro haya logrado todavía introducir en la computadora los valores de la aceleración previamente compensados por los dos factores causantes de la misma: las variaciones de la palanca de mando y la intensidad de la fuerza ascensional. Mientras tanto, seguiremos empleando con gran éxito nuestra "computadora natural": el cerebro, cuyas células son capaces de procesar los "inputs" más complicados.

Para recordar la dirección de la corriente ascendente, fijémonos en las características del terreno y en las posiciones de las nubes y del sol. Si al volar en círculo observáramos que el plano exterior es impulsado hacia arriba, habremos dado con una buena corriente ascendente. Cuando apreciemos que nos salimos de la zona óptima, trazaremos los límites de la misma. Trataremos de construir, consciente o inconscientemente, un cuadro de distribución de las corrientes ascendentes, a semejanza de un mapa en que las montañas representaran fuerzas ascensionales y los valles corrientes descendentes.

TRES METODOS PARA LA FIJACION DEL CENTRO DE LA TERMICA

No tiene importancia alguna la forma en que vamos desplazando los círculos, mientras giramos alrededor de la «espina dorsal» de la térmica. Lo fundamental es realizarlo con rapidez. Si supiéramos en qué sentido hemos de

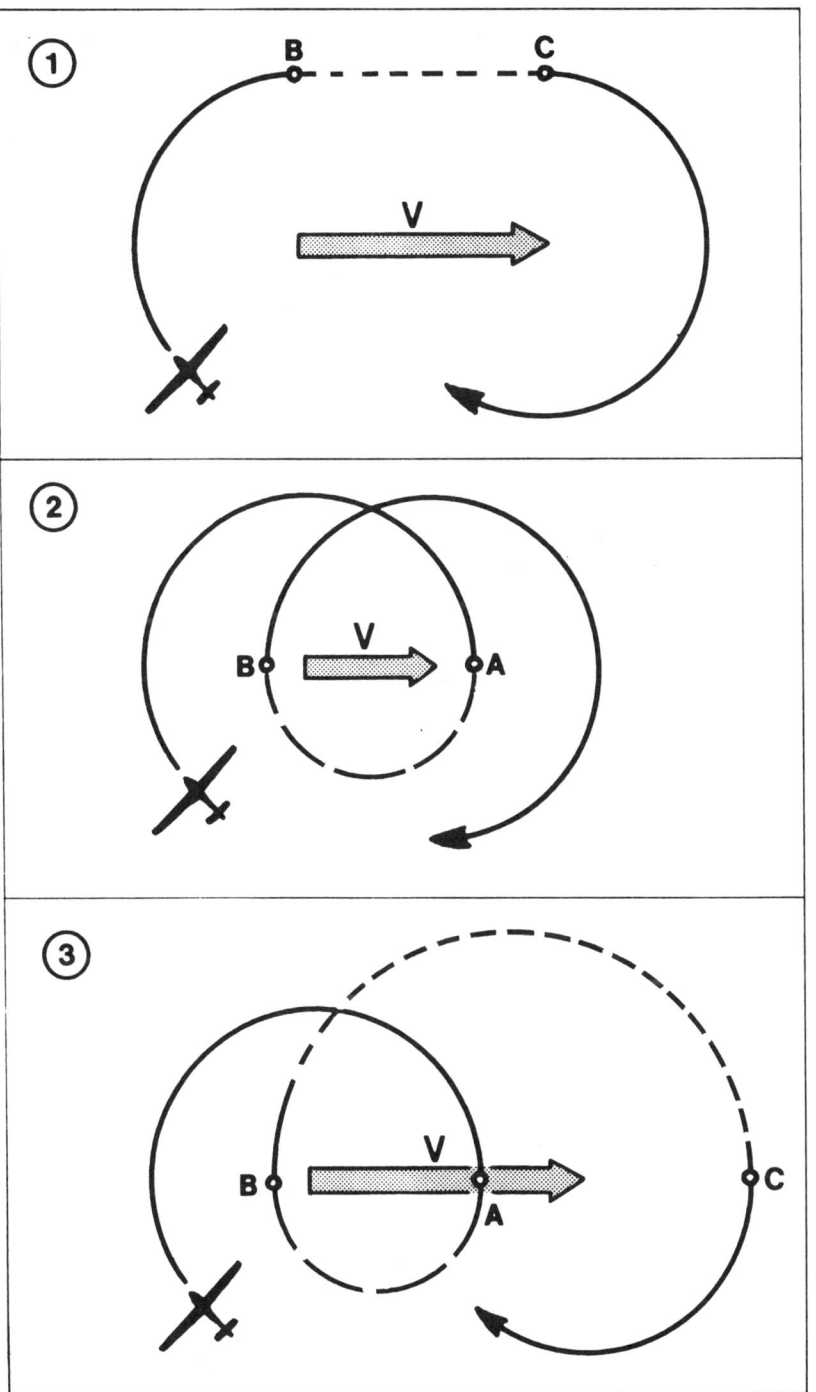

Método 1:
enderezar momentáneamente el círculo (B–C). (Inconveniente: inexactitud del método).

Método 2:
cuando decrece la fuerza ascensional, describir un semicírculo con menor radio de giro (A–B). (Inconveniente: desplazamiento del centro demasiado corto).

Método 3:
cuando disminuye la fuerza ascensional, mayor inclinación transversal (A–B). Cuando aumenta la fuerza ascensional, menor inclinación transversal (B–C).

Fig. 4 – Métodos para fijar el centro de la térmica (el velero gira a derechas).

volar, nos ahorraríamos una pérdida de tiempo y varias maniobras. Pero no olvidemos que en 10 segundos, bajo el efecto de una corriente ascendente de 1 m/seg., recuperaremos todo el tiempo perdido. Ahora bien, la traslación de los círculos en el vuelo en espiral debe realizarse ateniéndose a un cierto método. El Método ① consiste en enderezar el velero a medida que se asciende, a continuación volar en línea recta durante unos breves momentos e iniciar de nuevo el vuelo circular. Este método resulta más inexacto que el ideado por Huth. Según éste, cuando la fuerza ascensional disminuye, se acorta el vuelo describiendo medio círculo, con menor radio de giro. Al aumentar la fuerza ascensional, se prosigue el vuelo circular con la misma inclinación y radio de giro con que se comenzó (Método ②). Si se quiere hallar el centro de la corriente, con mayor precisión y en menos tiempo, lo más acertado consiste – según mi propia experiencia – en combinar ambos métodos del modo siguiente (Método ③):

- Mientras aumenta la fuerza ascensional: se describe el círculo con menor inclinación transversal (de 15 a 20 grados).
- Cuando decrece la fuerza ascensional: se describe el círculo con mayor inclinación transversal (50 grados).
- Si la fuerza ascensional se mantiene constante: también se mantiene constante la inclinación transversal (de 25 a 30 grados).

Ha de tenerse en cuenta que estas zonas sólo se refieren a las variaciones en el valor relativo de la ascensión, y no a la suficiencia o insuficiencia de la fuerza ascensional.

Puede observarse en la figura como el Método ③ exige un mayor recorrido para la traslación de los círculos. Esto supone una fijación más rápida, o por lo menos igual, del centro de la térmica; a condición de que el radio del semicírculo (AB) no sea demasiado pequeño, puesto que entonces el vuelo resultaría mucho menos aerodinámico. Inclinaciones superiores a 45 grados aumentan la pérdida de altura.

Cualquier norma para fijar el centro de la térmica suele resultar demasiado rígida. Por ello los métodos señalados han de considerarse como meros principios generales, que han de modificarse y adaptarse en cada caso a las rachas, a los valores ascensionales, etc.. Pero son la base para realizar los entrenamientos.

En los demás casos debe darse preferencia a nuestras propias facultades de percepción del relieve de la térmica, considerando aquellos métodos como reglas auxiliares.

El Método ③ tiene la ventaja de conducir rápidamente hacia el centro de la térmica, y puede también utilizarse cuando ya de por sí se está volando con fuerte inclinación transversal. Posibilita la traslación correcta de los círculos en la dirección apropiada, incluso sin haber fijado con exactitud los puntos de mayor o menor fuerza ascensional (lo que no resulta posible con el Método ①). Pero es más sensible a los errores de pilotaje que el método ideado por el bicampeón del mundo Heinz Huth.

IMPORTANCIA DEL BUEN ESTILO DE VUELO

Un buen estilo de vuelo es requisito esencial para lograr una buena ascensión. La lanita situada en la cúpula es un elemento fundamental para conseguirlo, pues señala inmediatamente cualquier situación de derrape o de resbale. Pero todavía más importante que el estilo es hallar con rapidez el centro de la térmica. Una circunferencia perfectamente trazada de nada sirve si está situada fuera de la corriente ascensional.

Consecuentemente, en primer lugar se fija el centro de la térmica, y en segundo lugar se mantiene siempre un buen estilo de vuelo.

INCLINACION TRANSVERSAL, VELOCIDAD Y DIAMETRO DEL CIRCULO

Como no resulta posible volar constantemente alrededor del mismo centro de la térmica, debido a la excesiva inclinación tranversal que esto exige, se debe seguir girando en los alrededores de la misma, tratando de mantenerse lo más próximo del centro. Para conseguirlo, los virajes han de trazarse mediante pequeños radios de giro. Suponen éstos un aumento de la fuerza centrífuga, un incremento de la velocidad de vuelo y una mayor tendencia a caer. Cuando la fuerza ascensional aumenta notablemente al aproximarse del centro, y si la térmica tuviera un elevado gradiente (gradiente de una corriente = aumento de la fuerza ascensional en función de la aproximación del centro), merece la pena volar con un pequeño radio de giro. Ahora bien, cuando la corriente ascendente es relativamente uniforme (bajo valor de gradiente), el vuelo se realiza con un amplio radio de giro, aminorándose así la tendencia del velero a caer. Así pues, a cada corriente ascendente, o mejor dicho, a cada gradiente, le corresponde un óptimo radio de giro, que a su vez depende del tipo de velero. Por lo tanto, cada modelo del velero tiene su propia característica polar de giro en círculo. (Compruébense estos valores en el diagrama que relaciona el radio de giro con el índice de descenso propio del velero). Es preciso tener en cuenta que todo está predeterminado: a cada radio de giro le corresponde *una* determinada velocidad óptima, y a su vez a ésta sólo le corresponde *un* determinado ángulo de inclinación transversal adecuado.

No se puede adoptar alegremente la inclinación que más nos guste. La velocidad adecuada es de unos pocos Km/h. por encima del valor de entrada en pérdida, y ésta a su vez depende de la inclinación transversal que tenga el velero. En la mayoría de las corrientes ascendentes es preciso, a medida que va ganándose altura, ir adaptando la inclinación transversal al gradiente de la corriente (y, por lo tanto, el radio de giro y la velocidad) ya que éste a su vez varía en función de la altura. Con frecuencia las corrientes ascendentes, debido a su estrechamiento inicial, exigen al principio una inclinación transversal de unos 40 a 50 grados; mientras que en su tercio superior la inclinación se reduce a unos 25 grados. Normalmente estas corrientes tienen en sus partes más estrechas una mayor fuerza ascensional.

Vuelo en corrientes ascendentes, cuando no es posible fijar el centro

En general, sólo un cincuenta por ciento de las corrientes ascendentes son lo suficientemente homogéneas para permitir que el velero se eleve uniformemente. El otro cincuenta por ciento está constituido por corrientes cuya fuerza ascensional varía constantemente. A pesar de ello también suele volarse en círculo alrededor de ellas. Esto resulta ilógico y no se corresponde con el vuelo ejemplar de las aves que aprovechan las térmicas. Para aprovechar mejor estas zonas de fuertes corrientes ascendentes debe volarse realizando una serie de virajes discontinuos, lo que recibe el nombre de

«vuelo en tambaleo», y que consiste en lo siguiente. Cuando crece la fuerza ascensional se hace que el velero aumente en altura volando más despacio y, enderezando el vuelo y virando de nuevo, se le dirige hacia los otros centros ascensionales. También existe, a este respecto, una regla de vuelo óptimo, equivalente a la teoría de las «velocidades de planeo» para el vuelo rectilíneo formulada por Mac Cready. Desgraciadamente las variables son tan numerosas (diferentes valores ascensionales en las distintas zonas, con sus respectivos ángulos de giro) que resulta prácticamente imposible establecer una regla de aplicación general. Sin embargo los pilotos de competición deben aprovechar al máximo las fuerzas ascensionales, siempre y cuando no vuelen otros compañeros a su misma altura, pues los movimientos de los veleros son imprevisibles, incluso en

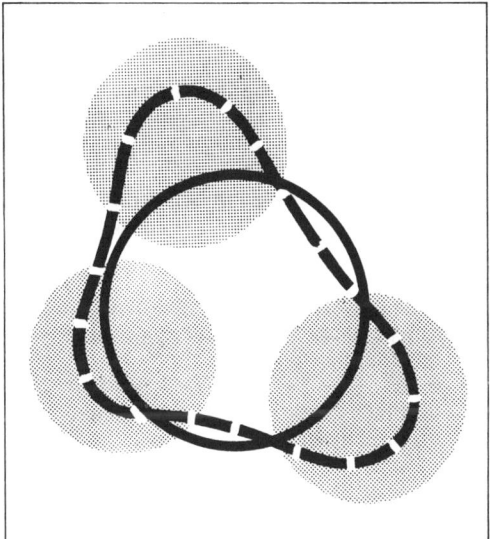

Fig. 5 – «Vuelo en tambaleo».
(Esquema a escala exagerada).
- - - Vuelo en espiral mediante tres virajes cerrados ascensionales, en los centros térmicos. El tiempo de sobrevuelo de las tres zonas de mayor fuerza ascensional aumenta. 1. al disminuir la velocidad. 2. al aumentar el recorrido. (los radios de giro tan pequeños, alrededor de los centros ascensionales, resultan posibles elevándonos previamente).
—— Círculo ideal.

los vuelos circulares perfectos. No es recomendable esta modalidad de vuelo ascendente para pilotos con poca experiencia, pues exige un perfecto dominio del velero. Incluso excelentes pilotos acostumbrados a volar trazando círculos uniformes, pierden en ocasiones la corriente ascendente sin lograr evitar situaciones de derrape, de resbale o de entrada en pérdida. Esta técnica requiere además un variómetro perfectamente compensado, pues de no ser así este instrumento se volvería «loco», perdiendo toda utilidad. Este requisito no supone nada nuevo, pues es fundamental contar con un variómetro compensado sin error alguno.

Vuelo térmico en grupo

Ante todo es preciso exponer las normas de conducta, para evitar aproximaciones peligrosas e impedir situaciones arriesgadas entre veleros.

1.- El primero en comenzar el vuelo circular es quien fija el sentido de vuelo a los demás.

2.- Todo el que accede a una térmica no debe, en ningún caso, estorbar el vuelo de los veleros integrados a la misma.

3.- Cualquier desplazamiento del centro del círculo se realizará sin perjudicar el vuelo de los restantes veleros.

4.- Quien logre ascender mejor no ha de obstaculizar los veleros que ascienden con menor facilidad.

5.- Nunca se volará por debajo de un velero próximo, pues si su velocidad se redujera, no sería posible esquivarlo.

6.- Se observará constantemente el espacio aéreo, de forma que en todo momento se sepa donde se hallan los demás.

7.- Siempre se pilotará haciéndose bien visible a los demás.

Observar los demás veleros no es mera medida de seguridad, pues sirve también para conocer hacia dónde varía la posición del centro del círculo. Cuando la conducta de los pilotos está de acuerdo con lo señalado, no habrá de producirse ninguna situación conflictiva. Los pilotos que vuelan de un lado al otro sin consideración para los demás y aquéllos que sólo se fijan en su propio variómetro, constituyen un grave peligro y no están suficientemente maduros para participar en competiciones.

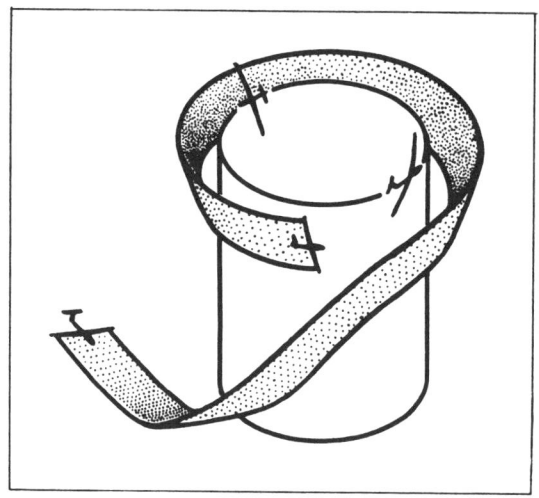

Fig. 6 – Iniciación del vuelo en espiral, en grupo.

Salida o abandono de la térmica

Si a pesar de haber fijado el centro de la térmica descendiera su fuerza ascensional, ésta ha de abandonarse. El momento adecuado de realizarlo corresponde al punto cuyo valor ascensional coincide con el de la fuerza ascensional que pretendemos encontrar en la próxima térmica. Conviene analizar atentamente esta afirmación. El momento de abandono no se fija en función del valor de ascensión medio, sino que depende fundamentalmente de la próxima corriente ascendente elegida, cuya fuerza ascensional ha de calcularse a ojo. Así, resultaría decepcionante abandonar una buena térmica, cuyo valor ascensional del momento fuera de 1,5 m/seg., por una nueva corriente ascendente de sólo 0,5 m/seg., en la que necesitaríamos un tiempo tres veces mayor para alcanzar la misma cota que con la primera corriente.

Resulta igualmente contraproducente girar alrededor de una térmica de 0,5 m/seg., durante un período de tiempo prolongado, cuando en una próxima corriente de 1,5 m/seg., hubiéramos necesitado sólo un tercio del tiempo empleado en la primera para alcanzar la misma altura. Sin embargo, este supuesto resulta menos descorazonador que el anterior. No merece la pena prolongar el vuelo en espiral hasta la misma base de las nubes, particularmente cuando se trate de cúmulos en los que la fuerza ascensional decrece con la altura.

El campeón del mundo de los años 1.970 y 1.974, el norteamericano George Moffat, aconseja el abandono de la térmica siguiendo la técnica ideada por el piloto polaco Witek. Este método consiste en abandonar la térmica realizando un viraje, seguido de un sobrevuelo por encima del centro de la térmica. De esta forma, el piloto, al cruzar el borde exterior de la térmica, percibe instantáneamente la pérdida de altura y la nueva velocidad del velero.

Antes de abandonar una térmica es preciso fijar previamente la próxima meta y, a ser posible, incluso la siguiente, para mantener un rumbo más definido.

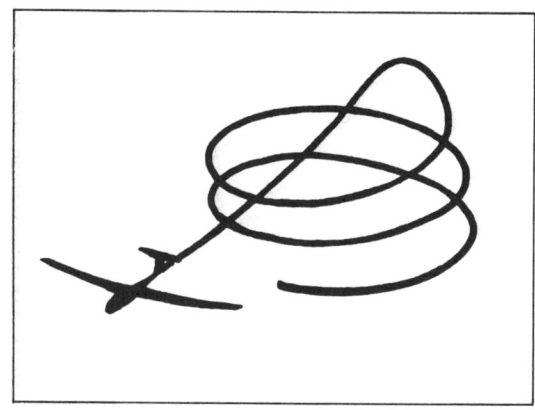

Fig. 7 – Abandono o salida de térmica.

VUELO TERMICO CON APOYO NUBOSO CUMULIFORME

Imaginemos un día ideal para la práctica del vuelo sin motor, en el que de 1/8 a 2/8 del cielo están cubiertos de cúmulos, situados a 1.500 m de altura. Al volar bajo las nubes situadas sobre nuestro trayecto, observaremos que sólo una de cada tres engendra corrientes ascendentes aprovechables. Por lo tanto, la proporción de corrientes ascendentes no será de uno a dos octavos, sino de 1/24 a 2/24, valor bastante inferior.

Conviene aprender a distinguir desde lejos las nubes aprovechables de las inservibles. Nos ahorraremos así decepciones e inútiles desviaciones de trayecto.

Un principio de máximo valor, que no hemos de olvidar, es que lo primero en formarse es la corriente ascendente, mientras que la nube, que es su consecuencia, lo hace después. También conviene tener presente que el cúmulo perdura incluso después de desaparecer la térmica. Así pues, los cúmulos no implican necesariamente la existencia de corrientes ascendentes.

Desarrollo de la térmica, con buen tiempo y cúmulos

① Se forman masas de aire caliente junto al suelo (tal como se explicó anteriormente).

② La masa de aire caliente, al recibir un impulso procedente de un factor desencadenante, comienza a elevarse.

③ Se engendra una o varias columnas de aire caliente. (Cuando la reserva de aire caliente es muy pequeña, la columna, al perder contacto con el suelo, se eleva en forma de burbuja).

④ En el momento en que la parte superior de la corriente ascendente alcanza el nivel de condensación (a la altura de la base del cúmulo) se forma una fina capa de vapor, que va creciendo con rapidez (entre 10 segundos y 1 minuto).

⑤ Se inicia la formación de pequeñas nubes irregulares que, acercándose unas a otras, acaban por fusionarse.

⑥ Comienzan a perfilarse los bordes de la nube. La nube adquiere consistencia. La parte superior, en donde la fuerza ascensional es mayor, adopta la forma de cúpula de tono muy claro. La parte inferior presenta una tonalidad oscura y sus bordes aparecen bien definidos.

La belleza de sus formas plásticas constituye un deleite para el observador y un

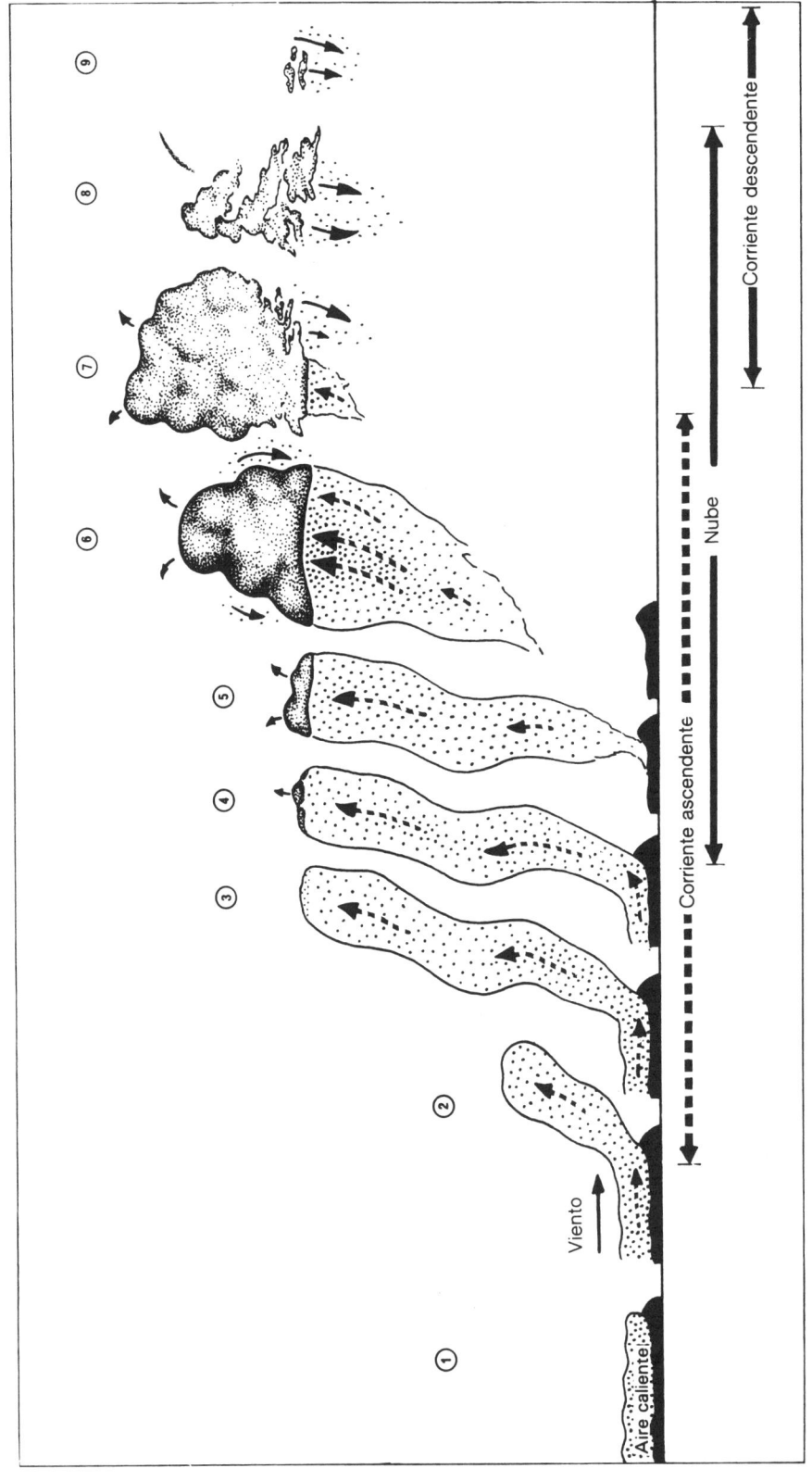

Fig. 8 - Desarrollo de la térmica, con buen tiempo y cúmulos. ① Fuente de aire caliente. ② Desencadenamiento. ③ Columna térmica, con casquete de vapor. ④ Nubecillas esféricas irregulares, a la altura de la base. ⑤ Consolidación de la base de la nube. ⑥ Nube en plena madurez. ⑦ Nube al máximo de su tamaño (superada la madurez, inicia su desintegración). ⑧ Desintegración, comenzando por la base. ⑨ Desintegración total de la nube: corriente descendente.

ejemplo maravilloso de formación de corrientes ascendentes. El piloto de vuelo sin motor debe tratar de alcanzar las nubes en plena fase de madurez. La zona oscura de su base corresponde a la parte más potente de la nube. Esta coloración se debe a que en esta parte está situada la mayor acumulación de gotas de agua. Esto constituye un signo positivo, pues su mayor contenido de agua indica que las masas calientes de aire ascendente no han entrado todavía en contacto con el aire seco del entorno. La condensación que tiene lugar en esta parte de la nube despide mucho calor, aumentando la fuerza ascensional. Si esta parte oscura tuviera forma de cúpula, indicaría la existencia de una masa de aire tan caliente que, para enfriarse y alcanzar la temperatura de condensación, tendría que elevarse unos metros por encima del nivel normal de condensación. En esta zona la fuerza ascensional es particularmente intensa, a veces superior a la que se tomó para ajustar el anillo de Mac Cready. También las nubecillas que se forman debajo de la base y son atraídas por el cúmulo, indican zonas de máxima ascensión. En estos lugares el aire es más húmedo de lo normal y, por lo tanto, más ligero que las restantes masas de aire de la térmica.

⑦ La nube sigue creciendo, mientras no se agoten sus reservas de aire caliente. Desaparecidas éstas, la nube deja de crecer (sólo cuando se trata de cumulus humilis). Al entrar en contacto con las masas de aire de alrededor, los bordes de la base de la nube se disgregan, evaporándose el agua contenida en la misma. Durante esta fase del proceso sigue siendo posible que la nube continúe creciendo por su parte superior manteniéndose clara. Esta fase – que supone la desaparición de la corriente ascendente – se caracteriza porque la superficie de la base es menor que la superficie de la sección transversal de la parte superior. Cuando en la parte superior aparece una grieta o fisura, la nube irá descomponiéndose en dos. Durante esta fase ha de buscarse la corriente ascendente bajo cualquiera de las dos mitades y no bajo la grieta. Estas dos nubes, si no se disuelven, proseguirán su desarrollo independientemente.

⑧ Durante toda esta última fase, los bordes de la parte superior de la nube van perdiendo consistencia, descomponiéndose en pequeñas partículas. El proceso de evaporación del agua consume tanto calor que engendra una creciente corriente descendente.

⑨ La corriente descendente disuelve los restos de la nube y persiste durante unos instantes, después de la desaparición de la nube.

FRECUENCIA DE LAS NUBES

La acumulación de cúmulos no significa necesariamente la existencia de numerosas corrientes ascendentes. La acumulación de este tipo de nubes está ocasionada por una elevada humedad relativa del aire. En estas circunstancias la desintegración de las nubes por vaporización resulta más lenta. Los pilotos suelen tener dificultades en diferenciar las nubes en fase de desintegración de aquéllas que están formándose. Sólo estas últimas ofrecen la fuerza ascensional deseada. Las sombras producidas por la acumulación de nubes puede ser causa de una mayor escasez de corrientes ascendentes.

Táctica para la búsqueda de térmicas con buen tiempo y cúmulos

Todo el problema se centra en saber reconocer correctamente las distintas fases de la vida de la nube. Para no cometer equivocaciones es preciso observar prolongadamente todas aquéllas que nos parezcan interesantes. Tras esta observación se elegirá la que parezca más idónea. El examen ha de realizarse antes de dirigirnos al lugar elegido. Es decir, que la elección de la próxima nube ha de hacerse durante el vuelo en espiral. Durante cada círculo se observarán aquéllas que se encuentren en la dirección de nuestro trayecto. Una vez iniciado el vuelo rectilíneo, todavía es posible reconsiderar la elección, dirigiéndonos hacia la segunda nube elegida como reserva.

Quien no se considere capacitado para realizar la elección durante el vuelo en espiral, es mejor que siga practicando esta modalidad de vuelo, Quien opte por triunfar en los vuelos de plusmarcas o en los de competición, ha de adoptar necesariamente esta táctica.

Cuando se analizó la vida de la térmica con cúmulos, se observó que la corriente ascendente ya existía antes de la aparición de la nube. Por lo tanto, si al volar de nube en nube se percibiera casualmente una térmica sin nube, es decir, una térmica invisible, se dará una primera vuelta alrededor de la misma. Si el velero se eleva satisfactoriamente, nos mantendremos volando alrededor de esta corriente un rato, por si siguiera aumentando hasta alcanzar su plena madurez. En los casos de encontrarnos con cúmulus humilis (que aparecen cuando la humedad relativa del aire es baja y la distribución de temperaturas impide su crecimiento), debido a su vida efímera, es preferible aprovechar las corrientes ascendentes situadas bajo cielo despejado; es decir, las térmicas invisibles. Cuando se logra reconocer un «casquete de vapor» merece la pena volar a su encuentro, pues antes de haberlo alcanzando ya se habrá desarrollado y convertido en una pequeña nube. Pero han de observarse atentamente las nubes pequeñas, en forma de círculo irregular, ya que fácilmente pueden confundirse con viejas nubes en fase de desintegración. Por ello sólo se sobrevolará esta zona, una vez que se haya observado atentamente y se tenga la seguridad de que se trata de nubes nacientes. Sólo así puede lograrse una óptima ascensión. En general hemos de contentarnos con volar en dirección a las nubes visibles y, basándonos en su tamaño, deducir en qué fase de desarrollo se encuentran. Consecuentemente son preferibles las nubes relativamente pequeñas, con una base bien delimitada. Las bases de las nubes se observan mejor, fijándose particularmente en sus bordes bien definidos y en su tono oscuro. Sin embargo, volando a la altura de la base hay que fijarse en la parte superior de las nubes, que ha de ser más estrecha que la base, pues de lo contrario habría superado el momento de plena madurez.

Si junto a una nube, aparentemente aprovechable, existen restos de otras, nos encontraremos frente a una nube vieja en proceso de regeneración, alimentada por nuevas corrientes ascendentes. Pero en estos casos la fuerza ascensional suele ser bastante débil. Si a pesar de ello, se desea aprovechar esta corriente, es preciso calcular previamente qué tiempo necesita para llegar a su madurez, el cual ha de ser superior al empleado para alcanzarla. De no realizar este cálculo puede ocurrir que viéramos la nube a lo lejos en todo su esplendor y al alcanzarla se desvaneciera, con lo que sufriríamos además los efectos de la corriente descendente que engendra. Desde gran altura resulta más fácil calcular la distancia a la que se encuentran las nubes, observando sus sombras sobre el suelo y siempre teniendo en cuenta la posición del sol.

Después de variar el rumbo, tras un punto de viraje, hemos de acostumbrarnos a la nueva visión que nos ofrece el despliegue de las nubes. Ocurre que nubes en forma de cúmulos, que alumbradas por el sol nos parecían de gran claridad, ahora al observarlas por el costado en sombra nos aparecen totalmente grises. Este cambio de tonalidad no nos hubiera sorprendido si, antes de variar el rumbo, durante una de las espirales alrededor de la térmica, hubiéramos mirado hacia atrás, para observar la imagen que en esta dirección ofrecía la térmica últimamente abandonada.

BUSQUEDA DE TERMICAS A LA ALTURA DE LAS BASES DE LAS NUBES

A nivel de la base de las nubes, el punto de máxima ascensión está situado en la zona más oscura de la nube y, a su vez, en la parte en que la base presenta mayor redondez. Conviene fijarse en la irregularidades de la base, pues donde aparezca levantada y oscura se ascenderá mejor. También la posición del sol puede influir sobre el punto de máxima ascensión; por ejemplo, cuando no calienta más que un costado de la nube.

A la altura de las nubes resulta todavía más importante el perfil del viento (que por desgracia no suele conocerse). En efecto, el viento desplaza la zona de óptima ascensión en función de su cizalladura. Así, por ejemplo, si el viento aumenta en la base de las nubes, se logrará una mejor ascensión a barlovento, que todavía sería mejor si además esta zona estuviera caldeada por el sol. Cuando se observa que, en varias nubes, la zona de óptima ascensión se encuentra desplazada en un mismo sentido, puede deducirse que lo mismo habrá de ocurrir en las nubes restantes. De este modo durante toda la jornada podremos elevarnos siempre por el mismo costado de las nubes.

BUSQUEDA DE TERMICAS A MEDIA ALTURA

Cuanto mayor sea la altura de vuelo, tanta más seguridad tendremos dejándonos guiar por la forma de las nubes. Al perder altura nunca ha de olvidarse que incluso cien metros por debajo de las nubes activas pueden haber desaparecido las corrientes ascendentes, particularmente cuando éstas se alimentan por un costado. La probabilidad es mayor si se trata de cúmulos que aparentemente han superado la madurez. Cuando no hay viento es muy posible que la corriente ascendente siga existiendo debajo de la nube. Si fuera posible descubrir el factor desencadenante, podría reconstruirse todo el recorrido de la térmica. Cuanto menor sea la altura de vuelo, tanto mayor ha de ser la atención prestada al suelo. Si hay viento resulta difícil atinar con la columna de aire ascendente, puesto que el viento la habrá deformado.

La influencia del viento sobre la térmica no es siempre igual. He aquí los tres casos más generales:

① Cuando el factor desencadenante se encuentre fijo sobre el suelo y las masas de aire caliente estacionadas sobre la superficie, éstas serán desplazadas por la acción del viento. Se deduce, por lo tanto, que, si hay viento, la térmica que brota de una fuente estacionada en la superficie se eleva de forma inclinada. Pero esta inclinación no tiene que ser necesariamente uniforme.

En función de las variaciones de intensidad del viento con la altura (perfil del viento) la columna de aire podrá inclinarse a sotavento o a barlovento. Si al mismo tiempo que la intensidad, variara la dirección del viento, la columna podrá encontrarse desplazada en cualquier dirección. Los valores de la fuerza ascensional también influyen sobre la forma de la columna. Así, en las zonas donde la fuerza ascensional es más intensa, la columna adopta una mayor verticalidad. Siempre que en el extremo de la columna aparezca una nubecilla, se tratará de relacionarla con algún posible factor desencadenante, a fin de intentar reconstruir su recorrido. Claro está que, cuando esto ocurre con fuerte viento y una marcada cizalladura, es casi imposible establecer la relación que existe entre la nubecilla y el posible factor desencadenante.

Cuando se tiene la suerte de reconstruir el recorrido de la columna de aire ascendente (basándose en el humo o en el vuelo en espiral de otros veleros) sabremos que durante todo el tiempo las corrientes de aire ascendente formarán con el viento el mismo ángulo.

En aquellas zonas que el aire caliente está situado a barlovento del factor desencadenante, suelen ser frecuentes las columnas inclinadas de aire ascendentes. Este es el caso de los aeródromos situados en la proximidad de una ladera, que exigen de los pilotos gran destreza. Las rachas siempre son un problema que es preciso neutralizar constantemente desplazándose hacia barlovento. En efecto, de lo contrario el propio velero y la componente horizontal de la fuerza ascensional lo arrastrarían hacia sotavento.

② Si el viento es fuerte y el terreno no presenta irregularidades, las turbulencias que se engendran cerca del suelo desencadenan térmicas que no son fijas. Estas térmicas ascienden verticalmente y, al ser empujadas por el viento, se desplazan a lo largo del suelo, hasta que las turbulencias acaban por agotarse. En estos casos, a pesar del viento, la corriente siempre se sitúa exactamente debajo de la nube. Han de volarse con absoluta normalidad, como si no hubiera viento, ya que éste desplazará al velero al mismo tiempo que a la térmica.

③ Corresponde este caso al de las corrientes ascendentes alimentadas por una fuente fija, pero en la que el impulso desencadenante actúa de forma intermitente. Cada impulso da lugar a una térmica que, tras separarse del suelo, asciende aisladamente de las demás, siendo empujada por el viento como en el caso ②. De este modo se va formando una hilera de térmicas, que se mueve en la misma dirección y sentido del viento.

Estas tres modalidades de térmicas pueden aparecer juntas, cuando se producen las condiciones meteorológicas adecuadas. El tipo de térmica que se desarrolla depende esencialmente del terreno y, por lo tanto, resulta prácticamente imprevisible. La mayor probabilidad de encontrar de nuevo una térmica per-

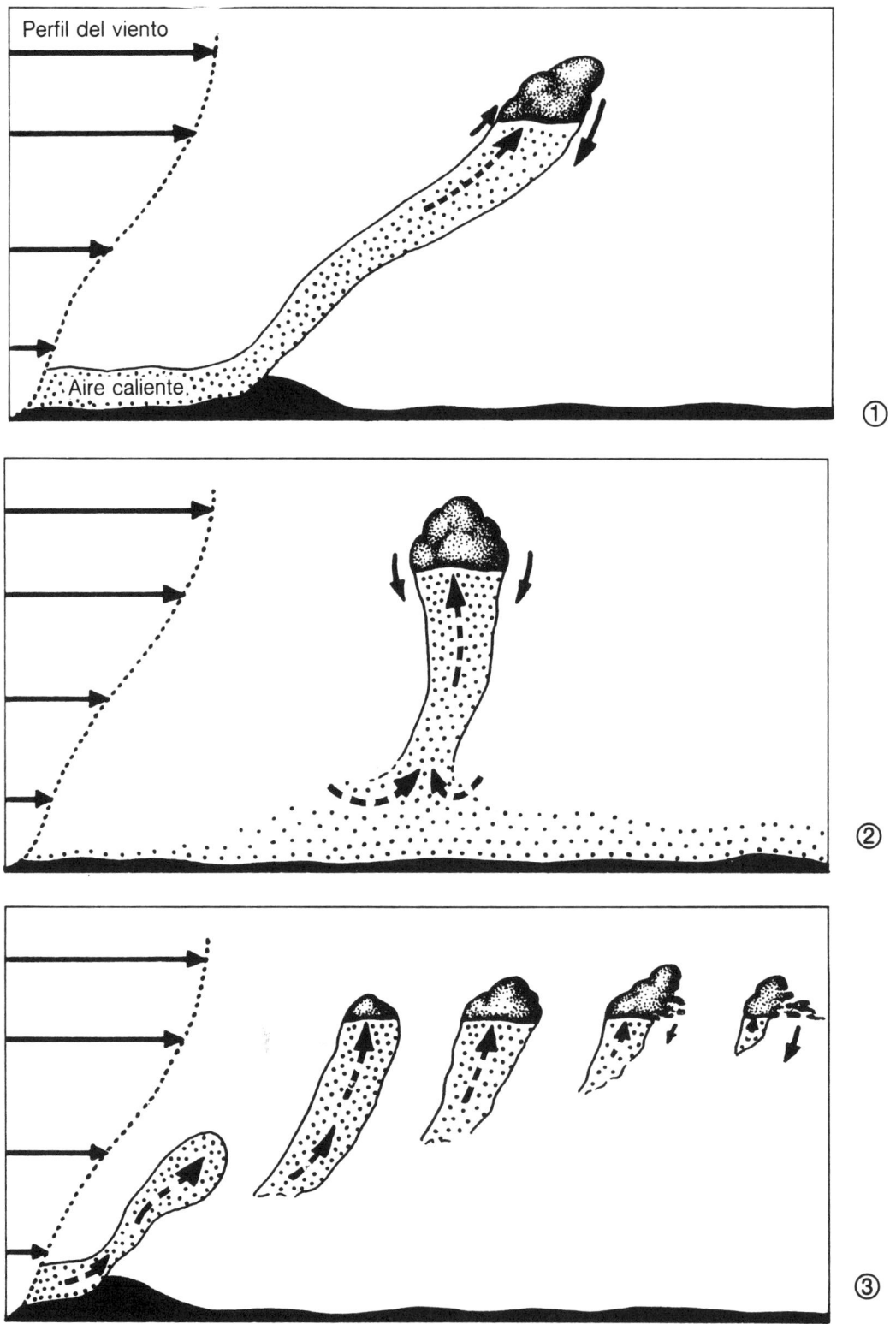

Fig. 9 – Producción de térmicas con viento. ① Térmicas con fuente de producción fija. ② Térmicas con fuente de producción móvil. ③ Térmicas con fuente fija, de producción intermitente.

dida se obtiene buscándola en el mismo sentido o en sentido contrario a la dirección del viento.

Desarrollo de cúmulos, con aire húmedo en el entorno

Su formación inicial coincide con las fases del ① al ⑥, expuestas en la figura 8.

Si a la altura en que los cúmulos chocan entre sí se encontrara una capa de aire húmedo, basta el impulso producido por el choque para provocar una reacción en cadena:

El aire del entorno, al entrar en contacto con el aire de la corriente ascendente, se condensa. Como quiera que esta reacción despide calor, el aire del entorno se desestabiliza, se eleva y da lugar a nuevas condensaciones. Consecuentemente la nube crece a lo ancho, poniéndose en contacto con nuevas masas de aire que a su vez se condensan y ascienden, etc...

Frecuentemente estas capas de aire húmedo van acompañadas a una inversión de temperatura, que no se deja atravesar más que por las partículas de aire más calientes. En la mayoría de los cúmulos la parte superior es horizontal, ensanchándose hacia los costados. Se desarrollan al mismo tiempo rachas horizontales, características de la capa de inversión. Así, el cúmulo inicial acaba degenerando en un estratocúmulo, que produce grandes sombras que impiden el desarrollo de térmicas. Al ser calentado por el sol, el estrato desaparece, desintegrándose en forma de corrientes descendentes, o simplemente bajo el impulso del viento.

Táctica de vuelo con estratocúmulos

Los estratos pueden adquirir tal magnitud al unirse entre sí, que sólo permiten el paso de los rayos del sol por los pocos huecos o lugares un tanto despejados que contienen. Si tenemos la suerte de no vernos obligados a aterrizar, es preciso cambiar la táctica de vuelo. Se vuela buscando el sol y no las nubes, calculando cuál es la zona que estuvo más tiempo calentada por el sol. En primer lugar, se busca la térmica en aquellas zonas o huecos despejados, situados en el borde de barlovento. A veces la térmica está incluso sobre el mismo borde. En estas zonas de estratos sólo merece la pena buscar térmicas en aquellas partes hinchadas y de base oscura.

Desarrollo de los grandes cúmulos («Cúmulus congestus»)

Las fases ① al ⑥ del desarrollo del cúmulo normal, o «cúmulus humilis», coinciden con

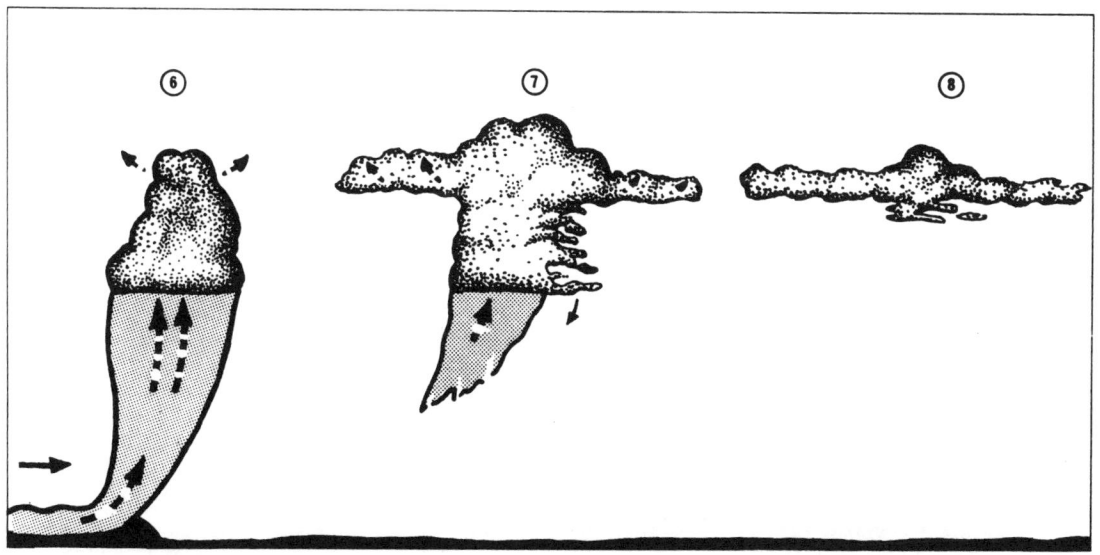

Fig. 10 – Formación de estratocúmulos, con aire húmedo en el entorno. ⑥ Fase de plena madurez del cúmulo. ⑦ Se engendra el estratocúmulo; el cúmulo se desintegra ⑧ Estratocúmulo de vida prolongada.

las correspondientes al cúmulus congestus. (Véase Fig. 8).

⑦ El crecimiento de la nube prosigue, mientras no se agote la reserva de aire caliente. Sin embargo, pueden existir otras razones para que la nube siga creciendo; por ejemplo, porque el aire del entorno sea más frío que el de las masas ascendentes de la térmica. en este caso, el aire del entorno se condensa, se vuelve más inestable y comienza a elevarse. La térmica recibe así más energía. La corriente ascendente se independiza del suelo, por alimentarse del aire de las capas superiores.

⑧ Durante este proceso las dimensiones que alcanzan las nubes dependen de la distribución de temperaturas en las capas de aire del entorno de la nube. La nube, en la figura, asciende con gran rapidez donde se produce mayor fuerza ascensional, originando bajo la misma un fuerte chupón que atrae las masas de aire de los costados. Las otras corrientes ascendentes, que se hubieran engendrado en las inmediaciones de la nube, son también atraídas produciendo una gigantesca corriente cuya fuerza ascensional sigue creciendo y aumentando. En las inmediaciones de esta gigantesca nube aparecen también fuertes corrientes descendentes, que arrancan trozos de nubes hasta desintegrarlos. A mayor distancia de la nube, las masas de aire ascendentes quedan neutralizadas por una suavísima, casi imperceptible, corriente descendente. En un amplio círculo alrededor del cúmulus congestus e incluso del nimbus, el aire se encuentra en situación estable, a consecuencia de la corriente ascendente adiabática que impide la formación de nuevas térmicas en esta zona. De este modo, las grandes corrientes ascendentes atraen otras e impiden la formación de térmicas a su alrededor. Este fenómeno ocurre muy especialmente cuando una corriente gigante, excesivamente desarrollada, se sitúa sobre una zona montañosa impidiendo el desarrollo de las térmicas en el valle.

Cuanto mayor es la nube que produce la corriente ascendente, tanto más complicado es su proceso de formación. Puede incluso constituirse mediante varias columnas de corrientes ascendentes, en cuyo entorno se sitúan campos de corrientes descendentes. Además, varias partes de una misma nube pueden encontrarse en distintas fases de formación.

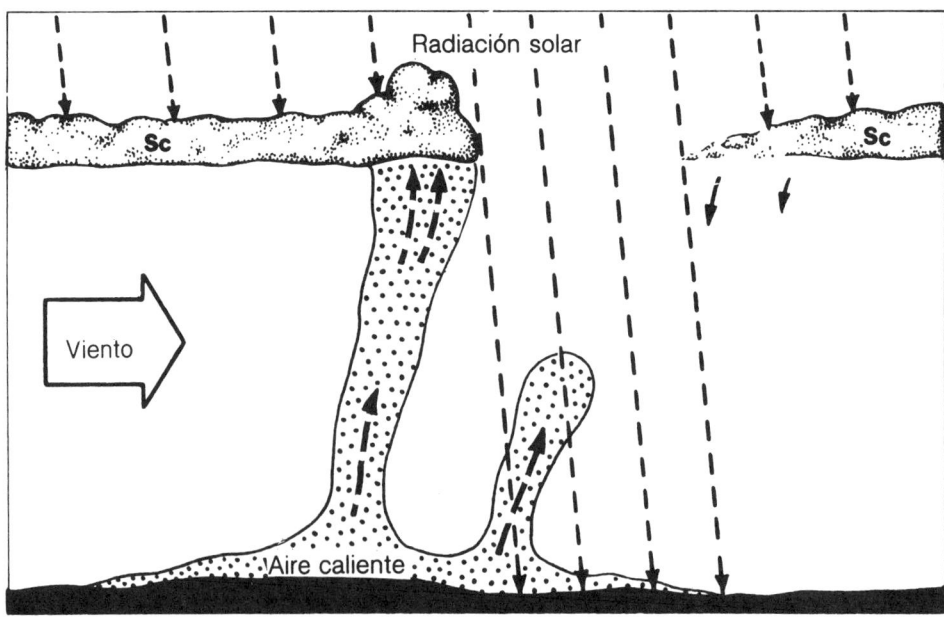

Fig. 11 – Situación de la térmica en un estratocúmulo interrumpido.

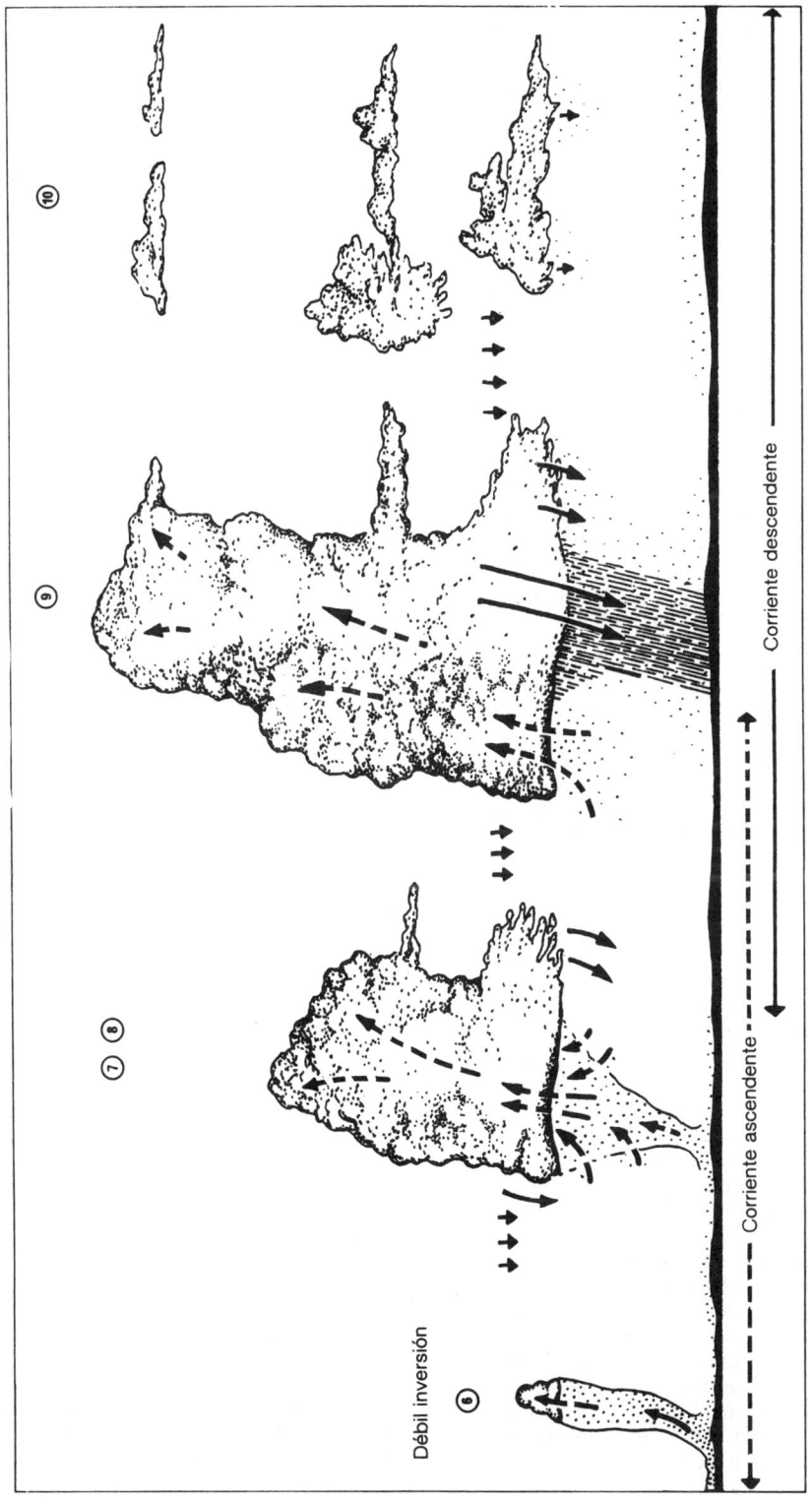

Fig. 12 - Desarrollo de los grandes cúmulos ("cumulus congestus"). ⑥ Fase de madurez del cúmulo. ⑦ y ⑧ Absorción de las masas de aire de su entorno, compleja estructura interior de la nube, débiles corrientes descendentes. ⑨ Desarrollo exagerado de la nube, precipitaciones. ⑩ Desintegración lenta, los restos impiden el paso de los rayos solares.

⑨ Si la nube al ascender rebasa la capa de aire a 0 grados centígrados, pueden producirse lluvias. De la magnitud de su fuerza ascensional y de su estructura interna depende que la precipitación sea inofensiva, se convierta en un fuerte chaparrón, o en pedrisco.

Las lluvias fuertes y el granizo arrastran a su paso las masas de aire que cruzan, incluso si son corrientes ascendentes. A esto se debe que con lluvia o granizo no se encuentren, debajo de la nube ni en su interior, más que fuertes corrientes descendentes.

Durante los campeonatos del mundo VRSAC, viví una situación semejante a la expuesta. Tras cuatro jornadas de competición, encontrándome situado entre los últimos, comprendí que mi única oportunidad era no despegar hasta que se formara un Cumulonimbo, tal y como había ocurrido durante los últimos días. Dentro de esta nube, volando sin visibilidad, trataría de ganar la máxima altura en el menor tiempo posible, para poder alcanzar fácilmente a los demás participantes.

Mi primer intento resultó un fracaso pues no pude alcanzar a tiempo la nube, y me vi obligado a aterrizar. Cuando despegué por segunda vez perdí mucho tiempo, y el cielo se puso tormentoso. Acercándome a la zona lluviosa, desenganché a 600 metros de altura y aproveché una corriente ascensional de nada menos que de 8 m/seg.. Antes de que el remolque–avión aterrizara, me encontré a 1.100 metros, en vuelo de aproximación hacia la puerta de salida. Perdí 100 metros de altura, volando a 180 Km/h.. Me elevé de nuevo, antes de alcanzar la salida, a causa de una corriente ascendente. Estaba obligado a no rebasar los 1.000 metros de altura. Saqué, pues, el tren de aterrizaje, mientras empujaba la palanca de mando: 220 km/h. ..... 240 km/h. .... y tuve que sujetar la palanca con las dos manos. Una vez rebasada la puerta de salida, recogí el tren de aterrizaje y me elevé a 1.150 metros. Viré en busca de la corriente ascendente y de nuevo me elevé, a razón de 8 m/seg., con toda normalidad. Recobré el buen humor, pensando en la posibilidad de haber subsanado mis errores anteriores. Después de conectar el indicador de viraje y el horizonte artificial, y volando lleno de esperanza, comenzó a granizar precisamente debajo de la base de las nubes. De pronto, cuando sólo había realizado medio viraje, la fuerza ascensional de 8 m/seg. se convirtió inesperadamente en una corriente descendente, de 10 m/seg.. El velero caía como una piedra mientras la aguja del altímetro continuaba descendiendo. No podía entender qué ocurría. Busqué afanosamente la corriente ascendente, pero ésta había desaparecido. Seguí cayendo y, después de 11 largos minutos, logré aterrizar en el aeródromo. ¡Todo había terminado!.

---

⑩ Cuando se agotan las masas de aire que el cúmulus congestus pone en movimiento, se inicia la fase de descomposición de la nube, comenzando por su base. Durante mucho tiempo perduran restos de nube, en la zona de débil inversión, que impiden durante horas la penetración de los rayos solares. Este fenómeno tiene también lugar a la altura en que el gradiente de temperaturas del aire señala la máxima humedad.

Búsqueda de térmicas, bajo el cúmulus congestus

La producción de grandes cúmulos, junto a corrientes ascendentes de mucha intensidad, entraña el peligro del desarrollo exagerado de la nube, que da lugar a precipitaciones e impide el paso de los rayos solares a lo largo de amplias zonas. La correcta estimación de la fase en que se encuentra la nube resulta decisiva para determinar la adecuada velocidad de crucero y para alcanzar el objetivo del vuelo. El éxito depende de una planificación de la ruta y de un ajuste del anillo de Mac Cready correctos. Estas situaciones resultan de gran utilidad para ejercitar decisiones tácticas. En efecto, durante el vuelo han de tomarse decisiones, que exigen determinar, valorar y elegir las posibles alternativas.

El cúmulonimbus

TORMENTAS DE CALOR

Las tormentas de calor se producen cuando las masas de aire a gran altura están estructuradas según capas húmedas y, por lo tanto, inestables. Todo el tráfico aéreo, incluso los Jumbos y los cazas a reacción evitan el tránsito a través de estas formaciones atmosféricas, de gigantescas dimensiones, que constituyen impresionantes fuentes de producción de térmicas. Junto a las tormentosas corrientes ascendentes pueden aparecer rachas imprevisibles, granizo, descargas eléctricas y cortinas de agua que reducen la visibilidad a 100 metros. La base de semejantes nubes puede encontrarse a menos de 1.000 metros de altura, pudiendo quedar ocultas por la niebla en montañas relativamente bajas. La enormidad de estas nubes es la causa de que se extiendan horizontalmente y se alejen de su centro ascensional, resultando imposible alcanzar desde la altura de su base la próxima térmica. Esta es la razón de que las tormentas de calor carezcan de interés para los vuelos de distancia con visibilidad. Suponen además un obstáculo peligrosísimo, que ha de mantenerse a distancia respetable, ya que convierten en impracticable todo tipo de térmicas a su alrededor.

FRENTES DE AGUACEROS Y FRENTES TORMENTOSOS

En general los aguaceros y las tormentas se alinean formando frentes perpendiculares al viento. Su aspecto externo se asemeja a la imagen clásica de los frentes de aire frío.

Se sabe por experiencia que los frentes de aguaceros, por su pequeña dimensión, no suelen figurar en los mapas metereológicos. Sin embargo, desde la perspectiva del vuelo sin motor se han de analizar como si se trataran de frentes tormentosos. A barlovento de los mismos se desarrollan corrientes ascendentes homogéneas, cuya fuerte intensidad aumenta a medida que nos acercamos a su centro. Los frentes de aire frío, de rápida traslación, suelen originar con cielo casi despejado corrientes ascendentes. Para poder aprovecharlas se ha de volar por delante del frente nuboso, a una altura algo inferior a la base de las nubes y con el viento de cara. De este modo se asciende por encima de la base de las nubes con absoluta visibilidad. La mayor velocidad de crucero suele lograrse del lado de barlovento, pegándonos a la base de las nubes y sobrevolando, a lo largo del frente de nubes, la zona de corrientes ascendentes. La nube, a pocos metros del borde de barlovento, presenta un corte pronunciado hacia abajo, conocido con el nombre de «cuello de rachas». Constituye el

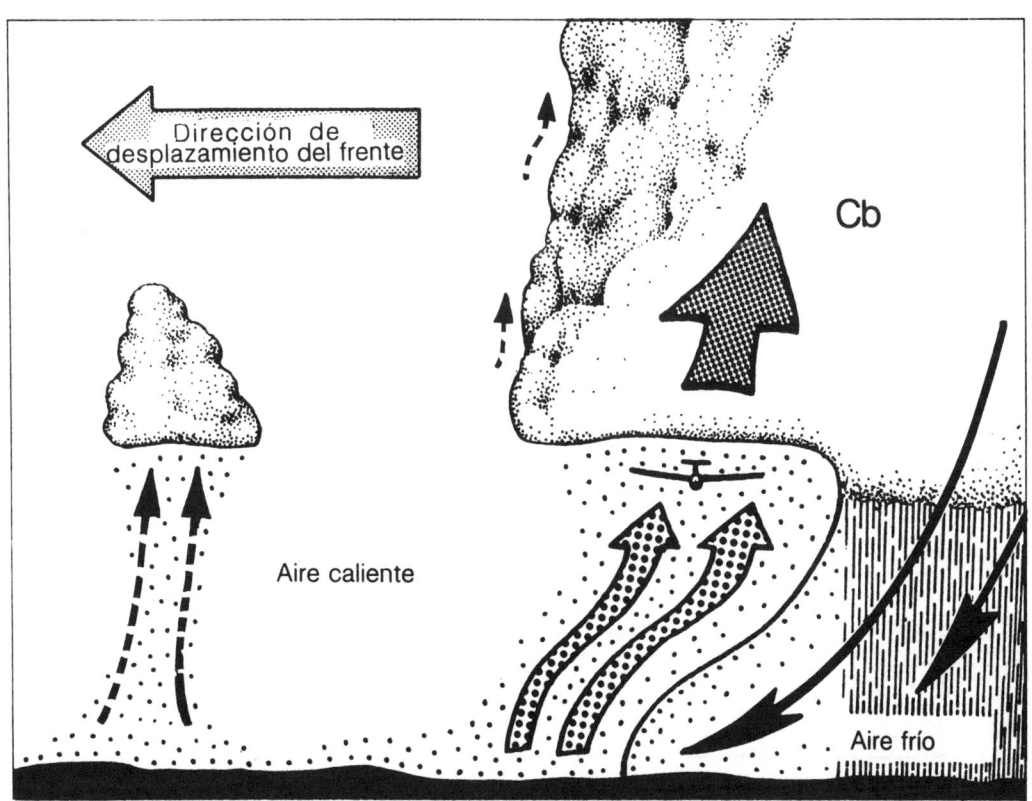

Fig. 13 – Frente tormentoso.

límite que separa la masa de aire caliente de las masas de aire frío. A partir de este punto tan sólo se encuentran corrientes descendentes, fuertes lluvias y granizo. Pero antes de llegar a este límite, sigue siendo posible volar en la zona de aire ascendente, elevándonos con toda tranquilidad. Si se tuviera la suerte de poder ascender a lo largo del muro constituido por el frente nuboso, como si se tratara de una ladera, podría alcanzarse altura suficiente para poder observar el impresionante espectáculo de las gigantescas convecciones que se desarrollan en el frente nuboso. Esta es, sin duda, una de las experiencias más impresionantes que nos brinda el vuelo sin motor.

Con la llegada de un frente de aire frío, el viento se desencadena en el «cuello de rachas» (en sentido destrogiro en el Hemisferios Norte), aumentando rapidísimamente su intensidad. La lluvia, e incluso el granizo, impiden repentinamente casi totalmente la visibilidad.

Aterrizar en estas circunstancias supone auténtica maestría. Tanto el piloto como el velero corren un gran peligro. Los graves accidentes sufridos por famosos pilotos de la preguerra nos enseñan que no se puede jugar con estas gigantescas fuerzas de la naturaleza.

Durante el vuelo, las decisiones han de tomarse con tiempo suficiente. Si fuera imposible alcanzar una térmica, ha de aprovecharse la reserva de altura para aterrizar a gran distancia de la tormenta. Después de aterrizar es muy probable que no se cuente con tiempo suficiente para proteger el velero de los daños que pueda sufrir a consecuencia del «cuello de rachas».

Tratar de volar por debajo del frente de nubes, en sentido contrario a su desplazamiento, es una locura inútil, ya que en la zona opuesta no se encuentran corrientes ascendentes.

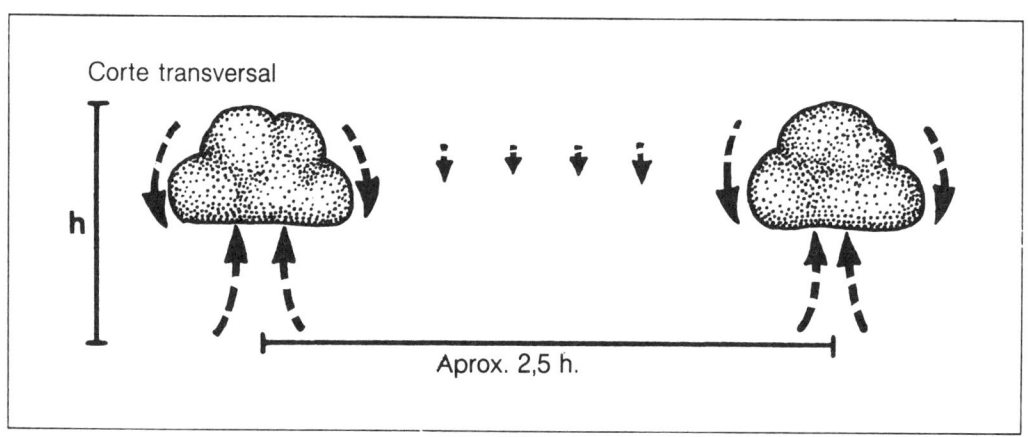

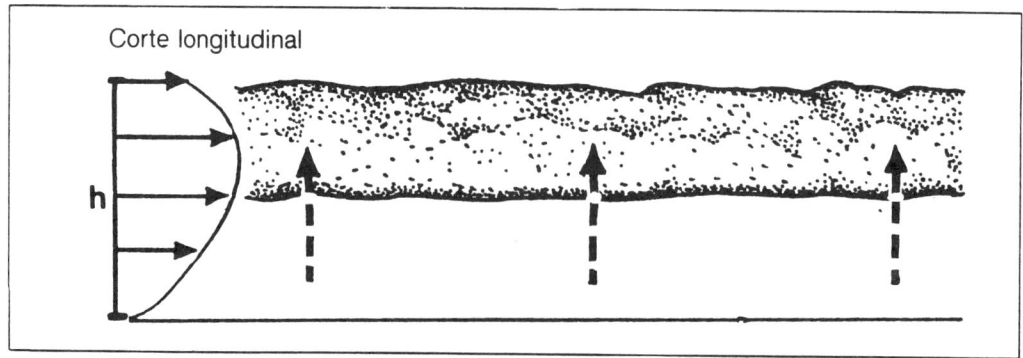

Fig. 14 – Calle de nubes. h = altura de la convección. ↑↓ = corrientes producidas por la convección. →= viento horizontal.

Corrientes ascendentes en hilera

CALLES DE TERMICAS

En calma y sobre terreno homogéneo, las corrientes ascendentes se distribuyen más o menos según un orden. Mantienen entre sí (según Georgii) una distancia aproximada de: 2,5 x la altura total de la convección respecto del suelo (altura de la corriente ascendene). Pero cuando hay viento, las corrientes ascendentes tienden a agruparse en forma de hileras. Esto se debe a que determinadas fuentes de térmicas, adecuadamente situadas, engendran constante y regularmente corrientes ascendentes que el viento desplaza hacia sotavento.

Si el perfil del viento tienen mayor intensidad en las capas donde ocurre la convección – es decir, si el viento aumenta en función de la altura y disminuye en el límite superior de la nube – se originan corrientes de aire estables, que engendran calles de nubes. La distancia entre térmicas sigue siendo aproximadamente 2,5 x la altura de la convección, sin que en este caso el terreno ejerza ninguna influencia (todo lo más, un mínimo efecto perturbador).

Estas calles, que ofrecen óptimas posibilidades para el vuelo de distancia, suelen producirse cuando:

– la convección se encuentra limitada, en su parte superior, por una capa que le impide ascender (por ejemplo, una capa de temperatura estable o, en especial, una inversión)

– el viento adquiere su máxima velocidad a la altura de la capa de convección

– el terreno sólo presenta mínimos obstáculos perturbadores (por ejemplo, elevaciones del terreno)

Este proceso no da lugar a condensaciones ni a la formación de nubes. Estas vías de convección también pueden formarse con térmicas invisibles.

Táctica de vuelo en calles de nubes

El piloto de vuelo sin motor se alegra cuando contempla el cielo cubierto por interminables bandas de nubes. En efecto, éste es el tiempo ideal para realizar vuelos de distancia con meta, trayectos libres e incluso – cuando el viento no es demasiado intenso – vuelos de ida y regreso con meta. Se vuela siempre por debajo de las nubes, colocando el anillo de Mac Cready en valores elevados y alcanzando altas velocidades. Resulta maravilloso ver como el campo parece desplazarse por debajo nuestro, sin problemas de ningún tipo. Mientras duran estas condiciones, el aire aparece intensamente claro y la naturaleza se nos muestra bajo su aspecto más hermoso.

El matemático observa seriamente este fenómeno, ya que por fin le es posible calcular la distribución de corrientes ascendentes y determinar así cual es el trayecto más adecuado, en función de las condiciones meteorológicas.

Estos cálculos teórico-matemáticos se irán explicando al tratar del vuelo en calles de térmicas. Ahora bien, se estudiarán con más detalle al tratar del «vuelo de delfín», en la primera y segunda parte de este libro, bajo el título de «velocidad de planeo» (Sollfahrt).

VUELO A LO LARGO DE UNA CALLE DE TERMICAS

Ante todo, un consejo sobre el vuelo pegado al techo de la calle de nubes. Los pilotos, tras esta experiencia, acostumbran a fantasear sobre los esfuerzos realizados para neutralizar la fortísma corriente ascendente que les empujaba dentro de las nubes. Olvidan sin embargo que volaban de forma inadecuada. Recordemos que el principio teórico de las «velocidades de planeo» señala que las corrientes ascendentes han de volarse despacio y, por el contrario, deprisa las zonas de corrientes descendentes. El piloto que, con una altura constante, se mantiene «pegado» al techo de nubes contradice aquel principio y consecuentemente pierde velocidad de crucero. En las calles de nubes el piloto ha de volar por debajo del techo de las mismas, pero manteniéndose suficientemente alejado de las nubes, para adecuar todo cambio de velocidad a las indicaciones del anillo de Mac Cready y del variómetro de velocidades de planeo (sollfahrt). El vuelo a lo largo de una hilera de térmicas, o bajo una permanente corriente ascendente de diferentes intensidades, suele denominarse «vuelo de delfín». Desgraciadamente no suele explicarse en qué consiste. Por ello, se expone la definición

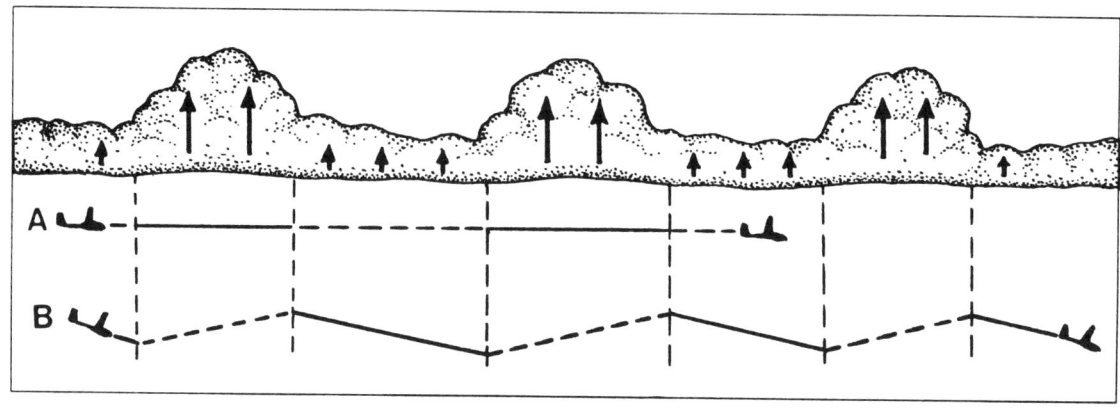

Fig. 15 – ¡Bajo la calle de nubes ha de volarse con velocidad óptima! —— vuelo rápido. - - - vuelo lento.
B alcanza mayor velocidad que A.

siguiente. *El vuelo de delfín es la parte del vuelo rectilíneo que, durante el vuelo de distancia, se realiza según la teoría de Mac Cready o de las «velocidades de planeo»*. Esta teoría ha sido constantemente perfeccionada. El vuelo de delfín, caracterizado por una serie de subidas y bajadas, constituye una parte importante del moderno vuelo de distancia. No es posible separar la teoría de Mac Cready de la teoría del vuelo del delfín, porque el «tradicional» vuelo rectilíneo de Mac Cready es, en el fondo, un vuelo de delfín.

La teoría completa de las velocidades de planeo, o de Mac Cready, comprende tanto el «clásico» vuelo de distancia, en que la ascensión térmica es en espiral, como el vuelo de delfín sin ascenso en espiral.

Al vuelo en calle de nubes le es plenamente aplicable la teoría de las «velocidades de planeo». Por lo tanto, el anillo de Mac Cready y el variómetro de velocidades de planeo (o cualquier otro instrumento similar) conservan toda su importancia. Exiten fórmulas matemáticas que indican la colocación adecuada del anillo, el momento en que ha de iniciarse el vuelo en espiral o la conveniencia de no realizarlo.

En base a los resultados obtenidos, la velocidad de planeo a que ha de ajustarse el anillo nunca será inferior al valor de la velocidad ascendente de la próxima térmica que se pretende volar en espiral. De este modo es posible lograr un vuelo de delfín que nos lleve hasta el próximo objetivo. Normalmente el próximo objetivo consiste en alcanzar la máxima altura al final de la calle de nubes. Por lo tanto, el trayecto de planeo se desarrolla horizontalmente o con ligera inclinación hacia arriba. El tramo de planeo final del vuelo de distancia constituye un caso particular, por estar inclinado hacia abajo. Es posible que el ajuste del anillo, señalado antes, produzca en el vuelo de delfín un déficit de altura. Cuando esto ocurra, el piloto debe ascender en espiral aprovechando las corrientes de máxima fuerza que crucen en su camino, hasta recuperar la altura perdida. ¡Volver el anillo para atrás constituye un error patentemente demostrado!

Si, por el contrario, se produce un exceso de altura, el anillo ha de ajustarse a un valor superior del que corresponda al trayecto de vuelo deseado, adquiriendo mayor velocidad. En este caso, en el vuelo de delfín, la colocación del anillo corresponde a un valor superior al del vuelo clásico.

En la práctica resulta difícil acertar con la colocación óptima del anillo, ya que no se conoce por adelantado el perfil ascensional de la calle de convecciones. Así, el piloto se ve obligado a preguntarse «¿He de iniciar ya el vuelo en espiral o todavía no?».

El vuelo en espiral es adecuado:

- cuando nos encontramos muy por debajo de la base de la calle de nubes
- cuando la calle de nubes está llegando a su fin
- cuando la fuerza ascensional encontrada resulta muy superior a la de las restantes corrientes bajo las nubes
- cuando se sospecha que el centro de la corriente ascensional es tan estrecho que, de sobrevolarlo en línea recta, nos será imposible alcanzar el trayecto de vuelo deseado.

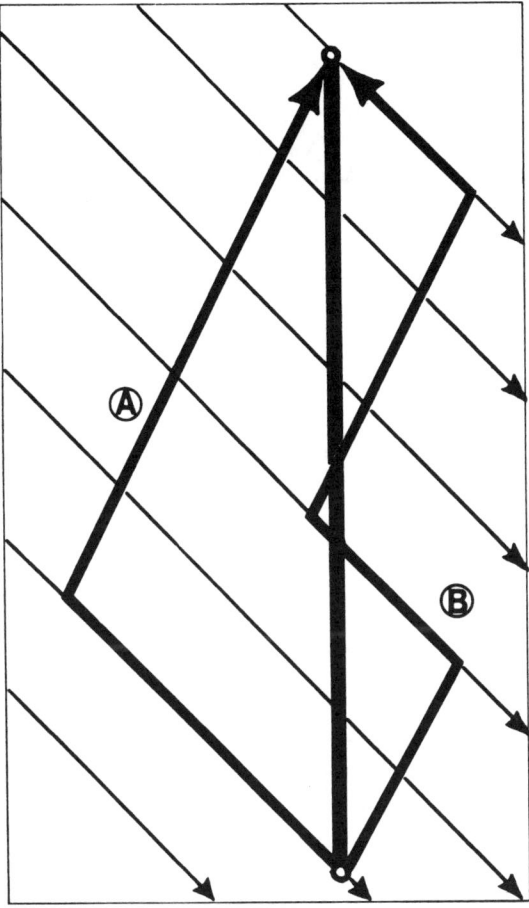

Fig. 16 – Los trayectos de A y B tienen la misma distancia. ⟶ calle de térmicas. ▬▬ rumbo de vuelo directo.

La experiencia demuestra que es conveniente salirse de las calles de corrientes ascendentes con la máxima altura posible, pues las zonas lindantes suelen carecer de cualquier tipo de térmicas. Sobrevolar estas zonas siempre requiere una adecuada reserva de altura.

VUELO OPTIMO A LO LARGO DE LAS CALLES DE TERMICAS (Veáse Fig. 17)

Caso 1°: El trayecto de vuelo deseado (FP) es horizontal. El piloto del velero «A» ajusta el anillo de Mac Cready a la velocidad ascensional S_t, alcanzada durante el vuelo en espiral, o incluso encima de dicho valor, realizando así un vuelo de delfín que, en su conjunto, le mantiene sobre una trayectoria horizontal.

El piloto del velero «B» también colocó el anillo de Mac Cready sobre el valor S_t. Debido a que las prestaciones de su velero son inferiores a las de «A», pierde lentamente altura, que ha de recuperar realizando un vuelo en espiral sobre un térmica. El vuelo realizado por ambos pilotos ha sido óptimo; es decir, que en estas circunstancias no se podían lograr mejores prestaciones. Este mismo supuesto ideal será aplicado en los próximos casos 2° y 3°.

Caso 2°: El trayecto deseado (FP) está inclinado hacia arriba. El piloto del velero «A» logra mantener el trayecto deseado mediante un vuelo de delfín, habiendo colocado el anillo de Mac Cready sobre el valor S_t, o incluso por encima.

El piloto del velero «B» fue perdiendo altura respecto del trayecto de vuelo deseado, que ha de recuperar mediante un vuelo en espiral.

Caso 3°: El trayecto de vuelo deseado (FP) está inclinado hacia abajo. Una vez más el velero «A» logra mantener el trayecto deseado realizando un vuelo de delfín, habiendo colocado el anillo de Mac Cready sobre el valor S_t, o incluso superior. Por el contrario el velero «B», con idéntica colocación del anillo, fue perdiendo altura respecto del trayecto de vuelo esperado, que recupera realizando un vuelo en espiral.

RUMBO OBLICUO CON RESPECTO DE LA CALLE DE TERMICAS

Suponemos que se sabe calcular la relación entre la velocidad de crucero bajo la calle de nubes – en general muy alta – y la velocidad en el trayecto con rumbo directo. Se puede calcular entonces matemáticamente el valor del ángulo formado por el rumbo y las calles de térmicas, en función de la intensidad del viento. Este cálculo nos señala hasta dónde conviene seguir la calle de nubes y el ángulo óptimo para salir de la misma. Si el rumbo cruzara varias calles de nubes, el piloto puede elegir libremente entre sobrevolar prolongadamente una de ellas, hasta alcanzar el punto de abandono y recuperar un rumbo, o bien volar trayectos cortos a lo largo de varias calles, abandonándolas sucesivamente para conservar el rumbo.

Este problema fue estudiado por H. Kiffmeyer (que lo calculó sin tener en cuenta la influencia del viento), por K. Ahrens y A. Wie-

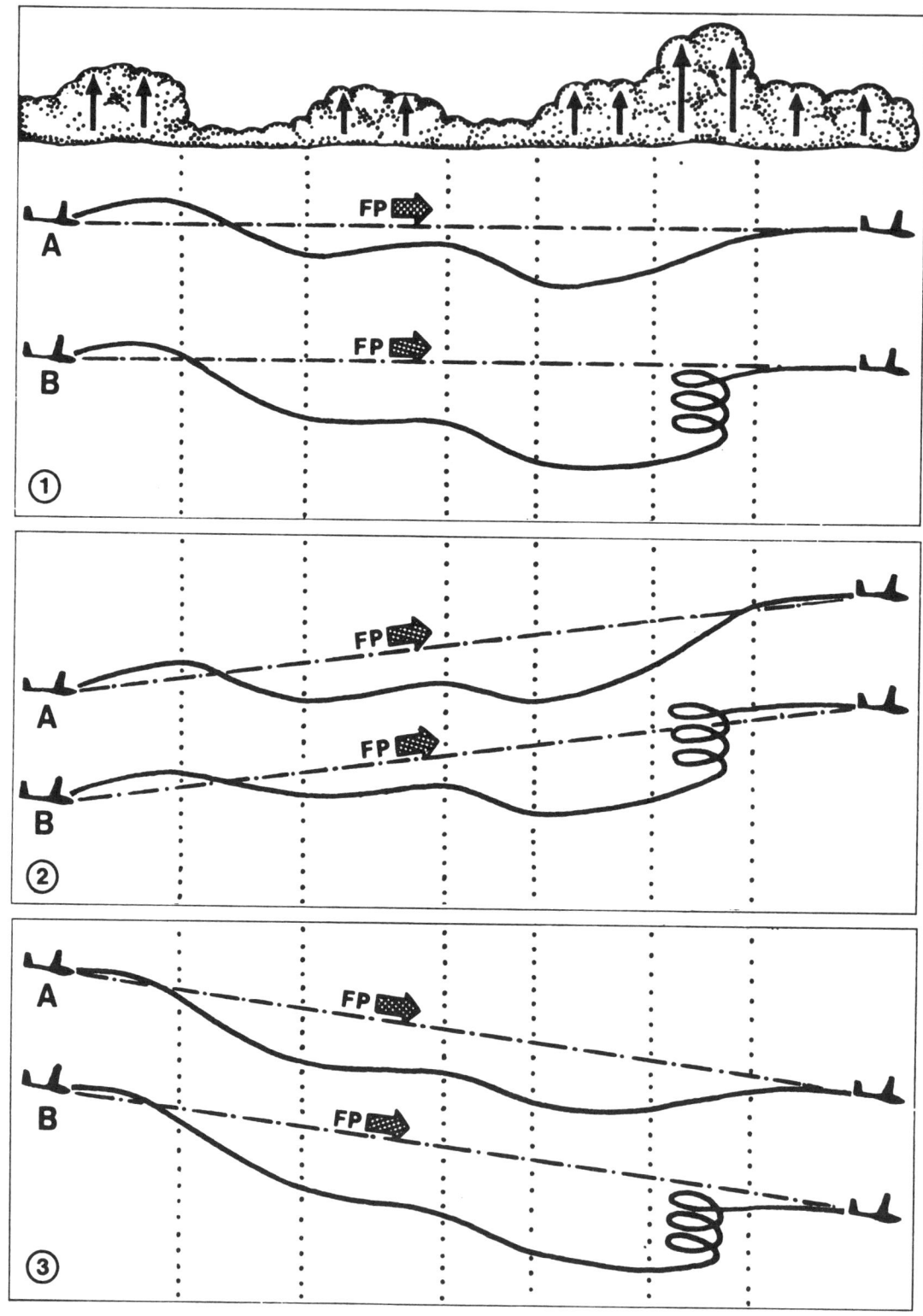

Fig. 17 – Vuelo óptimo en calle de térmicas.

nen (que utilizaron el cálculo infinitesimal, pero sin tener en cuenta la influencia del viento) y, a partir de 1.973, por K. Ahrens y P. Sand, quienes obtuvieron fórmulas matemáticas exactas, que tienen en cuenta la influencia del viento.

Analicemos brevemente los resultados obtenidos:

> Merece la pena volar prolongadamente a lo largo de una calle de nubes:
> - cuando la desviación de rumbo que se introduce es pequeña
> - cuando el vuelo a lo largo de la calle de nubes se realiza con fuerte viento de cara
> - cuando la velocidad de crucero (respecto del aire) sobrevolando la calle de térmicas es superior a la velocidad que se alcanzaría adoptando cualquier otro rumbo.

Precisemos algunas cuestiones:

- el ángulo de salida (respecto del suelo) «ϑ» ha de ser el ángulo óptimo formado por la calle de nubes y el nuevo rumbo (respecto del suelo). Este ángulo es independiente del que forma el rumbo de trayecto directo (con viento de cara) con la calle de nubes.

  El valor del ángulo óptimo depende a su vez tanto de la relación entre velocidades de crucero como de la relación entre la intensidad del viento y la velocidad de crucero fuera de la calle. Así pues, el ángulo depende de las condiciones meteorológicas y del tipo de velero, no en cambio del rumbo prefijado en la carta. Para el tramo de viento de cola, se obtiene análogamente un nuevo ángulo de salida constante «ϑ_2».

- el ángulo de salida respecto del aire (δ), es el ángulo óptimo formado por la calle de nubes y el eje longitudinal del velero. Constituye la deriva que ha de mantenerse para neutralizar la componente lateral del viento. Este ángulo, a su vez, depende de la relación existente entre las velocidades de crucero.

APLICACION PRACTICA

Es preciso tener bien claras nuestras intenciones, a fin de variar de calles de nubes de for-

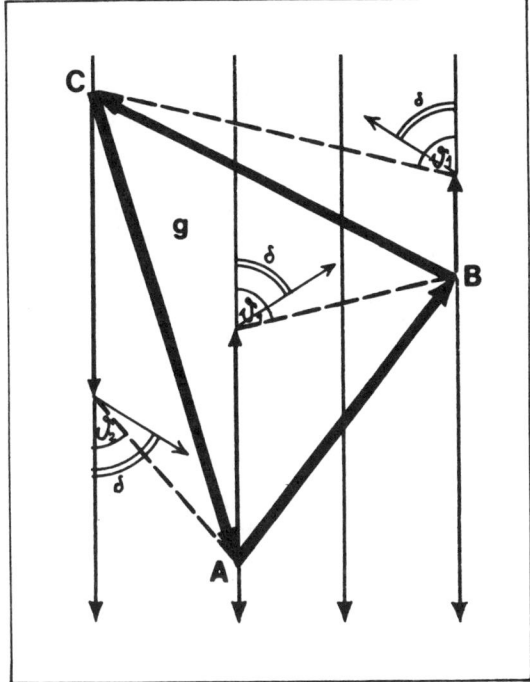

Fig. 18 – Vuelo triangular cruzando calles de nubes. ABC trayecto triangular a realizar. ⟩ trayecto de rumbo directo.

↑↓ vuelo a gran velocidad en calle de nubes.
- - - vuelo lento en otras direcciones. rumbo óptimo.
} Rumbo óptimo.

ϑ_1 ángulo de salida respecto del suelo, con viento de cara. ϑ_2 ángulo de salida respecto del suelo, con viento de cola. δ ángulo de salida repecto del aire (corrección de deriva).

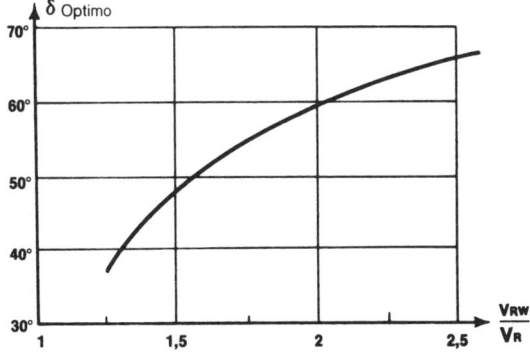

Fig. 19 – Angulo óptimo de salida. δ = ángulo de salida formado por la calle de nubes y el eje longitudinal del velero. V_{RW} = velocidad de vuelo, bajo la calle de nubes. V_R = velocidad de vuelo en otras direcciones.

ma consecuente. adoptando rumbos de salida de 45 a 65 grados. No ha de adoptarse de modo inmediato el ángulo óptimo calculado. Lo primero que ha de hacerse es sobrevolar a gran velocidad la zona de corrientes descendentes, próxima a la térmica. A continuación, con un ángulo de inclinación mayor que el óptimo, se vuelan análogamente los últimos 100 metros hasta alcanzar la siguiente calle de nubes. Se sigue volando a lo largo de esta calle hasta que ésta forme un ángulo óptimo (sin olvidar la corrección de deriva) con nuestro próximo objetivo (que bien puede ser la próxima calle de nubes o un punto de viraje). Si para abandonar la calle de nubes fuera preciso un ángulo de salida demasiado grande, no se debió, desde un principio, tomar esta calle.

Creo conveniente advertir a los pilotos que presumen de realizar durante el vuelo cálculos exactos de rumbos, de ángulos o de intersecciones, que corren el riesgo de que les pase inadvertida la siguiente térmica. Además, las condiciones meteorológicas no son tan regulares como para permitir cálculos de gran exactitud. Lo verdaderamente interesante es el cálculo del tiempo que puede ganarse tomando el trayecto óptimo de vuelo en lugar del rumbo directo. Por ejemplo: una calle de nubes cuya dirección se aparta de nuestro rumbo según un ángulo de 30 grados, nos permite alcanzar una velocidad de crucero V_{RW} (véase el texto de la Fig. 19) de 140 km/h., mientras que la velocidad en el trayecto de rumbo directo no supera los 80 km/h.. A lo largo de la calle de nubes el viento sopla de cara a 32 km/h. Se logrará un vuelo óptimo abandonando la calle de nubes con un ángulo de salida de 55 grados, ganando así un 26% de tiempo respecto del que hubiéramos necesitado para recorrer el trayecto de rumbo directo.

Vuelo a través de zonas con cielo despejado

Campeonato de Alemania celebrado en Bückeburg. Recorrido del día: 234 km. de vuelo triangular: Bückeburg – Hannoversch – Münden – Kreiensen.

Al inciar el vuelo, el desarrollo de las nubes es débil, pero mejora constantemente con valores crecientes. Con 2 m/seg. alcanzamos, a 50 km. de la meta, la base de las nubes, mientras sobrevolamos las montañas de Ith a 1.200 m. de altura. Sólo quedan unas pequeñas nubes, que muy pronto se desintegran. ¡El cielo se ha vuelo totalmente azul! Al Oeste de nuestro trayecto, por encima de las montañas, quedan restos insignificanetes de nubes. Decido desviarme de mi ruta y me siguen de 5 a 6 veleros. Los restantes prosiguen su ruta, mientras pierden altura en dirección al valle del Weser, que se encuentra totalmente despejado. Aprovecho las últimas y débiles corrientes ascendentes, para mantenerme a 1.000 m. de altura. Mientras tanto oigo por radio cómo el resto de mis compañeros están totalmente desesperados. Algunos incluso se están hundiendo. ¡La situación resulta preocupante! La mía tampoco es mejor, pues los restos de nubes acaban de desintegrarse. Vuelven a formarse nubes esperanzadoras; pero sólo están a 600 m. de altura, es decir a menos de 400 m. por encima de las montañas. ¡Hasta las águilas ratoneras se alejan de estos parajes!.... ¡Qué envidia! Oigo por radio que algunos compañeros, que volaban bajo cielo despejado, se están remontando. Sigo luchando,.... pero en vano. Tan sólo a 15 km. de la meta me veo forzado a aterrizar. Algunos pilotos siguen volando con la ayuda de vientos de ladera o de débiles térmicas. En el límite Sur del valle logran por fin dar el salto definitivo, por encima de los montes del Weser, en Rintelin, alcanzando la meta.

Tras esta experiencia todos nos dirigimos a los meteorólogos, obteniendo por respuesta lo siguiente. Un frente de aire frío debilitó profundamente las térmicas, cambió la dirección del viento a Norte e hizo que descendiera la base de las nubes. Nuestro error consistió en sobrevolar las montañas, restándonos libertad de movimientos. Los otros veleros no sólo estaban más distanciados del suelo y entre sí, sino que además encontraron, al Sur de las montañas Weser, vientos de ladera que provocaron corrientes ascendentes. Este «pequeño» error me costó 142 puntos.

Lo ocurrido ese día constituye un ejemplo característico de las consecuencias que origina una lenta penetración de aire frío; en este caso fueron: un incremento del viento de superficie, su variación direccional y un cambio de nubosidad.

PENETRACION DE UN FRENTE FRIO

Las masas de aire frío que penetran a poca altura, interrumpiendo las corrientes ascendentes, son difíciles de reconocer en los días de térmicas invisibles (véase Fig. 20). Suelen ser la causa de los inofensivos «agujeros azules». Cuando la nubosidad es escasa, las nubes pueden no formarse por falta de humedad a pesar de que las corrientes ascendentes sean adecuadas. Pueden incluso no producirse condensaciones por encontrarse muy caliente el aire de la superficie. Algo semejante ocurre en verano, durante los días de altas presiones atmosféricas. Los pequeños cúmulos, que durante el día señalan la existencia de térmicas, se van desintegrando a lo largo del día por el calor. Sin embargo, las térmicas adquieren una fuerza muy superior, pero resultan mucho más difíciles de localizar. También puede ocurrir que la temperatura del suelo sea demasiado baja, como consecuencia de una chaparrón, de una zona pantanosa o bien regada, y no se produzcan térmicas. El aire aparece inmóvil, es decir «térmicamente muerto».

Cuando estas zonas son amplias y no se pueden sobrevolar ni siquiera con el más adecuado ángulo de planeo, es preciso rodearlas, pues resultan muy inseguras. Cuanto antes nos decidamos a realizar este desvío, tanto mejor. Para bordear una zona climatológicamente negativa conviene planificar el desvío con suficiente antelación. De este modo el ángulo de desvío será menor y consecuentemente el trayecto a recorrer resultará más corto. Desviarse justo antes de penetrar en la zona exige una variación de rumbo mucho mayor, que se traduce en un recorrido mucho más largo. Si no fuera posible desviarse, o esto supusiera un aumento exagerado del trayecto, ha de penetrarse con sumo cuidado en esta zona sin nubes, en busca de turbulencias que puedan indicar la presencia de corrientes ascendentes. Tan pronto como se descubra la primera térmica, se puede proseguir el vuelo con toda tranquilidad, al igual que en el caso de térmicas invisibles.

Térmicas engendradas por la industria

La inmensa cantidad de humo emitido por las chimeneas de la refinerías, las instalaciones químicas, las fundiciones y los centros de producción, junto a sus efectos perjudiciales para la salud, disminuyen la visibilidad y no dejan penetrar los rayos del sol, impidiendo por lo tanto la producción de térmicas en su entorno. Este efecto se acentúa durante los días de poco viento y de altas presiones atmosféricas. Ahora bien, para consuelo de los pilotos de vuelo sin motor, estas industrias son fuentes visibles de producción de calor independientes del sol que, en función de la «calidad» de sus emisiones, suelen generar corrientes ascendentes si van acompañadas de viento débil o de otro factor desencadenante. Estas térmicas malolientes pueden ser constantes o intermitentes y ofrecen, particularmente al anochecer «mientras duerme todo lo demás», una posibilidad relativamente segura de prolongar el vuelo. Ascender en medio de ese aire sucio no resulta agradable. Muchos de estos humos contienen productos nocivos, cuyos efectos inmediatos suelen ser mareos y vómitos. Conviene en estos casos que el piloto se observe a sí mismo, a fin de abandonar el lugar inmediatamente antes de que su posible malestar pueda agravarse peligrosamente.

Térmicas sin condensación

Cuando el aire ascendente es demasiado seco o excesivamente caliente para que pue-

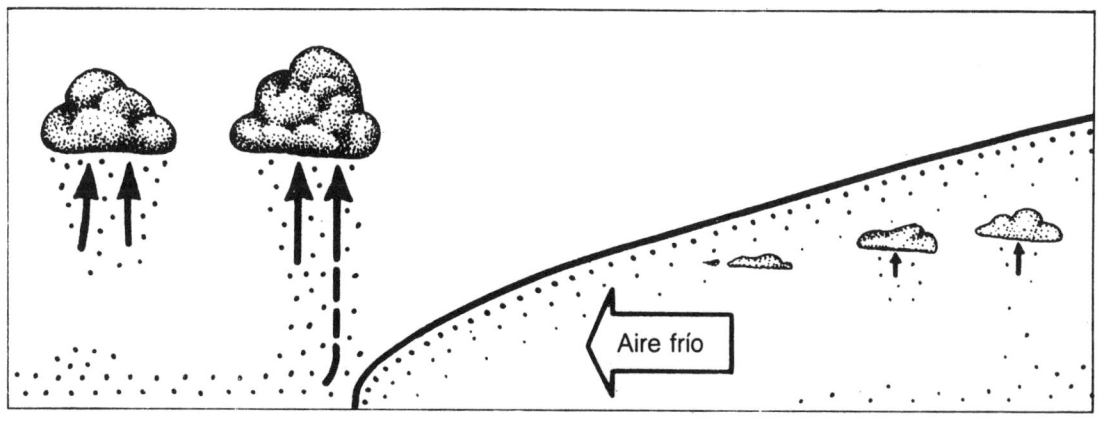

Fig. 20 – Penetración de un frente frío.

dan producirse nubes de condensación, las corrientes de convección resultan invisibles. Sin embargo todo el mecanismo de producción de corrientes ascendentes (fuentes de producción de térmicas, factores desencadenantes, calles de convecciones, etc.) seguirá desarrollándose, tal como se explicó anteriormente.

TERMICAS INVISIBLES

El problema consiste en volar correctamente pese a la inexistencia de indicios visibles de térmicas. El piloto se ve por tanto forzado a «volar a ciegas», con la esperanza de encontrar una corriente ascendente en su camino. Sobrevolar estas zonas no es aconsejable más que cuando no nos quede otra alternativa. Sin embargo, para aumentar la probabilidad de encontrar térmicas, es conveniente fijarnos en los siguientes datos:

- *calentamiento de la superficie terrestre*:
 con cielo descubierto es mucho más sencillo descubrir zonas de posible producción de térmicas.
- *irregularidades del terreno*.
- *térmicas inclinadas como consecuencia del viento*.
- *calles de térmicas*:
 aún siendo invisibles, las térmicas se producen del mismo modo que aquellas que dan lugar a nubes y exigen una táctica de vuelo análoga.
- *señales visibles de corrientes ascendentes*:
 el movimiento de las espigas, doblez en el humo de una chimenea, movimiento de las mangas de viento, «dustdevils», aves que aprovechan las térmicas, otros veleros, cúpulas de vapor en la capa de inversión.

A veces las cúpulas de vapor resultan visibles haciendo posible el vuelo sistemático a lo largo de la corriente ascendente, del mismo modo que cuando se producen nubes. Estas cúpulas de vapor se distinguen mejor con gafas de sol de cristales amarillentos en lugar de azulados. Las gafas de sol polarizadas tienen la desventaja de que, sumando sus efectos a los de reflexión producida por la cúpula del velero, pueden hacernos ver zonas oscuras inexistentes y posiblemente volar tras ellas inútilmente. Desde que descubrí este error, no volví nunca a entrar en la cabina con esas gafas tan caras.

La táctica de vuelo con térmicas invisibles no sólo es fundamental para el éxito de vuelo de distancia, sino también decisiva para conseguir la victoria del día, o la de un campeonato internacional o regional. No ha de olvidarse que los campeonatos de vuelo de distancia se llevan a cabo aprovechando todo tipo de térmicas, y por lo tanto también las térmicas invisibles. Cuando se tiene la ambición de participar con éxito en este tipo de competiciones, es preciso estudiar la teoría y practicar mucho esta modalidad de vuelo. Precisamente por fallar en esta modalidad, algunos de los más atrevidos pilotos del equipo de Alemania, durante los campeonatos de 1.973, no lograron una buena marca. Por la misma razón y por volar demasiado retenido, aunque seguro, otro de sus compañeros perdió 300 puntos, imposibilitando al equipo su participación en los campeonatos del mundo celebrados en Australia. En el penúltimo día del campeonato de Alemania de 1.969, que tuvo lugar en Roth, se produjo gran conmoción durante el recorrido del tramo final. Después de que los participantes sobrevolaran la última térmica, con una velocidad ascendente de 4 m/seg., algunos pilotos se quedaron cortos, mientras otros, de tanto subir, no supieron cómo perder altura, pues exitían calles de térmicas a todo lo largo del tramo de planeo final. Estas circunstancias, que obligaban a ascender a los primeros y a descender a los segundos, forzaron a unos a variar de rumbo y a los otros a tener que aterrizar prematuramente.

Las térmicas invisibles pueden sorprender al piloto tanto positiva como negativamente. Exigen que el piloto preste la máxima atención a la configuración del terreno, a las hileras de corrientes ascendentes y al vuelo del resto de los veleros.

Brisa marítima. Frentes de vientos marítimos

En las zonas costeras y en las que lindan con grandes lagos se desarrollan durante el día, bajo ciertas condiciones climatológicas adecuadas, temperaturas diferentes en tierra y sobre el agua. El calentamiento mucho más rápido de las masas de aire situadas sobre tierra da lugar a un sistema de vientos, que en la costa ocasiona las brisas, que pueden adentrarse profundamente en el interior. Las brisas tienen con frecuencia una influencia negativa sobre las posibilidades del vuelo sin motor.

La formación de brisas resulta favorecida cuando, en una amplia zona, se produce un fuerte calentamiento del suelo, que da lugar a un buen desarrollo de térmicas y, al mismo tiempo, el viento correspondiente a la situación meteorológica del momento sopla en dirección del mar (viento del interior).

Sobre la misma costa, o bien en el mar a corta distancia de la costa, se establece una situación límite que separa las masas de aire caliente de las masas de aire marítimo más frías. Este «frente de brisa marítima» puede compararse a los frentes de aire frío. En este frente la brisa avanza penetrando por debajo del aire caldeado por la tierra, desplazándose de este modo el frente. Así, durante la mañana, la brisa en las zonas marítimas se convierte en una corriente de aire frío que, procedente del mar, sopla en dirección perpendicular a la costa. La brisa avanza con más velocidad que el propio frente. En su zona frontal el aire de tierra y el aire marítimo ascienden conjuntamente, formando una tira de nubes paralela a la costa. En estas nubes la parte de la base alimentada por el aire de la costa es más elevada, ya que éste es más cálido que el procedente del mar. El frente de brisa marítima avanza hacia el interior con velocidades muy variables, penetrando en tierra unos cuantos kilómetros (que, en algunos casos, llegan a ser de 50 a 100 km.). Raramente el viento procedente del interior tiene fuerza suficiente para empujar el frente de brisas, haciéndole retroceder.

Cuando estos frentes no están señalados por las nubes indicadas, al piloto le resulta muy difícil descubrirlos. A veces es posible, cuando el aire marítimo aparece más turbio que el del interior. Pero al piloto procedente de tierra, una vez que ha penetrado en la zona marítima, ya no le es posible descubrir estos frentes. El turbio aire marítimo es generalmente inactivo para la producción de térmicas y, una vez dentro del mismo, es difícil escapar de la trampa. Incluso son muy pequeñas las posibilidades de regreso a la zona interior. Tan sólo cuando el frente de brisas ha penetrado profundamente tierra adentro puede, al calentarse, perder su carácter de frente, engendrando térmicas débiles y desintegrándose del todo. Ahora bien, cuando esto no ocurre, el frente de brisas acaba por desaparecer al anochecer, al no calentar los rayos solares con suficiente intensidad. El viento procedente del interior, que aparece a partir de este momento, con frecuencia es interpretado erróneamente al considerarlo como el proceso de inversión de la brisa marina. En los días en la que la nubosidad está constituida por cúmulos, la brisa marina puede ser traicionera. El aire marítimo penetra en forma de finas capas por debajo del aire caliente, impidiendo la alimentación de las nubes existentes. En este caso, generalmente, el piloto se da cuenta demasiado tarde que las nubes bajo las que vuela pierden progresivamente su fuerza ascensional, hasta acabar por desaparecer totalmente. Las brisas marinas, sin embargo, ofrecen ciertas ventajas al piloto de vuelo sin motor. A veces el frente de brisas es tan activo que resulta fácilmente

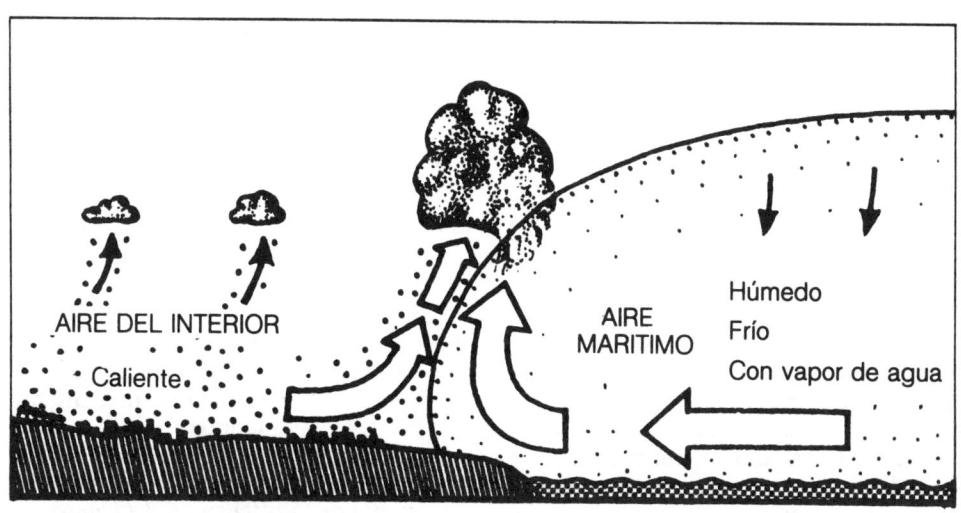

Fig. 21 – Brisa marítima. Frentes de vientos marítimos.

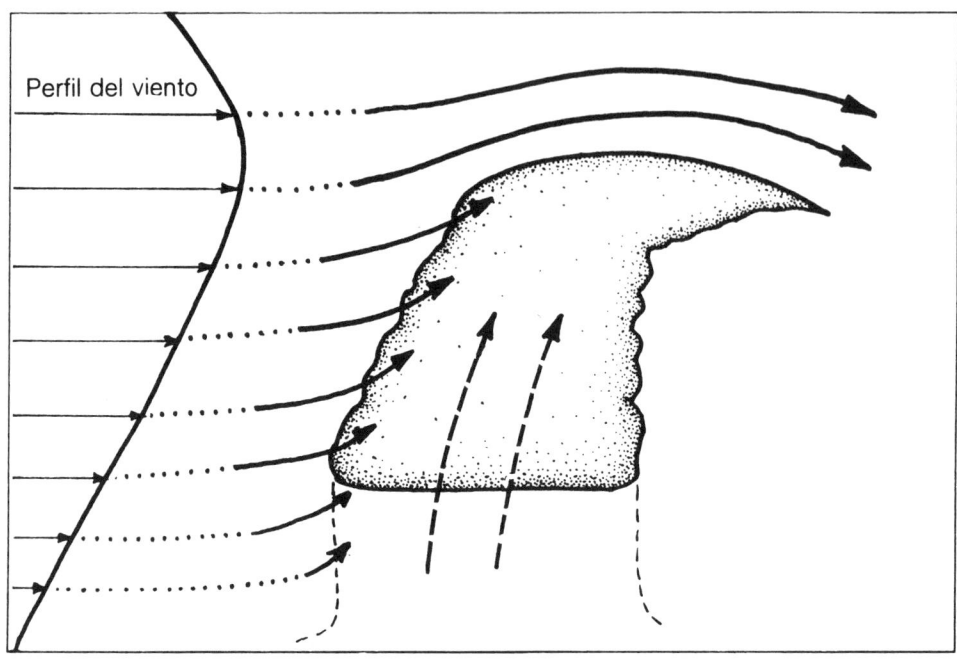

Fig. 22 – Viento de ladera convectivo y ondas a sotavento de la convección.

reconocible por su larga hilera de nubes con bordes hinchados. El piloto puede volar a lo largo del mismo, como si se tratara de una calle de nubes o de un frente de aire frío, sin necesidad de volar en espiral.

Las predicciones sobre la altura de penetración de las capas de aire marítimo resultan difíciles e inseguras. Por ello es aconsejable que los pilotos en las zonas costeras realicen las observaciones necesarias con la máxima atención y, en caso de duda, pidan por radio mayor información.

Vuelo sobre barreras convectivas

VIENTO DE LADERA CONVECTIVO Y ONDAS A SOTAVENTO DE LA CONVECCION

Cuando hay viento, las masas de aire recientemente ascendido, producto de una térmica, pueden convertirse en obstáculos meteorológicos. El viento las rodea, pasando por encima o por sus costados, como si tratara de montañas. Estas barreras convectivas duran un período de tiempo relativamente corto, pues el viento las arrastra hacia alturas distintas, donde acaban desintegrándose. Las corrientes de aire que rodean estos obstáculos se mezclan en parte con ellos. Sin embargo, pueden aprovecharse para realizar vuelos interesantes, si se aplican los principios ya conocidos del vuelo de ladera o del vuelo en ondulatoria.

Con frecuencia es posible volar a barlovento del obstáculo (precisamente contra la cizalladura del viento), por delante y debajo de la nube. Se penetra en una zona de ascensión tranquila y homogénea en cuya corriente laminar – al igual que en el vuelo de ladera – se puede seguir ascendiendo unos 100 metros, sin llegar a alcanzar las nubes. En ocasiones es posible incluso sobrevolar la propia nube.

Para que estos obstáculos engendren vientos ascendentes, semejantes a los de ladera, son indispensables los siguientes requisitos:

– *convecciones suficientemente fuertes*, capaces de formar la barrera (cuanto más se extiendan las nubes perpendiculares a la cizalladura del viento, tanto más intensa será la corriente ascendente)

– una *marcada cizalladura* del viento (*aumento de la intensidad del viento en función de la altura*)

– *la existencia de capas de aire estable, por encima de la zona de convecciones.*

Los dos últimos requisitos son precisamente los que dan lugar a la onda de montaña. De forma análoga, tras los obstáculos convectivos pueden engendrarse ondas a sotavento de la convección.

Si bajo la rama ascendente de la primera onda de sotavento se encuentra otra fuente convectional, resulta, como consecuencia de la suma de efectos, que esta primera onda de sotavento se convierte a su vez en la onda de barlovento de la siguiente barrera. De este modo, se engendran en ocasiones sistemas de ondas en los que las térmicas aparecen ordenadas según hileras transversales a la cizalladura. Carsten Lindemann sobrevoló estos sistemas de hileras térmicas, en la llanura inmediata a los montes Teutoburger Wald. Estos sistemas se caracterizaban por la superposición de ondas, siendo los factores desencadenantes un suave viento de superficie y aquellas montañas.

CALLES DE ONDAS CONVECTIVAS

La parte superior de las calles de nubes y de las térmicas invisibles está limitada por capas de inversión. Normalmente a esta altura la dirección y el sentido del viento varían.

El conocimiento de las condiciones necesarias para que se formen ondas convectivas se debe a una serie de experiencias. En 1.964 K. Lamparter sobrevoló un tipo de onda térmica, desconocido hasta entonces. En 1.971 otros vuelos (A. Eckart, H. Huth) completaron aquellos conocimientos. Las condiciones ideales para la formación de calles de ondas convectivas son las siguientes:

– *que sobre la capa de convección, causante de la calle de nubes, se encuentre una fuerte corriente laminar, de aire poco estable, casi perpendicular a la calle de nubes y a la dirección del viento*

– *que la longitud de onda de la capa superior, función de la velocidad del viento y de la va-*

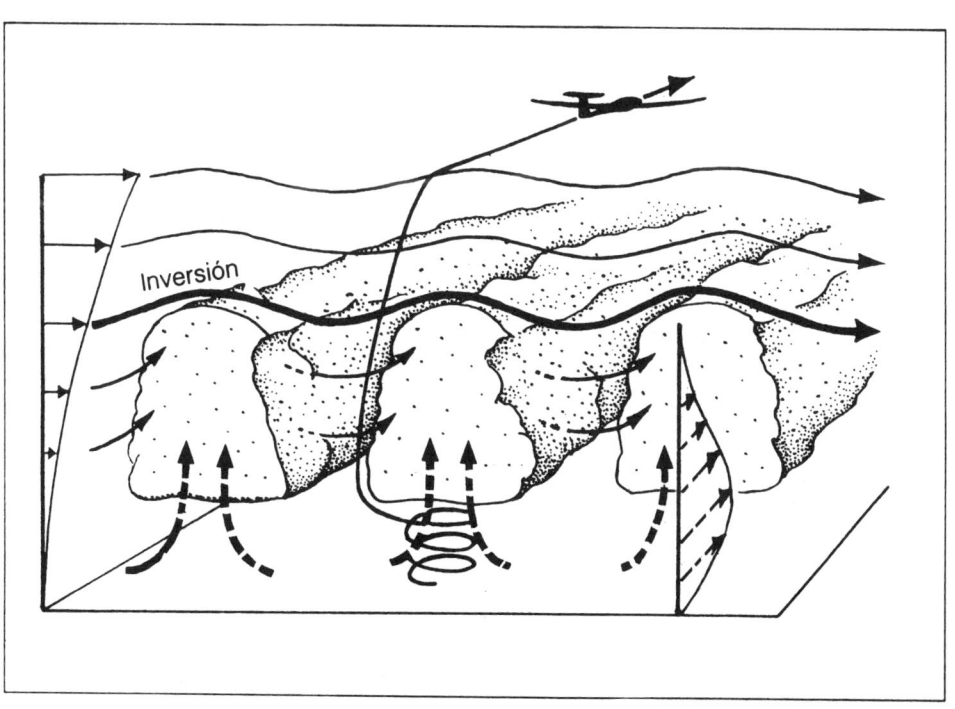

Fig. 23 – Onda de calles de nubes. (según el Dr. Küttner). – – –▶ vectores del viento, a lo largo de la calle de nubes. ⟶ vectores del viento, perpendiculares a la calle de nubes.

riación estratificada de las temperaturas, coincida en lo posible con la separación media entre calles de nubes (efecto de resonancia).

VUELO EN ONDAS CONVECTIVAS

Normalmente en el vuelo de distancia no supone un ahorro de tiempo aprovechar débiles corrientes ascendentes, engendradas por las corrientes laminares capaces de superar la barrera convectional. Sin embargo, su aprovechamiento constituye una fascinante experiencia de vuelo, por su belleza y tranquilidad. Si la fuerza ascensional, situada bajo los cúmulos estuviera claramente desplazada en sentido contrario al del viento, merece entonces la pena seguir ascendiendo a barlovento, es decir, por delante de la nube. Si se trata de calles de nubes, los indicios favorables para seguir ascendiendo son los mismos, ya que la rama ascendente de la onda está desplazada a barlovento de la nube.

Las nubes, al ser rebasadas por las corrientes laminares, normalmente se desplazan y se desfiguran en función de la cizalladura del viento.

VUELO EN ONDAS DE MONTAÑA

Formación de la onda de montaña

Al igual que una roca en el río, el aire que incide sobre un barco en movimiento produce, a sotavento del mismo, un conjunto de ondas. Las gaviotas siguen al barco desde una distancia fija, aprovechando la rama ascendente de la onda y sin realizar esfuerzo alguno. Todavía más alejadas del barco, las gaviotas pueden planear aprovechando la rama ascendente del segundo período de ondas. Si, en este último caso, pretendieran acercarse al barco, deberían impulsarse con las alas para adquirir la velocidad necesaria para volar a lo largo de la rama descendente de la primera onda. (Regla de la velocidad de planeo). Aún cuando a primera vista pueda parecer sencilla la teoría física de las ondas, es sin embargo muy compleja. Fue preciso mucho tiempo para que el vuelo sin motor lograse aprovechar ondas engendradas por un obstáculo. Hoy día, su explicación matemática sólo está en parte resuelta. A fin de apreciar las posibilidades de vuelo que ofrecen, se exponen a continuación los principios meteorológicos en que se fundan.

INFLUENCIA DEL TERRENO

Conviene saber, como primer dato importante, que el terreno no influye en absoluto sobre la longitud de onda. Sólo actúa como factor desencadenante y es reponsable de su mayor o menor amplitud. La longitud de onda sólo depende de los factores meteorológicos. Por lo tanto, el obstáculo engendrará ondas a sotavento del mismo, cuanto más se parezca su perfil al de las ondas sinusoidales.

Por ello resulta conveniente:

– *que el costado del obstáculo a sotavento tenga una fuerte pendiente.* (Para la producción de ondas de montaña, la forma del costado de sotavento tiene mayor importancia que la del costado de barlovento. Las laderas a sotavento, con fuertes pendientes, favorecen la formación de rotores).

– *que las faldas de la montaña sean relativamente lisas* (sobre todo cuando son de poca altura).

– *que la cima sea lo más alargada posible,* para evitar que el aire penetre por los costados. Los obstáculos cortos y romos no favorecen la producción de ondas.

– *que la cima sea perpendicular al viento* (desviaciones de esta perpendicularidad superiores a 30 grados, producen ondas que se desarrollan paralelas al obstáculo y no perpendiculares al viento).

– *que existan, a sotavento del obstáculo, un valle que favorezca la rama descendente de la onda y un segundo obstáculo, distancia-*

do una longitud de onda (o un múltiplo de la misma). (De esta forma aumenta la amplitud de la onda, dando lugar a un fenómeno de resonancia).

La longitud de onda, en kilómetros, es aproximadamente igual a:

$$\lambda = 0{,}30\ U$$

siendo U la velocidad media del viento, medida en nudos. (Para lograr un resultado más exacto es preciso tener en cuenta otros factores, tales como la estabilidad de las corrientes de aire).

CONDICIONES METEOROLOGICAS NECESARIAS

Las ondas son corrientes laminares, sin alteraciones ni rugosidades. Por lo tanto, no se desarrollan cuando son interferidas por térmicas u otro tipo de turbulencias. Sólo se engendran en las masas de aire estable. Son especialmente favorecidas por las capas estables de aire (isotérmicas o de inversión), situadas entre dos capas menos estables, pues acolchonan la onda. De nuevo se expondrán, de forma resumida y sencilla, las condiciones más adecuadas:

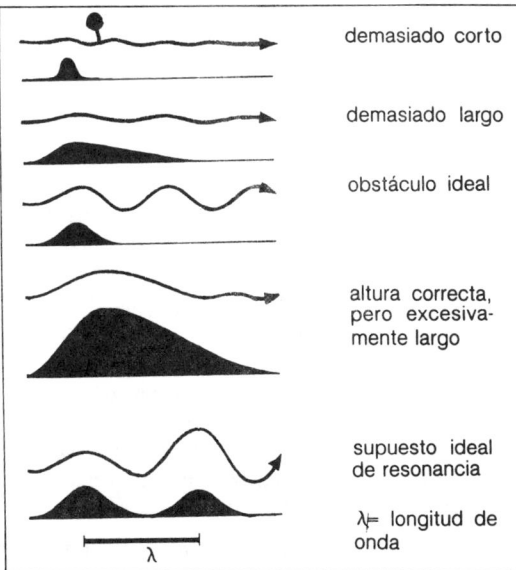

Fig. 24 – Influencia del obstáculo sobre el viento (corte transversal) (según Wallington).

– *estabilidad de las masas de aire*
(Dos capas de aire estable con una de mayor estabilidad en el centro dan lugar a una mayor amplitud de onda).

– *existencia, a la altura de la cima, de un viento por lo menos de 15 nudos.*

– *la dirección y sentido del viento deben permanecer constantes, hasta el límite superior de la capa de aire estable.*

– *por último, la velocidad del viento ha de aumentar en función de la altura.*

Si la apreciación de los 4 puntos señalados anteriormente resultara un tanto vaga, puede emplearse además el denominado parámetro de Scorer. Este señala con exactitud si, en las condiciones meteorológicas del momento, resulta posible que se engendre una onda. Constituye la parte meteorológica de la ecuación de la onda de montaña. Cuando las capas de aire son adecuadas para la producción de ondas, el parámetro de Scorer disminuye en función de la altura.

$$I^2 = 10^6\ g \cdot \frac{\gamma a - \gamma}{T \cdot V^2}$$

siendo I: el parámetro de Scorer
g: la gravedad
γa: el descenso adiabático de la temperatura
γ: el descenso real de temperatura en las correspondientes capas
T: la temperatura absoluta
V: la velocidad del viento

El parámetro de Scorer disminuye:

– cuando aumenta la inestabilidad en función de la altura

– cuando la temperatura del aire se mantiene relativamente elevada

– y cuando aumenta la velocidad del viento.

La velocidad del viento, por estar elevada al cuadrado, tiene una importancia especial.

Modelo de onda de montaña

Cuando se cumplen los requisitos de Scorer, el viento es suficientemente intenso y el terreno adecuado, se forman ondas de montaña. Estas se engendran a espaldas de las dunas, junto al mar, detrás de los montes poco elevados o en alta montaña (Alpes, Pirineos, Sierra Nevada, etc.). Cada uno de estos lugares produce su propio tipo de onda de montaña. Como ejemplo característico en la Fig. 25 se expone el viento de los Alpes, conocido con el nombre de «Fohn de los Alpes».

LA NUBOSIDAD NO ES TIPICAMENTE CARACTERISTICA DE LA FUERZA ASCENSIONAL

A pesar de que la formación de nubes es función de la humedad y de la amplitud de la onda, sin embargo las nubes no influyen para nada en la estructura de la onda de montaña. En efecto, a sotavento del obstáculo, y precisamente en la rama descendente de la onda, se desintegran aquellas nubes acumuladas a barlovento de la ladera. Así pues, a sotavento se forma un vacío característico, que suele ser indicio de corrientes ascendentes. El terreno puede influir en la formación de rotores, en los que el aire gira cilíndricamente. Este movimiento del aire produce una situación de fuerte inestabilidad, debida al cambio adiabático de temperaturas. La corriente convecccional engendrada crea fuertes turbulencias en la zona que rodea los rotores. Los puntos de máxima amplitud de la onda están situados en las capas de mayor estabilidad atmosférica. En ellos la fuerza ascensional adquiere los máximos valores. La «calidad» de la onda de montaña depende del lugar donde esté situada. Así, la mayor fuerza ascensional no corresponde siempre a la primera onda. La formación o inexistencia de nubes depende de la distribución de la humedad. Por lo tanto, puede ocurrir que se engendren nubes o que no aparezcan, o bien que sobre los rotores se sitúen fractocúmulos o nubes lenticulares (de base cóncava, convexa o llana). También sobre los máximos de la onda, y a gran altura, pueden formarse nubes cargadas de hielo, que se desintegran a lo largo de la rama descendente de la onda. Cuando la humedad es muy elevada, suele formarse tras el vacío de sotavento un gran banco de nubes, cuyo perfil de barlovento en forma de nariz sobresaliente delata su origen sinusoidal.

Las nubes de onda de montaña se caracterizan por mantenerse fijas sobre el mismo lugar, a pesar de la fuerza del viento. Además, porque se forman por el borde de barlovento y se desintegran por el de sotavento. Nacen sobre el máximo de la onda y su aspecto exterior es ondulado, siendo por tanto de desarrollo simétrico a uno y otro lado del punto de máxima amplitud. Las nubes situadas sobre los rotores tienen aspecto de cúmulos en fase de desintegración, pues su parte superior aparece deformada y deshecha a sotavento por los fuertes vientos. Estas nubes. cuando la humedad es elevada, pueden adquirir una estructura cilíndrica.

Táctica de vuelo en ondas de montaña

La táctica en esta modalidad de vuelo depende principalmente del tipo de terreno, así como de las condiciones meteorológicas del momento. Ahora bien, las ondas a sotavento de montes de mediana altura son inofensivas. En cambio el aprovechamiento de las corrientes ascendentes producidas por los rotores, por ejemplo en los Alpes, exigen profundos conocimientos de vuelo.

Para realizar estos vuelos a gran altura, donde existe la posibilidad de encontrar fortísimas rachas producidas por rotores, es preciso ir muy abrigado, llevar un equipo completo, abrocharse correctamente el cinturón de seguridad y disponer de 3 o 4 horas de oxígeno.

A veces el terreno permite el despegue con torno. Trás despegar es preciso dirigirse hacia las corrientes de ladera de máxima intensidad, tratando de elevarse lo más posible. A continuación se sobrevuela, con viento en cara, la zona de corrientes descendentes producidas por los rotores, dirigiéndose a la zona de corrientes ascendentes en busca de las de mayor intensidad (variaciones entre $\pm$ 10 m/seg. son muy posibles). A partir de cierta altura se accede a las capas estables, alcanzándose así la zona de la onda de montaña.

Otra posibilidad es dejarse remolcar por avión, sobrevolando las zonas turbulentas, hasta alcanzar las corrientes ascendentes. Este vuelo remolcado exige mucha rapidez de reflejos y unos nervios de acero, tanto por parte del piloto de la avioneta como del del velero. También es posible alcanzar la zona de la onda de montaña sobrevolando otros terrenos.

Una vez alcanzado el tramo ascendente de la onda, es conveniente colocarse la mascarilla de oxígeno, que es imprescindible a partir de los 4.000/4.500 metros. Comienza entonces la búsqueda de la zona de óptima ascensión,

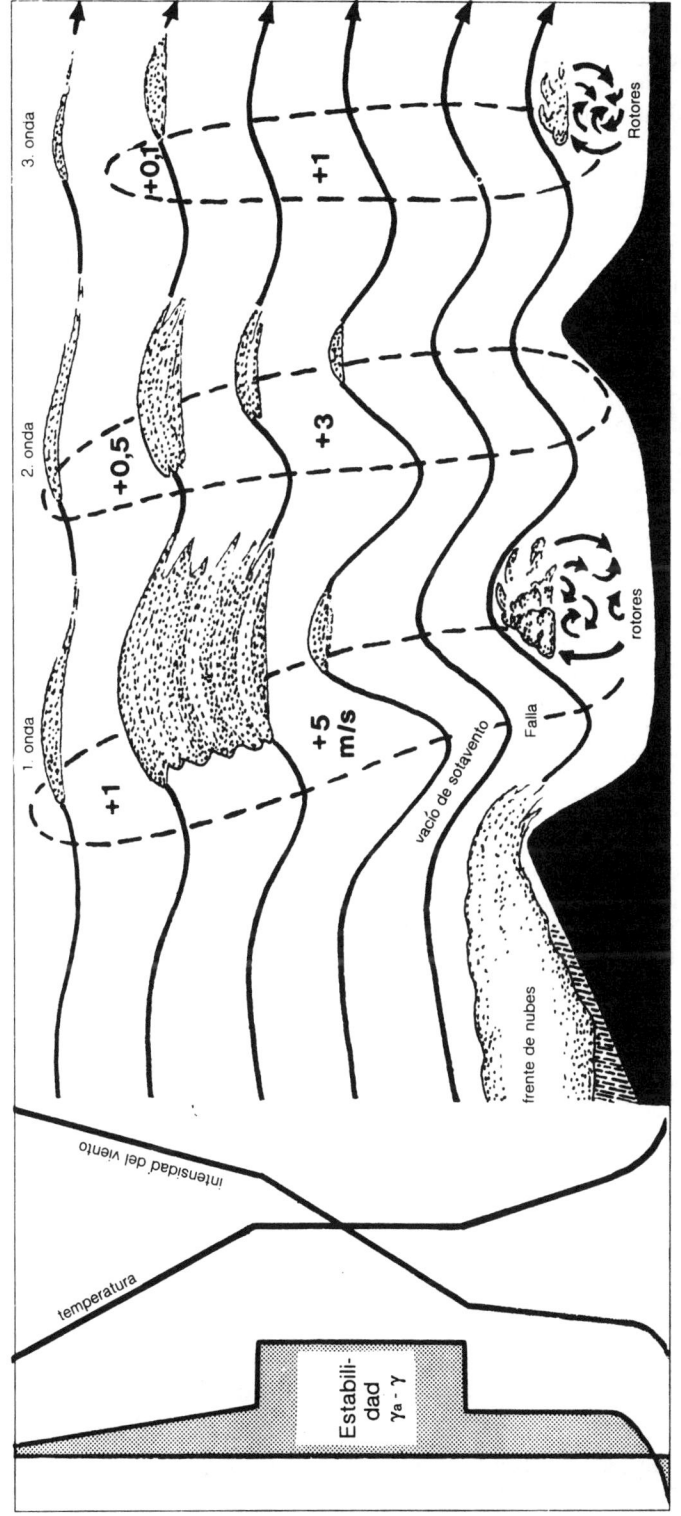

Fig. 25 – Modelo de onda de montaña.

trazando lazos (¡pero nunca dando vueltas!). La posición del vuelo se fija observando el terreno. Ha de tenerse sumo cuidado en evitar las corrientes que, aumentando de intensidad en función de la altura, pueden arrastrarnos hacia sotavento, donde existen zonas de corrientes descendentes o de producción de nubes. Sólo se cambiará de onda cuando la siguiente prometa una mejor ascensión. Se volará por el borde de las grandes nubes formadas por la onda, al igual que en el vuelo de ladera. Durante esta maniobra es preciso contar con una posibilidad de escape, por si fuera preciso aterrizar. Normalmente, a medida que aumenta la altura, la zona de mejor ascensión se extiende a barlovento del obstáculo. No ha de engañarnos la luminosidad del ambiente a gran altura, frente a la relativa oscuridad del valle. Los pies han de moverse constantemente, ante el peligro que suponen las temperaturas exteriores de –30 a –40 grados centígrados.

Junto a los peligros propios del vuelo a gran altura (falta de oxígeno, frío, mínima presión atmosférica), también son factores de riesgo la infravaloración de la intensidad del viento, al anochecer o la creciente nubosidad. La nubosidad puede crear una situación de máximo peligro cuando, al caer el viento y tener el aire una elevada humedad relativa, forme por debajo del velero una capa de nubes. En este caso, y en función de nuestra situación, puede ser adecuado caer en barrena a través de la zona aun despejada de nubes. Cabe, por el contrario, esperar (si todavía quedan horas de luz y nos encontramos a gran altura) o, en última instancia, dirigirnos con gran altura hacia la zona prealpina, donde encontraremos terreno suficiente para realizar un aterrizaje seguro, siempre que no queden demasiadas nubes. Nunca hemos de adentrarnos a ciegas en las nubes sobre zona montañosa, a menos que tengamos la absoluta seguridad de que no recubren montañas y siempre que sean lo suficientemente finas para atravesarlas con rapidez (nunca ha de penetrarse una nube sin contar con los instrumentos adecuados para el vuelo sin visibilidad).

Para los vuelos de distancia, el vuelo de ondas no ha tenido, hasta ahora, más que una importancia secundaria. En él las situaciones climatológicas que lo favorecen son mucho menos frecuentes que en el vuelo térmico. El vuelo en onda de montaña más espectacular fue el realizado por el francés Vuillemont, el 18-12-1.974, desde Vinon a Córcega y sobrevolando Cannes (a 8.200 m.). Desde entonces se han realizado numerosos vuelos de distancia en los Alpes, con viento cruzado. Cordilleras tales como los Andes (en Sudamérica), de apariencia muy favorable para el vuelo sin motor, están hoy día todavía sin conquistar. Los récords (en vuelos de meta y de ida y regreso) obtenidos en los Apalaches (EE.UU.), así como en las montañas de Nueva Zelanda son muestras de las grandes posibilidades que ofrecen los vuelos en ondas orográficas, siempre que los factores sean favorables.

ONDA DE INVERSION Y ONDA DE CIZALLADURA

(ondas móviles)

Wolfgang Itze describe del modo siguiente, en la revista «Deutscher Aeroclub» 1/63, el vuelo que realizó el 16 de septiembre de 1.962:

«Despegué del aeropuerto de Kassel-Waldau a las 17,35 horas, es decir, una hora antes de la puesta del sol, a bordo de un Ka-8 del Club Meissner. La modalidad del despegue fue de remolque-torno, desenganchando a 350 m. de altura. Con las últimas fuerzas restantes de una térmica al anochecer y con una velocidad ascensional de 1/2 m/seg. logré elevarme 100 m. más. Al observar que mi fuerza ascensional era de 0 m/seg. dejé de dar vueltas, con la intención de pasearme un rato. Al cabo de 4 km. de vuelo en línea recta todavía no había perdido altura.

Trazando «S» sobrevolé la onda de inversión. Treinta minutos habían transcurrido desde el despegue y el aire del anochecer parecía estar en la más absoluta estabilidad. Comencé a ascender a una velocidad de 1 m/seg., realizando un vuelo similar al de ladera, recorriendo un trayecto de 10 km., yendo de un lado para otro. Cuando a 700 m. de altura me situé bajo la onda de inversión, la corriente ascendente se estabilizó en 0 m/seg.. De haber querido hubiera podido prolongar el vuelo indefinidamente, sobrevolando un trayecto más largo; pero la noche me obligó a aterrizar. A tan sólo 4 km. encontré una nueva y más intensa onda de invesión, que se desplazaba paralelamente a la primera. Tras comprobar la dirección de esta segunda onda, aterricé.»

Itze, durante el vuelo, recordó la presentación teórica de la onda de inversión que Georgii expone en su obra «Navegación meteorológica en el vuelo sin motor», adecuando su vuelo a lo señalado en el libro.

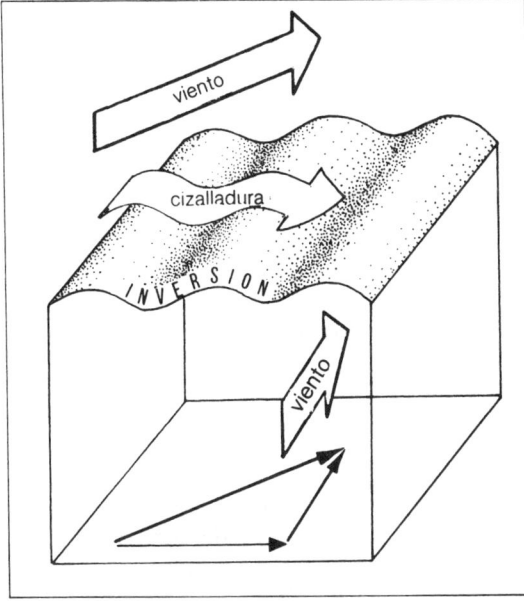

Fig. 26 – Onda de inversión. La dirección e intensidad de la cizalladura del viento se obtiene sustrayendo los vectores del viento.

Las ondas de inversión suelen formarse frente a una pronunciada cizalladura del viento, a la altura de la inversión. Son totalmente independientes de los obstáculos (montañas, convección), al igual que las olas del mar. Su dirección es perpendicular a la del viento. Itze recogió los siguientes datos el 16-9-62: viento de superficie 210 grados/5 nudos, viento de altura 850 mb-270 grados/15 nudos. Si este salto de intensidad del viento se hubiera producido a la altura de la inversión, la cizalladura del viento resultante sería de 110 grados y 13,5 nudos. Las ondas debieron alargarse en dirección 20-200 grados. Por ello, Itze calculó correctamente su vuelo haciéndolo en el sentido 10-190 grados. Simultáneamente las ondas debieron desplazarse en el sentido de la cizalladura, es decir 100 grados, puesto que se mueven igual que las olas. La distancia señalada de 4 km. entre onda y onda parece inexplicable, pues las ondas de inversión (llamadas también ondas de Helmholtz) tan sólo en condiciones muy extremas alcanzan esa longitud de onda. (La longitud de onda aumenta en función de al cizalladura, mientras que disminuye en función del incremento de la intensidad de la inversión, ya que las cizalladuras pronunciadas van siempre unidas a intensas inversiones, y la longitud de onda no suele ser superior a 1 km.). H. Jäckisch que analizó el vuelo realizado por Von Kolde en 1.960, sobrevolando el «Juist», coincide con lo que hemos expuesto sobre la longitud de onda.

Las ondas de inversión están situadas en una capa de aire muy estrecha, de difícil localización (dada su movilidad), tienden a allanarse y su período de vida es muy corto. Todavía parece dudoso que puedan tener cierta importancia en el vuelo sin motor.

VUELO SIN MOTOR DINAMICO

El albatros es una gran ave marina que, aprovechando acertadamente la cizalladura en las capas inferiores, logra cruzar los mares únicamente planeando y sin necesidad de corrientes ascendentes. Las sorprendentes prestaciones de este ave han estimulado su estudio, durante estos diez últimos años, por si su aprovechamiento de la energía eólica pudiera utilizarse para los vuelos sin motor. Desgraciadamente las discusiones físico-matemáticas que originaron no han tenido aplicación alguna. Por fin Ingo Renner, campeón del mundo de la clase standard de 1.976, llevó a cabo este tipo de vuelo, demostrando la posibilidad de realizar largos vuelos sin motor, en ausencia de térmicas, aprovechando la cizalladura del viento.

PRINCIPIO TEORICO

Imaginemos un velero volando a 200 km/h. en línea recta y con aire estable. En el momento que aumente su altura de vuelo en 90 m., su velocidad habrá descendido a 100 km/h. Globalmente el velero no habrá aumentado de energía, pues parte de su energía cinética se habrá convertido en energía potencial. La sola energía perdida será la debida a vencer el rozamiento del aire. En un variómetro de energía total, la pérdida vendrá reflejada por un descenso de la aguja. Si al elevarse encontrara un viento en cara de 100 km/h., su energía estaría en función de la suma de ambas velocidades: la del velero y la del viento en cara de 100 km/h.. El anemómetro señalará una velocidad de 200 km/h. Un variómetro de energía total señalaría un aumento, indicando la aguja «sube».

> Ascender con un viento de cara, cuya intensidad aumenta en función de la altura (cizalladura), se traduce en un incremento de la energía total del velero.

Un velero que vuela en una capa de aire con viento de fuerte intensidad, adquirirá mayor energía al descender con viento de cola hacia capas de menor intensidad.

> Descender aprovechando la cizalladura de viento de cola, aumenta la energía del velero.

El vuelo sin motor dinámico consiste en combinar la ascensión del velero con la cizalladura de viento en cara y un descenso con una cizalladura de viento en cola. Este tipo de vuelo puede realizarse tanto trazando círculos ovales (A), lazos en forma de «8» (B), como en forma de zig-zag (C), manteniendo la inclinación debida al volar contra el viento.

APLICACION PRACTICA

La cizalladura del viento no es tan grande como puedan sugerirnos las explicaciones y ejemplos anteriores. Aunque la cizalladura sea débil, es suficiente para neutralizar la pérdida de energía debida al rozamiento, pudiéndose así utilizar en los vuelos de distancia. Con excepción de la zona de corrientes de chorro o «jetstream» (zona situada a unos 10 km. de altura, donde el viento adquiere su máxima velocidad), las fuertes cizalladuras sólo tienen lu-

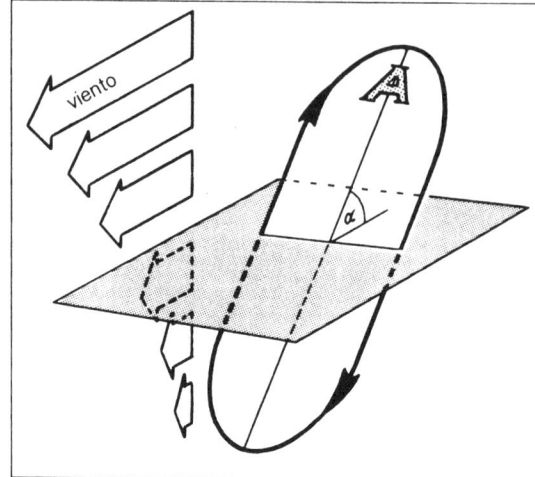

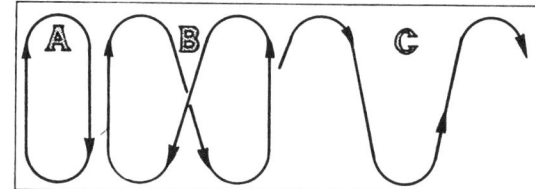

Fig. 27 – Esquema del vuelo sin motor dinámico.

gar en las capas de rozamiento del aire con el suelo, así como en la capa de inversión de temperatura.

El albatros, cuyas estrechas alas de tres metros de envergadura han de soportar fuertes cargas, realiza todas las maniobras de vuelo a una altura máxima de 50 metros sobre la superficie del mar. Cuando asciende con viento en cara disminuye ostensiblemente su velocidad, vira realizando un giro completo a baja velocidad y se lanza hacia abajo con viento en cola y velocidad creciente. Muy cerca de la superficie del agua vira de nuevo, esta vez a gran velocidad y elevada carga g, remontándose con viento en cara.

El velero no puede realizar estas maniobras realmente acrobáticas, debido al peligro que supone volar a tan poca altura. Por ello sólo queda la posibilidad de realizar esta modalidad de vuelo en la capa de inversión de temperatura, abandonando por imposible el aprovechamiento de la corriente de chorro («jetstream»).

Los veleros modernos disponen de unos límites de velocidad (80-250km/h.) suficientemente amplios y ofrecen, principalmente los veleros de competición, elevadas prestaciones para poder realizar semejantes maniobras de vuelo.

Renner inició sus experimentos a bordo de un velero «Klappen–Libelle» H–301. Su informe señala que durante la mañana del 24 de octubre de 1.974, en Tocumwal (Australia) el viento era prácticamente nulo en las capas próximas al suelo. Tras el despegue, el velero y el remolque–avión penetraron en una capa de inversión situada a 300 m. de altura, claramente reconocible por sus bordes de vapor, y en una zona de fuerte viento, donde se avanzaba lentamente. Ingo Renner estimó que la intensidad del viento había dado un salto de 40 nudos (!). A unos 3 km. del aeropuerto se lanzó con viento en cola y fuerte inclinación a unos 350 m. por debajo de la capa de inversión. A 250 m. de altura y con velocidad de 200 km/h. trazó un giro de 360 grados, (soportando una carga de 3 g.), lanzándose de nuevo hacia arriba, con el mismo ángulo de pendiente (30 grados) y viento en cara. De este modo logró alcanzar la misma altura desde la que inició el descenso. Realizó de nuevo el mismo recorrido, trazando un viraje de 360 grados, pero con velocidad y carga menores. De esta manera logró mantenerse en vuelo durante 20 minutos, sin perder altura; pero al ver que iba lentamente desplazándose, se vió obligado a interrumpir el vuelo y regresar al aeródromo.

Realizando vuelos posteriores a bordo de un Pik–20, adquirió la experiencia suficiente para ejecutar las mismas maniobras sobre el aeródromo, sin ser desplazado.

Renner señala que la figura (C) le resultó más sencilla de volar y los lazos en forma de «8» (B) le parecieron más fáciles de realizar que la figura oval (A).

Cuando el aumento de energía es suficientemente grande, resulta posible desplazarse tanto en contra como a favor del viento, variando el ángulo de pendiente de los tramos ascendentes o descendentes. La figura (C) permite incluso desplazamientos laterales.

Las fuertes cizalladuras del viento que Renner pudo aprovechar son una rareza propia de Australia. Un aumento de intensidad del viento de 40 nudos en tan sólo 100 m. de diferencia de altura, supone un gradiente de 0,2 m/seg. por metro de altura adquirida. El doctor Trommsdor y el ingeniero diplomado Wedekind calcularon que un séptimo del valor señalado, es decir, un gradiente de 0,03, bastaría para un velero de la clase Nimbus.

En Europa es difícil encontrar lugares adecuados donde las corrientes alcancen las capas próximas del suelo. Cuando los vientos de altura pasan a lo largo de una masa de aire marítimo frío, situada sobre un valle, podrían aprovecharse las ondas de montaña para realizar un vuelo sin motor dinámico. El remolque hasta la capa de inversión, por encima del valle, resultaría algo laborioso, pero el éxito no sólo tendría sumo interés, sino que además constituiría una proeza.

Navegación

PREPARACION DEL VUELO

Las cartas aeronáuticas

Durante una competición pude escuchar la siguiente conversación:
- *«¡Buena ascensión!, ¡Estoy en el grupo de cabeza!*
- *«Muy bien, sigue así»*
- *«Todo va perfectamente. Adelanté al grupo antes de alcanzar el punto de viraje.».... 5 minutos de silencio....*
- *«Oye ¿cuál es tu posición?»*
- *«Debo encontrarme muy cerca del punto de viraje.... pero, ¡qué extraño! ¡no hay nadie!»*
- *«¿Ves la chimenea de la fábrica?»*
- *«No, estoy sobrevolando un pequeño lago. ¿Dónde crees que me encuentro?»*
- *«Quizá te hayas alejado demasiado. ¿Ves acaso la vía del tren?. ¡Compara lo que ves con el mapa!»*
- *«No puedo.... el mapa se me ha quedado pegado....» Silencio.*

Durante un buen rato todavía siguieron haciéndose preguntas, tratando de averiguar la posición del velero. Finalmente lograron dar con el punto de viraje, pero tanto esfuerzo e incertidumbre agotaron al piloto y acabó perdiendo los nervios al verificar lo alejado que estaba del resto de sus compañeros.

Durante uno de los campeonatos de Alemania, a un piloto le ocurrió lo contrario. Comenzó por desdoblar su carta de navegación. Esta cada vez aumentaba de tamaño; ¡pues se trataba de un mapa de Alemania a escala 1:200.000! El piloto consiguió por fin descubrir las anotaciones señaladas sobre la carta, pero ésta era tan grande que anuló toda visibilidad exterior. Después de unos momentos de vuelo incontrolado, el piloto, un tanto nervioso, dobló el mapa como pudo y lo tiró detrás del asiento.

Para no perdernos en las cartas excesivamente grandes o para no salirnos de las demasiado pequeñas y evitar el complicado doblado de ciertos mapas, se recomienda la utilización de las cartas aeronáuticas OACI a escala 1:500.000. Ahora bien, para vuelos pequeños o para sobrevolar zonas de difícil navegación, conviene llevar además una carta a escala mayor. A este fin se recomienda las cartas de navegación a escala 1:250.000, aun cuando éstas en ocasiones resultan un tanto confusas por su gran número de sobreimpresiones. La carta general de navegación y los mapas topográficos (a escala 1:200.000) contienen una representación exacta de las características del terreno, pero resultan poco manejables. Algunos mapas de carreteras, a escala 1:250.000, pueden resultar adecuados para nuestros fines, pero lo más interesante es su sistema de doblado, que resulta muy práctico para el vuelo sin motor. Recomendamos preparar nuestras cartas de navegación siguiendo este sistema. Se cortan las cartas aeronáuticas OACI por la mitad, en dirección Este-Oeste; doblándolas a continuación y pegando entre sí por el reverso las partes correspondientes. De este modo se obtiene una carta de navegación, en forma de cuader-

Fig. 28 – Doblado recomendado de la carta de navegación

nillo, en que las hojas pueden pasarse de Este a Oeste, sin solución de continuidad. Este sistema de doblado es particularmente aconsejable en las cartas a gran escala. Antes de proceder a los cortes, al pegado y al doblado – así como a forrar el conjunto – es absolutamente necesario comprobar si todos los puntos de referencia característicos y los datos de importancia para nuestros vuelos (como por ejemplo, aeródromos de los alrededores, frecuencias de radio, etc.) están anotados con precisión.

Holighaus y Hillenbrand aconsejan trazar a lápiz fino, sobre la carta de navegación, las coordenadas polares. Alrededor del aeródromo de despegue se dibujan círculos concéntricos, de 10 km. de separación. Dentro del círculo que corrresponde a los 20 km. se trazan radios que formen entre sí ángulos de 30 grados. Entre los 20 y 60 km. la separación entre radios será de 10 grados, y por encima de los 60 km. los radios se separan 5 grados. De este modo se obtiene una red de coordenadas polares, que nos permite señalar con exactitud nuestra posición durante el vuelo, con la ayuda de la numeración señalada sobre la carta. (Así, por ejemplo, nuestra posición 270/84 = 270 grados y 84 km. del aeródromo). Permite además conocer en todo momento cuál es el rumbo directo para volar hacia el aeródromo de salida.

Determinación de la ruta de vuelo

Cuando no se tome parte en una competición, puede fijarse libremente el recorrido a realizar durante la jornada. Es preciso confeccionar, con anterioridad al día de vuelo, una lista de posibles recorridos de ida y regreso, o de vuelos triangulares. Al elaborarla se tendrá especial cuidado con excluir las zonas de vuelo prohibido, las de vuelo restringido, las de peligrosidad y aquellas que normalmente no engendran térmicas. Por lo tanto, la lista sólo estará constituida por trayectos de posible ejecución, de rumbos y de distancias. Cada trayecto exige un cálculo previo de distancias y de rumbos.

Lo primero a realizar, antes de iniciar el vuelo de distancia, es obtener suficiente información meteorológica; bien dirigiéndose directamente a la estación meteorológica que corresponda, o mediante una llamada telefónica. Con la ayuda del mapa meteorológico televisado la noche anterior y del boletín meteorológico emitido por radio, se tendrá una primera aproximación de las condiciones climáticas del día siguiente.

Si nos dirigimos apresuradamente al meteórologo, para preguntarle ¿qué intensidad cree Vd. que tendrán las térmicas?... ¿serán suficientes para realizar un viaje de 300 km.?... no esperemos obtener de él una respuesta satisfactoria. Siendo de por sí difícil elaborar predicciones exactas de carácter general, nuestras preguntas resultarán inadecuadas, pues le exigen un trabajo adicional, que probablemente no tendría inconveniente en realizar si contara con tiempo suficiente. Ahora bien, ¿cómo puede saber si las térmicas van a posibilitar o no un vuelo de 300 km., aun con un conocimiento del tiempo? ¿Cómo podría valorar la fuerza ascensional en una térmica, no siendo el mismo piloto? Ante todo es preciso establecer unas relaciones de confianza entre el meteórologo y nosotros. No debe exigírsele *más* de lo que técnicamente le es posible conocer, ni tampoco pedirle que se exprese con exactitud cuando las predicciones meteorológicas son de por sí inseguras. En este momento se han de mantener estas relaciones con sumo tacto para no herir su orgullo profesional, no empleando nunca expresiones que puedan ser denigrantes.

Todo buen meteórologo agradece cualquier información que le permita perfeccionar sus predicciones. Por nuestra parte hemos de ser conscientes de las dificultades que entraña predecir la formación de térmicas, pese a los medios de que se dispone, a consecuencia del elevado número de factores influyentes. En el «Saarland» hemos desarrollado, con la ayuda de los meteórologos de Ensheim, el formula-

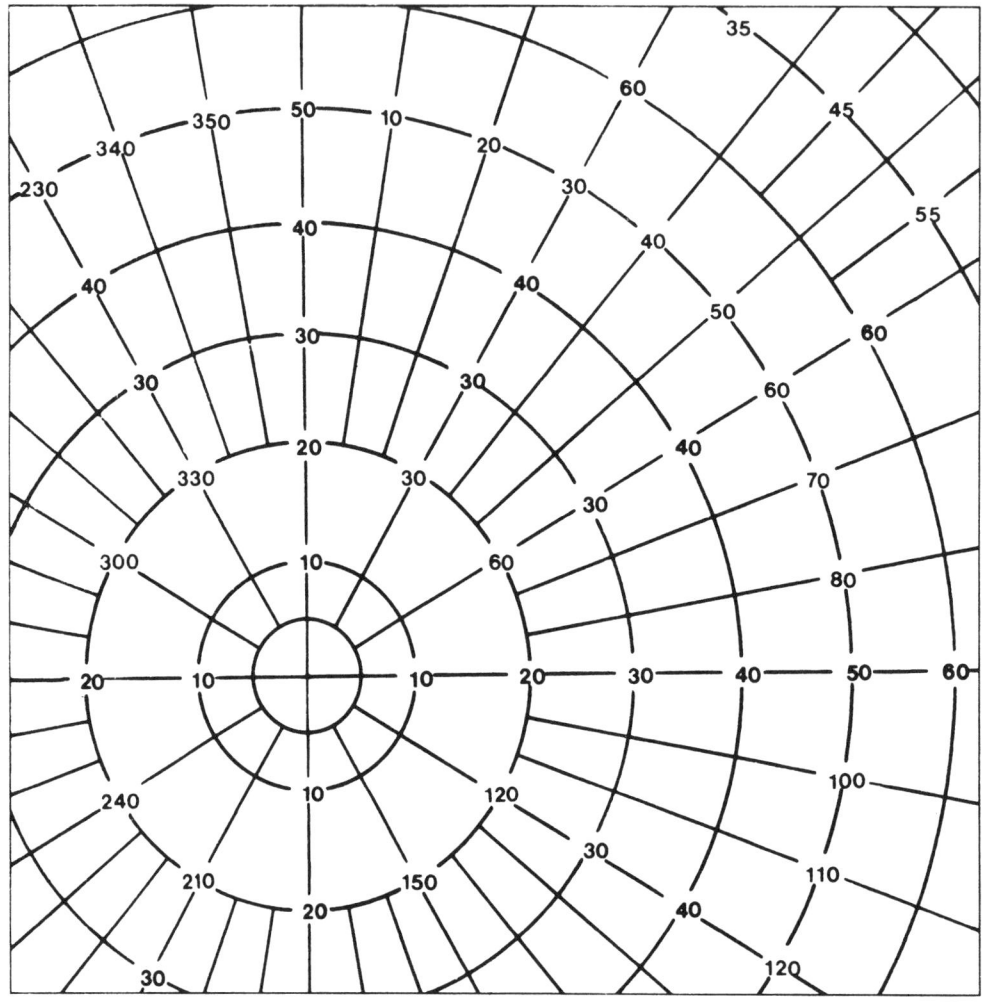

Fig. 29 – Red de coordenadas polares. Este sistema ha demostrado ser útil en numerosos vuelos gracias a su claridad. Tiene sin embargo la desventaja de limitar la visión de conjunto de la carta de navegación. Para cada vuelo han de prepararse las cartas de navegación necesarias: en primer lugar, la carta de navegación de la OACI, escala 1:500.000, y una segunda carta adicional a escala 1:250.000. Gracias al sistema expuesto para doblar las cartas, el tamaño de las mismas queda reducido a 20 x 30 cm. Esto permite llevar material suficiente a bordo, para no correr el riesgo de salirse del mapa, en caso de verse obligado a variar de rumbo.

rio que se describe en esta obra. Los meteorólogos determinan los datos que figuran en el formulario y los transmiten por teléfono a los aeropuertos, y éstos a su vez los exponen en las pizarras. Tambien en Renania Norte–Westfalia se ha desarrollado un sistema similar. Estos procedimientos informativos están dando excelentes resultados, y descargan de trabajo a los meteorólogos, pues el número de llamadas desciende considerablemente. Las predicciones son de día en día más acertadas y los meteorólogos son conscientes de que este trabajo adicional (alrededor de una hora) les es reconocido y constituye una prestación importante para la práctica del vuelo sin motor. Cuando no se cuenta con un sistema de información mediante formularios, habrán de realizar dos llamadas telefónicas a la estación meteorológica: una primera, para solicitar la elaboración de las informaciones deseadas, y una segunda, un cuarto de hora o una hora después (pues los meteorólogos tienen otras obligaciones que atender) para conocer el resultado de las predicciones solicitadas.

Con la ayuda del boletín de datos elaborado por el meteorólogo y después de observar el tiempo dominante, se tratará de establecer la calidad de las corrientes ascendentes, la posible duración de los vuelos y los valores de los rumbos. No ha de cometerse el error de pretender calcular la velocidad media, basándonos en las coordenadas polares del velero y en unos supuestos valores ascensionales. La velocidad media dependerá de la distribución de las corrientes acendentes, de la mayor o menor formación de térmicas, así como de nuestros propios conocimientos y pericia. Por lo tanto, el cálculo de la velocidad media requiere determinar el valor de un número excesivo de incógnitas. La velocidad media se calcula simplemente a ojo, atendiendo a la realidad de otros vuelos en condiciones similares. Apoyándonos en la situación climatológica estimada se establece el trayecto de vuelo. Basándonos en nuestras propias facultades personales y en función de la facilidad o dificultad de alcanzar el objetivo, se elige entre listas de trayectos el que parezca más adecuado, sin olvidar nunca la influencia del viento. En los vuelos de ida y regreso se establece el tramo de viento en cara de tal forma que coincida con el momento de la jornada en que se estime que los valores de ascensión sean máximos, a fin de poder regresar fácilmente al aeródromo, a pesar de la disminución de las térmicas al atardecer. En función de la nubosidad y de la base de las nubes esperadas, el vuelo se realizará preferentemente sobre terreno llano si las nubes están a poca altura y sobre terreno montañoso – propenso a la formación de corrientes ascendentes – cuando la nubosidad sea muy escasa.

Fig. 30 – Preparación de la carta aeronáutica (escala 1:500.000). El rumbo queda señalado mediante una recta (los puntos de referencia y los de viraje, han de estar libres). La ruta está dividida en segmentos iguales, que representan distancias de 10 Km. ¡Trácese en los puntos de viraje la bisectriz!.

Fig. 31 – Las marcas que señalan las distancias de 10 Km. sustituyen a la recta de la figura anterior, siendo ésta la única diferencia entre las dos figuras.

Preparación de la carta aeronáutica

Sobre la carta OACI, de escala 1:500.000, se trazan con lápiz graso los rumbos directos, pero dejando libres los puntos de viraje. Si se prefiere emplear un rotulador, el rumbo se traza sobre cinta adhesiva transparente que se pega sobre la carta, de forma que pueda desprenderse del mapa cuando deje de tener interés. Los últimos 30 km. antes del punto de viraje, y los 50/60 km. anteriores al objetivo, se señalan mediante pequeñas rayas perpendiculares al rumbo y distanciadas 10 km. entre sí.

Todas las indicaciones que se trazan sobre el plano han de realizarse con sumo cuidado. En más de una ocasión una raya mal trazada puede cubrir un punto característico del trayecto. En principio es suficiente trazar señales indicadoras de distancias cada 10 km., sin necesidad de trazar líneas completas para señalar el rumbo. De este modo se logra una buena visión de conjunto. La dirección y sentido del viento se señalan en el centro del plano, mediante una flecha llamativa. Los planos a escala 1:250.000 se preparan del mismo modo, pero la numeración de forma más visible.

Determinación del rumbo con viento cruzado

La mayoría de los pilotos, al realizar vuelos de competición, parecen no prestar importancia al ángulo de deriva, a las componentes del viento y a otros factores importantes. De este modo pierden tontamente tiempo y puntuación.

La determinación del ángulo de deriva y el cálculo de la componente del viento (de la misma dirección que nuestro rumbo) son factores importantes, incluso tratándose de vientos relativamente débiles. Constituyen una ayuda para la navegación, suponen un ahorro de tiempo, evitan desvíos inútiles del punto de viraje y son absolutamente necesarios para el cálculo del tramo de planeo final. Estos datos se obtienen mediante representaciones gráficas o bien mediante cálculos matemáticos. Ahora bien, el método más rápido y exacto consiste en el empleo del «calculador de corrección de deriva», que aconsejo colocar sobre el reverso del calculador de planeo final, o regla de Stöcker.

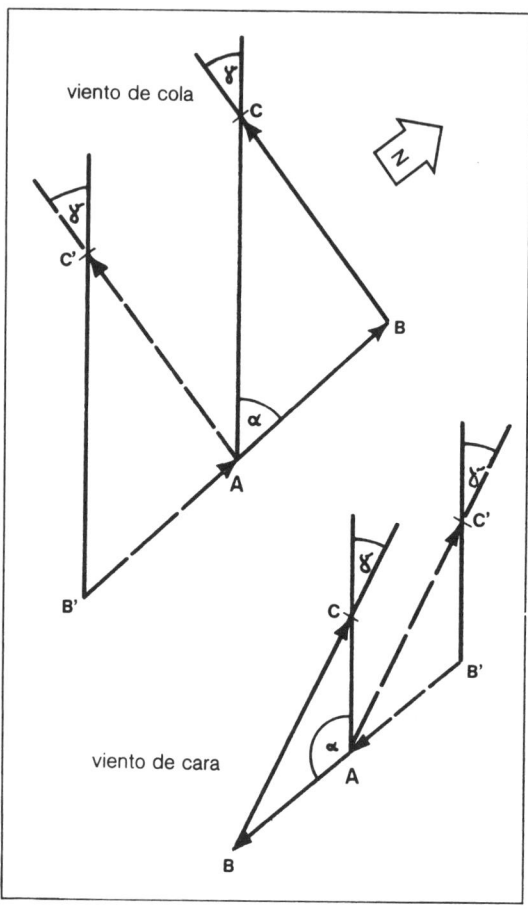

Fig. 32 – Solución gráfica. AB = vector del viento. α = ángulo de viento. BC = vector de la velocidad del velero (V_e). Resultados: γ = ángulo de deriva. AC = velocidad respecto del suelo (V_g). Los triángulos ABC y B′ A C′ son congruentes, siendo por lo tanto sus valores iguales.

Datos necesarios para la determinación del rumbo:

Datos conocidos:
- rumbo de la ruta a seguir rwk
- velocidad del velero V_e
- intensidad del viento V_w
- dirección y sentido del viento ω
  (→ rwk − ω + 180° = ángulo de viento α)

Incógnitas:
- ángulo de barlovento γ, es decir el rumbo teniendo en cuenta el ángulo de deriva = rwk + γ

- velocidad con respecto del suelo V_g ($V_g - V_e$ = componente del viento de cola)

EMPLEO DEL CALCULADOR DE CORRECCION DE DERIVA

1) La rosa de los vientos se situa de tal forma que la aguja señale el rumbo de la ruta (ejemplo 1: 220 grados; ejemplo 2: 188 grados).

2) El vector representativo del viento tendrá su misma dirección y sentido (a semejanza de las indicaciones standard) (ejemplo 1: 90 grados/60 km/h.; ejemplo 2: 238 grados/50 km/h.) (B', punto de aplicación del vector viento).

3) Se sigue el círculo cuyo radio es igual a la velocidad del velero (ejemplo 1 y 2: 80 km/h.) hasta cortar en el punto C' la paralela al rumbo trazado desde el punto B'.

4) Se obtiene el rumbo deseado prolongando la recta AC', sobre la rosa de los vientos (ejemplo 1: 184 grados y ejemplo 2: 216 grados).

5) Se obtiene la velocidad respecto del suelo (V_g) sumando la componente de la velocidad del velero en dirección al rumbo + la componente de la velocidad del viento en dirección al rumbo. (ejemplo 1: 65 + 38 = 103 km/h.; ejemplo 2: 70 − 32 = 38 km/h.)

Se obtienen las componentes del viento de cara o de cola, restando la velocidad respecto del suelo de la velocidad respecto del aire (ejemplo 1: 103 − 80 = 23 km/h.; ejemplo 2: 38 − 80 = −42 km/h.).

Para fabricarnos este calculador, véase el reverso de la regla de Stöcker. En cada uno de los tramos del viaje a realizar ha de calcularse, partiendo de la velocidad estimada de crucero con respecto del aire (téngase en cuenta la hora y el desarrollo térmico previsto), el rumbo a seguir con corrección de deriva y la componente del viento en cara o en cola, se-

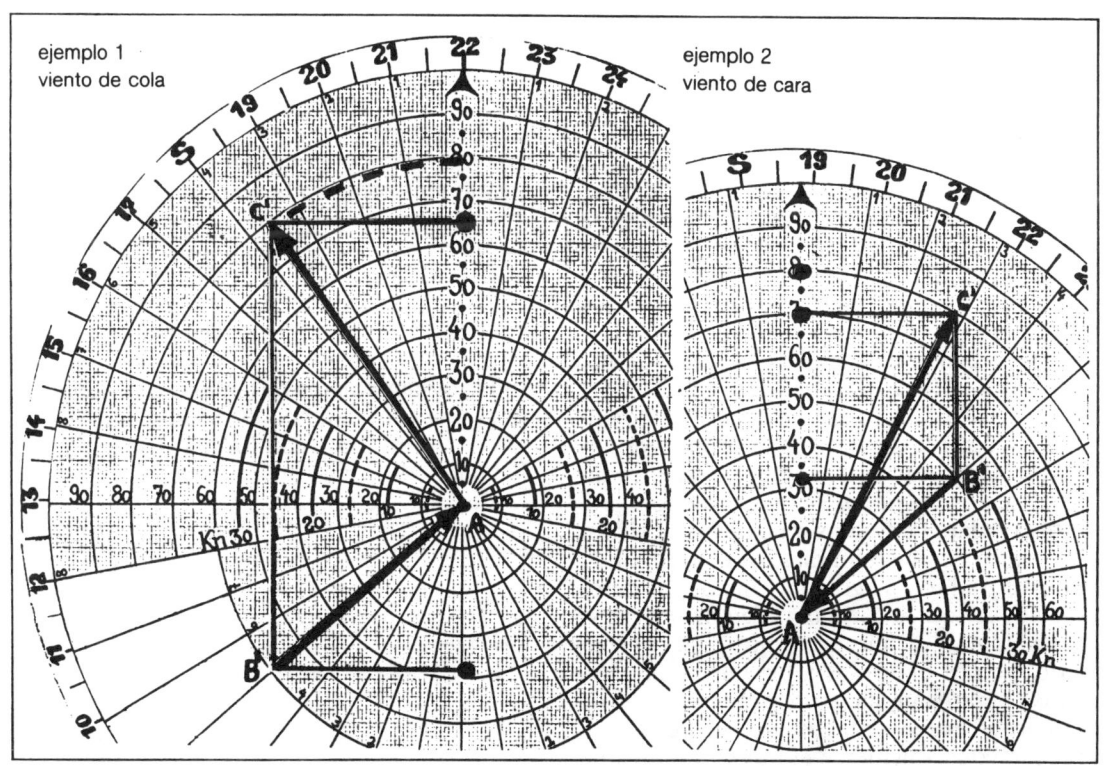

Fig. 33 − Calculador de corrección de deriva.

gún corresponda. Para el tramo de planeo final también es preciso calcular estos valores, tomando como velocidad de vuelo del velero una velocidad intermedia entre 90 y 160 km/h.

Declinación o variación. (Está comprendida entre 2 grados y 4 grados, en dirección Oeste, por lo tanto, por ejemplo en Alemania es de −2 grados a −4 grados). La declinación ha de restarse del rumbo señalado por la aguja; por ejemplo, en Alemania es de +2 grados a +4 grados.

Desviación. Es el error que sufre la brújula cuando está bajo la influencia de campos magnéticos independientes del magnetismo terrestre, y que por lo tanto es preciso tener en cuenta. Normalmente la brújula ha de colocarse en un lugar que no sufra influencias magnéticas distintas de las terrestres; por ejemplo, sobre la cúpula de plexiglas o de cristal sintético. (En caso de necesidad puede emplearse una brújula de automóvil con ventosa). Cuando la brújula está colocada sobre el velero sin error alguno, la desviación será de cero. Los errores pequeños pueden compensarse; pero las grandes desviaciones resultan difíciles de corregir, siendo necesario preparar una tabla de desviaciones. A este inconveniente han de añadirse los errores debidos a la inclinación, cuando el velero inicia un viraje, complicando aún más la situación.

Una vez tenidos en cuenta todos los factores señalados (rumbo de la ruta a seguir + corrección de deriva − declinación − desviación) se obtiene lo que la brújula debe señalar, con la mayor exactitud posible, durante el vuelo rectilíneo. Al volar, podrá comprobarse que merece la pena realizar estos cálculos. Es posible, durante el vuelo, desviarse hacia la derecha o hacia la izquierda, cuando las condiciones meteorológicas no sean prometedoras. Pero, en todo momento, es preciso saber cuánto nos hemos desviado. Teniendo siempre presente este dato podremos ir en busca de térmicas, dentro de un sector angular comprendido entre 10 grados y 30 grados. Cuando los datos no son exactos, se corre el riesgo de desviarse excesivamente de nuestro rumbo o, por el contrario, vernos obligados a desaprovechar térmicas ligeramente alejadas, ante el temor de desviarnos excesivamente. No es preciso sobrevolar constantemente el trayecto marcado, basta mantener un trayecto en zig-zag, saltando de nube en nube.

Tablilla de datos

En la tablilla de datos (caso de no poseer ninguna, basta una hoja de papel) se señalan las anotaciones siguientes:

1) Dirección, sentido e intensidad del viento

2) Para cada tramo del trayecto:
   – rumbo corregido respecto de las desviaciones
   – rumbo corregido respecto de las desviaciones, incluyendo el ángulo de barlovento
   – indicaciones abreviadas (derecha, izquierda, de cara, de cola) de la dirección y sentido del viento con relación al rumbo de vuelo
   – duración (en tiempo) del tramo o subtrayecto
   – longitud del tramo o subtrayecto

3) Distancia total del vuelo en km. y tiempo total de vuelo

4) Angulo de deriva y componente del viento en el planeo final

Es interesante saber – y quizá seguir este consejo – que el campeón de los EE.UU., A.J. Smith, aconseja la elaboración de un mapa de vuelo, donde se señale no sólo nuestro trayecto de vuelo, sino también los datos meteorológicos que corresponden al desarrollo estimado de la jornada (frentes, etc.). Añade que, en casos de competición, debe indicarse el momento previsto para la salida de meta, el tiempo necesario para sobrevolar los puntos de viraje, etc.. Un plan de vuelo exacto es de suma importancia cuando se pretenden hazañas o batir récords. De este modo es posible, durante el vuelo, calcular las probabilidades de éxito o la conveniencia de abandonar la prueba. Independientemente de la tablilla de datos que se decida confeccionar, es imprescindible contar, como mínimo, con los datos señalados en la tablilla de la fig. 34.

Viento: 316°/20 Kt = 37 km/h				Velocidad de crucero: 80 km/h	
	Rumbo	Viento	Dirección	Comp.	Km.	Tiempo
1. Pto. viraje	318°	318°	V	− 37	44	1 h 01'
2. Pto. viraje	58°	31°	L	− 3	45	35'
Objetivo	189°	210°	Rh	+ 19	57	~30'
Planeo final (V = 120)	189°	203°	Rh	+ 20	--	
				TOTAL	146 Km.	2 h. 06'

Fig. 34 – Tablilla de datos.

AJUSTE DEL ALTIMETRO EN LOS
VUELOS DE VIAJE

Durante la enseñanza básica del vuelo sin motor aprendimos que, en los vuelos del circuito de tráfico o en los realizados alrededor del aeródromo, el piloto debía ajustar su altímetro al QFE (presión real existente en el campo), colocando la lectura del altímetro en cero. Sin embargo en los vuelos de viaje, el altímetro ha de ajustarse al QNH (presión del campo corregida al nivel del mar) haciendo coincidir, por lo tanto, el cero con el nivel del mar. (De este modo, antes del despegue la lectura del altímetro señalará exactamente la altura del campo sobre el nivel del mar). Por último, para vuelos de distancia el altímetro puede ajustarse según tres valores. Así, cuando se realiza un vuelo sin ajustar el altímetro al valor QNH, hemos de saber calcular nuestra altura en función del QNH, cuando lo exija la seguridad del vuelo (ejemplo: al sobrevolar una zona peligrosa o de vuelo restringido). Para ello es preciso conocer el valor de ajuste del altímetro, teniéndolo anotado en la tablilla de datos. Para el cálculo del planeo final, resulta más sencillo ajustar el altímetro a la altura de nuestra meta. Si el vuelo es de ida y regreso, lo conveniente es ajustar el altímetro a la altura del aeródromo de salida (altímetro ajustado QFE). De este modo se ahorran cálculos incómodos durante el planeo final.

En el velero de Walter Schneider encontré una buena solución a este problema. Sobre el altímetro había sido colocado un anillo móvil, similar al de Mac Cready. Sobre él figuraba una escala de alturas para ajustar al QNH. De este modo, durante el vuelo, se obtenían las alturas según el QNH y en el planeo final según el QFE, sin necesidad de cálculo alguno.

Cuando se sobrevuelan zonas montañosas es aconsejable ajustar el altímetro al valor QNH. Así, basándonos en los datos que figuran en las cartas, nos es más fácil conocer nuestra altura respecto de tierra.

Cuando el viento es de cara los puntos de viraje, situados en zonas elevadas, han de sobrevolarse a la mínima altura. El problema es muy similar al que plantea el vuelo de aproximación al objetivo. En este caso, la altura de vuelo es la suma de la altura del punto de viraje y la necesaria para llevar a cabo la búsqueda de térmicas. Durante el vuelo de aproximación se utiliza para ello el calculador de planeo final (Fig. 93). Si nuestro altímetro cuenta con un anillo móvil, ajustaremos éste a la altura del punto de viraje. Si no se dispone de anillo y se prefiere tener ajustado el altímetro al valor QFE del aeródromo de regreso, facili-

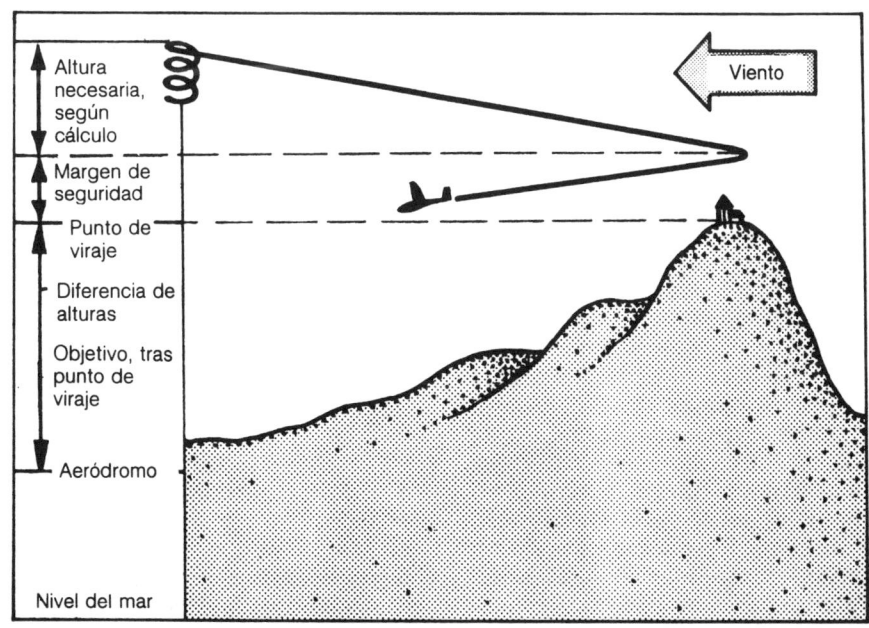

Fig. 35 – Cálculo del vuelo de aproximación a un punto de viraje con viento de cara.

tando así el planeo final, es preciso tener previamente anotado en la tablilla la diferencia de alturas entre el punto de viraje y el aeródromo. Se sumará a esta altura un margen de seguridad (necesario para alcanzar nuevas térmicas) que es preciso tener en cuenta en todos los cálculos.

ANTES DE INICIAR EL VUELO DEBE ESTUDIARSE EL MAPA

Antes de despegar ha de estudiarse, durante 5 a 10 minutos, el rumbo de vuelo sobre la carta aeronáutica preparada. Así por ejemplo, en el vuelo (que aparece en las Fig. 30 y 31) Marpingen – Trier – Traben Trarbach – Marpingen, en el primer tramo se observa la estación de ferrocarril de Primstal, situada casi a caballo de nuestro trayecto, y la torre de la emisora de Hunsrück, próxima al aeropuerto de Kell. Es prácticamente imposible no encontrar la ciudad de Trier y, a partir de los montes Hunsrück, el terreno no presenta ningún punto destacable. Trier es reconocible por su tamaño, por las vías de ferrocarril a ambos lados del Mosela y por su antiguo aeropuerto. No puede confundirse con las demás ciudades del Saar o del Mosela. (Con respecto a este río, recordemos que aquéllos que tienen muchos meandros no constituyen una buena ayuda para la navegación). La ciudad de Bernkastel, con su puerto sobre el río, nos anuncia la proximidad del segundo punto de viraje. Tras este viraje, y a unos 15 km., se pasa junto a la torre de repetidores (de cable herziano) de Gonzerath, quedando a un lado la ciudad de Morbach, con su casi irreconocible aeródromo. Nos dirigimos, a continuación, hacia la cima más alta del Hunsbrück, el pico de Erbeskopf. Acto seguido se prepara el planeo final. A nuestra izquierda se ve la ciudad de Birkenfeld, con sus cuarteles, ferrocarril y carretera, situada tan sólo a 17 km. de la meta. El último punto de referencia es la torre situada sobre el Schaumberg, poco visible cuando se viene del Norte. Con esta altura y viento de cola lograremos alcanzar sin dificultad el aeródromo de Marpingen.

Tiene gran valor para la navegación el análisis previo del mapa, ya que permite situar con toda tranquilidad los puntos de referencia (tanto los que se encuentran bajo la ruta, como aquellos situados paralelamente). De este modo, conoceremos con antelación lo que nos espera durante el vuelo.

NAVEGACION DURANTE EL VUELO

Después de desenganchar

Se empieza por calcular la visibilidad, aspecto muy importante para poder estimar más tarde las distancias. Trataremos de determinar la intensidad, dirección y sentido del viento, fijándonos en el movimiento de las sombras de las nubes sobre el suelo, en las columnas de humo emitidas por las chimeneas y en nuestro desplazamiento durante el vuelo en espiral. Estos resultados se comparan con los datos de la tablilla, corrigiéndolos en caso necesario. Se busca el rumbo directo del trayecto fijándonos en el terreno y se vuela, en primer lugar, en esta dirección. Después se varía el rumbo de acuerdo con la dirección del viento (rumbo con corrección de deriva). Prestaremos atención a los lugares más característicos del terreno, a la dirección de los rayos del sol en relación con nuestro rumbo y se estudiará el cuadro de nubes. A partir de este momento nuestro primer objetivo consistirá en dirigirnos hacia la nube que indique la posible existencia de una corriente ascendente; pero siempre y cuando suponga tan sólo una ligera desviación del rumbo con deriva corregida. No hemos de cometer el error, tan frecuente, de dirigirnos únicamente hacia aquellas nubes situadas sobre nuestro trayecto de rumbo directo. Ahora bien, en lugar de este primer objetivo, podremos realizar simultáneamente pequeñas desviaciones en forma de «S», en busca de nubes que mejoren nuestro ángulo de planeo. Siempre se han de fijar objetivos de reserva, situados a mayor distancia a lo largo del rumbo corregido. Hacia ellos habremos de dirigirnos si, bajo la primera nube, no encontraramos la fuerza ascensional deseada.

DURANTE EL VUELO, LA ATENCION DEDICADA A LA NAVEGACION DEBE SER MINIMA

Cuanto mejor se haya preparado el vuelo, tanta menos atención habrá de prestarse a la navegación. En el caso más favorable basta con echar un breve vistazo al mapa, para cerciorarse que se vuela en la dirección deseada o comprobar que, tal como se estimaba, la desviación de nuestra ruta no es superior a 5-10 km.. De este modo se puede concentrar toda la atención en la búsqueda de térmicas, en determinar cuál ha de ser la velocidad óptima y en fijar el centro de la corriente ascendente. Es decir, atender únicamente a los factores que pueden mejorar la velocidad de vuelo. Consecuentemente, la navegación más correcta es aquella que exige el mínimo de atención. Así resulta innecesario buscar en el mapa los pueblos insignificantes.

Se navega fijándose en los rasgos del terreno más destacados y no en los pequeños detalles, incluso en las zonas de 10 a 20 km. de longitud en que no aparece ningún elemento destacable que sirva de orientación. Tan sólo en las proximidades del punto de viraje, y por supuesto en el planeo final, es preciso fijarse en todos los detalles.

Son factores que facilitan la navegación: las autopistas, los grandes ríos, los canales, los ferrocarriles, las zonas extensas de bosque, las cordilleras, las montañas, las ciudades y las zonas industriales.

Por el contrario, son contraproducentes para la navegación las carreteras (incluso nacionales), los pueblos pequeños, las montañas de laderas suaves y prolongadas, los riachuelos y los arroyos. Las montañas resultan zonas menos destacables a medida que se va adquiriendo altura.

Se mantiene la carta de tal forma que el Norte quede situado en la parte superior. Se puede entonces leer con facilidad los nombres indicados y bastará una rápida ojeada para saber qué nombre corresponde a cada elemento del terreno. Puede también colocarse el mapa de modo que el rumbo coincida con la parte superior del plano. En esta posición los nombres no resultan fáciles de leer (según sea la dirección de nuestra ruta), pero resulta útil porque permite identificar más rápidamente el terreno con su representación sobre la carta. Después de todo punto de viraje ha de girarse el mapa, lo que puede originar alguna confusión. Así pues, ambos métodos tienen ventajas e inconvenientes. Ahora bien, incluso el piloto acostumbrado a volar manteniendo el mapa con el Norte en la parte superior, debe colocarlo en el sentido de la ruta cuando vuele a lo largo de un río que presente muchos meandros (de forma análoga que en el tramo segundo, a lo largo del Mosela, en la ruta expuesta en las Fig. 30 y 31). Esta posición del mapa permite comparar mejor el terreno y su representación cartográfica, sobre todo cuando los tramos de ruta son largos.

Durante el vuelo ascensional bastará una breve ojeada al mapa, para verificar que la situación es correcta. En caso de duda, siempre es mejor observar primero el terreno, imaginarse cuál ha de ser su representación cartográfica y, solamente entonces, buscar nuestra posición en el mapa. (Si esta operación se realizara al revés, es decir primero el mapa y luego el terreno, se corre el riesgo de que el deseo de estar correctamente situados transforme nuestra visión del terreno, haciéndonos creer que nuestra situación es correcta, cuando en realidad no lo es).

Después de observar el mapa, ha de localizarse sobre el terreno los elementos más destacados.

Dirección a seguir tras el vuelo en espiral. Durante el viraje – y por lo tanto en los vuelos circulares – no podemos guiarnos por la brújula, pues sus indicaciones no son exactas. El error de viraje, característico de las brújulas no compensadas, se debe a la inclinación magnética (ángulo que foma la aguja con el plano horizontal, a consecuencia del campo magnético terrestre). En los virajes a la izquierda (levogiro), en el Hemisferio Norte, la brújula sólo señala correctamente el rumbo Este, mientras que en los virajes a la derecha (dextrogiro) sólo indica correctamente el rumbo Oeste. Los rumbos restantes son erróneamente señalados por la brújula. Consecuentemente, estamos obligados a deteminar el rumbo fijándonos en los puntos más característicos del terreno. Cuando esto no sea posible, nos orientaremos de acuerdo con la posición del sol durante la última senda de planeo, teniendo en cuenta el ángulo de deriva. Si el sol no fuera visible, se realizará la estimación siguiente: en el viraje a la izquierda, la salida del viraje se ejecuta tomando como punto de referencia el Este y en el viraje a la derecha tomando como punto de referencia el Oeste. Posteriormente, ya volando en línea recta, ha de comprobarse de nuevo el rumbo.

Una vez estimada la próxima térmica, se calcula el rumbo a seguir para alcanzarla, ayudándonos del vistazo que dirigimos hacia ella cuando volábamos en círuclo, y siempre teniendo en cuenta la corrección de deriva. Pero antes de abandonar la térmica habremos de contar con más de una alternativa, pues siempre es posible equivocarnos al valorar la próxima térmica elegida.

Durante los planeos prolongados es preciso de vez en cuando controlar nuestra ruta. Toda la atención ha de centrarse en lograr la mejor ruta de vuelo y en localizar la próxima corriente ascendente.

Las desviaciones de rumbo, por razones meteorológicas o para sortear determinadas zonas, constituyen un riesgo a tener en cuenta. Cuando no rebasan los 10 grados sólo producen alargamientos de trayecto insignificantes. Las desviaciones comprendidas entre 10 y 30 grados pueden aceptarse cuando aumentan la velocidad de crucero. Las desviaciones pueden ser todavía mayores, cuanto más alejados estemos del próximo punto de viraje o de meta. Entonces es posible encontrar una ruta directa (con nueva corrección de deriva), que nos conduzca al objetivo sin apartarnos demasiado de la ruta primitiva. Después de desviarnos del rumbo, no se ha de regresar a la ruta de origen, sino que hemos de dirigirnos desde nuestra posición hacia la meta, por el camino más corto. Desviaciones de rumbo superiores a 45 grados sólo son aconsejables en los casos de extrema necesidad, por ejemplo, ante el riesgo de hundirse. Al realizar estas desviaciones obligadas, ha de reconocerse lo mal que se estaba realizando el vuelo. Si nos desviáramos 90 grados del rumbo de origen perderíamos, de un lado, el tiempo empleado en la desviación y, del otro, el necesario para recuperar la altura perdida. Giros de 360 grados sólo deben realizarse cuando constituyen la única posibilidad de evitar el peligro de un hundimiento inminente, dirigiéndose por ejemplo hacia la

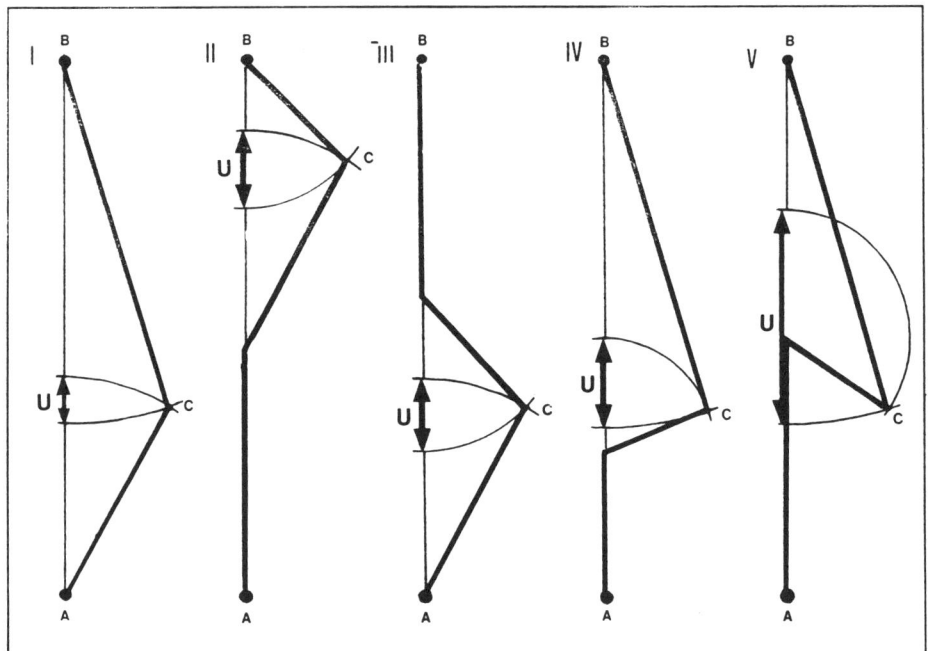

Fig. 36 – Trayecto alargado por desviaciones de rumbo. (A–B = trayecto de rumbo directo; U = alargamiento de trayecto). I = representación gráfica del alargamiento del trayecto. U = alargamiento del trayecto, a consecuencia de sobrevolar el punto C. II = comparada con el supuesto anterior, la desviación, por realizarse en las proximidades de la meta y pese a ser idéntica, se traduce en un alargamiento mayor del trayecto. III = aumento innecesario de alargamiento del trayecto causado por regresar a la ruta de origen. IV = aumento innecesario de alargamiento del trayecto, como consecuencia de percibir tardíamente la necesidad de desviarse. V = excesivo alargamiento del trayecto, por volar en sentido opuesto a la ruta de origen.

ladera, cuando se tiene la seguridad de encontrar en ella una corriente ascendente. Volar en sentido contrario supone una pérdida de tiempo, de altura y de trayecto recorrido: es decir, un balance bien desfavorable. Las desviaciones de rumbo aconsejables en hileras y calles de térmicas, fueron expuestas con anterioridad.

Puntos de viraje y metas

Los puntos de viraje y las metas han de enfilarse desde lejos. Se ha de calcular simultáneamente la distancia aproximada que nos separa de los mismos (preparación de la carta). Con frecuencia es preciso calcularlos de nuevo durante el vuelo de aproximación. Cuando el punto de viraje resulta difícil de encontrar, hemos de dirigirnos hacia un punto reconocible, previamente elegido y situado cerca de aquél. Una vez alcanzado nos dirigiremos hacia el punto de viraje siguiendo el rumbo (teniendo en cuenta la corrección de deriva), la velocidad y el tiempo que han sido exactamente calculados. Este procedimiento, aunque complicado, es seguro y requiere la máxima atención.

No ha de complicarse el vuelo eligiendo puntos de viraje y metas difíciles de localizar. En las competiciones suelen elegirse puntos de viraje fácilmente reconocibles, para no convertir el vuelo sin motor en un juego de escondite. El aspecto deportivo del vuelo sin motor – es decir, volar a gran velocidad – es prioritario a los problemas de navegación, necesarios para el cálculo de rumbos.

«PLANNING» DEL PUNTO DE VIRAJE

Antes de alcanzar el punto de viraje se ha de preparar la continuación del viaje. Las nubes que, durante el tramo de sol de cara eran insuficientes para la producción de térmicas, pueden parecernos óptimas tras doblar el punto de viraje, cuando en realidad sus valores ascensionales no han variado. Tan pronto como sea posible, ha de observarse la dirección de vuelo a seguir tras rebasar el punto de viraje, tratando de fijar puntos de referencia sobre el suelo. Ante todo, lo primero es determinar las corrientes ascendentes a las que hemos de dirigirnos tras el punto de viraje. Esto es muy importante, debido al cambio de iluminación que hemos de notar después de la variación de rumbo efectuada. Además, es preciso no cometer el error de considerar los puntos de viraje como metas de vuelo. En efecto, esta equivocación provoca una excitación de ánimo – ¡al fin lo he logrado! – que puede hacernos olvidar el planning de vuelo y conducirnos a volar demasiado bajo. Contra este efecto psicológico, aunque comprensible, ha de lucharse mediante una planificación adecuada. En realidad el punto de viraje no es más que un pliegue en nuestra ruta. En las competiciones sorprende observar como frecuentemente se produce en este lugar un gran número de hundimientos. ¿Acaso la repetición de estos hechos no pueda ser debida a una falta de planificación?

ALTURA DE VUELO EN EL PUNTO DE VIRAJE

Un buen procedimiento para conseguir la velocidad óptima consiste en sobrevolar los puntos de viraje a gran altura, cuando el viento es en cola, y con la mínima altura posible cuando el viento es en cara, pero sin poner en peligro el vuelo. Una térmica de 1 m/seg., en el tramo de viento en cola, puede ser más adecuada que una corriente ascendente de 2 m/seg., volando con viento en cara. Se puede así, en condiciones excepcionales, ganar de 5 a 15 minutos.

Fenómenos meteorológicos de caracter excepcional influyen en la altura necesaria para sobrevolar el punto de viraje. Por ejemplo, si se acercara un frente será preciso volar lo más bajo posible, para no penetrar en la zona de mal tiempo. Esta precaución es todavía más importante cuando se preven lluvias. Las condiciones meteorológicas son siempre prioritarias (cuando ha de sobrevolarse un punto de viraje).

SECTOR ANGULAR EN LA FOTOGRAFIA DEL PUNTO DE VIRAJE

La fotografía de los puntos de viraje ha de tomarse desde una línea ideal y con una abertura angular panorámica, de 45 grados hacia cada lado. Sólo así las fotografías pueden servir de comprobación oficial. El reglamento internacional de competiciones señala que la lí-

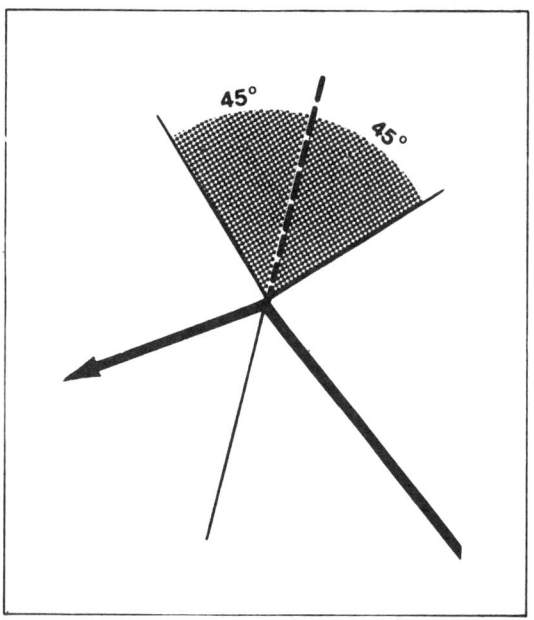

Fig. 37 – Sector angular fotográfico. La recta de trazos representa la línea ideal de fotografía. La flecha en ángulo: tramos de entrada y salida del punto de viraje. Zona punteada: sector angular fotográfico válido.

nea ideal – en la que ha de situarse el punto de la toma fotográfica – es la prolongación de la bisectriz del ángulo de variación del rumbo o de inflexión del trayecto. No es preciso dar una vuelta completa alrededor del punto de viraje. Cada punto de viraje exige la correspondiente fotografía del sector angular señalado, debiendo aparecer en la misma el propio punto. Es aconsejable, para obtener con seguridad esta fotografía, rebasar el punto de viraje hacia la línea ideal y, en el momento de cruzarla inclinando fuertemente el plano en dirección al punto, disparar la cámara.

Indudablemente se ahorra tiempo si, en lugar de situarnos sobre el punto de viraje, nos dirigimos hacia ese sector angular fotográfico, lo que, a su vez, disminuye las probabilidades de obtener una fotografía válida. Por ello, y para facilitar esta operación, es aconsejable trazar previamente sobre el mapa, durante el planning de vuelo, la línea ideal correspondiente a cada uno de los puntos de viraje. Normalmente resulta sencillo situar esta línea sobre el terreno, y no es posible cometer grandes errores.

¿CUANTO HA DE REBASARSE EL PUNTO DE VIRAJE PARA FOTOGRAFIARLO?

Lo más sencillo es situar el sector angular fotográfico estando alejados del punto de viraje. Pero esto, indudablemente, se traduce en un incremento del trayecto, lo que supone una importante desventaja en las competiciones. Si el rumbo es correcto, para sacar la fotografía basta con situarse a unos 200 m. por detrás del punto de viraje. Virajes excesivos, propios de pilotos inexpertos, resultan absolutamente innecesarios y, en condiciones meteorológicas desfavorables, suponen una pérdida de tiempo y un mayor riesgo de hundimiento.

¿FOTOGRAFIA CON CAMARA FIJA O CON CAMARA PORTATIL?

Durante el viraje, la fotografía ha de realizarse en el momento exacto, operación difícil cuando se emplea una cámara que ha de sostenerse con la mano. Es preciso ser casi un acróbata para virar con la inclinación debida, alrededor del punto de viraje, sin incurrir en

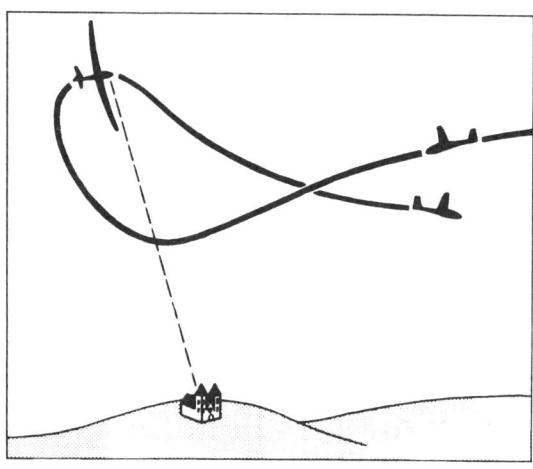

Fig. 38 – Sobrevuelo del punto de viraje, con cámara acoplada al velero. En los puntos de viraje con ángulo cerrado (vuelos de ida y regreso o triangulares) éstos han de rebasarse y, aumentando la velocidad, virar de modo semejante al inicio de vuelo en espiral. Se dispara la cámara en el momento en que el plano inclinado señala el punto de viraje. Este método resulta el más adecuado, pero presenta como desventaja la imposibilidad de realizar una segunda toma. Por ello, exige un perfecto dominio de esta técnica, para que las tomas resulten válidas. Como siempre, la práctica es la clave del éxito.

una situación de resbale, y simultáneamente con la mano libre mantener la cámara, fijar el objetivo y pulsar el disparador en el momento adecuado, sin mover la máquina. Por lo general, son tantas las cosas que hay que hacer que siempre acaba por fallar algo. Si el fallo es grave, será necesario dar una nueva vuelta al punto de viraje perdiendo mucho tiempo, a menos que se quiera correr el riesgo de que la fotografía no sea aceptada y el vuelo anulado. Un nuevo giro supone además la pérdida de 20 a 80 m. de altura. A menudo puede observarse cómo, en estos casos, los pilotos realizan virajes defectuosos que les hacen perder una altura considerable.

Frente a tantos inconvenientes, en las competiciones actuales, suele ser obligatorio acoplar la cámara al velero. De este modo las fotografías no resultan movidas, ya que las vibraciones del velero, incluso con fuerte inclinación transversal, siempre son muy inferiores a los movimientos de la mano. Además, se pilota con mayor facilidad y se enfoca el punto de viraje sin problema alguno. Ahora bien, es preciso dar una mayor inclinación transversal al velero; pero este inconveniente resulta menos perjudicial que un viraje defectuoso. Gran número de pilotos han obtenido magníficos resultados acoplando las cámaras a sus veleros. Las Fig. 121 y 122 muestran un soporte de cámara fotográfica, de fácil instalación sobre el velero, que ha dado excelentes resultados durante las competiciones.

NORMATIVAS ESPECIALES DE COMPETICION

Algunos compeonatos internacionales impusieron una técnica fotográfica que exigía las siguientes condiciones:

– el acoplamiento de la cámara sobre el costado izquierdo del velero

– la fotografía debía tomarse desde un lugar exactamente definido que el concursante debía sobrevolar (no empleándose por tanto la técnica del sector angular)

– el punto que debía fotografiarse había sido fijado con toda precisión y situado oblícuamente con respecto del lugar desde donde debía tomarse la fotografía.

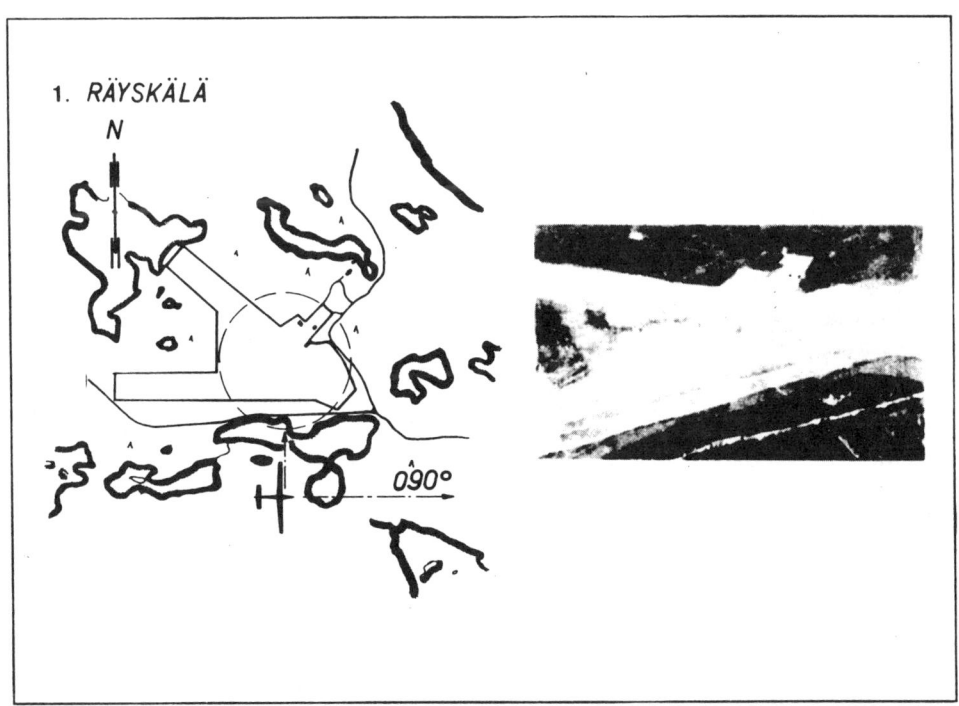

Fig. 39 – Formulario de punto de viraje empleado en los campeonatos del mundo, de 1.976, celebrados en Räyskälä (Finlandia).

La ventaja de este sistema consiste en que todas las fotografías presentadas por los concursantes son semejantes (las únicas diferencias posibles son consecuencia del enfoque o de la altura de vuelo). El gran inconveniente de este procedimiento es que no ofrece tolerancia alguna para la determinación del punto desde donde ha de tomarse la fotografía. En los casos dudosos, el jurado de la competición podía, según su juicio, imponer sanciones.

TIPO DE CAMARA FOTOGRAFICA

Todo piloto es libre de instalar sobre su velero la cámara fotográfica que crea más conveniente; incluso están permitidas las cámaras sofisticadas. Sin embargo, para cumplir con el expediente, basta una sencilla cámara «instamatic». Tienen éstas la ventaja de que, por no precisar enfoque, es prácticamente imposible cometer un error. Lo más conveniente es instalar dos cámaras, una sobre cada costado del velero. De este modo se tiene la seguridad de que al menos una de ellas no tendrá el sol de frente. También resultan útiles, aunque no necesarias, las cámaras con ajuste automático de diafragma en función de la luz. Cuando se trata de cámaras no automáticas debe emplearse película de 18 DIN, ajustar el diafragma en 8, 1/250 seg. y enfocar al infinito. En días muy nublados el diafragma ha de ajustarse en 5, 6, 1/100 seg.. De esta forma se lograrán siempre las tomas de acuerdo con los reglamentos. Ultimamente han aparecido sencillas cámaras «instamatic» con rebobinado automático, que permiten sacar varias fotografías del punto de viraje sin pérdida de tiempo.

Durante los días calurosos conviene recubrir la cámara con papel de aluminio para proteger la película de los rayos del sol. Esta operación debe realizarse en la misma pista de despegue, y evita que la cámara se caliente innecesariamente y pueda quedar inservible antes de iniciar el vuelo.

Navegación con muy poca visibilidad y vuelo entre nubes, sobre terreno uniforme

Cuando las circunstancias del momento exijan una navegación muy atenta, es aconsejable anotar sobre la tablilla de datos todos los lugares de fácil indentificación a lo largo de la ruta, indicando la hora en que fueron sobrevolados. Es mejor todavía trazar a lápiz, sobre la carta aeronáutica, el trayecto de vuelo realizado. Se logra así una orientación de vuelo más clara. Si nuestro reloj tiene anilla de ajuste, ésta permite señalar la hora en que fue sobrevolada la última posición anotada. El tiempo transcurrido aparecerá indicado por el minutero sobre la anilla. Esta pieza es el único «extra» que requiere el reloj del piloto. Los carísimos cronómetros, que llevan algunos pilotos, son simples medios de seducción comercial. Para la navegación en el vuelo sin motor son de poca utilidad los mal llamados «relojes de piloto».

Durante el vuelo es preciso fijarse en el rumbo que señala la brújula, así como determinar la velocidad media para poder fijar la posición de vuelo, en función del tiempo transcurrido. Así pues, es de gran importancia controlar y anotar los tiempos empleados durante los tramos rectilíneos. La intranquilidad que supone navegar con inseguiridad hace perder el sentido del tiempo. Cinco minutos de vuelo en turbulencias, con fuerte lluvia o entre nubes (modalidad de vuelo prohibida en algunos países, salvo la correspondiente autorización) pueden parecernos dos o tres veces más largos que la realidad. No llevar un riguroso control del tiempo y del rumbo pueden crear en el piloto una arriesgada intranquilidad.

NAVEGACION A ESTIMA

Supongamos que las zonas de escasa visibilidad son extensas o que la nubosidad es espesa y pretendemos (contando con la autorización pertinente) aprovechar las térmicas de nubes. Imaginemos además que las condiciones meteorológicas nos obligan a desviarnos de la ruta prevista. Sólo una adecuada navegación a estima evitará que acabemos perdiéndonos. Es preciso llevar una regla, para trazar los trayectos sobre el mapa, y mantener una velocidad de vuelo que facilite el cálculo. Así, por ejemplo, 120 km/h. = 2 km. por minuto = 10 km. (es decir 2 cm. en la carta a escala 1:500.000) en 5 minutos. O bien 100 km/h. = 10 km. en 6 minutos; 150 km/h. = 10km. en 4 minutos; 180 km/h. = 15 km. (es decir 3 cm. en la carta a escala 1:500.000) en 5 minutos. Sin embargo, lo más adecuado es utilizar la «tabla para hallar la posición del velero sobre la carta», tal como se describe en páginas siguientes, de manejo fácil y exacto.

Tanto en Suiza (Meiser) como en Alemania (Zander) se han desarrollado instrumentos que al medir la presión total y la altura de vuelo, señalan la distancia recorrida por el velero, en función de la componente del viento indicada por el piloto. Estos «cuentakilómetros» son de gran utilidad en la navegación a estima. Permiten también calcular el planeo final. Este último aspecto es el menos importante, ya que con las calculadoras ordinarias se realiza perfectamente.

Pérdida de orientación o desorientación

Los cálculos de navegación realizados durante el vuelo han de ser suficientemente exactos, para evitar toda duda sobre nuestra posición. En efecto, cuando no se logra localizar la posición del velero se apodera del piloto un lógico nerviosismo, que puede llegar a impedirle calcular con exactitud el tiempo de vuelo transcurrido y el trayecto recorrido. Este estado de ánimo puede ser causa de errores interpretativos de los puntos significativos del terreno, que no habrían de producirse con el ánimo sereno. En estos casos el piloto mira alocadamente a su alrededor, sin apercibirse de que va perdiendo altura considerable incluso con buen tiempo. Es preciso mantenerse tranquilo. Para ello lo mejor es volar en círculo mientras se va repasando de forma sistemática el último tramo recorrido, teniendo en cuenta los posibles cambios de viento, y así calcular la zona en que posiblemente nos encontramos. A continuación el piloto trata de localizar su posición sobre la carta, con la ayuda de los puntos más significativos del terreno. Es absolutamente necesario estar tranquilos para poder examinar concienzudamente la situación.

El planeo final

Si se ha tenido la suerte de evitar un aterrizaje fuera de pista, se da fin a la jornada calculando el planeo final. En páginas posteriores se analizan cuáles son la altura y velocidad necesarias para el vuelo de este último tramo. El planeo final exige fijarse hasta en los más insignificantes detalles del terreno, para situar con precisión nuestra posición de vuelo y calcular así los kilómetros que restan hasta la pista de aterrizaje. Durante el vuelo ascendente de la última térmica, se calcula en primer lugar la altura óptima necesaria para el planeo final. A continuación, utilizando la carta aeronáutica en que figuran las proximidades del aeródromo (escala 1:250.000), se analiza el tramo final, fijando los puntos de referencia que permitirán conocer la distancia que nos separa de la pista (por ejemplo: vías de ferrocarril, pequeños pueblos, tendidos de alta tensión, etc..). Al sobrevolar estos puntos, compararemos nuestra altura real de vuelo con la altura calculada. Si la diferencia fuera excesiva, es preciso ajustar de nuevo el anillo de Mac Cready o el variómetro de velocidades de planeo. Si el velero dispusiera de un «cuentakilómetros», se aprovechará algún punto del terreno de fácil indentificación para ajustarlo con precisión. Así es posible mantener un control exacto de la altura de vuelo y de la distancia que nos separa del aeródromo.

Aterrizaje fuera de pista

No basta saber aterrizar, es preciso también saber dominar una situación de hundimiento. Cuanto mejor sepamos pilotar en vuelo lento, tanto mayor serán nuestras posibilidades de recuperar altura y, por lo tanto, de evitar un aterrizaje fuera de pista. Aterrizar fuera de pista es una maniobra normal, que todo piloto debe conocer y con la que siempre hay que contar al realizar un vuelo de distancia. Sin embargo, los aterrizajes fuera de pista causan daños, en general como consecuencia de errores de pilotaje, de nerviosismo exagerado o de equivocaciones al valorar las posibilidades del aterrizaje. Recordemos que hundirse es un riesgo más y que los aterrizajes fuera de pista – cuando se respetan las normas más elementales – no entrañan peligro alguno.

Cuando resulte imposible alcanzar una nueva corriente ascendente, ha de lograrse una visión de conjunto de las posibilidades de aterrizaje existentes. Es decir, de todas aquellas posibilidades dentro de nuestro ángulo de planeo. Si se considera que el vuelo sigue siendo seguro, se calcula la posibilidad de aterrizar en los lugares más próximos del aeródromo, aunque estén más distantes. Pero nunca se puede desechar la oportunidad que ofrecen los lugares próximos, puesto que podrían necesitarse si nos obligara a ello una zona de corrientes descendentes. Siempre ha de conservarse una altura de reserva, para llevar a cabo con toda seguridad el vuelo de aproximación. Aquellas zonas en que resulta imposible aterrizar – tales como bosque, ciudades, áreas pedregosas o rocosas, etc. – sólo pueden sobrevolarse cuando se tiene la seguridad absoluta de que se cuenta con altura suficiente para alcanzar el campo de aterrizaje más próximo, teniendo que cruzar incluso corrientes descendentes o

volar con viento de cara o con lluvia. Sin embargo, no es posible señalar la altura mínima por debajo de la cual debe interrumpirse el vuelo y resignarse a aterrizar. En efecto, señalar una altura mínima depende de un número de factores muy aleatorios, tales como la diversidad del terreno, el distinto alcance de cada tipo de velero o la pericia del piloto. Por último, el altímetro no es un instrumento fiable cuando se sobrevuelan terrenos ondulados y accidentados. En estas situaciones lo mejor es volar de campo en campo de aterrizaje.

Criterio para la elección del lugar de aterrizaje

El terreno de aterrizaje ha de ser llano o con pendiente en sentido contrario a la rodadura. Nada es tan desagradable como aterrizar en un lugar con pendiente hacia abajo, viendo como no se pierde la altura restante mientras nos acercamos al final del campo.

El aterrizaje ha de realizarse con viento de cara (el sentido del viento puede reconocerse por el humo de las chimeneas, el desplazamiento del velero durante el vuelo en espiral, el movimiento de las espigas, etc.). La longitud y anchura del campo deben ser las adecuadas al modelo de velero y a nuestra propia pericia. El vuelo de aproximación ha de estar libre de todo obstáculo y la superficie del terreno debe ser llana. Resultan buenos para aterrizar ciertos campos cultivados (campos de regadío, campos recién arados, cosechas todavía jóvenes). Si se tiene la oportunidad de elegir entre varios lugares apropiados, hemos de decidirnos por el que ofrezca más facilidades de recogida. Sin embargo, la seguridad de aterrizaje es prioritaria a cualquier otra consideración.

Téngase sumo cuidado, al valorar la inclinación del terreno cuando se realiza desde gran altura, pues pueden cometerse errores muy grandes. Un campo que desde gran altura parece totalmente llano puede resultar un terreno ondulado. Conviene fijarse en la posible existencia de surcos perpendiculares a la inclinación del terreno, destinados a la recogida de aguas de lluvia. Los campos sin cultivar esconden peligros: zanjas, rocas, arbustos, vallas o reses poco visibles.

Sobre las reses que engendran situaciones peligrosas:

Resulta intranquilizante ver como una manada se va acercando lentamente, pero de forma imparable, hacia el velero que acaba de tomar tierra. De todos modos todo no está perdido, cuando se actúa de forma correcta. Tratar de espantarlas no tiene sentido, pues con ello sólo se consigue aumentar su desconfianza. Está demostrado que las vacas son relativamente inteligentes, cuidadosas y curiosas por naturaleza. Normalmente las vacas se acercan al velero para observar con extrañeza la cosa aparecida en su pradera, la lamerán y por último se alejarán. Por lo general nada ha de ocurrirle al velero, aunque esta situación haya podido ponernos nerviosos. Lo mejor es mantenernos alejados del velero, tratando de ofrecer algo de comer a los animales o llamándoles la atención.

Hay que tener presente que el velero, por ser un objeto inmóvil, ofrece poco interés a los animales. Incluso las reses bravas no se precipitarán sobre el velero si antes no han sido atacadas. El color rojo de un velero no hace al toro más agresivo, a pesar de lo que la gente pueda pensar. En las corridas no es el color rojo lo que atrae la atención del animal, sino el constante movimiento de ese trozo de tela. La ayuda que los simpáticos espectadores, que aparecerán muy pronto, quieran ofrecernos ha de ser diplomáticamente rechazada, incluso con rudeza si fuera preciso, amenazándoles por ejemplo con ser ellos los responsables de los daños que sufriera el velero. El piloto se basta a sí mismo para enfrentarse a los animales.

Al elegir el lugar de aterrizaje hemos de evitar las cosechas muy crecidas.

Los veleros con timón de cola en forma de «T» corren especialmente peligro en estos campos (de hierba, trigo o centeno crecido) por las vueltas en círculo («caballitos») que suelen dar, si al tomar tierra cuelga uno de los planos. Los campos de espárragos, que desde el aire se confunden con campos de cultivo ordinario, no son nada apropiados para el aterrizaje. Algo parecido ocurre con los viñedos y maizales. Ha de ponerse la máxima atención en los cables de alta tensión, fácilmente reconocibles por sus postes o torres metálicas. En la alta montaña, los cables de los teleféricos constituyen un grave peligro, por no estar normalmente señalados en las cartas aeronáuticas. Los cables que transportan carretillas de carga y que cruzan el valle sin soporte alguno, son imposibles de renocer sobre fondo oscuro (por ejemplo, bosques).

Vuelo de aproximación al campo de aterrizaje

Ante todo ha de verificarse si se lleva correctamente ajustado el cinturón de seguridad. El vuelo de aproximación se estructura del mismo modo que si se tratara de un vuelo de circuito de tráfico. Por lo tanto, ha de determinarse con cuidado el punto de comienzo de la aproximación (también llamado a veces punto clave), que es el punto situado en el tramo de viento de cola, a la misma altura que el punto previsto de aterrizaje. La altura en este punto ha de estar comprendida entre los 100 y 150 m. Hasta este momento se habrá estado tratando de encontrar corrientes ascendentes, pero a partir del mismo nuestra decisión de aterrizar será irrevocable y siempre, ocurra lo que ocurra, habrá de respetarse el tramo de viento cruzado. Este tramo nos permite determinar con exactitud la dirección y sentido del viento, en función de nuestro desplazamiento, y constituye un importante factor de seguridad para el aterrizaje. Así pues, en función del desplazamiento causado por el viento, realizaremos las maniobras necesarias para corregir el rumbo, acortando o prolongando este tramo de viento cruzado. Se tendrá constantemente la mirada fija sobre el lugar de la toma de tierra. Quien prefiera no llevar a cabo el tramo base, debe realizar un viraje de 180 grados antes de iniciar el tramo final. Sin embargo, el piloto difícilmente puede determinar el momento y lugar exactos para realizar este viraje, ya que resulta imposible observar simultáneamente el lugar de aterrizaje. Las consecuencias de un posible error – iniciación prematura o retraso en el viraje – son mayores que el ahorro de maniobra realizado, ya que el piloto estará obligado a sobrevolar de nuevo el mismo tramo. Probablemente muchos accidentes que han tenido lugar en el aterrizaje fuera de pista sean debidos a este error.

Una vez en el tramo final ya no es posible decidirse por otro campo de aterrizaje distinto al elegido, aunque nos parezca más adecuado. La razón es bien sencilla: no tendríamos altura ni tiempo suficientes para alcanzar el nuevo campo si se pretendiera, al mismo tiempo, controlar el vuelo de aproximación y situarse en el punto de comienzo adecuado.

Cuando se vuela con viento de cara, rachas o corrientes descendentes producidas por las laderas, es preciso conservar durante el vuelo de aproximación una reserva de velocidad. Si el viento fuera cruzado, ha de prestarse una atención especial a la corrección de deriva y, tan sólo unos instantes antes de tomar tierra, enderezar la dirección del velero en el sentido del campo o de la carrera. Si se resbala hacia el viento, habrá de inclinarse hacia abajo el plano.

Vuelos de aproximación de carácter extraordinario

(no necesario en circunstancias normales)

– *Aterrizar sobre terreno con fuerte pendiente ascendente:*
Este tipo de aterrizaje exige una gran reserva de velocidad (alrededor de 30 km/h.). El piloto se aproxima al suelo hasta tomar tierra, rodando a gran velocidad cuesta arriba. Cuando se levanten los frenos aerodinámicos, el recorrido de la carrera será muy corto, a pesar de la alta velocidad de aproximación.

– *Aterrizar sobre terreno inclinado a media ladera:*
El tramo de viento cruzado se volará en la zona del valle. Durante el tramo final es necesario realizar un suave lazo en forma de «S» inmediatamente antes de tomar tierra, a fin de que el velero se coloque paralelamente a la ladera. Sin esta «S» – que es muy aconsejable – no se podría dejar colgar el plano hasta el último momento, ya que de lo contrario al tomar tierra el velero resbalaría irremediablemente por la pendiente de la ladera.

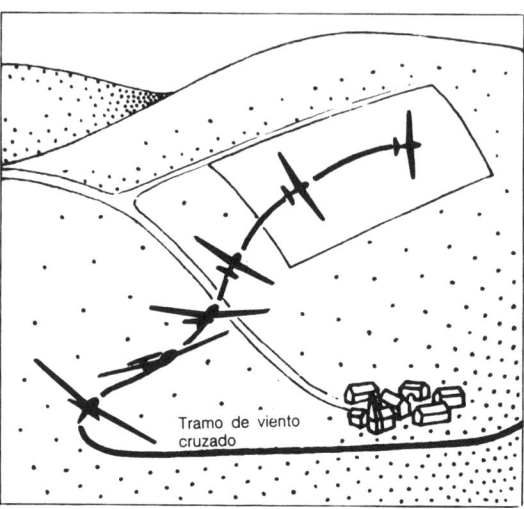

Fig. 40 – Aterrizaje fuera de pista sobre terreno inclinado a media ladera, mediante una "S".

Si al mismo tiempo sopla viento de fuerte intensidad en el sentido del valle hacia la ladera, puede dejarse resbalar al velero durante el vuelo de aproximación y, solamente en el momento de ir a tomar tierra, enderezar el vuelo dejando que cuelgue el plano correspondiente a la inclinación de la ladera.

– *Obstáculo con vuelo de aproximación corto:*
Si el campo de aterrizaje fuera excesivamente corto y se tuviera que sobrevolar un obstáculo, se accionarán los frenos aerodinámicos, realizándose un derrape. Durante esta maniobra han de tenerse en cuenta las partes más bajas del velero (planos y parte posterior del fuselaje).

– *Obstáculo con vuelo de aproximación excesivamente corto:*
Si nuestra altura o velocidad no fueran suficientes para rebasar el obstáculo situado delante del campo de aterrizaje, todavía se tiene la posibilidad de superar esta situación. Para ello es preciso empujar la palanca de mando y, al encontrarnos el obstáculo, tirar de ella hasta superarlo. Inmediatamente después se empuja la palanca, enderezando el vuelo instantes antes de tomar tierra. Es muy posible que al realizar esta difícil maniobra se haya volado por debajo de la velocidad mínima permitida. A primera vista esta maniobra puede parecer absolutamente contraria a las leyes físicas, puesto

que empujando la palanca en un primer momento para luego tirar de la misma no mejora en nada el ángulo de planeo. Ahora bien, la ventaja de esta maniobra consiste en permitirnos sobrevolar un obstáculo trazando una parábola que, por disminuir la carga alar, logra incluso a baja velocidad que los planos mantengan una fuerza de sustentación suficiente. Para realizar esta maniobra parabólica es del todo necesario aumentar la velocidad. Detrás del obstáculo, el velero habrá consumido más altura de la necesaria para lograr un adecuado ángulo de planeo. Precisamente cuando el viento es de cara, esta maniobra de emergencia nos permite salvar el obstáculo, ya que el viento de superficie será mucho menor a sotavento del obstáculo.

— *Terreno de aterrizaje excesivamente corto:*
En este caso no ha de aterrizarse sobre el eje longitudinal de la pista, sino sobre uno de los laterales, con el fin de contar con espacio suficiente para frenar el velero realizando un «caballito».

Toma de tierra en casos especiales

Si el campo de aterrizaje es suficientemente grande, se toma tierra con la velocidad mínima, para que tanto el tramo como la velocidad de rodadura resulten lo más cortos posible.

— *Terreno con hierba alta, trigo, etc:*
Se toma tierra con velocidad mínima (frenos aerodinámicos abatidos, flaps accionados, suelta del paracaídas de emergencia)

— *Terreno fuertemente inclinado cuesta arriba:*
Durante la rodadura – y no demasiado tarde, pues el tramo de rodadura será muy corto – se posará un plano sobre el suelo, haciendo que el velero gire 90 grados. De este modo se impide que ruede marcha atrás y cuesta abajo después de la toma.

— *Terreno de aterrizaje excesivamente corto:*
Se toma tierra lo antes posible, incluso si la velocidad resulta relativamente alta. Se accionan los frenos al máximo. Cuando se trate de veleros sin freno en las ruedas (por ejemplo, los biplazas) se aumenta la presión sobre el patín.

Antes de alcanzar el obstáculo que delimita el campo de aterrizaje, se posará el plano sobre el suelo, realizando un «caballito». El timón de profundidad se encontrará empujado al máximo hacia adelante, con el fin de descargar la cola del velero, que corre peligro en esta maniobra.

— *Terreno con pequeñas zanjas transversales:*
Si el terreno fuera húmedo o blando, el velero no sufrirá daños si no se saca el tren de aterrizaje. La parte inferior del fuselaje patinará, incluso por encima de las pequeñas zanjas (de hasta 30 cm.) transversales al recorrido. Por el contrario, de haber sacado el tren de aterrizaje éste hubiera quedado atrapado en alguna de las zanjas. Salvo en este caso muy particular, siempre ha de aterrizarse con el tren fuera, pues en los modernos fuselajes el piloto va sentado 1 cm. por encima del revestimiento del fuselaje. Por lo tanto, sin este sistema de amortiguación, todos los golpes que éste recibe repercutirían sobre la columna vertebral del piloto. Un tren de aterrizaje tiene fácil reparación; no así la columna vertebral.

— *Terreno con arbustos o con agua:*
Se ha de maniobrar como en el campo de trigo. Lo mismo ha de hacerse si hubiera árboles, salvo en el caso de que estuvieran suficientemente distanciados para colocar el fuselaje entre dos troncos.

— *Terreno totalmente inapropiado:*
En las zonas pedregosas o rocosas, el velero queda absolutamente destrozado. El piloto tiene muchas probabilidades de salvarse si realiza un derrape sobre el suelo, ya que la ruptura del plano inclinado absorberá la mayor parte del golpe.

Tras el aterrizaje fuera de pista

Después de finalizado con éxito el aterrizaje, sentiremos una gran paz y tranquilidad. Desearemos disfrutar de este silencio, después de la excesiva concentración a que estuvimos sometidos, mientras tratábamos de evitar el hundimiento, y del mal humor de habernos visto obligados a aterrizar. Desgraciadamente muchas veces esto no es posible. En primer lugar, por la aparición de los curiosos y, en segundo lugar, porque es preciso comunicar por teléfono nuestro aterrizaje. Una vez más nos vemos obligados a actuar correctamente y con tranquilidad, a pesar de tener hambre o sed, y de estar algo nerviosos.

LOS CURIOSOS

A cuantos curiosos se acerquen habremos de explicarles de buen grado cuanto deseen conocer, contestando amablemente a preguntas del estilo siguiente: ¿por qué no tiene motor este avión?, ¿por qué se ha caído Vd?, ¿cómo se producen los vacíos de aire?, ¿aterrizó Vd. porque se le acabó el viento?

Ante todo ha de explicárseles, con toda claridad, la fragilidad del velero. Conviene mostrarles los instrumentos de a bordo e incluso permitir que alguno se siente en la cabina. Todo ello con simpatía y buen humor, incluso cuando nos señalen con qué facilidad los restantes veleros siguen elevándose en el cielo. Como nuestros admiradores tampoco desean quedarse sin su héroe, se les dirá que todo se debe a la mala suerte. Al que parezca más valiente y responsable se le explicará todo con más detalle, pidiéndole su nombre y señas. A él le ofreceremos la responsabilidad del velero – siendo por lo tanto la única persona autorizada a tocarlo – mientras nos ausentamos en busca de un teléfono para dar cuenta de nuestro aterrizaje.

EL PROPIETARIO DEL CAMPO DE ATERRIZAJE

Se preguntará a algún adulto si conoce el propietario del campo donde se hubo de aterrizar. Si llegara a aparecer será tratado con especial cuidado. Cuando proteste por los daños causados, se le señalará que todo velero está cubierto por un seguro obligatorio, por lo que puede estar tranquilo. Se le indicará que llame a un perito para valorar los daños, avisando a nuestra compañía de seguros, cuyas señas le daremos. Desgraciadamente, no está permitida la indemnización directa.

De este modo el dueño de la finca quedará satisfecho, olvidará su mal humor e incluso nos ayudará a que se alejen los curiosos para evitar que éstos pisoteen su campo. Por supuesto, sólo nuestro ayudante voluntario podrá seguir junto al velero custodiándolo mientras nos ausentamos.

MEDIDAS DE SEGURIDAD ANTE UNA TORMENTA

Cuando se avecine una tormenta, nuestro comportamiento habrá de ser diferente. En primer lugar hemos de pedir al mayor número de espectadores que nos ayuden a asegurar el velero. A continuación ha de retraerse el tren de aterrizaje, de forma que el velero descanse sobre la panza, inclinando uno de los planos en sentido contrario al del viento. Después ha de fijarse todo el velero, utilizando nuestro material de anclaje. De este modo evitaremos grandes daños, como por ejemplo, encontrarnos con el velero volcado y apoyado sobre los planos al regresar del teléfono. Siempre, en esta situación, lo más importante es asegurar el velero contra el mal tiempo y protegerlo de los curiosos. Sólo después puede uno ausentarse en busca de un teléfono y resolver sus problemas personales.

FICHA TELEFONICA PARA LA RECOGIDA DEL VELERO

Pediremos a los espectadores que dispongan de automóvil, que nos señalen sobre el mapa nuestra situación exacta. Nos explicarán cómo se llega a ese lugar e incluso probablemente se ofrezcan a acompañarnos hasta el teléfono más cercano. Desgraciadamente el teléfono más próximo no suele ser el más conveniente, pues los teléfonos públicos no son los adecuados. En efecto, nuestros compañeros, en caso de precisar más información no podrán comunicar con nosotros. Tampoco podrían hacerlo en caso de ocurrirles algún percance durante su venida a recogernos, complicándose más nuestra situación. Cuando nos encontremos alejados de nuestro aeródromo, lo aconsejable es dirigirse a una granja, y desde ella llamar por teléfono. A los granjeros les contaremos con humor nuestro percance. Es posible que, antes de formularles ninguna pregunta, nos ofrezcan su hospitalidad para pasar la noche. Probablemente esta circunstancia constituya lo más agradable de nuestra aventura.

En una ocasión, durante las vacaciones de Semana Santa, tuve que aterrizar fuera de pista al encontrarme sobrevolando una zona del Oeste de Francia. Fui huésped de un granjero francés, a quien ayudé a perseguir las vacas escapadas y me trató a cuerpo de rey. Mientras tanto, uno de mis compañeros de vuelo tuvo que aterrizar cerca de un pueblecillo, en el que escaseaban los chicos jóvenes, y le faltó muy poco para tenerse que casar con la hija de su anfitrión. Sería muy interesante recopilar todas las experiencias vividas durante los aterrizajes fuera de pista.

Erich Hetzel, durante unos campeonatos de Alemania, se vió forzado a aterrizar cerca de una granja en llamas que, por lo visto, no dió lugar a una corriente ascendente de suficiente intensidad y acabó teniendo que salvar del fuego a los cerdos de la granja. Así fue como la prensa local, al día siguiente, ensalzó la acción heroica del «salvador caído del cielo». Harmut Lodes aterrizó en el solar de una fábrica de aguardiente.....

El aviso telefónico del aterrizaje forzoso se lleva a cabo mucho mejor cuando se ha rellenado previamente la «ficha telefónica de recogida», de gran utilidad en todas las competiciones y que debe estar siempre expuesta junto al teléfono del aeródromo. El piloto, a su vez, debe llevar un duplicado de la ficha junto a su licencia y algunas más en el libro de a bordo. La ficha ahorra tiempo y dinero, pues evita preguntas innecesarias durante la llamada telefónica.

Para deteminar exactamente el lugar de aterrizaje, hemos de asesorarnos mediante dos personas de confianza, tales como un policía, el párroco, el médico, un guardia forestal, etc.. Estas personas pueden confirmarnos o rectificar nuestra posición (para ello resulta conveniente utilizar una mapa de gran escala). Les pediremos además que nos indiquen su nombre, señas y teléfono. Por último se desconecta el barógrafo, dejándolo bloqueado, para que sirva posteriormente de testimonio deportivo.

Destinatario del mensaje ....
N° del Participante ....   Fecha .... Hora ....
Hora de aterrizaje... Aterrizaje Perfecto: si/no (posibles daños sufridos) ....
Punto de Aterrizaje (población más próxima).. Dirección y distancia de la población más próxima al punto de aterrizaje ....
Núcleo urbano más próximo (Municipio).. Dirección y distancia al punto de aterrizaje ....
OBSERVACIONES (consejos para la recogida; número de la carretera nacional etc.) ....
Nombre y Apellidos del piloto:... Número de Teléfono desde donde llama:..
Puntos de Viraje sobrevolados: ....

Fig. 41 – Ficha telefónica de recogida por emergencia.

CERTIFICACION DEL VUELO

Código deportivo

Para que nuestro vuelo sea reconocido oficialmente, es condición precisa cumplir y respetar las normas nacionales e internacionales establecidas. El vigente Código Deportivo («Code Sportif»), elaborado por la Federación Aeronáutica Internacional (F.A.I), regula legalmente esta materia. La obtención de los trofeos de «Plata C», «Oro C» y «Diamante», así

Certificados y documentos (Cuadro "A")

Información requerida	Descripción del record anunciado	Certificado de despegue	Certificado de meta y justificante de los puntos de viraje	Justificantes del sobrevuelo de los puntos de viraje	Aterrizaje o llegada a meta	Barográma	Calibración del barógrafo
Fecha del vuelo	X	X		X	X	X	X
Nombre y apellidos del piloto	X	X		X	X	X	X
Nacionalidad del piloto	X						
Clase de récord realizado	X	X					
Prestación	X						
Nº y fecha de caducidad de la Licencia de Vuelo Deportivo FAI	X						
Clase o nº del barógrafo						X	X
Fecha de la última calibración							X
Tipo y matrícula oficial del velero	X	X	X	X	X		
Lugar de despegue	X	X					
Modalidad de despegue		X					
Presión relativa del aire en tierra en el momento del despegue (sólo para vuelos de altura)						X	
Punto de despegue	X	X	X				
Altura del punto de despegue		X					
Hora del despegue	X	X					
Nombre del piloto del remolque-avión	X						
Nº de su licencia de piloto	X						
Nº de matrícula del remolque-avión	X						
Hora del desenganche	X						
Altura del desenganche	X						
Nombre de la meta y puntos de viraje	X		X	X	X		
Hora de aviso de los puntos mencionados			X				
Hora del velero sobre puntos de viraje					X		
Altura aproximada del velero sobre puntos de viraje					X		
Película (sin cortes) de tomas realizadas en puntos de viraje, o Justificación de testigos deportivos					X		

Hora de aterrizaje en meta u hora en que finalizó el vuelo	X				X			
Lugar de aterrizaje, cuando no se trata de vuelo con dirección prefijada	X				X			
Trayecto recorrido por el velero	X							
Recorrido a restar (si fuera necesario)	X							
Fecha y firma del piloto	X		X					
Fecha y firma del responsable de calibración del barógrafo								X
Fecha y firma de los testigos deportivos (1)	X	X	X	X	X	X		
Fecha y firma del piloto del remolque-avión		X						
Sello de la NaeC (para récords de carácter mundial)	X							

(1) Cuando el velero no aterriza en la meta, el certificado debe estar testificado por dos testigos independientes, cuyas señas completas deben hacerse constar.

Certificados y documentos adicionales para motoveleros								
Motor parado antes de sobrevolar la línea de salida	X				X			
Motor no puesto de nuevo en marcha después de sobrevolar la línea de salida	X				X			
El motor no puede ser puesto en marcha en ningún momento durante el vuelo	X				X			

como el reconocimiento oficial de los récords, está sometido a lo establecido por los reglamentos nacionales e internacionales.

En algunos países los campeonatos de vuelo sin motor se celebran de forma totalmente descentralizada. Cada piloto concursante alcanza las metas que el mismo se ha propuesto, entregando posteriormente el documento que testifica su hazaña. Cada campeonato anual se regula según las condiciones específicas de inscripción.

Para evitar todo tipo de sorpresas, a la hora del reconocimiento oficial de nuestro vuelo, se expone en el Cuadro «A» la lista de documentos, prescritos por el «Code Sportif» (Código Deportivo elaborado por la Federación Aeronáutica Internacional (F.A.I.)), que ha de presentar el piloto concurrente. A fin de no amontonar problemas durante la víspera de la competición es conveniente preparar de antemano todos estos documentos al iniciarse la temporada.

Las velocidades de planeo (Sollfahrt)

Durante el vuelo se puede escoger la velocidad de vuelo, dentro de un margen permitido. Volar despacio supone normalmente una pérdida de altura más lenta. Por el contrario, las velocidades elevadas, que nos permiten avanzar rápidamente, entrañan desgraciadamente una pérdida mayor de altura. Durante el vuelo de distancia ha de mantenerse la velocidad de vuelo que mejor permita realizar nuestro propósito. Por lo tanto, interesa saber el valor de esta velocidad óptima, conocida con el nombre de «velocidad de planeo» o «velocidad correcta de planeo». Según sea nuestra situación durante el vuelo, la velocidad correcta dependerá de uno de estos tres propósitos:

Nuestro primer propósito puede consistir en realizar la *senda de planeo* más larga posible (por ejemplo, el último planeo antes de alcanzar la meta, o realizando un vuelo de libre recorrido). El segundo propósito puede consistir en alcanzar la mayor *velocidad de crucero* posible, en vuelo de distancia. El último sería calcular la velocidad de planeo que nos permita una *óptima ascensión* térmica.

La segunda parte del libro recoge fórmulas matemáticas y gráficas que permiten resolver estos problemas. Es necesario, por lo menos, tratar de estudiar y comprender las soluciones gráficas. En esta parte del libro, destinada a la práctica de vuelo, nos hemos limitado a analizar los resultados para deducir las consecuencias prácticas que de ellos derivan.

¿COMO LOGRAR EL PLANEO MAS PROLONGADO?

Si empeora el tiempo durante un vuelo de distancia y nos imposibilita encontrar nuevas térmicas, hemos de transformar la altura de vuelo en el planeo más prolongado posible (siempre que el mal tiempo no nos obligue a dar media vuelta o se renuncie, en espera de mejor ocasión).

CON VIENTO EN CALMA

Unicamente cuando el viento es totalmente nulo, se coloca el anillo de Mac Cready en cero (esto equivale a que un variómetro de velocidades de planeo o un indicador Sollfahrt señalen cero). De esta forma, el anillo señalará qué velocidades permitirán lograr la senda de planeo más alargada. Para ello es preciso que el anillo (o en su caso el variómetro de velocidades de planeo) esté calibrado a la carga del velero. Si no lo estuviera, lo aconsejable es no situar el anillo exactamente sobre el valor cero. El anillo ha de desplazarse hacia arriba en 0.1 m/seg., por cada kp/m^2 de exceso en la carga alar tenida en cuenta por el constructor del anillo. De este modo, cuando el velero tenga mayor carga de lo previsto, el anillo indicará velocidades superiores. Si por el contrario, el velero es «más ligero», se ajusta el anillo análogamente, pero en sentido contrario. Sin embargo, pese a este reajuste, no se logran los valores exactos de la velocidad. Ahora bien, las velocidades menores – que son las que interesan en este caso – sufren errores insignificantes. Con viento en calma puede elegirse entre soltar inmediatamente el lastre o bien hacerlo precisamente antes de aterrizar. En el primer caso se realiza un vuelo más lento y más largo (y ha de reajustarse el anillo). Si por el contrario se decide mantener el lastre, el velero, al pesar más, avanzará más rápidamente, pero a su vez perderá más altura. En ambos casos, tanto la senda como el ángulo de planeo son iguales.

Como todo piloto conserva la esperanza de encontrar al fin una térmica, resulta que el velero más ligero, por ir más despacio, cuenta con más tiempo y posibilidades para analizar dónde iniciar el vuelo en espiral, lo que le permite ascender más fácilmente si la térmica fuera débil. Por razones de seguridad, cuando por fuerza mayor se aterriza fuera de pista, es absolutamente necesario haber soltado previamente el lastre.

CON VIENTO EN CARA

Cuanto más se prolongue el vuelo, tanto más se acortará la senda de planeo debido al viento de cara. En este caso es preciso volar con mayor velocidad que la señalada por el anillo, si éste fue colocado en cero. Para un resultado óptimo, el anillo ha de ajustarse del modo siguiente: la posición del anillo es aquella en que el valor de la velocidad de crucero calculada (como resultado del ajuste normal del anillo) coincide con la velocidad del viento en cara. La velocidad teórica que indica el anillo es válida cuando las masas de aire no son ascendentes ni descendentes. Así, cuando el aire asciende se ha de volar algo más despacio de lo que indica el anillo y, por el contrario, más deprisa si el aire fuera descendente.

En los veleros tipo ASW 19 (28 kp/m^2), y en todos los demás de la clase standard, el anillo se ajusta tal como se indica a continuación:

Viento en cara	Colocación del anillo
25 km/h.	+ 0,25 m/seg.
40 km/h.	+ 0,5 m/seg.
59 km/h.	+ 1 m/seg.

Los valores de ajuste con un viento de velocidad normal no son demasiado elevados y suelen estar situados generalmente por debajo de 0.5 m/seg.

Cuando es posible elegir la carga alar, se conserva el lastre, ya que con viento en cara las altas velocidades de planeo son las más convenientes. Si el anillo no está ajustado al peso del velero, debe realizarse el ajuste expuesto anteriormente, colocando el anillo por encima o por debajo del valor calculado. Todo lo anterior es igualmente aplicable a los variómetros de velocidades de planeo.

CON VIENTO EN COLA

En todos los casos ha de soltarse el lastre de agua. Si el viento fuera de fuerte intensidad, el anillo habrá de ajustarse justo por debajo de la marca cero. Volaremos un poco «demasiado despacio», dejando que el viento nos empuje.

¿COMO ALCANZAR UNA ELEVADA VELOCIDAD DE CRUCERO?

Si se desea realizar un vuelo en que se alcance la máxima velocidad media, nos enfrentamos al problema de la «optimización de la velocidad de crucero». En este problema intervienen numerosos e importantes factores, algunos de mayor carácter matemático que otros, que han de ser precisados con exactitud para lograr valores correctos. Estos factores son los siguientes: la *ascensión* durante el vuelo en espiral, que depende de las condiciones meteorológicas, del tipo de velero y de la técnica de vuelo ascensional seguida por el piloto. Pequeñas *desviaciones de rumbo, adecuadas a las condiciones meteorológicas* logran, durante el vuelo rectilíneo, que las pérdidas de altura sean menores que las que corresponden al coeficiente de planeo del velero. Otros factores importantes son la *velocidad de planeo,* entre corrientes ascendentes, y el *planeo final.*

Qué es más importante: ¿el vuelo ascensional o el vuelo de planeo?

Para comparar las velocidades del vuelo ascendente con las del vuelo de planeo y deducir la importancia de cada uno, a continuación se expone un ejemplo simplicado semejante a la realidad. Supongamos que cada 8 km. encontramos una débil corriente ascendente, que permite a nuestro velero (modelo ASW 19, con una carga alar de 28 kp/m^2) ascender a una velocidad de 1m/seg. A los 37,2 km. de recorrido se encuentra una nube mayor, que indica una corriente ascendente de 3m/seg.. No hay viento y la calma es absoluta. Nos encontramos a 1.500 m. de altura, próximos a la base de nubes. Pensamos en cómo ajustar el anillo de Mac Cready (o, en su caso, el variómetro de velocidades de planeo). Antes de proseguir, piense el lector de qué modo hubiera resuelto el problema. Nuestro ejemplo expone las soluciones adoptadas por cuatro pilotos distintos.

Piloto ① Trata, como los tres restantes, de realizar el mejor vuelo posible. Coloca el anillo sobre el valor 1 m/seg. Se dirige a la primera nube donde, aprovechando la corriente ascendente, recupera la altura perdida. Sigue volando, sin reajustar el anillo, hacia la segunda y tercera nube, donde mediante las corrientes ascendentes recupera los 1.500 m. de altura. A partir de esta situación reajusta el anillo colocándolo en 3 m/seg. y se dirige hacia la gran nube con mayor velocidad.

En este primer caso el piloto ha utilizado la técnica de la teoría «clásica» de velocidades de planeo.

Piloto ② El piloto considera las corrientes ascendentes de 1 m/seg. demasiado débiles y consecuentemente decide alcanzar directamente la fuente térmica colocando el anillo sobre el valor 3 m/seg.

Piloto ③ Este piloto, que tampoco desea aprovechar las débiles corrientes ascendentes, decide también alcanzar la fuerte corriente ascendente mediante un vuelo directo. Pero, por tratarse de una persona muy precavida, coloca el anillo sobre el valor 0 m/seg., volando de este modo con la velocidad del mejor planeo posible.

Piloto ④ El piloto opina igual que el segundo y tercero. Sin embargo considera demasiado arriesgado colocar el anillo en el valor 3 m/seg., ya que supone que el alcance del vuelo resultará corto (como consecuencia de las elevadas velocidades de planeo resultantes). El piloto piensa que colocar el anillo en el valor 0 m/seg., al igual que el tercer piloto, es una actitud excesivamente cautelosa que se traducirá en un vuelo demasiado lento. Así pues, calcula su altura, la distancia a que se encuentra de la corriente ascendente de 3 m/seg. y sus posibilidades de planeo. Considera que colocando el anillo en el valor 1 m/seg. logrará situarse con altura suficiente bajo la gran nube. Ajusta el anillo sobre dicho valor y se dirige hacia la fuerte térmica, sin realizar vuelo en espiral.

¿Cuál de los pilotos ha sido el más rápido?

Resultados:

Piloto ① Convencido de que actuaba correctamente, se encuentra tras 25 minutos de vuelo a 1.300 m. de altura y a 10 km. de distancia de la fuerte corriente ascendente. La velocidad media ha sido de 68,2 km/h.

Piloto ② Obtiene, como se verá, el peor resultado. En efecto, a pesar de haber recorrido tan sólo en 15 minutos el tramo hasta la fuerte corriente ascendente, ha consumido toda su altura, viéndose obligado a aterrizar bajo la nube prometedora. Si durante el trayecto hubiera encontrado una corriente ascendente de 3 m/seg. habría logrado una velocidad media de 94 km/h. Como esto no ha ocurrido, este piloto se encuentra en el suelo mientras los demás siguen volando.

Piloto ③ Trás 24,7 minutos de vuelo se situa a 520 m. de altura, bajo la gran nube.

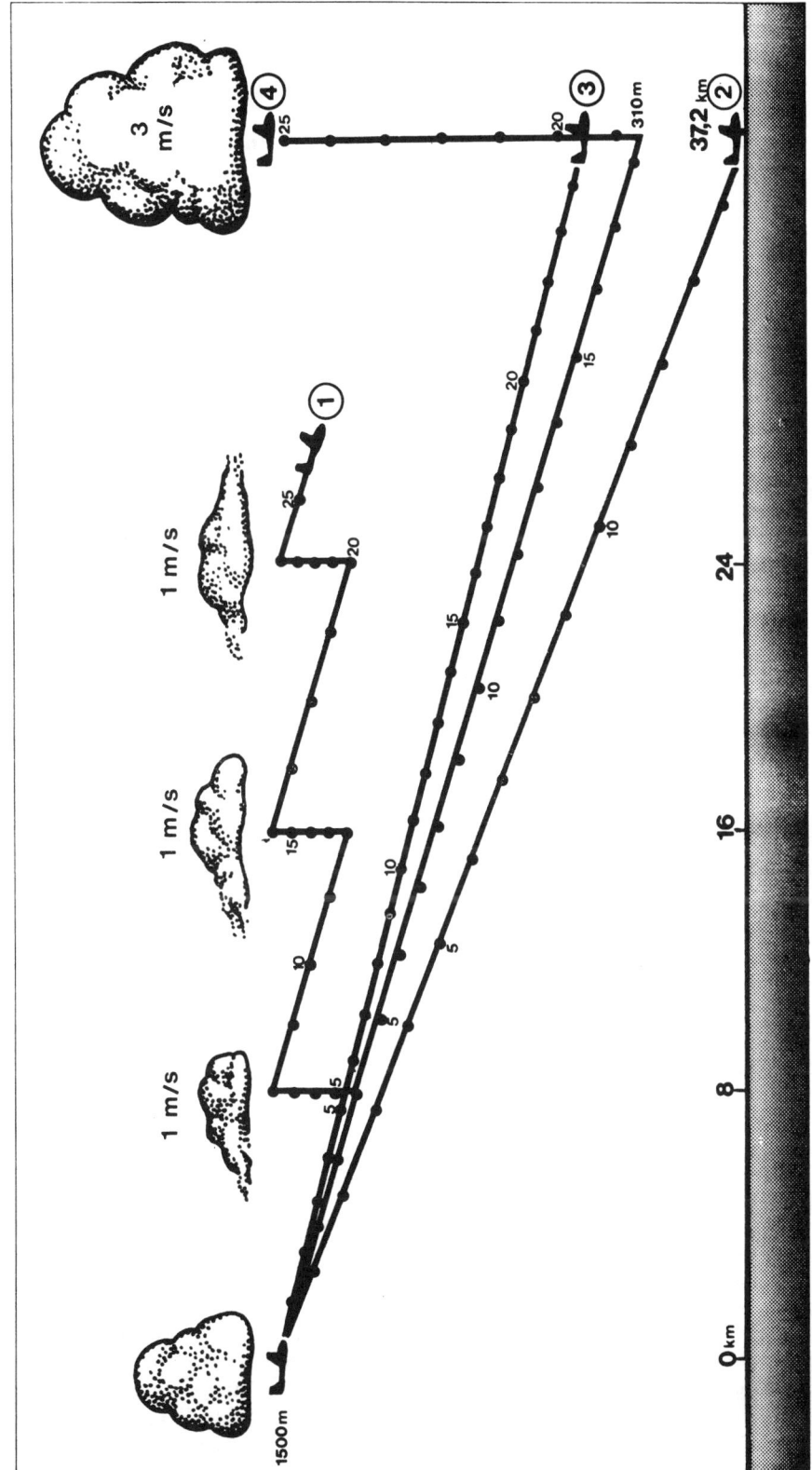

Fig. 42 - Para alcanzar una buena velocidad media, lo mejor es ahorrar tiempo en el vuelo ascensional. (La explicación de esta figura está en el texto).

Todavía necesita 5 minutos y medio para ascender a 1.500 m. de altura. Su velocidad media ha sido de 73 km/h.

Piloto ④ Después de 18,6 minutos de vuelo, se encuentra situado a 310 m. de altura, bajo la nube. Sus cálculos resultaron exactos: la altura de vuelo que aún conserva es suficiente para aprovechar la térmica de 3m/seg.

A los 25 minutos alcanzó la base de la gran nube, mientras el tercer piloto, casi 1.000 m. por debajo suyo, está iniciando el vuelo en espiral. Observa cómo el segundo velero está en el suelo, mientras el primero se ha quedado rezagado a 10 km. y a 200 m. por debajo de él.

El cuarto piloto realizó el mejor vuelo. Su velocidad media fue de 88 km/h., superando en 15 km/h. la velocidad media del tercero y en 20 km/h. la del primero. ¡En comparación con el piloto 2), la diferencia es asombrosa!

La Fig. 42 muestra las posiciones de los veleros al cabo de 25,2 minutos de vuelo. Los números señalados sobre los puntos negros indican el tiempo transcurrido en minutos. Las diferencias resultan chocantes.

Llama la atención, en este ejemplo, que el vencedor no debe su excelente velocidad a colocar el anillo en el valor correspondiente a la ascensión media. Por el contrario, al parecer decidió arbitrariamente ajustar el anillo a 1 m/seg., superando así al resto de sus compañeros.

De este modo le fue posible sobrevolar el tramo con rapidez y seguridad, sin necesidad de aprovechar las débiles corrientes ascendente, volando a través de las mismas. Consideró más importante alcanzar la fuerte corriente ascendente que ajustar el anillo con exactitud sobre el valor estimado de la térmica. El piloto, en este caso, tuvo en cuenta un factor decisivo para determinar la velocidad de crucero óptima que frecuentemente se olvida o desprecia: la probabilidad de encontrar una corriente ascendente.

Probabilidades de encontrar una corriente ascendente

Cuanto mayor sea nuestro radio de acción, tanto mayor será la posibilidad (dependiente de las condiciones meteorológicas) de encontrar una corriente ascendente de intensidad adecuada.

Supongamos que un velero, con una altura de vuelo determinada (por ejemplo de 1.000 m.) recorre 20 km. bajo condiciones atmosféricas que le permiten alcanzar, con una probabilidad del 50%, una corriente ascendente de fuerte intensidad. Si recorriera una distancia doble, es decir, 40 km. (por disponer, por ejemplo, de una altura de 2.000 m., o por volar a 1.000 m. con un buen coeficiente de planeo de 1:40), la probabilidad de encontrar una térmica en este tramo adicional será igualmente del 50%. Por lo tanto, en el trayecto de 40 km. la probabilidad de encontrar una térmica habrá aumentado, pero en ningún caso, ésta será del 100%. Para contar con la certeza absoluta de encontrar una corriente ascendente, el trayecto a recorrer debería ser infinito. El cálculo de probabilidades señala que, en nuestro ejemplo, la probabilidad de alcanzar una térmica es del 75%. En la Fig. 43 puede observarse esta probabilidad cuando aumenta la distancia del trayecto (según R. Comte).

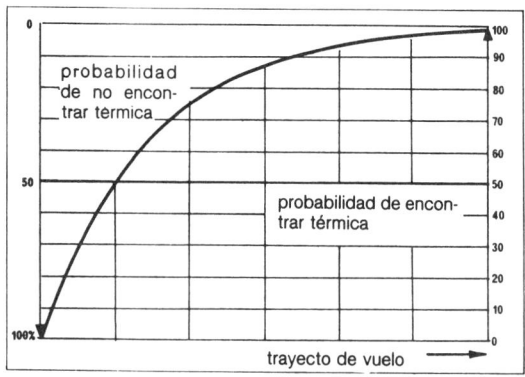

Fig. 43

La curva representada en la figura es válida mientras no varíen las condiciones meteorológicas del trayecto. Se aprecia claramente como la probabilidad de encontrar una térmica disminuye si, por ajustar el anillo en valores demasiado elevados, disminuimos la senda de planeo. (He aquí la causa que hizo fracasar al segundo piloto). Cuando la probabilidad sea grande (por ejemplo del 90%), ésta no aumentará de modo considerable al prolongar el trayecto de vuelo, colocando el anillo en valores inferiores. (El tercer piloto perdió tiempo por volar demasiado despacio y, sin embargo, no consiguió una probabilidad superior a la del cuarto piloto).

Ascensión inicial y ascensión final

Las intensidades de las térmicas varían en función de la altura. En los cálculos, para obtener valores óptimos, suele tomarse como punto de partida la ascensión media estimada. Este valor se obtiene dividiendo la diferencia de alturas, conseguida durante el vuelo no rectilíneo, por el tiempo empleado. (Se consideran vuelos no rectilíneos la búsqueda de la térmica, la determinación de su centro, el vuelo ascensional y la salida de la corriente). En realidad nos encontramos ante una aproximación carente de fiabilidad. Antony Edwards estudió este problema, teniendo en cuenta el alcance o radio de acción del velero, y publicó en 1.964 los resultados obtenidos (de forma similar a nuestro ejemplo de los cuatro pilotos).

Un piloto, que vuela a gran velocidad, alcanza la térmica a menor altura y obtiene un valor incial de ascensión diferente del que obtiene el piloto que vuela a menor velocidad. Cuando el primero alcanza la altura de vuelo del segundo, ambos siguen ascendiendo con idénticos valores.

Tanto para obtener el valor de la altura óptima, a que ha de iniciarse la ascensión, como la velocidad óptima de planeo (que precede al vuelo ascensional) el piloto únicamente ha de tener en cuenta la *ascensión inicial*, y no la ascensión total que logra con la corriente. Análogamente, para abandonar la térmica, el factor decisivo es la *ascensión final*, que determinará la altura de salida y el ajuste del anillo. Los ejemplos expuestos a continuación aclaran lo dicho:

1. Imaginemos una térmica invisible en la que la intensidad de la corriente ascendente disminuye en función de la altura, desde 3 m/seg. a 2 m/seg. y a 1 m/seg. Si la próxima corriente ascendente tiene una intensidad homogénea de 2 m/seg., resultaría absurdo abandonar la primera a una altura en que su fuerza ascensional fuera de 2,5 m/seg., puesto que se ganaría menos altura en la segunda térmica. Se debe abandonar la primera cuando el variómetro indique una intensidad de sólo 2 m/seg. Es decir, que se debe abandonar la térmica cuando el valor de la ascensión final coincida con la intensidad inicial de la próxima.

2. Supongamos que se vuela desde una corriente ascendente de 2 m/seg. en dirección a una segunda cuya intensidad aumenta en función de la altura, pasando de 1 m/seg. a 2 m/seg. y a 3 m/seg. Si se abandona demasiado pronto la primera térmica, encontraremos en la segunda una intensidad de sólo 1 m/seg., ya que la altura de penetración en la misma es insuficiente. Si, por el contrario, se prolonga excesivamente el vuelo en la primera térmica, se alcanzará la segunda en su parte superior, sin haber aprovechado al máximo la zona de fuerza ascensional 2,5 a 3 m/seg.. Por lo tanto, teóricamente, el valor de la ascensión inicial ha de ser igual al de la ascensión final de la última térmica aprovechada.

De ambos ejemplos se obtiene la misma deducción: es necesario seguir ascendiendo hasta que el valor ascensional de la próxima térmica coincida con el de la ascensión final de la térmica que se abandona. En la senda de planeo, entre ambas corrientes ascendentes, el anillo de Mac Cready ha de ajustarse de la siguiente forma: valor de la ascensión final = valor de la ascensión inicial de la próxima térmica.

Regla de la velocidad del planeo

Se vuela de tal forma que resulte la identidad siguiente:

Valor de la ascensión final = Valor de ajuste del anillo de Mac Cready = **Valor de la ascensión inicial**. Esta regla fija la altura a que debe ascenderse en el vuelo en espiral. A su vez, esta altura depende de los valores ascensionales y de la distancia entre las dos corrientes ascendentes. Cuando resulta imposible observar esta regla (como consecuencia, por ejemplo, de un obstáculo elevado del terreno o de nubes bajas) el anillo se ajusta en función del valor de las ascensión final, o en su caso, de la ascensión inicial.

La Fig 44 muestra un vuelo óptimo ejecutado de acuerdo con la regla de la velocidad de planeo. En las rayas verticales, que corresponden a las corrientes ascendentes, los números señalan la velocidad ascendente del velero; los que figuran en los extremos corresponden a las velocidades ascendentes inicial y final. El trayecto óptimo de vuelo está representado mediante rectas de trazo grueso. A caballo de las sendas de planeo figura el valor de ajuste del anillo de Mac Cready. Los valores ascensionales han sido exagerados con el fin de dar una mayor claridad de exposición.

Pero.... ¿cómo aplicar esta regla durante el vuelo? La respuesta es sencilla: no es posible llevarla a cabo con toda exactitud. Con la antigua teoría resultaba casi imposible ajustar el anillo a la velocidad media de ascensión de la próxima térmica. La regla de la velocidad de planeo todavía complica más el problema. En efecto, resultan difíciles de determinar la distancia hasta la próxima corriente ascendente, la altura de penetración en la térmica y el valor de su ascensión inicial. Sin embargo, es necesario elevarse aprovechando la corriente ascendente de la forma más adecuada; es decir, aplicando la igualdad: ascensión inicial = ascensión final. Al elevarnos a lo largo de una térmica cuya fuerza ascensional decrece, lógicamente cabe preguntarse si la próxima nos ofrecerá una mejor ascensión. Cuando esto parezca probable, debe abandonarse la térmica. Esta es la forma de mejorar la velocidad de crucero, con el firme propósito de aplicar la regla de planeo, a pesar de ser imposible llevarla a cabo estrictamente.

A la conocida interrogante de ¿cuándo volar en espiral y cuando no?, le corresponden otros factores. La distribución del viento en función de la altura es muy importante, sobre todo en los días de extrema cizalladura. Lo conveniente en estos casos es mantenerse en la capa en la que el viento sopla en forma adecuada a nuestro rumbo. Los niveles de cizalladura no son apropiados, puesto que deshacen la térmica.

Al estar situados justo por debajo de la altura máxima de vuelo (es decir, bajo la base de nubes o a la altura en que la térmica invisible pierde intensidad) no merece la pena aprovechar nuevas térmicas. Volar en espiral, de no ser necesario, implica una pérdida de tiempo. Por lo tanto, no conviene ascender mediante pequeños escalones.

Así, muy probablemente, el piloto que consiguiera que todas sus decisiones fueran correctas, alcanzaría una velocidad de un 10 a un 20% superior al la mayor conseguida en cualquier jornada de un campeonato mundial.

Por no ser posible aplicar correctamente la regla de la velocidad de planeo, conviene determinar cuáles son los márgenes de error que no disminuyen sensiblemente la velocidad de crucero. El ejemplo de los cuatro pilotos aprovechando térmicas de distinta intensidad, ha demostrado la gran influencia que las corrientes ascendentes ejercen sobre la velocidad de crucero. Pero... ¿qué ocurre con la velocidad de planeo? y ¿cuál es la consecuencia de la colocación del anillo (o ajuste del variómetro de velocidades de planeo o sollfahrt) durante la senda de planeo?

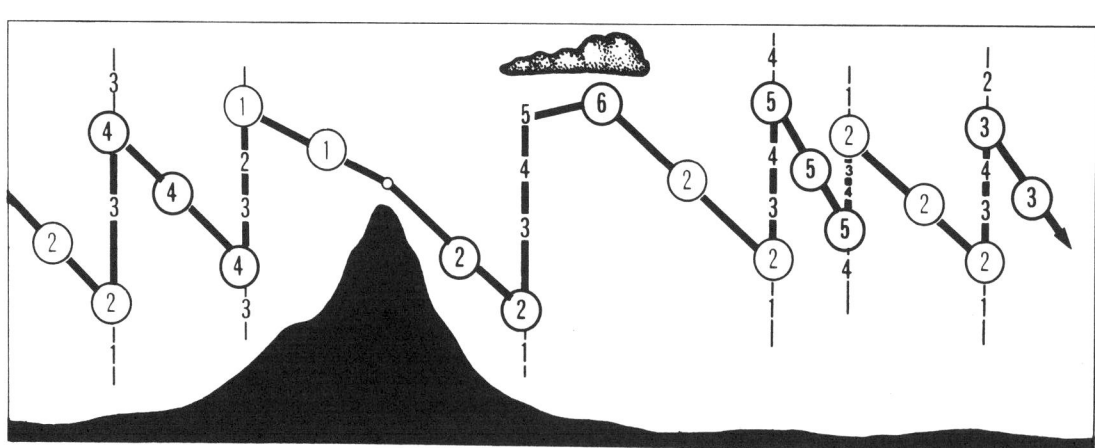

Fig. 44 – Optimo vuelo de distancia, según la regla de velocidades de planeo.

Disminución de la velocidad de crucero, causada por un incorrecto ajuste del anillo

La segunda parte de este libro demostrará gráficamente cómo la elección errónea de la velocidad de planeo influye en la disminución de la velocidad de crucero. E. Kauer, que analizó matemáticamente este problema mediante la ayuda de una computadora, obtuvo el valor de la disminución de la velocidad de crucero, como consecuencia del ajuste inexacto del anillo en un velero «Nimbus» y en un «Standard Cirrus». En ambos obtuvo resultados muy parecidos a pesar de la diferencia de prestaciones. La Fig. 45 expone los porcentajes de aumento de tiempo de vuelo, como consecuencia de un ajuste erróneo del anillo, en un velero «Standard Cirrus».

La recta más gruesa del diagrama indica la relación ideal, en el supuesto del ajuste exacto del anillo (el valor ascensional indicado por el anillo y la ascensión real coinciden). Por encima de la recta más gruesa aparecen las pérdidas de tiempo debidas a una ajuste del anillo con valores de ascensión demasiados bajos. Se observa, pues, que un error de ajuste en el anillo de 1/4 del valor ascensional real, sólo produce un aumento de tiempo del 1%. Se observa además que al situar equívocamente el anillo en el valor cero, a medida que aumenta el valor real de la fuerza ascensional se producen pérdidas muy sensibles de velocidad.

El diagrama resulta tranquilizante. En efecto, si se sitúa el anillo en 2 m/seg. en lugar de 4 m/seg., el tiempo de vuelo sólo aumenta en un 5%. Una pérdida de tiempo del 5% puede resultar decisiva en una competición, pero los errores que suelen cometerse en el ajuste del anillo no son tan acusados. Así, un error en la estimación del valor real ascensional del 25%, sólo supone un incremento del tiempo de vuelo inferior al 1%. Por lo tanto, no resulta necesario el empleo de computadoras de a bordo para el cálculo de la velocidad ascensional media, tanto más cuando ésta conduce a resultados inexactos, como demuestra la teoría de la velocidad de planeo. Por tanto, no ha de darse demasiada importancia a la exactitud matemática; los valores pueden calcularse de forma aproximada.

Kauer, en su artículo titulado «Vuelo según Mac Cready sin engaño», resumió con agudeza y acierto ese razonamiento del modo siguiente: «El secreto del anillo no reside en su

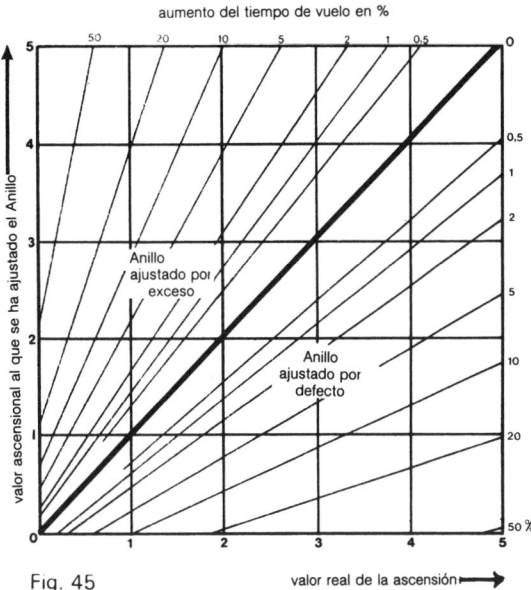

Fig. 45

exacta aplicación, sino más bien en desechar las corrientes ascendentes de valor ascensional inferior al ajustado en el anillo, salvo en caso de emergencia».

El anillo de Mac Cready y el variómetro de planeo (sollfahrt) siguen siendo instrumentos importantes para obtener una óptima senda de planeo; a pesar de que su colocación, en función de las condiciones atmosféricas, sea libre. (Ingo Renner, campeón del mundo de la clase «Standard» de 1.976, emplea una técnica de vuelo diferente. Ajusta el vuelo a la velocidad de planeo que indica una tabla de velocidades, en función de la intensidad de las térmicas. Debido a que la tabla considera nulo el movimiento vertical de las masas de aire entre térmicas, se ve forzado a efectuar pequeños cambios de velocidad. Pero sus éxitos prueban que esta simplificación no entraña desventajas sensible).

Cuando se forma frente a nosotros un gigantesco cúmulo-congestus, lo probable es encontrarnos con una corriente ascensional del orden de 4 m/seg., o bien lluvias y corrientes descendentes. Si, por cautela, ajustáramos el anillo sólo en 1 m/seg., podría perderse como mínimo un 14% de tiempo, en un tramo relativamente corto. Si no encontráramos ninguna corriente ascendente bajo la nube, tendremos altura suficiente para poder proseguir el vuelo hasta la siguiente corriente ascendente. Si bajo la nube existe, por el contrario, una corriente ascensional de 4 m/seg., habremos perdido 1,4 minutos en realizar un planeo de

10 minutos. Ahora bien, si «valientemente» se hubiera colocado el anillo en 4 m/seg. y encontráramos lluvia bajo la nube, estaríamos obligados irremediablemente a aterrizar, como consecuencia de una excesiva pérdida de altura. Se puede observar en la Fig. 45 cómo, al colocar el anillo en el valor ascensional cero, se producen importantes pérdidas al hallar fuertes corrientes ascendentes. Por ello desaconsejamos la colocación del anillo en cero, considerándola exageradamente cautelosa.

El ajuste del anillo de Mac Cready constituye un problema de táctica de vuelo. Ha de colocarse de tal forma que nos permita alcanzar con toda seguridad una fuente de corrientes ascendentes. De este modo, el vuelo sin motor es más fascinante y resulta más interesante que cuando se emplea la teoría de la «ascensión media», que algunos defienden. Cuando las condiciones climatológicas son homogéneas y no existe posibilidad de hundimiento, debe intentarse ajustar con exactitud el anillo (o el indicador del variómetro de velocidades de planeo) de acuerdo con la regla de la velocidad de planeo, para de este modo ganar, aunque sea, el mínimo porcentaje de tiempo.

En las competiciones no se triunfa ajustando el anillo con exactitud matemática. Lo esencial es la ascensión. El buen piloto adquiere altura cuando aprovecha las corrientes ascendentes más fuertes, desprecia las débiles, determina con facilidad el centro de la térmica y sabe adaptar el rumbo a las hileras de térmicas.

El vuelo de delfín

En la senda de planeo se vuela – siguiendo las indicaciones del anillo de Mac Cready o de un variómetro de velocidades de planeo – a velocidades diferentes, en función de las corrientes (ascendentes o descendentes) que se cruzan. Así pues, se ha de variar la velocidad de vuelo unas veces empujando y otras tirando de la palanca de mando. El movimiento del velero, a lo largo del recorrido, se asemeja al del delfín.

El piloto que sabe elegir un trayecto de vuelo, a lo largo de las hileras de corrientes ascendentes, de calles de nubes o de los vientos de ladera, es muy posible que mantenga su altura sin necesidad de recurrir al vuelo en espiral. ¡Incluso es posible que logre ascender! Durante estos últimos años se han realizado muchos vuelos a muy altas velocidades de crucero.

Hoy día los récords mundiales que poseen Walter Neubert, que realizó un trayecto triangular de 300 km. a la velocidad de 153 km/h., el sudafricano Klaas Goudrian, que efectuó un recorrido triangular de 100 km. a la velocidad de 175 km/h., y por último el espectacular vuelo de Hans Werner Grosse, que sobrevoló una distancia de 1.460 km., son la causa de que el «vuelo de delfín» se haya convertido en la palabra mágica que tiene asombrado al mundo del vuelo sin motor. Según el cálculo de la velocidad media de crucero, en función de la curva polar del velero, para alcanzar aquellas enormes velocidades se necesitaría contar – incluso con veleros de altas prestaciones – con unos valores ascensionales increíbles. Pero dejemos que los propios pilotos expongan sus experiencias.

Hans Werner Grosse nos describe, del modo siguiente, cómo inició su vuelo triangular de 827 km., realizado el 12 de mayo de 1.973: Despego a las 7,45 horas. Desenganchao a 1.000 metros de alturad, sobre Grambeck, cerca de Mölln. La base de nubes, situada a 480 m., se eleva rápidamente a 700 m.. La baja altura de las nubes hace que sea pequeña la distancia entre térmicas, permitiéndome volar en línea recta con variaciones de velocidad y sin necesidad de realizar ninguna espiral. Así alcanzo una velocidad de crucero superior a 90 km/h., a pesar de que la fuerza ascensional no alcanzó ni siquiera 1 m/seg...

De este modo Grosse logra alcanzar una velocidad media de 90 km/h., ¡a pesar de lo débil que era la fuerza ascensional!

Grosse no ha sido el único en demostrar, con sus vuelos, la posibilidad de alcanzar altas velocidades de crucero aprovechando débiles corrientes ascendentes. Los resultados obtenidos en las competiciones, conseguidos a veces en condiciones meteorológicas desfavorables, eran hasta hace poco absolutamente impensables. Es indudable que este hecho ha sido favorecido por las mayores prestaciones de los nuevos veleros, pero ésta no es la razón fundamental. Sin querer infravalorar el desarrollo técnico de la construcción de veleros, hemos de reconocer que la escalada de los resultados positivos se debe a la evolución de la táctica de vuelo y, en particular, al vuelo de delfín. Los resultados más espectaculares corresponden a los pilotos que han adoptado este estilo de vuelo. Sin embargo, cuando pedimos a estos pilotos que nos expliquen cuándo deciden realizar o no vuelos en espiral, sus respuestas son vagas e insuficientes. Ninguno adopta una postura definida y algunos grandes pilotos se contradicen. Por ello no resulta fácil elaborar una teoría firme del vuelo de delfín, tal como Karl Nickel y Paul Mac Cready establecieron su teoría clásica de vuelo de distancia (que aprovecha mediante vuelos en espiral las corrientes ascendentes). En el vuelo de delfín no sólo es importante el valor de la fuerza ascendente o descendente de las corrientes, sino que además la extensión horizontal de las mismas juega un papel importante. De aquí que resulte tan difícil formular esta teoría, abarcando todas las facetas. Se utilizan modelos meteorológicos para calcular la velocidad teórica correspondiente. En la segunda parte del libro hemos expuesto los modelos meteorológicos utilizados. Pero los resultados obtenidos sólo son válidos para el modelo correspondiente. Ahora bien, gracias a su claridad, es posible llegar a conclusiones aplicables en la práctica. Es interesante observar como la llamada teoría clásica (en la que los vuelos en espiral no cubren trayectos horizontales) no es más que un caso particular de esta teoría. El vuelo de delfín – generalizado – puede definirse como un vuelo rectilíneo con aplicación de la regla de las velocidades de planeo. Por lo tanto, todo vuelo rectilíneo «clásico» es un vuelo de delfín. (Este tema ha sido desarrollado en la segunda parte de este libro).

Antes de exponer las normas relativas al vuelo de delfín, conviene señalar con toda claridad que: lo esencial es la pericia del piloto en saber aprovechar del modo más correcto, mediante ligeras variaciones de rumbo, las corrientes ascendentes y descendentes. Así, y sólo así, se explica cómo Grosse, con una corriente ascendente de 1 m/seg., alcanzó una velocidad de crucero superior a los 90 km/h..

Normas sobre el vuelo de delfín

1) En las corrientes ascendentes de gran intensidad el anillo ha de colocarse sobre el valor ascensional que corresponde al vuelo en espiral.

2) Si durante el trayecto, a pesar de volar a lo largo de hileras de corrientes ascendentes, se produjeran pérdidas de altura, será preciso volar en espiral aprovechando las zonas de mayor fuerza ascensional.

3) Si se estuviera a punto de rebasar la altura máxima (base de nubes) habrá de ajustarse el anillo (o el variómetro de velocidades de planeo) a valores ascensionales superiores, hasta lograr mantener la altura correcta.

4) Cuando se pretende ascender a lo largo de una hilera de corrientes ascendentes, se aplicarán igualmente los puntos 1 a 3. Sin embargo, ya no es la horizontal, sino la senda ascensional deseada, la pauta para los puntos 2 y 3.

5) El vuelo de delfín no ha de forzarse girando la anilla hacia atrás. Este vuelo tiene lugar cuando se producen las condiciones meteorológicas adecuadas, a lo largo de la ruta de vuelo correctamente elegida. Esto ocurre principalmente cuando la distancia entre corrientes ascendentes es pequeña. Esta particularidad suele producirse en los casos de convecciones a poca altura, en las hileras de corrientes ascendentes y en las calles de térmicas.

No hay razón alguna para que las corrientes ascendentes de gran intensidad sean propicias al vuelo de delfín, puesto que suelen estar demasiado alejadas entre sí.

6) Cuando las condiciones meteorológicas favorezcan el vuelo de delfín, es aconsejable volar con una elevada carga alar. (A este respecto, véase el capítulo «Vuelo a lo largo de calles de térmicas»).

PILOTAJE DURANTE EL VUELO, SEGUN LA REGLA DE LA VELOCIDAD DE PLANEO

Si el aire en una amplia zona asciende y desciende de un modo regular, interrumpiéndose esta regularidad pocas veces y muy brevemente, se podrá entonces realizar el vuelo de delfín con toda normalidad. Estas interrupciones, durante las que se varía la velocidad de vuelo, no tienen importancia alguna para la determinación de la velocidad correcta de planeo. Las normas relativas al vuelo de delfín, que se basan en la no variación de la velocidad de planeo, tienen en este caso suficiente exactitud.

Cuando el movimiento vertical del aire varía con frecuencia, estas fases transitorias juegan un papel importante. Al cambiar la velocidad del velero varía consecuentemente la carga –g, que deja de ser igual a 1. Esto supone que la fuerza de sustentación aerodinámica del velero soporta una carga que aumenta, al encabritarse el velero, o que disminuye al empujar la palanca, pero no varía durante los tramos estacionarios cuando el vuelo es rectilíneo. De este modo ya no resulta válida la curva polar de velocidades del velero; curva que indica las pérdidas de altura, y por ende las de energía, durante el vuelo estacionario rectilíneo, en las que se basa el estudio de las velocidades de planeo. Aparecen factores adicionales muy influyentes. A este respecto, en la segunda parte del libro, se exponen los cálculos matemáticos que nos demuestran, de un modo eficaz, cómo se aprovechan las corrientes, pilotándose las ascendentes con una elevada carga g (superior a 1g) y las descendentes con un valor bajo de carga g (inferior a 1g).

¿Cómo pueden combinarse óptimamente estos factores influyentes con los correspondientes al estudio estacionario (regla de la velocidad de planeo y normas para el vuelo de delfín)?

Dada la multiplicidad y diversidad de las posibles situaciones meteorológicas, un estudio no estacionario no puede ofrecer soluciones sencillas. Hemos de conformarnos con analizar y resolver independientemente cada supuesto meteorológico, calculando para cada caso el vuelo más adecuado. La realización de estos cálculos mediante computadora resultaría penoso pues, además de que la elección de estos datos podría dar lugar a situaciones reales o ficticias, es muy difícil obtener de unos resultados individuales unas conclusiones de carácter general, que puedan utilizarse como consejos prácticos. Estos consejos prácticos han de darse con sumo cuidado, puesto que los movimientos del timón, durante las fases de transición, son de suma importancia cuando se vuela según la regla de velocidad de planeo.

Pilotaje durante las fases transitorias

1) Durante las fases transitorias resulta innecesario, impracticable y perjudicial adoptar la velocidad de planeo que nos indique el anillo (o el variómetro de velocidades de planeo).

2) Manteniendo inmóvil el timón de profundidad, las corrientes ascendentes y descendentes engendran automáticamente cambios de velocidad y de carga g. El vuelo que resulta puede suponer una pérdida mínima respecto del vuelo ideal óptimo. Téngase en cuenta que mantener el timón de profundidad no significa que la velocidad se mantenga constante.

3) Partiendo del supuesto de mantener inmóvil el timón de profundidad, pueden lograrse ventajas mínimas tirando ligeramente de la palanca de mando en las corrientes ascendentes y enpujándola en las corrientes descendentes.

Concretando: se debe pilotar de tal forma que la carga g y la velocidad aumenten en las zonas de corrientes ascendentes y disminuyan en las corrientes descendentes. Pilótese con mayor sensibilidad cuando aumente la intensidad de las rachas.

4) El hecho de que todo piloto reacciona involuntariamente con demora, no excluye en modo alguno que logre realizar el vuelo conforme a la teoría estacionaria de velocidades de planeo, adaptando el vuelo a lo indicado por el anillo.

La demora, citada anteriormente, no debe ser demasiado grande; puesto que ya se produce un desplazamiento o desfase sin necesidad de la actuación consciente del piloto, por las tres razones siguientes:

– la lentitud o retraso de indicación del variómetro
– el tiempo de reacción del piloto
– la inercia del propio velero.

La lentitud o retraso de indicación del variómetro depende esencialmente de la propia estructura del instrumento. El **variómetro de disco**, que reacciona más rápidamente que el antiguo y lento **variómetro de cápsula**, es superado hoy día por el **variómetro de banda** y por el electrónico. Sin embargo, no merece la pena gastar grandes sumas en estos variómetros de aparente y todavía dudosa exactitud, pues el excesivo nerviosismo de sus indicaciones se neutraliza introduciendo una inercia mediante resistencias al flujo. Incluso un variómetro ideal indicaría con retraso las corrientes de aire verticales, puesto que, por ejemplo, sólo señalará un valor ascensional cuando el velero se eleva después de un vuelo descendente. Por lo tanto, hemos de aprender a volar fijándonos bien en la aceleración, es decir, atendiendo a la presión de nuestro cuerpo sobre el asiento.

No interesan los valores que pueda indicar el variómetro, sino la tendencia de la aguja a subir o bajar. De este modo puede calcularse si la ascensión o el descenso aumentan o son más débiles; es decir, si todavía no se ha alcanzado la máxima fuerza ascensional o por el contrario ya ha sido rebasada.

El tiempo de reacción del piloto depende, en primer lugar, de sus propias condiciones personales. Puede afirmarse sin embargo que el tiempo de reacción se acorta cuando se ha dormido bien, se ha comido suficiente, pero sin atiborrarse de platos indigestos. El tiempo de reacción disminuye cuando el estado físico y psíquico son satisfactorios, pudiéndose concentrar con entusiasmo en la tarea. Disfrutar del vuelo exige mayor atención y reduce el tiempo de reacción. Se debe además aprender a sentir y observar los cambios de aceleración. Es más difícil diferenciar la aceleración debida a un movimiento del timón, de la originada por un factor meteorológico.

La inercia del propio velero, al realizar correcciones de rumbo, es tanto menor cuanto más bruscos sean los movimientos del timón. Sin embargo, los movimientos bruscos influyen negativamente en la aerodinámica del velero. Este efecto negativo no sólo depende del valor g de la carga que soporta el velero, sino también de las distintas velocidades de vuelo. Las altas velocidades no resultan desventajosas bajo el punto de vista aerodinámico, pudiéndose tirar de la palanca hasta 2-2,5 g. En estos casos aumenta la sustentación, debido a que mejora el coeficiente de sustentación C_A y disminuye el ángulo de ataque. Ahora bien, si la velocidad es baja y la carga g es elevada, se produce un fuerte consumo de energía, que nos confirma inmediatamente la indicación hacia abajo de un variómetro de energía total compensada. En las zonas de gran velocidad puede tirarse de la palanca con decisión. Veamos ahora qué ocurre cuando se empuja la palanca. En primer lugar no hemos de olvidar que los planos del velero han sido construidos precisamente para soportar cargas. Si, por ejemplo, empujáramos con fuerza la palanca de mando hasta alcanzar un valor de sustentación negativo, todo cuanto se encuentre en la cabina sin fijar, por ejemplo, cámara fotográfica, mapas, lápices,..... polvo, etc. flotará por el espacio de la cabina y habremos dado lugar a una situación perjudicial de mínima sustentación. En efecto, forzamos un plano a hundirse cuando ha sido proyectado para crear una sustentación. Este movimiento, por su peligrosidad, ha de evitarse siempre que sea posible. Por lo tanto, tanto, la palanca sólo puede empujarse hacia adelante mientras se note la presión de nuestro cuerpo sobre el asiento.

Lastre de agua

En el vuelo clásico de distancia, todo aumento de carga alar, cuando se vuela en círculo, empeora las prestaciones del velero. El vuelo circular puede realizarse de diferentes maneras. En principio, para un mismo diámetro de giro, cuanto menor sea la velocidad de vuelo tanto menor será la inclinación transversal del velero, y consecuentemente, cuanto mayor sea la velocidad tanto mayor ha de ser la inclinación. En el vuelo en espiral, a lo largo de una corriente ascendente, se combinan la velocidad y la inclinación transversal de tal modo que, para un determinado diámetro, el índice de descenso del velero sea mínimo. Dicho de otro modo: a cada radio de giro le corresponden una velocidad óptima y una determinada inclinación transversal.

Para exponer gráficamente las prestaciones de un velero durante el vuelo circular, se dibuja la curva polar del vuelo circular. La Fig. 46 nos muestra cómo aumenta la tendencia a caer de un velero, modelo ASW 19, 28 kp/m², a medida que disminuye el radio de giro (suponiendo que tanto la velocidad como la inclinación transversal son las que corresponden a radio de giro). Al aumentar en el velero la carga alar a 36 kp/m², su tendencia a caer aumenta tan sólo en 10 cm/seg., cuando el radio de giro es de 150 m. Mientras que si el radio de giro es de 50 m. la tendencia de caída alcanza el valor de 50 cm/seg.. También las prestaciones de velero varían, durante el vuelo rectilíneo, si aumenta la carga alar. Así pues, las prestaciones del velero empeoran si su velocidad de vuelo resulta inferior a la velocidad de planeo óptima. Por el contrario, sus prestaciones mejoran cuando la velocidad de vuelo es superior a la óptima de planeo.

Por lo tanto, si nos vemos forzados a volar a lo largo de corrientes ascendentes muy estrechas, debe soltarse todo el lastre de agua para mejorar la ascensión. Por el contrario, durante el vuelo de planeo de alta velocidad resulta perjudicial echar el lastre. Cuando la fuerza ascensional es débil y el variómetro de velocidades de planeo señala que la velocidad de pla-

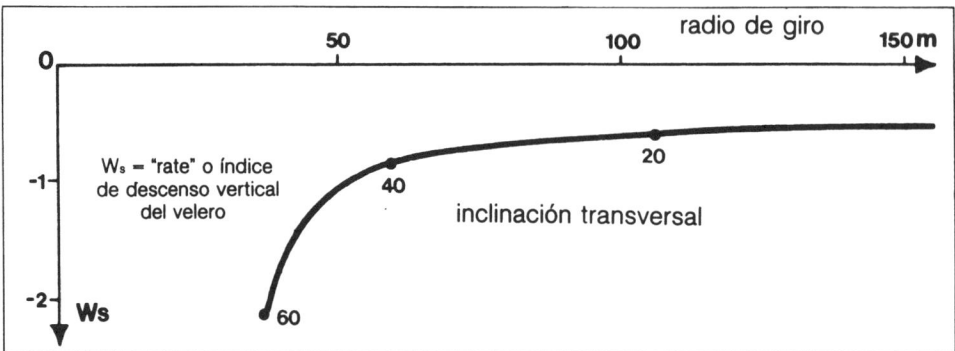

Fig. 46 – Curva polar de velocidades para el vuelo circular ASW 19, 28 Kp./m² (vuelo circular óptimo).

neo ha de ser baja, debe soltarse todo el lastre de agua, facilitando la ascensión al velero. Repetimos lo expuesto en la ocasión anterior: una buena ascensión es la condición esencial para lograr una buena velocidad de crucero. El lujo de conservar un buen lastre de agua sólo es aconsejable cuando su influencia sobre la ascensión sea mínima. En la senda de planeo todo lo que mejora la prestación del velero repercute inmediatamente. Por el contrario, cuando se vuela en grupo, una pequeña ventaja ascensional debida a una menor carga alar es apenas aprovechable. En efecto, en la maniobra de eludir y pasar por encima a otro velero, se pierde buena parte de la ventaja adquirida. En cambio durante el planeo se ponen claramente de manifiesto las diferencias en las prestaciones del velero.

En el vuelo de delfín la solución del problema es distinta, ya que no es necesario volar en espiral. Durante el vuelo lento rectilíneo la tendencia a caer es inferior a la que tiene lugar en el vuelo circular. Cuando el vuelo es rápido, el lastre resulta muy ventajoso. Por lo tanto, cuando en el vuelo de delfín se calcule que pueden realizarse tramos largos, es aconsejable volar con una gran carga alar.

Para realizar la salida en las competiciones siempre es ventajoso llevar lastre de agua. En efecto, tras sobrevolar la puerta de salida con alta velocidad, los veleros más pesados logran alcanzar mayor altura que los ligeros. Si más tarde las condiciones de las térmicas no fueran buenas, para seguir volando con elevada carga, bastará soltar el lastre cuando se vuele en busca de la próxima corriente ascendente. Normalmente los pilotos que salen con lastre logran, al encabritar el velero, alcanzar mayor altura que los que iniciaron la competición de vacío. Durante el vuelo en espiral no ha de soltarse el lastre cuando haya debajo otros veleros aprovechando la misma térmica. Hacerlo supone una falta de deportividad, máxime si algún compañero se encontrara luchando para no hundirse. Comete un error quien, al iniciar el vuelo en espiral, conserva agua todavía en el depósito, pero no tiene por qué enmendar su equivocación a costa de los demás. Desgraciadamente, en ocasiones, algunos pilotos de competición no pueden resistir la tentación de sacar alguna ventaja valiéndose de un proceder tan incorrecto.

Normas para el lastre de agua

– Una carga alar elevada es ventajosa durante el vuelo a gran velocidad. Por lo tanto, resulta adecuada para:

    las corrientes ascendentes muy extendidas
    las corrientes ascendentes de gran intensidad
    las hileras de corrientes ascendentes, favorables al vuelo de delfín

– Los veleros pesados ascienden peor, por ello han de soltar el lastre de agua al volar:

    en térmicas estrechas
    en térmicas de poca intensidad

– Para las salidas de competición es aconsejable llevar lastre de agua cuando existe la posibilidad de cruzar la puerta de salida a gran velocidad y con máxima altura

– No echemos lastre de agua sobre los compañeros durante el vuelo en espiral

EL PLANEO FINAL

Durante las pequeñas competiciones resulta de gran interés para los espectadores observar cómo los audaces pilotos se dirigen, desde gran altura, hacia la línea de meta. Sobrevuelan a gran velocidad el terreno hasta que se elevan de nuevo, trazando lazos elegantes. Estas maniobras, que para algunos espectadores parecen asombrosas, junto al peligro que encierran (puesto que podrían acercarse otros veleros) son signo inconfundible – para el entendido en la materia – de haber calculado erróneamente el planeo final. La altura que precisa el piloto para ejecutar este «espectáculo» tuvo que adquirirla de algún modo, lo que supone una pérdida de tiempo. El cálculo del planeo final, cuando se participa en una competición, es una necesidad ineludible y decisiva para ganar de 5 a 10 minutos, o incluso para lograr alcanzar la meta.

El planeo final ha de volarse según la regla de la velocidad de planeo, ajustando el anillo al valor de la ascensión final de la última corriente ascendente aprovechada (valor que se conoce con toda exactitud). De este modo se obtiene, en función del viento, el coeficiente de planeo relativo al suelo. A su vez, con este valor y la distancia que nos separa de la meta, se obtiene el valor de la altura óptima, donde ha de abandonarse la última térmica. La estimación personal no es suficiente para conocer la altura óptima de salida, por lo que ha de calcularse matemáticamente.

El planeo final se desarrolla del modo siguiente:

Tomando como base de partida la altura que estimamos habrá de elevarnos la térmica – a pesar de estar todavía muy distantes de la meta – se determina el punto en que ha de iniciarse el planeo final. Antes de alcanzar este punto se habrá solicitado por radio a nuestros colaboradores que nos indiquen la dirección e intensidad del viento. La medición del viento realizada en tierra no es suficiente y es preciso verificarla con el espejo de nubes. Si aún así existieran dudas o inexactitudes aparentes, nuestro equipo de apoyo en tierra debe informarse a través de la estación meteorológica. Si los datos facilitados por el equipo coinciden con los anotados en nuestra tablilla, conoceremos inmediatamente las componentes del viento de cola o, en su caso, las del viento de cara. Si por variación de las condiciones meteorológicas los datos facilitados por el equipo de apoyo en tierra no coincidieran con los nuestros, será preciso efectuar las correcciones necesarias, o incluso calcular de nuevo las componentes del viento.

Cuando encontremos en nuestra ruta una corriente ascendente que nos parezca adecuada para alcanzar la altura necesaria con que iniciar el planeo final, deben realizarse los cálculos siguientes:

En primer lugar, partiendo de nuestra posición (distancia al aeródromo), se calcula la altura óptima de salida de la térmica, en función de los valores de la fuerza ascensional y de la componente del viento. En principio esta altura teórica se calcula para alcanzar la meta con cero metros. Es decir, sin tener en cuenta una reserva de altura. Si las condiciones climatológicas son buenas y homogéneas, y si la fuerza ascensional es superior a 3 m/seg., no será preciso modificar nuestro primer cálculo; puesto que con una fuerte corriente ascendente y a la altura de salida determinada contamos con un margen de seguridad suficiente. Este margen ha de afianzarse cuando se vuela con una carga alar mayor que la utilizada al realizar los cálculos iniciales.

Cuando la corriente ascendente sea inferior a 1,5 m/seg., se ha de sumar a la altura resultante unos 100 m. más. Este margen de seguridad es normalmente suficiente.

El margen de seguridad ha de ser mayor cuando las corrientes meteorológicas en la dirección de la meta parezcan desfavorables. Por ejemplo, cuando existan las siguientes posibilidades: lluvia, encuentro con una inesperada corriente descendente de ladera, zona de corrientes descendentes a lo largo de una calle de térmicas invisibles, o cuando resulta imprecisa la determinación de la dirección del viento.

La altura obtenida de nuestro cálculo es la altura que ha de alcanzarse aprovechando la última corriente ascendente. Si a medida que nos elevamos notamos un aumento de fuerza ascensional, hemos de realizar un nuevo cálculo, adquiriendo una altura mayor que nos permita aumentar la velocidad en el planeo final. Si, por el contrario, la fuerza ascensional disminuye, hemos de abandonar la térmica. Si no pudiéramos alcanzar la altura deseada – bien porque nos lo impide la base de nubes, bien porque la térmica es demasiado débil – hemos de seguir volando y tratar de encontrar una nueva térmica capaz de elevarnos hasta la altura necesaria para el planeo final. Esto nos obliga a realizar nuevos cálculos.

Después de abandonar la corriente ascendente – es decir, durante el planeo final – hay que comparar de cuando en cuando nuestra posición con la altura ideal que señala el calculador. Si resulta que volamos demasiado alto, ha de ajustarse el anillo de Mac Cready a un valor superior; este valor se obtiene con la calculadora. De modo análogo hemos de obrar cuando nuestra altura resulta insuficiente. Al sobrevolar el aeródromo debe sobrarnos, a velocidad normal, una reserva de altura de unos 100 m., suficientes para aterrizar. Esta reserva basta para ejecutar el vuelo de aproximación correcto, siempre que el aeródromo no se encuentre demasiado alejado de la línea de meta. En las competiciones es posible observar cómo excelentes pilotos realizan vuelos de aproximación y aterrizaje incorrectos, propios de principiantes. En efecto, los pilotos suelen llegar agotados por el stress del vuelo a distancia y, consecuentemente, parece que olvidan que siguen volando tras rebasar la línea de meta, cuando ¡todavía les queda por realizar el aterrizaje!

Por este motivo, durante los campeonatos mundiales de 1.974 en Waikerie, tres de los cuatro pilotos del equipo alemán aterrizaron sobre la panza del velero. Afortunadamente no sufrieron daños...

Nos hemos de acostumbrar a planificar el aterrizaje unos cuantos kilómetros antes de llegar a la meta, y a realizar un chequeo exhaustivo antes de tomar tierra. Ya tendremos tiempo suficiente, una vez retirado el velero de la pista, para desconectarnos mentalmente del vuelo y pensar en lo que mejor nos plazca.

Las facultades físicas individuales

Hemos de tener muy presente que los largos vuelos de distancia permiten muy escasas posibilidades de movimiento en la cabina y que exigen del cuerpo humano un esfuerzo continuado al que no está acostumbrado. No sólo es necesario soportar esta carga con buena salud, sino también encontrarse cómodo durante el vuelo, para poder mantener un alto nivel de concentración mental y una adecuada capacidad de decisión. La sensación de bienestar permite al piloto disfrutar durante el vuelo, mejorar su capacidad mental y favorecer la seguridad de vuelo.

Se ha de empezar por acondicionar el asiento del piloto. Con imaginación y un material esponjoso, que permita la transpiración, se puede convertir los incómodos asientos de los antiguos veleros en confortables butacas. La parte más sensible a la incomodidad del asiento es la columna vertebral. Es conveniente que se encuentre relajada, no sólo por motivos de comodidad, sino además para evitar que sufra una lesión.

Las partes no estancas de la cúpula y de los herrajes del remolcaje han de recubrirse con caucho o espuma sintética. La ventilación de la cabina ha de poderse cerrar herméticamente. Cuando esté abierta debe dar lugar a una corriente de aire que, subiendo a lo largo de la cúpula, alcance la parte superior del cuerpo del piloto. De este modo se logra una agradable sensación de fresco durante los días calurosos y se evita que se empañe el interior de la cúpula. Si la instalación resulta insuficiente, se puede mejorar construyendo una salida de aire en un extremo del fuselaje.

La capacidad de resistencia y de esfuerzo del piloto dependen de su propia constitución y de su estado físico y mental. Su capacidad de vuelo requiere haber dormido suficientemente y tomado alimentos sanos y digestivos. Esto no significa que haya de mantener una rígida dieta alimenticia. Resulta inadecuado variar radicalmente los hábitos culinarios antes o durante un campeonato. Lo conveniente es, por lo menos una semana antes de realizarse la competición, desplazar la comida principal del mediodía a la hora de cenar. Así se logra una mejor adaptación del ritmo de digestión a las exigencias del vuelo. Si el campeonato se interrumpiera durante una jornada, esta circunstancia no ha de aprovecharse para realizar una opípara comida al mediodía. Antes de iniciar el vuelo sólo han de ingerirse alimentos de fácil digestión, para evitar un aporte sanguíneo intestinal en detrimento del riego cerebral. Está científicamente demostrado que la capacidad intelectual no disminuye cuando no se toman alimentos durante un período de tiempo prolongado; sin embargo, esta cuestión es muy personal.

Durante el vuelo puede tomarse alguna que otra pequeñez. Es absolutamente indiferente que el piloto tome leche, un bocadillo o «comida de astronauta»; lo esencial es que esté acostumbrado a tomar un determinado alimento durante el vuelo. Tomar glucosa es siempre una buena medida, salvo cuando se ingiera una cantidad exagerada, que puede elevar peligrosamente el índice de azucar en la sangre.

No sólo no está prohibido tomar bebidas durante el vuelo, sino que es una auténtica necesidad. Cuando no se bebe agua suficiente, los riñones no pueden realizar su trabajo, y no expulsan los metabolitos. De este modo el cuerpo humano es atacado por sus propias toxinas, y se presentan síntomas de agotamiento. Beber lleva consigo la eliminación, a través de la orina, del líquido sobrante. Sería totalmente absurdo y erróneo considerar este hecho poco honroso para el piloto; de lo contrario pueden producirse graves daños para la salud: retenciones, cólicos nefríticos, etc.. Las consecuencias sufridas en este sentido por numerosos pilotos han de bastarnos como aviso. Este problema tiene fácil solución llevando a bordo bolsas de plástico.

Al volar en aire caliente y seco – particularmente cuando se es propenso a sudar – la piel expulsa mucha agua. Como quiera que el sudor contiene cloruro sódico (sal común) no sólo hemos de beber agua sino también tomar sal, para no destruir el equilibrio electrolítico. A tal fin se venden en las farmacias una pastillas de sal, que han de ser ingeridas antes y quizás también durante el vuelo, Podrían igualmente tomarse cucharadas de sal común, pero resulta bastante desagradable.

La ropa que ha de usarse debe ser permeable al aire y disponer de cierre de cremallera, con el fin de que al estar expuestos al sol, a 35°, no se empieze a sudar, ni tampoco se pase frío momentos después volando a gran altura y a 10°C. Hemos de vestirnos en función de las condiciones climatológicas previstas. No tiene sentido bajarse del velero morado de frío o empapado de sudor. Siempre conviene llevar la cabeza cubierta. Un sombrero de fieltro suave y de color claro deja transpirar la piel y mantiene la cabeza a una temperatura agradable. Volar sin nada en la cabeza resulta peligroso. Más de un piloto que no hizo caso de esta advertencia se vió obligado a aterrizar por encontrarse al borde de la insolación.

Táctica de competición

Bajo este título se expone todo lo referente a la táctica a seguir para lograr un óptimo vuelo de competición en lucha deportiva frente a otros compañeros. Hemos de convencernos de que también en las competiciones una técnica de vuelo fundada – y no los trucos rebuscados – es la clave para alcanzar el éxito. Consecuentemente, estudiemos cuáles son las buenas tácticas para el vuelo de distancia, y analicemos qué otros factores pueden influir en el éxito.

El equipo de apoyo en tierra

La base esencial del vuelo de competición descansa en la perfección y armonía con que funciona nuestro equipo de apoyo en tierra. Ha de estar constituido, cuando sea posible, por dos o tres personas perfectamente compenetradas entre sí. En alguna situación de emergencia es preferible la ayuda de una sola persona de confianza que la que pueden prestarnos un grupo de colaboradores que, por su carácter o carencia de conocimientos, pueden llegar a desconcertar al piloto.

El equipo de apoyo en tierra ideal podría ser descrito del modo siguiente. Entre las muchas cualidades con las que ha de contar destacan, por su importancia, las siguientes: la modestia, la falta de egoísmo y de exigencias personales, la perspicacia, la aplicación y el amor al trabajo, así como el buen humor y la satisfacción por la labor que realiza el piloto.

Cuando el piloto no obtenga éxito o fracase – a consecuencia de errores imperdonables – el equipo compartirá su desgracia, animándole y tratando de consolarle con esperanza de un éxito en la próxima jornada. Consecuentemente, el equipo ha de poner la máxima atención e interés para que la próxima vez vaya todo «sobre ruedas». Aunque los miembros del equipo puedan tener amplios conocimientos sobre el vuelo de competición, se limitarán siempre a prestar todo tipo de servicios que la prueba demande. Han de conocer tanto las cualidades del piloto como sus puntos débiles, sobre los que nunca harán referencia.

El equipo debe saber cómo mantener a su piloto de buen humor y tranquilo, realizando los trabajos más penosos. Le aconsejará por radio tan pronto vea que se producen situaciones de falta de control; pero lo hará con corrección y sin el menor tono de suficiencia. Por todo lo expuesto quizá el equipo teóricamente más adecuado pudiera ser el femenino. En todo caso es aconsejable la participación de mujeres en el equipo, lo que contribuye, de modo muy positivo, a crear un ambiente armónico y correcto. (En caso de que el piloto fuera mujer, quizá sería conveniente variar alguno de los puntos señalados).

Como todo lo de este mundo, el equipo ideal es un sueño, aunque en ocasiones la realidad sea muy parecida. Tiene gran importancia que en el seno del equipo reine la confianza mutua, que evita los estados de tensión. Con frecuencia, del piloto depende el estado de ánimo de sus ayudantes. A veces, desgraciadamente, existen auténticos déspotas, que exigen todo, están raramente satisfechos y no mueven un dedo para que el resto del equipo participe de los resultados. Quien, una vez finalizado el vuelo, abandona el velero en la pista para poder comentar las incidencias de la jornada con los demás pilotos, no ha de extrañarse de la pérdida de confianza y entusiasmo de su equipo. Cuanto mejor conocimiento tenga el equipo de cómo transcurre la competición, tanto mayor será su participación, mejor información dará y distinguirá más claramente lo importante de lo insignificante. Las tareas del equipo requieren muchos conocimientos técnicos y gran trabajo.

El equipo no se limita a mantener diariamente la parte técnica del velero (cámara fotográfica, barógrafo, etc.), sino que constituye el centro de información del piloto, capaz de aclararle dudas importantes, quizá decisivas para el éxito.

– *Controla constantemente, desde el suelo, la evolución del tiempo,* informándose de la situación a través de los meteorólogos, o de la próxima estación meteorológica. Mide las variaciones de temperatura y de humedad a todo lo largo de la jornada para ir comprobando o corrigiendo las predicciones de los meteorólogos. Informa al piloto, sin que éste lo pida, de los cambios meteorológicos ocurridos y no previstos.

– *Controla el desarrollo de la competición,* anota en qué momento cada piloto efectuó la salida y está preparado para contestar, con exactitud y brevedad, a cuantas preguntas le formule el piloto.

– *Cuando las condiciones climatológicas son muy adversas, el equipo se adelanta al piloto en unos cuantos kilómetros,* guiándose por el viento y observando cómo su piloto realiza el vuelo en espiral, sin perder el rumbo.

– *Dispondrá de un espejo de nubes,* para calcular la dirección, sentido e intensidad del viento, a la altura de la base de nubes. Debe realizar este cálculo con regularidad, particularmente antes del planeo final, indicando los resultados al piloto para facilitarle la exactitud y precisión del vuelo de aproximación a la meta. (Véase la descripción del espejo de nubes en la página correspondiente).

– *Observará el planeo final realizado por los otros pilotos* y, fijándose en la altura y velocidad de éstos, tratará de predecir la situación atmosférica de los últimos kilómetros.

Cuanto se ha expuesto sólo supone la enumeración abreviada de las tareas técnicas que debe realizar un buen equipo de apoyo en tierra compenetrado con su piloto. El tipo de terreno sobre el que se desarrolla la competición, los tipos especiales de veleros y la modalidad de vuelo que ha de llevarse a cabo, pueden exigir del equipo mayor información y tener que analizar otros aspectos. Cada miembro del equipo tiene una misión determinada que cumplir y de la cual sólo él es responsable. El desarrollo de la jornada ha de estar perfectamente organizado y planificado. Cuanto mayor sea la labor realizada por el equipo, tanto mejor será su trabajo informativo y de contacto; pero será exclusivamente el piloto quien tome las decisiones y asuma la responsabilidad de las mismas, puesto que es quien dispone de la mejor visión de conjunto de todos los factores.

El piloto que considere que su equipo de apoyo en tierra está destinado a realizar únicamente las labores de recogida, no sólo desperdicia un trabajo auténticamente valioso, sino que además desprecia las facultades de sus ayudantes. De este modo únicamente consigue disminuir sus propias posibilidades de éxito en la competición.

La guerra de nervios

Del equilibrio anímico del piloto depende su capacidad de valoración, de estima y de decisión. Durante algunos campeonatos de estos últimos años, ciertos pilotos trataron de enervar a sus competidores, mediante trucos originales. Estas pseudohazañas no entrañan mérito alguno, ya que el piloto de vuelo sin motor, por el simple hecho de su afición esconde una naturaleza sensible. Pero, por si fuera poco, toda competición engendra una cierta excitación nerviosa.

Durante el campeonato del mundo de 1.970, el belga Stouffs se inscribió con un velero tipo LS 1 g. Su competidor más directo, el norteamericano Smith, creía diponer del velero más moderno de aquella serie, un LS 1 c. Al leer la inscripción del belga, Smith se puso nervioso al imaginar que su contrincante iba a utilizar un velero todavía más moderno que el suyo. Así que preguntó a diestro y siniestro sobre las características del velero belga. Smith, al no lograr respuestas satisfactorias, se dirigió al propio Stouffs, quien trató disimuladamente de mantener el engaño, haciéndole ver que aún cuando todas las características eran idénticas a la de su velero, el perfil del suyo era algo diferente. Smith necesitó algún tiempo más para calmar sus nervios al comprobar que había sido engañado.

De todos modos la guerra de nervios no es demasiado original, ni obtiene buenos resultados. Lo más corriente es que quien pretende poner nerviosos a los demás, acabe enervándose a sí mismo, logrando tan sólo el efecto contrario. La vieja táctica de los falsos avisos lanzados por radio durante el vuelo, acaba desconcertando al propio piloto que los emite y poniendo realmente nerviosos a los hombres de su equipo de apoyo en tierra.

La salida de meta

Para conocer la capacidad y pericia del resto de los participantes, no se ha de prestar atención a la jerga que emplean, sino observar atentamente sus vuelos de entrenamiento. De este modo se confecciona una lista de los mejores pilotos. Al mismo tiempo ha de tratarse de volar junto a los pilotos nuevos y desconocidos, para comprobar, por ejemplo, cómo realizan el vuelo en espiral. Añadiremos en la lista los que nos hayan parecido los mejores, con el fin de que, al al comenzar la competición, conozcamos las posibilidades de la mayoría de los participantes.

Durante el barullo que suele originarse ante la puerta de salida, se observa si los que consideramos como mejores vuelan con tranquilidad, para la comprobación de térmicas, o si por el contrario, apurados ante la falta de tiempo, vuelan en las cercanías de la salida para salir disparados en cuanto se les presente la primera oportunidad.

En tierra se habrá estimado previamente el tiempo que en principio necesitamos para ejecutar el vuelo de la jornada, basándonos en las condiciones previstas para la hora de salida. Una vez que nos encontremos volando, se observan de cerca las corrientes ascendentes y la evolución de las condiciones meteorológicas, corrigiendo si fuera preciso los cálculos previamente realizados.

Resulta agradable ver a nuestro lado, o delante, un buen piloto al que evidentemente podemos unirnos. Aquellos pilotos que como lapas se pegan a nuestro timón de cola, sin osar nunca volar por delante de nosotros, acaban por resultar incómodos y desagradables. Normalmente estos pilotos poco experimentados no deben molestarnos, pues acaban tarde o temprano en unos puestos muy bajos de la clasificación.

No existe ninguna regla de carácter general sobre cuál es el momento en que ha de efectuarse la salida. La norma más sensata es que los pilotos noveles en competiciones, y los que se consideren más lentos, sean los primeros en salir, ya que necesitarán más tiempo para alcanzar la meta. Los pilotos más rápidos tienden a salir después.

Este razonamiento comparativo para la elección del momento de salida, tiene cierta importancia. Sin embargo, en ningún caso hemos de perder de vista la evolución de las condiciones atmosféricas. El tiempo es el factor que mejor ha de indicarnos la hora en que hemos de efectuar la salida.

Al realizar la salida, trataremos de cruzar la puerta pocos metros por debajo del techo de 1.000 m. preestablecido, con gran velocidad y a ser posible con los depósitos de agua llenos. Posteriormente, disminuyendo la velocidad hasta alcanzar la velocidad de planeo, es posible recuperar unos 100 m. Cuando las condiciones meteorológicas no sean adecuadas, y por lo tanto no resulte conveniente mantener el lastre, se abrirán las compuertas con tiempo suficiente a fin de aprovechar la primera térmica con menos carga. De este modo el agua ahuyentará a aquellos pilotos indeseados que vuelan pegados a nosotros. Una vez convencidos de haber elegido la hora de salida idónea, es preferible pasar unos metros por debajo de los 1.000 m. establecidos, en lugar de sobrecargar excesivamente el velero y arriesgarnos a una salida nula.

Si al dirigirnos hacia la puerta de salida tuviéramos la impresión de volar demasiado alto, trataremos de corregir esta situación sacando el tren de aterrizaje. Los pilotos partidarios de los flaps los utilizan colocándolos intencionadamente en posición incorrecta (téngase mucho cuidado de reducir primero la velocidad). En los casos extremos, además de reducir la velocidad pueden utilizarse, durante un corto espacio de tiempo, los frenos aerodinámicos. Durante la salida manténgase la disciplina de tráfico, para evitar disgustos y penalizaciones.

La puerta de salida, en los campeonatos, se mide con exactitud geométrica. El altímetro está sometido de modo especial a las influencias de la temperatura de aire exterior. Si el altímetro hubiera sido ajustado a la presión atmosférica standard, en un día frío (con temperaturas inferiores a la normal) indicará una altura superior a la real. Por el contrario, en los días cálidos el velero se encontrará más alto de lo que indica el altímetro. Cuando las condiciones meteorológicas (base de nubes suficientemente alta o térmicas invisibles) permitieran realizar una salida óptima, será preciso tener en cuenta los posibles errores del altímetro en función del cambio de temperatura exterior, sin olvidar nunca la altura de reserva necesaria para adquirir velocidad. Estos problemas serán tratados con más detalle en la segunda parte de este libro. De momento sólo se expone un breve resumen, suficiente para la práctica de vuelo.

INDICACIONES DEL ALTIMETRO

La indicación de 1.000 m. en el altímetro será casi exacta cuando en el aeródromo – en función de la altura del terreno – se midan las temperaturas siguientes:

altura del aeródromo = 0 m. .... 16°C.
altura del aeródromo = 1.000 m. .... 10°C.
altura del aeródromo = 2.000 m. .... 04°C.

Las indicaciones del altímetro serán erróneas cuando la temperatura medida en el aeródromo no coincida con las señaladas. En días fríos, es decir con temperaturas inferiores a las indicadas, podrá sobrevolarse la puerta de salida con una altura superior a los 1.000 m. indicados por el altímetro. En cambio, durante los días calurosos ha de sobrevolarse la puerta de salida con cierto margen por debajo de esta altura.

Grados por encima de la temperatura normal	Indicación del altímetro
30°C	903 m.
20°C	933 m.
10°C	965 m.
0°C	1.000 m.

Grados por debajo de la temperatura normal	Indicación del altímetro
10°C	1.037 m.

CONSUMO DE ALTURA PARA AUMENTAR LA VELOCIDAD

Tomando como punto de referencia una velocidad inicial de 100 km/h. y un recorrido de vuelo de 1,5 km. hasta cruzar la puerta de salida, se consumen aproximadamente las alturas siguientes:

250 m. para alcanzar una velocidad final de 240 km/h.
300 m. para alcanzar una velocidad final de 260 km/h.
400 m. para alcanzar una velocidad final de 300 km/h.

Ejemplo:

El aeródromo está situado a 1.000 m. de altura. La temperatura del aire en el aeródromo es de 30°C, medida momentos antes de la hora de salida. La velocidad permitida a nuestro velero es de 280 km/h. En consecuencia, decidimos alcanzar una velocidad de 260 km/h. para cruzar la puerta de salida. La temperatura de 30°C. supone 20°C por encima de la normal. Así pues cuando el altímetro señale 933 m. nos encontraremos realmente a una altura de 1.000 m. Para que la velocidad del velero pase de 100 km/h. a 260 km/h., en un recorrido de 1,5 km., consumiremos aproximadamente 300 m. de altura que, teniendo en cuenta el error del altímetro, equivalen a una pérdida de 280 m. de altura.

Ahora bien, como el vuelo se inició a una distancia de 1,5 km. de la puerta de salida, con una velocidad de vuelo de 100 km/h., el altímetro habrá de señalar 933 + 280 = 1.213 m. Consecuentemente hemos de volar de tal forma que, en el momento de cruzar la puerta de salida, el altímetro señale 933 m. de altura.

Realizar una buena salida, aún sin llegar a ser óptima, no tiene excesiva importancia cuando se trata de un largo vuelo de distancia. El tiempo que se haya podido perder casi no se refleja en la velocidad de crucero. Pero ocurre todo lo contrario cuando se trata de un vuelo de corta duración, por lo que en este caso no puede cometerse error alguno. No olvidemos, a este respecto, que a más de un piloto, esperando el momento óptimo de salida, le sorprendió la noche. Así pues, las condiciones climatológicas tienen prioridad sobre la elección de la hora óptima de salida. En casos extremos puede uno verse obligado a sobrevolar la puerta de salida con sólo 800 ó incluso 600 m. de altura.

Táctica en ruta

Es mucho más importante concentrarnos para lograr un buen resultado durante la jornada, que tratar de enervar a nuestros compañeros contrincantes mediante añagazas o trucos. Lo lógico es pensar que volamos para nosotros y no en contra de los demás. Es más eficaz incluso volar amistosamente en grupo con los competidores más directos, encontrados durante el recorrido, y lograr de este modo distanciarnos del resto. Volando en solitario probablemente no se logran tan buenos resultados. Durante el recorrido algún que otro piloto, si lo desea, podrá integrarse en nuestro grupo. Un grupo pequeño de pilotos que se apoyan mutuamente suele obtener más éxito que quienes vuelan aisladamente. Ahora bien, aquellos pilotos cuyo propósito, al integrarse en el grupo, es volar constantemente detrás de los demás, sin querer asumir ningún riesgo, resultan contraproducentes para el buen funcionamiento del grupo. No es difícil descubrir cuándo un piloto, al integrase en el grupo, sólo persigue aprovecharse de sus compañeros. Es posible separarnos de ellos en aquellos lugares que ofrecen una doble alternativa de rumbo, aprovechando para salir hacia donde no puedan vernos. Sin embargo, sería una grave equivocación adoptar una táctica, que si bien nos permitiera desembarazarnos de esta clase de pilotos, viniera, en definitiva, a perjudicarnos.

Sigue habiendo hoy día pilotos que prefieren competir frente a todos, en lugar de volar formando equipo. Esta última modalidad, sin embargo, es la que proporciona mayores éxitos. Los campeonatos del mundo han puesto en evidencia que, en los días de mal tiempo, los pequeños grupos de veleros logran velocidades asombrosas que los pilotos solitarios nunca conseguían alcanzar. Ahora bien, resulta triste observar el vuelo de un grupo de pilotos con miedo, donde ninguno osa tomar la iniciativa, ni siquiera cuando la térmica sobrevolada se está desintegrando. Esto se debe a que todos temen que si tomasen la iniciativa de variar la dirección del vuelo nadie les seguiría. En estos casos los pilotos se estorban mutuamente, desaprovechando las posibilidades que ofrece el vuelo en equipo en el momento de la búsqueda de térmicas. Los días de térmicas invisibles son precisamente los más indicados para el vuelo en equipo. De todos modos la formación de grupos tiene unos límites, ya que un equipo de 20/40 pilotos temerosos constituye un peligro.

Los pilotos que vuelan en cabeza de grupo comprueban, a través de un pequeño espejo retrovisor, si los demás siguen o deciden abandonarle.

LA RADIO DURANTE LA COMPETICION

Es asombroso observar cómo ha disminuido el empleo de la radio en las grandes competiciones. Por el contrario, en las de poca importacia, la utilización absurda de la radio, saturando las frecuencias autorizadas, es cada vez mayor. Esto no ocurre con los buenos equipos, no porque precisen de menos información, sino porque sus enlaces radio son breves y concretos; tienen presente que el resto de los participantes también les está oyendo. Los equipos bien disciplinados nunca señalan por radio sus nombres, les basta el sonido de su voz para ser conocidos por su equipo de apoyo. Para solicitar información, por ejemplo sobre su posición de vuelo, etc., un buen equipo establece previamente un código de abreviaturas, que ahorra tiempo y no es fácilmente descifrable para quien lo desconoce. Saber hablar por radio no es difícil. Basta la autodisciplina siguiente: en primer lugar pensar qué es lo que se pretende decir y, a continuación, resumir y concretar al máximo el mensaje que va a lanzarse. ¡Sólo entonces ha de pulsarse el micrófono! De este modo se logra reducir al mínimo el tiempo de utilización, se evitan dudas y las consecuentes repeticiones. El piloto constantemente aferrado al micrófono molesta innecesariamente al resto de los participantes, revela a todos su posición de vuelo y, además, no puede concentrarse en el pilotaje.

Durante los campeonatos en que participan varios equipos, el enlace aire-aire entre miembros de un mismo equipo es practicamente constante, razón de más para reducir al máximo la duración de los mensajes.

VUELO EN EQUIPO

Incluso no disponiendo de un enlace radio aire-aire a un equipo le es posible volar adecuadamente. La norma básica á respetar es la siguiente: «Volar, siempre que sea posible, de forma que nuestro compañero pueda observarnos». Esta regla es aplicable tanto al vuelo en espiral como al rectilíneo. Durante el vuelo de planeo ningún velero ha de quedar distanciado del resto de su equipo, aunque se vuele a diferentes alturas. Esperar a los demás supone una pérdida muy elevada de tiempo. Las diferencias de rendimientos entre pilotos es tan pequeña, que no resulta posible el lujo de esperar al compañero. Sin embargo, durante los largos vuelos rectilíneos se puede acordar previamente que el piloto que figura en cabeza del equipo ajuste el anillo de Mac Cready a un valor inferior. De este modo el resto de los compañeros no queda descolgado y no se pierde tiempo. La distancia lateral entre veleros ha de ser de unos 100 m. Esto permite llevar fácilmente a cabo las necesarias correcciones de senda de planeo. Una distancia mayor puede acabar descomponiendo el grupo. Tan sólo en calles de nubes estrechas podrá acortarse esta distancia, o bien volar uno detrás de otro, manteniendo una separación equivalente a la envergadura del velero. Esta formación de grupo puede resultar favorable para el piloto colocado en último lugar, siempre que vuele en la zona ascensional del remolino causado por los restantes veleros. Por el contrario, será perjudicial si vuela a lo largo del surco que forman quienes le preceden.

Si resulta difícil localizar el centro de la térmica, los componentes del equipo se separarán hacia los lados en su búsqueda. En caso dudoso, el piloto a mayor altura realizará la mayoría de las maniobras de búsqueda. Mientras tanto, los que están por debajo tratan de mantenerse en la fuerza ascensional encontrada y sirven de punto de referencia a su compañero. En esta situación lo correcto es dar a entender, al resto del equipo, la conveniencia de proseguir el vuelo. Para ello el piloto realizará con la mano una señal convenida, esperando que sus compañeros, también con la mano, repitan la misma señal aprobando su decisión, o le indiquen que desean seguir buscando el centro de la térmica. Esta técnica facilita el entendimiento entre pilotos, logrando un eficaz trabajo de conjunto.

Durante las competiciones el vuelo en equipo resulta más fácil y efectivo si se autoriza el enlace radio aire-aire. Los pilotos polacos son maestros en esta técnica. Cuando no resulte posible verse los unos a los otros, la radio permitirá aconsejarse mutuamente sobre las correcciones de rumbo a realizar.

Cuando los pilotos de un mismo equipo estén próximos y se inicie un vuelo ascensional, el piloto situado en cabeza transmitirá por radio los valores de la fuerza ascendente, a partir del momento en que vea que quien le sigue ha entrado en la corriente. De este modo el piloto retrasado tendrá la posibilidad de abandonar la corriente ascendente si ésta se hubiera debilitado o, por el contrario, aprovecharla y seguir subiendo para, una vez alcanzada la altura adecuada, iniciar el vuelo rectilíneo a la velocidad de planeo (Sollfahrt). Aquellos cuyas cualidades y destrezas sean similares volverán de nuevo a encontrarse, ayudándose mutuamente tal como se expuso anteriormente. La ayuda más importante radica en las indicaciones sobre las condiciones meteorológicas y sus posibles variaciones, que el piloto de cabeza va transmitiendo a sus compañeros sin necesidad de que lo pidan. En el caso de bifurcaciones en calles de térmicas, resultan decisivas las indicaciones del piloto que va en cabeza, sobre la ruta que sugiere o que ha decidido seguir. El vuelo en equipo exige del piloto en cabeza una concentración mayor, en beneficio desinteresado de su compañero o compañeros. Volar en equipo no depende de la pericia o conocimiento de cada piloto, es más bien una cuestión o tendencia individual.

Influencia de la clasificación sobre la táctica de vuelo

Antes de iniciar una competición ha de estudiarse con atención cuál es la modalidad de puntuación aplicada. Nuestro análisis pondrá todo interés en aquello que realmente tenga un verdadero peso específico en el momento de puntuar, considerando como secundario lo que se traduce en puntuaciones mínimas, por las que no vale la pena arriesgarse.

Las posibilidades de alcanzar una buena puntuación durante la jornada son directamente proporcionales, en el vuelo sin motor, al riesgo de hundirse. Los puestos de la clasificación general conseguidos hasta el momento únicamente adquieren importancia durante las últimas jornadas de la competición. En función del puesto logrado se estudia la táctica más adecuada para mejorar la clasificación, durante la próxima jornada. Si la diferencia entre el mejor clasificado y nosotros fuera de pocos puntos, trataremos de volar mejor que nuestro más directo competidor y lograr así neutralizar la diferencia de puntuación. Durante el vuelo toda información relativa a nuestro competidor será valiosa. Esta información, que en otras circunstacias podría ponernos nerviosos, es ahora decisiva para la adopción de la táctica a seguir. Si fuéramos nosotros precisamente los clasificados en primer lugar, pero con pocos puntos de ventaja, trataremos de adecuar nuestro vuelo al del piloto que nos sigue en puntuación, de forma que no logre escapar de nuestro lado. Indudablemente esta táctica resulta arriesgada y suele aumentar nuestra excitación nerviosa. Pero es preciso no engañarse mutuamente y permitir que un tercero salte al primer puesto de la clasificación.

Así pues, la clasificación sólo influye en determinadas circunstancias sobre la táctica de vuelo: durante los primeros tercios de la competición su trascendencia es prácticamente nula.

Instrucción teórica y entrenamiento

El vuelo sin motor es un deporte exigente que se apoya, más que ningún otro, en la inteligencia de quien lo practica. No basta, por lo tanto, con contentarse con una instrucción básica y un entrenamiento en el club. El piloto de vuelo sin motor ha de trabajar duramente para mejorar sus condiciones y perfeccionarse mediante los entrenamientos. Los consejos expuestos a continuación suponen tan sólo una línea de conducta a seguir. El modo y organización de llevarlos a cabo dependen del nivel técnico de cada uno y de sus disponibilidades, por lo que pueden desarrollarse de forma diferente.

Entrenamiento en tierra

TEORIA DEL VUELO SIN MOTOR

La teoría del vuelo sin motor ha ido desarrollándose y perfeccionándose de forma constante, adquiriendo una influencia decisiva en el éxito del vuelo de distancia. El carisma atribuido antiguamente a los grandes pilotos, hoy día ha perdido mucha importancia si no va acompañado de los conocimientos teóricos adecuados. El futuro exige estudiar más y más. Siempre que sea posible hemos de consultar los textos especializados, escritos por diferentes autores, así como prodigar la lectura de revistas técnicas especializadas. Hemos de fabricarnos mentalmente situaciones de vuelo, tratando de elaborar la decisión óptima a tomar. Es preciso manejar los calculadores para la corrección de deriva, así como el calculador de Stöcker para el planeo final. Conviene estudiar las cartas aeronáuticas, tratando de imaginar el terreno representado. Todos los clubs cuentan con pilotos capacitados y con suficiente experiencia de vuelo de distancia para impartir clases de mayor nivel, siempre que el club ponga a disposición de los mismos los medios precisos.

ENTRENAMIENTO PARA MANTENERSE EN FORMA

No nos dejemos engañar por el poco trabajo muscular realizado durante los vuelos de distancia, pues los vuelos largos y las competiciones exigen unas condiciones físico-deportivas por encima de lo ordinario. Soportar de 5 a 8 horas de vuelo ininterrumpido, con una concentración total, sin descanso y sin la posibilidad de realizar movimiento alguno dentro de la cabina, supone un esfuerzo físico tan sólo comparable al de los astronautas. Así pues, observemos los entrenamientos que éstos realizan, ya que los problemas que han de superar son bastante similares a los nuestros.

El piloto de vuelo sin motor no tiene por qué ser un atleta. Durante el vuelo hace uso de su fuerza muscular en pequeñas dosis. El problema reside en su circulación sanguínea, que debe adaptarse, mediante entrenamiento, a la inmovilidad durante largos recorridos y a la resistencia física necesaria para soportarlos. Son muchos los deportes que ofrecen la posibilidad de entrenarnos en estos aspectos, pero su elección es una cuestión de gusto personal.

Puede bastarnos un aparato de entrenamiento instalado en nuestro domicilio. Pero las modalidades deportivas más adecuadas al entrenamiento que se pretende son, entre otras, el esquí de fondo, la natación, el piragüismo, el ciclismo y, muy especialmente, las carreras de fondo. Hemos de practicar el deporte elegido hasta alcanzar la sensación de cansancio físico. No es aconsejable, e incluso puede ser peligroso, realizar un gran esfuerzo físico sin un previo entrenamiento. Hemos de entrenarnos disfrutando siempre que nos sea posible; por ejemplo, jugando un partido de futbol o participando en una carrera organizada. Lo importante es practicar el deporte con regularidad. Hemos de entrenarnos al menos una o dos veces por semana, a pesar de que durante el resto de la misma nos veamos obligados a estar sentados detrás de la mesa de un despacho, prácticamente inmóviles. El entrenamiento ha de ir acompañado de una alimentación sana, rica en albúmina y parca en hidratos de carbono, renunciando al tabaco, etc... Sobre ello hay suficiente bibliografía especializada, por lo que no vale la pena extenderse más. En caso de duda, nadie mejor que el médico para aconsejarnos sobre el tipo de entrenamiento que mejor se adapte a nuestra constitución física.

LA OBSERVACION COMO MEDIO DE
CONOCIMIENTO CLIMATOLOGICO

Siempre que sea posible hemos de observar las nubes, las formas en que se presentan, sus movimientos y desarrollo. Al hacerlo hemos de imaginar que nos encontramos volando, en busca de la próxima nube. Después observaremos si la nube sigue efectivamente creciendo o si, por el contrario, está en fase de desintegración. Este ejercicio mental adiestra la observación visual para la búsqueda de corrientes ascendentes, pues el desarrollo de las nubes se aprecia mejor desde el suelo que volando. Resulta además un espectáculo interesante ver cómo las fuerzas de la naturaleza logran mover, remover y mezclar cientos y miles de toneladas de aire húmedo.

Probablemente todos hemos podido observar alguna escena en que la naturaleza es la protagonista, por ejemplo, en una piscina al aire libre. Las nubes van acumulándose, deshilachándose por la parte superior y helándose, hasta que de pronto comienza a llover o se desencadena la tormenta y los bañistas salen alocadamente en busca de un refugio. Pero... ¿qué ha ocurrido? Acaso no nos dimos cuenta de que las nubes iban formando una montaña gigantesca. Adquirir experiencia climatológica no depende sólo del número de horas de vuelo. Más de un piloto capaz de hablarnos de su gran experiencia, puede desconocer todo lo relativo a esa montaña de nubes. La experiencia se adquiere cuando realmente se tiene interés en conocer los problemas climatológicos. ¿Cómo si no explicarnos que algunos pastores, campesinos o pescadores acierten asombrosamente sus predicciones del tiempo?

Vuelos de entrenamiento

Realmente no parece necesario gastar dinero yéndonos al otro lado del mundo, para entrenarnos en los llamados «paraísos del vuelo sin motor». La verdad es que en ellos también llueve muchas veces. Son aceptables como aventura, pero como entrenamiento, salvo casos expecionales, son absolutamente innecesarios. En el aeródromo más próximo puede realizarse un entrenamiento adecuado e incluso volar circuitos locales.

ENTRENAMIENTO MEDIANTE VUELOS EN
CIRCUITOS LOCALES

– Trataremos, por ejemplo, de aprovechar las térmicas lo mejor posible, cambiando frecuentemente de corrientes ascendentes, fijando una altura límite, a partir de la que sólo volaremos corrientes ascendentes de una determinada fuerza.

– También se puede organizar un concurso de barogramas, intentando durante una o dos horas alcanzar la mayor altura posible. Es posible que en algunos casos nos demos cuenta de la necesida de variar de corriente durante la ascensión.

– Podemos volar en un velero biplaza, acompañados por otro piloto de nuestra misma experiencia y pericia. Nos fijaremos en qué se diferencia su manera de pilotar de la nuestra. Le permitiremos que nos corrija, y nosotros le señalaremos sus errores o le explicaremos las ventajas de volar en la dirección que elegimos. Nos asombrará comprobar con qué frecuencia cometemos errores.

- Podemos imponernos un límite de altura, que por no poder rebasar nos obligue a practicar la búsqueda de corrientes ascendentes a baja altura.

- Si las corrientes ascendentes fueran muy débiles, el ejercicio consistirá en ver cuál de los pilotos logra mantenerse más tiempo en el aire. (Por razones de seguridad no hemos de volar en círculo ni en espiral por debajo de los 100 m. de altura).

- Programaremos todos los aterrizajes. Los pilotos con mayor experiencia iniciarán, a propósito, el planeo final con una altura superior a la necesaria, a fin de prevenir una posible emergencia que les pueda obligar a tomar tierra fuera de pista.

Este tipo de entrenamiento aumenta el tráfico y la vida de los aeródromos de vuelo sin motor, ofreciendo mayores posibilidades a las generaciones que todavía no están autorizadas a realizar vuelos de viaje. Incluso utilizando los veleros de entrenamiento, aunque no nos gusten demasiado, lograremos altas prestaciones. Durante los entrenamientos irán apareciendo pilotos que, por su talento y tras completar la formación teórica, prometen ser grandes pilotos de vuelo de distancia o de competición. No es extraño, ni tampoco es una desgracia, que los pilotos con talento no sean los que cuenten con mayor número de horas de vuelo. En ciertas ocasiones ocurre lo mismo con los profesores. La ambición encaja perfectamente en la sana camaradería de un club, pero no la envidia, que sólo conduce a destruir la amistad. Un buen profesor de vuelo se sentirá orgulloso cuando alguno de sus antiguos alumnos vuele mejor que él. Este hecho constituye el mejor éxito de la enseñanza, pues demuestra que el alumno recibió mejor enseñanza que el profesor. De este modo, el instructor tratará de impulsar a su exalumno, exigiéndole mayor rendimiento y, si demostrara interés e ilusión, se ocupará de que participe con el equipo del club en todas las competiciones.

ENTRENAMIENTO MEDIANTE VUELOS EN GRUPO

Los miembros de un club, o de los que se entrenan en un mismo aeródromo, que de- muestren interés por realizar un vuelo de distancia, deben ponerse de acuerdo para volar juntos un mismo recorrido. Así, durante los días que presenten buenas condiciones meteorológicas, propondrán metas que entrañen cierta dificultad. Por el contrario, cuando el tiempo no sea adecuado, las metas han de ser más modestas. Ahora bien, sólo se alejarán del aeródromo, para realizar una travesía o un vuelo de paseo, cuando el tiempo lo permita..... y ¡el tiempo suele permitirlo con frecuencia!. Cuando no existan problemas que impidan mantenerse en el aire en las proximidades del aeródromo, se podrán realizar recorridos, tanto si hay térmicas de apoyo nuboso como si el cielo está despejado. Las térmicas invisibles en particular suponen una gran dificultad y por ello han de practicarse, pues son decisivas en las competiciones. Para evitar que estos recorridos resulten excesivamente penosos, se escogerán los de ida y regreso. Cuando el tiempo aparece inseguro, se elegirán trayectos menores que se puedan recorrer varias veces seguidas. A continuación se exponen algunos ejemplos, donde se explica cómo han de estructurarse estos vuelos de entrenamiento.

- Vuelo de recorrido realizado por varios pilotos. Se determinan previamente los puntos donde los pilotos más rápidos han de esperar a los más lentos. Este tipo de vuelo da buenos rendimientos, pero el número de participantes no ha de ser superior a 4–5 pilotos. Constituye un entrenamiento excelente para los pilotos menos aventajados; pero con pilotos aventajados su utilidad resulta un tanto dudosa.

- Se establece una hora única de salida. Los pilotos sobrevuelan rápidamente la puerta de salida, según un rumbo prefijado. La ventaja de esta modalidad de entrenamiento radica en que permite el análisis comparativo de la pericia de los participantes.

- Realizar triángulos de pequeño recorrido, volándolos tantas veces como sea posible, hasta verse forzado a tomar tierra fuera del aeródromo. Este ejercicio tiene la ventaja de que la parte final del mismo se asemeja al vuelo libre de distancia.

- Con viento fuerte y térmicas débiles, se procurará ver quién logra realizar el vuelo más largo de ida y regreso con viento de cara. (El punto de viraje se improvisa durante el vuelo).

- Realizar un vuelo de distancia, fijando previamente un límite máximo de altura que no ha de rebasarse nunca. Resulta un buen entrenamiento para la búsqueda de térmicas y aconsejable para pilotos avanzados. Por el contrario, los pilotos noveles, que realizan por primera vez un vuelo de paseo, no podrán volar por debajo de una altura mínima fijada previamente, quedando anulados sus vuelos cuando no respeten esta limitación.
- El «Cats craddle» (vuelo de distancia dentro de los límites de un área preestablecida) constituye una modalidad de entrenamiento muy interesante y de gran belleza. Pero no resulta muy adecuada para el entrenamiento de competición, por los problemas que plantea la puerta de salida. Consiste en fijar de 6 a 8 puntos de viraje. A partir de la hora de salida, los pilotos eligen libremente el orden en que sobrevolarán estos puntos. (En esta modalidad se excluye el vuelo de ida y regreso). Los pilotos pueden sobrevolar un mismo punto varias veces, sin estar obligados a sobrevolar los restantes. Se valora el recorrido total realizado hasta el aterrizaje.

    De todos los ejercicios expuestos, éste es el que más se asemeja al vuelo libre de distancia, todavía más que el ejercicio citado en tercer lugar, ya que la elección de rumbo es libre.

- Ejercicios de velocidad, con libre elección de la hora de salida. Cada piloto cronometra su propio tiempo. Por lo demás, este ejercicio se atiene a los requisitos que señala el Reglamento de Competiciones, relativos a los vuelos con puntuación de velocidad.
- El mismo ejercicio anterior, pero volando los pilotos formando equipos de dos. Sólo se cuenta el tiempo empleado por el piloto más lento de los dos. Finalizado el entrenamiento, se procede al cómputo comparativo de tiempos entre los equipos.

Estos entrenamientos no precisan veleros de competición, pudiendo emplearse veleros de entrenamiento o de la clase «club». Es necesario que los veleros utilizados por los diferentes pilotos tengan prestaciones semejantes; de lo contrario, las diferencias de velocidad y recorrido resultarían exageradas.

Es probable que el motovelero vaya adquiriendo mayor importancia para el entrenamiento del vuelo de distancia. Evita la servidumbre del remolque-avión y permite llevar a cabo largos recorridos, sin peligro de hundirse. Desgraciadamente, los motoveleros actuales ofrecen unas prestaciones de planeo muy bajas. Para que un velero sirva de entrenamiento es preciso que por lo menos ofrezca las mismas prestaciones que los veleros de la clase «club». En cuanto a los biplaza, GRP ofrece distintos modelos con prestaciones suficientes.

Con el fin de completar el entrenamiento, deberán realizarse tomas fotográficas, puesto que las competiciones lo exigen. En los ejercicios en que se sobrevuela varias veces un mismo recorrido, pueden practicarse los vuelos con un objetivo determinado. Para ello se elige un punto del terreno que ha de sobrevolarse a 500 m. de altura. Si al acercarnos al punto elegido se comprueba que nuestra altura es excesiva, habrá de tratar de perderla levantando los frenos aerodinámicos antes de proseguir el vuelo. Si por el contrario fuera sobrevolando a una altura inferior a 500 m., esto equivaldrá a hundirse antes de alcanzar la meta. En todos estos ejercicios de entrenamiento hemos de ser sinceros con nosotros mismos. Nadie nos controla, puesto que en definitiva sólo pretendemos entrenarnos y seguir aprendiendo.

COMENTARIO DE LOS VUELOS DE ENTRENAMIENTO («BRIEFING»)

Los entrenamientos de grupo alcanzan toda su eficacia cuando por la noche, una vez finalizados los vuelos, se reunen los pilotos para comentar las incidencias de la jornada de entrenamiento. De este modo es posible deducir cuál fue la causa que hizo que aquél o este piloto lograra una velocidad de vuelo superior a la del resto. Esta comprobación y control de lo acertado de nuestras decisiones no puede nunca lograrse volando en solitario. Incluso después de una competición no suele obtenerse una información tan sincera.

LA COMPETICION COMO MEDIO DE ENTRENAMIENTO

Son tantas las pequeñas y medianas competiciones de vuelos sin motor que se celebran en Europa que, si contáramos con los medios y el tiempo necesarios, se participaría en un campeonato trás otro desde mayo hasta agosto. Por supuesto sería un entrenamiento muy eficaz; pero.... ¿quién puede permitirse lujo semejante? Por lo tanto, sólo podremos participar en unas cuantas.

Lo más acertado es tomar parte en aquellas cuyo nivel de participantes sea equiparable al nuestro. El competir con los débiles, alzándose cada día con el triunfo, no sólo resta emoción a la competición, sino que además ofrece una falsa impresión sobre nuestos propios conocimientos. En el caso contrario, siempre volaríamos en última posición, dada la superioridad del resto de los participantes, hecho que al repetirse puede ocasionarnos una gran frustración. Tanto las competiciones, como los entrenamientos en que participemos, han de ser motivo de diversión. Algún piloto que perdió los nervios en el transcurso de una competición de poca importancia, vió cómo se le cerraban las puertas del campeonato nacional. No hemos de olvidar que los entrenamientos y la participación como entrenamiento en las competiciones previas a los grandes campeonatos, tienen una sola y única finalidad: entrenarnos.

En relación con el equipamiento del velero, hemos de volar en aquellos cuyas prestaciones sean las adecuadas a nuestro nivel de conocimientos y pericia. Caso de no ser posible, se puede intentar volar acompañados de otro piloto. Son numerosos los clubs, asociaciones o agrupaciones de pilotos que llevan a cabo vuelos comparativos, muy adecuados a nuestros objetivos. Aún cuando en ocasiones la organización no sea perfecta, y sea preciso improvisar ciertos elementos, siempre son una buena oportunidad para entrenarnos y realizar vuelos interesantes. Estos preparativos resultan mucho menos costosos que los correspondientes a un gran campeonato.

ENTRENAMIENTO PARA REALIZAR PLUSMARCAS O BATIR RECORDS

Bajo el punto de vista del entrenamiento, no tiene gran valor la tendencia a realizar largos y rápidos vuelos de distancia en solitario, o participar en competiciones que no afectan a la modalidad de entrenamiento que estos casos particulares exigen. La mejor forma de entrenarse es en compañía de otros pilotos, puesto que ésta es la única modalidad que nos permite descubrir los posibles errores de nuestras decisiones y que de otro modo siempre nos pasarán desapercibidos. De este modo, hubiéramos podido ignorar que un vuelo de 500 km. de recorrido a la velocidad media de 100 km/h., también podría realizarse a 140 km/h.. (Esto es lo que ocurrió en el transcurso de los campeonatos del mundo de 1.974, celebrados en Waikerie).

Recomiendo a los ambiciosos pilotos que ansían batir récords, que participen en las competiciones o en los vuelos de comparación. Quizá lograsen así – cuando las condiciones meteorológicas fueran favorables – realizar sus propósitos con más éxito. Algunos de estos pilotos se han dado cuenta de ello y practican ambas modalidades. H.W. Grosse destaca entre estos convencidos. Los vuelos para batir récords o realizar plusmarcas exigen un exacto conocimiento de las condiciones orográficas óptimas, así como de las situaciones climatológicas ideales. La mayoría de los récords requieren una planificación minuciosa y prolongada. El aparato ideal para llevar a cabo este tipo de preparación es el motovelero.

CAMPOS DE ENTRENAMIENTO

El entrenamiento de los cuadros de pilotos que con carácter nacional participan en los encuentros internacionales, se lleva a cabo regularmente y de forma centralizada en ciertos campos de entrenamiento. Durante los mismos, es decir, durante estas concentraciones de pilotos nacionales, se llevan a cabo vuelos de entrenamiento y se plantean problemas de tipo teórico.

Los pilotos definitivamente calificados para participar en los campeonatos mundiales se entrenan conjuntamente. Su programa de entrenamiento se adapta rigurosamente tanto al reglamento específico de la modalidad de competición a celebrar, como a las características del lugar donde ha de celebrarse, practicándose vuelos en equipo con enlace radio.

El equipamiento

El modelo de velero

Para alcanzar el éxito en los vuelos de distancia, el factor más importante no es el velero sino el piloto. Una laguna de conocimientos teóricos o prácticos nunca podrá remediarse con los mejores ni con los veleros más caros. Siempre me asombró que algunos particulares o clubs adquieran, por encima de sus posibilidades económicas, veleros de alta competición que cuidan y protegen de todo riesgo, como si se tratara de una orquídea, y que sólo pueden volar pilotos de prestigio. Los modernos veleros de la clase FAI, fabricados con materiales sintéticos, son auténticos veleros de competición, especialmente diseñados para alcanzar altas velocidades. Pero estas valiosas máquinas sólo adquieren todo su valor, durante unos minutos o segundos decisivos. Emplearlos únicamente para realizar vuelos de circuito de tráfico o de paseo, es una lástima, entre otras razones porque resulta carísimo. Con los antiguos veleros de entrenamiento y los de la clase «club», pueden perfectamente llevarse a cabo vuelos de distancia e incluso vuelos de alto rendimiento, con la misma elegancia que en los vuelos de competición. Esto ha quedado demostrado durante las competiciones de la clase «club», creadas recientemente. A partir del momento en que se pretende participar en importantes campeonatos de calificación, es decisivo disponer de un velero cuyo rendimiento sea igual o superior al de los demás participantes.

Cuando llega el momento de adquirir uno de estos superveleros, es preciso analizar con mucho escepticismo la lista de prestaciones anunciada por el fabricante. Generalmente un análisis objetivo pone en evidencia las exageraciones que puede contener la lista. Supongamos que estos datos fueran fiables; pero no basta, es preciso tener en cuenta otros factores. Un ángulo de planeo idóneo no es de por sí decisivo, ya que es preciso tener en cuenta a qué velocidad puede lograrse. Todavía es más importante conocer los valores de las coordenadas polares en la zona de altas velocidades, pues raramente se vuela a la mínima velocidad capaz de mantener el planeo idóneo. Un bajo valor de su «rate» o índice de descenso vertical es un factor importante para conocer el comportamiento del velero durante el vuelo térmico. Pero aún más importante que una diferencia de centímetros en ese índice, es conocer a qué velocidad corresponden esos valores. En efecto, quien logra volar despacio puede realizar círculos de menor radio y consecuentemente conseguir una mejor ascensión. No se comprende por qué los fabricantes, al señalar las prestaciones del velero, junto con la curva polar de la velocidad correspondiente, silencian las curvas polares del vuelo circular, que nos conducirían a mejores conclusiones y a poder relacionar distintos factores. Si las curvas polares de la velocidad teórica muestran un máximo en pico para el vuelo lento, indican que el vuelo en espiral será problemático, ya que se estará obligado a mantenerse dentro de un estrecho margen de velocidades.

En aquellos veleros cuyos mejores rendimientos corresponden a la ascensión y al vuelo lento, deberán disponer de la posibilidad de aumentar el lastre de agua para que mejoren sus prestaciones, llegando incluso a equipararse con los más rápidos. Si así fuera, estos veleros son superiores a los especialmente construidos para las pruebas de velocidad.

Tanta importancia tienen las prestaciones del velero como un conjunto de otras características aparentemente más simples, como son el mantenimiento, la sincronización del timón, su maniobrabrilidad, la visibilidad hacia delante y atrás, la comodidad del asiento del piloto, la ventilación de la cabina, las posibilidades de aterrizaje en pistas cortas, etc..

Los caros modelos de carbono que se fabrican en GRP desde hace poco tiempo, sólo aportan pequeñas ventajas. Sin embargo, han mejorado con respecto al modelo primitivo, que aunque volaba bien, su ascensión era defectuosa.

Preparación del velero para las competiciones

Merece la pena poner a punto los anticuados veleros de madera mediante un repaso a fondo. Esto puede realizarse colocando sobre la superficie una capa de emplaste sintético («microballon»), que ha de pulirse a continuación. Una vez pulido se le recubre de una fina lámina de tejido de fibra de vidrio, para tapar los poros. De este modo se consigue una superficie resistente a la intemperie, con sólo un incremento de peso de 1 a 2 kg. por plano. Ha de prestarse una atención especial a la tersura y perfil del morro del velero, ya que en esta parte la capa de protección es muy fina.

Los modernos veleros de material sintético suelen salir de fábrica con una superficie de calidad suficientemente buena. Sólo trabajando muchísimas horas podría mejorarse el pulido y hacer desaparecer las mínimas irregularidades que se aprecian fácilmente en la reflexión de la luz sobre los planos. Este trabajo resulta muy penoso y sus resultados son positivos sólo a corto plazo, sin mejorar de modo visible las prestaciones del velero. Unicamente resultan aconsejables muy pocas variaciones como, por ejemplo, las juntas aerodinámicas y el acabado del velero, si éstos no fueran óptimos. De todos modos siempre es conveniente el asesoramiento de un especialista en aerodinámica o del propio fabricante. Ahora bien, en estos casos, lo más probable es lograr tan sólo un mejoramiento del aspecto exterior, pero sin conseguir cambios sustanciales. Pienso que estos enamorados de la belleza exterior del velero harán mucho mejor empleando el tiempo de pulir la superficie, en estudiar la teoría del vuelo o en mantenerse físicamente en forma. No quiero, de todos modos, poner en duda el efecto tranquilizador que producen las superficies bien pulidas.

Ocurre todo lo contrario cuando se trata de los instrumentos de a bordo. Merece la pena la satisfacción que se siente al ver que todos ellos funcionan a la perfección. Los pilotos que tratan de lograr altos rendimientos deberían prestar más atención a este tema. Tengo suficiente experiencia para afirmar los graves inconvenientes que se derivan de volar con instrumentos desajustados.

Elección de los instrumentos de a bordo

Hasta los años sesenta los pilotos de competición consideraban como absolutamente indispensable disponer de un costoso conjunto de instrumentos. Así resultaba del todo normal llevar a bordo de tres a cuatro variómetros, de colores diferentes. Los tableros de instrumentos aparecían saturados y el valor de su contenido igualaba la mitad del precio del velero. Un halo misterioso rodeaba las cabinas de los más famosos pilotos. Los curiosos inspeccionaban con la mirada los instrumentos nuevos, para incorporarlos como joyas en sus propios veleros. Más tarde, el «boom» de las computadoras también alcanzó a los veleros, comprobándose muy pronto que los mejores pilotos también las empleaban y eran, claro está, la clave de sus éxitos. Así, otros muchos pilotos las compraban, a pesar de su elevado precio. Hoy día la situación ha cambiado; pero todavía siguen viéndose tableros cuajados de relojes. La tendencia actual es a limitarlos a los precisos.

Para asombro de muchos, durante el campeonato del mundo de 1.970, celebrado en Tejas, mi velero, un LS 1, disponía sólo de dos variómetros de disco (uno acústico, construido por mí), además de un altímetro, un anemómetro y una brújula.

Con estos instrumentos podemos estar tranquilos, pues son sencillos y suficientes. De todos modos no es obligado comportarse de forma tan espartana, pues continuamente aparecen nuevas ideas a las que no debe renunciarse.

Un buen instrumento no tiene por qué ser caro. Ahora bien, debe funcionar perfectamente. Esto no depende del precio, sino del conocimiento que se tenga del funcionamiento de cada uno de sus elementos y de su adecuada instalación por un técnico. Aquellos pilotos que tratan de conseguir altos rendimientos deben, antes del comienzo de cada temporada de vuelo, revisar concienzudamente sus instrumentos. (En la segunda parte de este libro se trata detenidamente de este aspecto).

En las próximas páginas se explicarán los instrumentos a instalar en un determinado tipo de velero. Por supuesto que, en algunos puntos, se puede disentir de lo expuesto, pues sólo constituye un conjunto de indicaciones básicas.

1. MINIMO NUMERO DE INSTRUMENTOS NECESARIOS

Al referirnos al mínimo número de instrumentos necesarios no nos referimos al mínimo establecido por la ley (altura y velocidad), sino a todos aquellos que, desde el punto de vista deportivo, consideramos imprescindibles. No son muchos, y hasta el más sencillo velero de enseñanza debiera llevarlos.

1. *La lanita, o indicador de derrape,* colocada sobre la cúpula del velero. Señala las situaciones de resbale o derrape, facilitando las correcciones adecuadas. (La «bola», destinada también a señalar situaciones de resbale, ha quedado obsoleta por su lentitud y por obligarnos a observar su movimiento sobre el tablero). La lanita, por el contrario, incluso en el vuelo sin visibilidad, resulta una ayuda excelente cuando no se tiene horizonte artificial y sólo un indicador de viraje. Tiene el inconveniente de pegarse, cuando la humedad relativa del aire es muy alta, y de helarse si las temperaturas son muy bajas. Para estos casos es muy útil colocar, en la cabina y transversalmente, un nivel de albañil, que asumirá las funciones de la lanita bastante mejor que la bola del indicador de viraje.

2. *El anemómetro* (medidor de presión dinámica – tubo de Pitot)

3. *El altímetro*

4. *El variómetro* de velocidad de planeo y de energía total compensada, con escala de mediciones de 5 a 10 m/seg. (Sollfahrt de Brückner). Es básicamente un variómetro de disco modificado, en el que se ha conectado el aporte de presión estática a un venturi de energía total e instalado un capilar, de calibre apropiado, que permite la entrada del aire procedente del pitot. De este modo la presión entra en la cápsula barométrica por el tubo capilar y la presión dinámica por el tubo de Pitot. Brückner lo ideó en 1.973 y desde entonces este instrumento ha demostrado ser excelente.

Este instrumento sustituye perfectamente al variómetro compensado ordinario, pues indica la velocidad de planeo en el vuelo rectilíneo, con más facilidad que el variómetro de anillo. En segundo lugar porque durante el vuelo en espiral señala con bastante corrección los valores de la velocidad ascensional. En honor a la verdad, los valores ascensionales señalados no son del todo exactos, pero rara vez estas inexactitudes son causa de errores de pilotaje. Tal como se describe en la segunda parte de este libro, un mejoramiento posible del instrumento consiste en la posibilidad de desconectar el tubo capilar, con el cual, durante el vuelo, el variómetro de velocidad de planeo podría transformarse en variómetro de energía total. En caso de apuro puede utilizarse el conocido variómetro compensado de energía total, con escala de ± 5 m/seg. ó ± 10 m/seg., y con anillo de Mac Cready. Por el contrario, un variómetro no compensado no tiene ninguna utilidad, pese a que todavía existan algunos pilotos que lo consideren como el instrumento insustituible para conocer realmente la velocidad ascensional. Sin embargo, resulta difícil imaginar una situación de vuelo en la que fuera útil medir la «fuerza ascensional del bastón de mando».

Los variómetros de gran precisión, con escala de valores de 1 a 2 m/seg., son innecesarios por tratarse de instrumentos excesivamente sensibles. Las constantes oscilaciones de su aguja acaban confundiendo al piloto. Un buen variómetro con escala de 5 m/seg., o incluso 10 m/seg., indica con suficiente exactitud las fracciones de 1 m/seg.. (Tomé parte en competiciones llevando como único indicador óptimo de ascensión un variómetro de disco graduado en ± 10 m/seg, sin que nunca dejara pasar nada inadvertido).

5. *La brújula o compás.* Si sobre el tablero de instrumentos no hubiera un hueco donde colocar la brújula o ningún otro exento de influencias magnéticas extrañas, bastará con colocar sobre la cúpula una brújula giroscópica, como la empleada en los automóviles.

Un velero de entrenamiento equipado con estos instrumentos puede perfectamente emplearse en los primeros vuelos de altas prestaciones. Si el biplaza de enseñanza estuviera dotado de estos instrumentos, nos adaptaríamos fácilmente a volar con la técnica de velocidad de planeo (Sollfahrt).

Como la mayoría de los veleros de entrenamiento están equipados con los instrumentos expuestos, su utilización no supondrá incremento alguno en el coste del entrenamiento. De ahora en adelante debemos dedicarnos con mayor intensidad al empleo de los mismos. Este esfuerzo es quizá el de mayor importancia y eficacia en el entrenamiento.

2. INSTRUMENTOS PROPIOS DE LOS VELEROS DE COMPETICION Y DE ALTAS PRESTACIONES

Los instrumentos expuestos hasta ahora han de completarse o sustituirse en parte, tal como sigue:

1. Hemos de elegir entre un variómetro acústico de energía total...

    Este instrumento ha de conectarse independientemente de los restantes. Su gran ventaja reside en la rapidez de las variaciones de tono; esta ventaja se perdería si cometiéramos el error de integrarlo en el circuito de conducción de aire de un variómetro mecánico.

    Su señal acústica ha de abarcar necesariamente todo el campo de vuelo y no limitarse a los valores ascensionales. Durante el vuelo ascendente tenemos la atención concentrada en el movimiento vertical del velero, pero durante el vuelo rectilíneo puede ocurrirnos fácilmente que, como consecuencia de un descenso prolongado e insensible llegáramos a volar demasiado despacio, cosa que no nos ocurriría con las señales acústicas del variómetro.

    ... o entre un variómetro acústico de velocidad de planeo (Sollfahrt)

    Este tipo de variómetro nos permite volar con gran precisión, según la regla de velocidades de planeo. En efecto, sin necesidad de fijarnos en ningún instrumento, nos indica mediante sus señales acústicas si hemos de volar más deprisa o más despacio. Este instrumento se conecta del mismo modo que el variómetro mecánico «Sollfahrt». Durante el vuelo ascendente sustituye aceptablemente el variómetro acústico de energía total.

    El mayor problema que plantea este variómetro acústico consiste en adaptar el oído al significado de los cambios de tono. En efecto, el variómetro tiene dos posiciones. En una de ellas actúa como tal variómetro, mientras que en la segunda posición actúa como indicador de la velocidad de planeo (actúa como Sollfahrt). El problema consiste en que un mismo tono puede significar dos cosas, según la posición en que haya sido colocado, lo que no hay que olvidar para evitar una posible interpretación errónea. Lo aconsejable sería conectarlo, en el momento de su instalación, a un conmutador automático.

    En los veleros de la clase 15 – m y en los de la clase «Open», existe la posibilidad de instalar un conmutador automático que reaccione en función de la posición de los flaps.

2. Los altímetros más recomendables son los de gran sensibilidad. Estos disponen de dos agujas indicadoras, que permiten realizar con exactitud el cálculo del tramo de planeo final. También es aconsejable sustituir la anilla exterior, de sujeción del cristal, por un anillo similar al de Mac Cready, señalando en el mismo el punto cero de referencia y distribuyendo a lo largo del anillo las restantes alturas.

3. Además, resulta necesario un indicador óptico de la velocidad de planeo (Sollfahrt) y otro para la energía total. Estos dos indicadores pueden instalarse independientemente uno del otro y ambos separados del indicador acústico (ver punto 1); o bien instalar una unidad variométrica electrónica, compuesta de indicadores ópticos y acústicos.

    Este puede utilizarse mediante un tubo Pitot, como en una variómetro de velocidad de planeo, mientras el indicador mecánico funciona como variómetro compensado, o bien viceversa. En todo caso el variómetro de energía total (instrumento redondo) debe llevar una anillo de Mac Cready. De esta forma se dispondrá de dos sistemas que permiten un doble control y una seguridad mayor, para el caso de que uno de ellos deje de funcionar.

Este conjunto de instrumentos es absolutamente suficiente para participar en competiciones, son fáciles de controlar con la vista y no presentan problemas. Quien desee a toda costa gastar más dinero puede, por supuesto, seguir completando de instrumentos el tablero de a bordo.

3. INSTRUMENTOS COSTOSOS

1. *Variómetro de banda de energía total.* Es un buen instrumento que no sufre retrasos, pero muy caro. La rapidez de sus indicaciones puede llegar a no tener ningún valor cuando se las amortigua, para evitar el nerviosismo de la aguja; resulta entonces que su constante de tiempo en nada difiere de la de un variómetro de disco ordinario.

Así pues, al instalarlo no debe neutralizarse su única ventaja. Su membrana de compensación suele funcionar a la perfección, siendo independiente del venturi del resto de los intrumentos.

2. *Variómetro de energía total,* compensado electrónicamente. Este sistema permite independizar el instrumento del venturi y, por lo tanto, ofrece mayor seguridad para el caso en que el venturi dejara de funcionar (debido al agua, hielo, etc.). Su desventaja reside en la complicada adecuación de tiempo, en las tomas de presión estática y tubo de Pitot, así como en la tendencia a averiarse, propia de los instrumentos electrónicos.

3. Todavía más costosos, y desgraciadamente más delicados, son las diversas *computadoras* de a bordo. Reconocemos que las maravillosas informaciones que se obtienen a través de la electrónica son también provechosas para el vuelo sin motor. Ahora bien, el empleo de estas máquinas puede convertirse en una diversión que nos induzca a permitir que sean ellas quienes determinen cómo hemos de volar. Sin embargo, la computadora más perfecta es incapaz de calcular, en función de los «inputs» meteorológicos, cuál es el objetivo hacia el que ha de dirigirse el velero. En este aspecto el piloto supera a la máquina, pues tiene ojos que le permiten ver hacia adelante. No emplear estas calculadoras con cierto sentido crítico puede conducirnos a graves errores tácticos, a pesar de que el funcionamiento de la máquina sea perfecto. De todos modos, la moderna electrónica está prestando gran ayuda al vuelo sin motor. Por ejemplo, el ya mencionado «cuenta kilómetros» es una buena ayuda para la navegación.

4. *Brújula compensada,* sobre suspensión Cardan (conocida por «Compas Bohli»). En esta brújula el elemento imanado se sitúa totalmente en la dirección de las líneas de fuerza magnéticas (por lo tanto también, hacia abajo). Su ventaja consiste en que, incluso en los vuelos circulares, las indicaciones de la brújula no presentan ningún error, siempre y cuando esté colocada en posición horizontal (a semejanza de la brújula de Cook).

4. INSTRUMENTOS PARA EL VUELO SIN VISIBILIDAD

1. *Indicador de viraje* Ha de variar muy poco cuando se gira en círculo con 6°/seg. = 360°/minuto. Instrumentos todavía más precisos oscilan demasiado al volar en círculo con fuerte inclinación transversal.

2. *El nivel de albañil* – ya señalado anteriormente – es un instrumento aconsejable que realiza la misma función que la lanita.

3. *El cronómetro* es útil para perfeccionar la salida de un viraje, teniendo en cuenta el error de viraje en la brújula.

4. *El horizonte artificial.* No es absolutamente necesario, pero facilita en gran medida el vuelo sin visibilidad.

5. *La brújula de Cook* (en combinación con el horizonte artificial) y el mencionado Compás Bohli, facilitan la salida del vuelo circular en una dirección determinada. En este caso, el cronómetro resulta innecesario.

Recordatorio

El equipamiento necesario para realizar un vuelo de distancia no se compone exclusivamente del velero. Se precisa un conjunto de elementos auxiliares de tal trascendencia, que su omisión, por olvido en casa o en el aeródromo, puede llegar a ser la causa de un fracaso.

A continuación se expone una lista recodatorio de aquellos elementos auxiliares que, muy libremente, cada uno puede ampliar, modificar o reducir. Es preciso comprobar esta lista antes de salir de casa o en el mismo aeródromo, para ahorrarnos disgustos y decepciones.

I. VELERO – REMOLQUE – AUTOMOVIL

Documentos:

a) *Del velero:* Libro de a bordo, certificado de navegabilidad aérea, justificante de póliza de seguro, manual de servicio, autorización radio, comprobante del vuelo de distancia, impresos de aviso de aterrizaje y ficha–impreso de recogida eventual.

b) *Del piloto:* Licencia de vuelo (hoja suplementaria), licencia de radiotelefonista, documento nacional de identidad (pasaporte), dinero.

c) *Del equipo de apoyo en tierra:* documentos nacionales de identidad, ficha–impreso de recogida eventual, permiso de conducir, documentación del automóvil y del remolque (carta verde y demás documentos exigibles en la aduana).

– Barógrafo, láminas, calentador de petróleo, cerillas, pulverizador de fijador, papel, tinta, precintos, tenazas de precintado, alambre, pilas o baterías para el vuelo y para tierra, alimentador del equipo radiotelegráfico en tierra.

– Lanillas indicadoras de derrape, soporte de cámara fotográfica, funda del velero, lastre de agua, embudo, cinta aislante, tijeras.

– Grasa para tuercas, trapos, espejo de nubes.

– Cubo de agua, detergente, laca y/o producto para pulir que no contenga silicona, esponja, trapos, cuero y gamuza.

– Sombrero claro, para evitar quemaduras del sol, y gafas de sol.

– Para después del vuelo: ropa de invierno (de lluvia), material para el anclaje del velero, linterna, (espejo solar o heliógrafo y cometa de juguete, como ayudas de orientación del equipo), vendajes.

– Comida: en el avión pan, nueces, uvas pasas, glucosa, caramelos, limones, (manzanas, botes de comida infantil) manutención para después del vuelo.

– Bebida: termo con paja muy larga. Contenido: por ejemplo, zumo de uvas, zumo de limón, té, glucosa, todo bien mezclado.

– Higiene a bordo, papel higiénico para después del aterrizaje, bolsas de plástico.

– Remolque, repuestos, rueda de recambio, gasolina para el automóvil, aceite, dinero, llaves de contacto.

– Para el vuelo a gran altura:
Oxígeno, mascarilla respiratoria, gorro de lana, guantes (con dedos libres), 2 jerseys de lana, anorak, pantalón de invierno, o bien peto más calzoncillo largo, medias de lana, botas de montaña, gafas de sol (oscuras), crema protectora del sol, crema protectora de labios, trapo de limpieza de cristales empañados, rasqueta para cristal (instrumentos para el vuelo sin visibilidad).

II. MATERIAL NECESARIO PARA LA PREPARACION DEL VUELO

– Cartas aeronáuticas: OACI 1:500.000; 1:250.000 ó mapa general.

– Instrumentos para la navegación: regla milimétrica, transportador (escuadra de rumbos, regla para la navegación a estima), calculador de corrección de deriva, calculador de planeo final.

– Elementos de escritura y dibujo: lápiz graso o rotulador, algodón, pasta dentrífica para limpiar, papel adhesivo transparente, cinta adhesiva, tijeras, cuadernillo, lápiz, goma de borrar, compás, impresos para fotografía, rotulador grueso, tablilla de datos con cuadernillo, bolígrafo, lista de participantes.

– Cámara fotográfica, carrete de película.

Segunda parte:
TEORIA

Meteorología

Curva de gradiente de temperaturas del aire

La variación de temperatura del aire en función de la altura es de extrema importancia para las térmicas. Se mide utilizando globos radiosonda, que se elevan hasta la estratosfera, o bien mediante aviones que realizan vuelos de medición. Simultáneamente se determina la humedad relativa del aire.

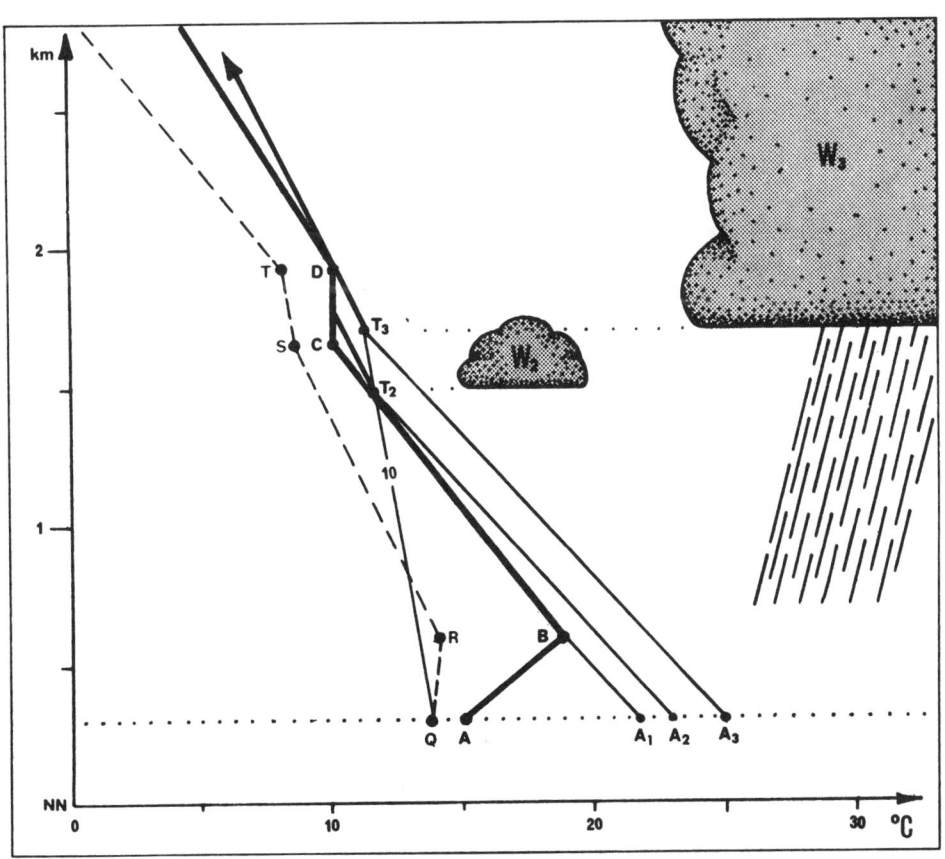

Fig. 47 – Curva de gradiente de temperaturas del aire.

Diagramas termodinámicos

El meteorólogo anota sobre un diagrama los valores medidos. La gran cantidad de líneas impresas sobre el diagrama puede, en un primer momento, engendrar cierta confusión; pero nos facilitan mucho el análisis de la curva de gradientes de temperaturas. Las clases de papel para este tipo de diagrama son muy diversos. El Servicio Meteorológico Alemán utiliza generalmente el papel «adiabático termodinámico», en que las líneas de presión son horizontales y las de temperaturas verticales. (Papel para el diagrama de Stüve).

En la figura 48 se muestra un recorte, ampliado, del mencionado papel para el diagrama de Stüve. Se observa en él cómo las líneas horizontales de presión (en mb.) coinciden con las líneas de altura sobre el nivel del mar (en Km.). Esto sólo sería estrictamente correcto ante una situación atmosférica standard. Ahora bien, como el altímetro del velero ha sido ajustado a esos valores, este papel puede emplearse en nuestro diagrama.

Junto a las líneas de altura horizontales y a las líneas verticales de temperatura, observamos sobre el papel del diagrama otras tres clases distintas de líneas:

– las líneas negras, que discurren desde la parte superior izquierda hacia la inferior derecha, se denominan *adiabáticas secas*. Estas recogen las variaciones de temperatura de las masas de aire que ascienden o descienden, sin que en ellas tengan lugar condensaciones ni evaporaciones de agua. Físicamente consitituyen procesos que no precisan ni ceden energía.

– las líneas rojas, denominadas *adiabáticas húmedas*, indican las variaciones de temperatura de las masas de aire, que ascienden con una constante condensación de agua, o, que descienden con una constante evaporación de agua. Son procesos que tienen lugar sin aportación de enegía, ni cesión de la misma. (Los números indican que a medida que aumenta la altura, la adiabática húmeda es la asíntota de su correspondiente

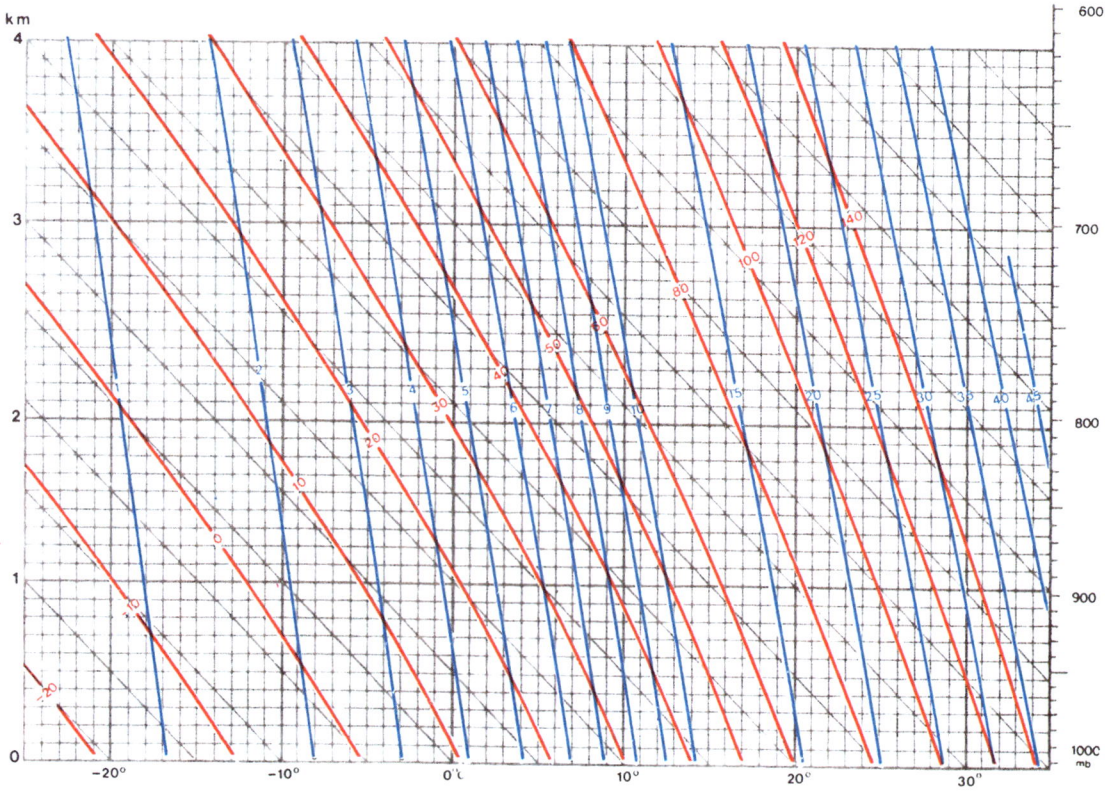

Fig. 48 – Diagrama termodinámico de Stüve.

adiabática seca. Los números señalan los valores de las temperaturas de la adiabática seca, a una presión de 1.000 mb.)

– las líneas azules se denominan *líneas de saturación*. Los números anotados sobre las mismas indican la proporción de vapor de agua, expresada en gramos, por cada Kg. de aire seco. Así pues estas líneas nos señalan el contenido de vapor de agua de una masa de aire saturado, a una altura y temperatura determinada. A mayor altura se producirá la condensación y la formación de nubes.

Supongamos que nuestro aeródromo estuviera situado a 300 m. de altura sobre el nivel del mar. De los datos logrados a través de las sondas, en distintas capas de aire durante la mañana, se obtienen los valores de «A» a «D» (véase figura 47). En el suelo (punto «A») se midió una temperatura de 15° C. Hasta los 600 m. sobre el nivel del mar, las temperaturas aumentaron con la altura. Así, en el punto «B» la temperatura es de 19° C. Semejantes inversiones de temperatura suelen ocurrir durante la noche, como consecuencia del calor irradiado por el suelo. Entre los puntos «B» y «C» la disminución de temperaturas resulta algo inferior a la de la adiabática seca. Las masas de aire son en esta zona débilmente estables. Entre «C» y «D» no existe diferencia alguna de temperaturas, siendo isotérmica la curva. La curva presenta por encima una mayor inclinación que la adiabática seca, pero inferior a la inclinación de la adiabática húmeda. Las masas de aire por encima del punto «D» son húmedo-inestables.

En las proximidades del suelo se ha medido una diferencia del punto de rocío de 1,2° C. Esto significa que el aire comenzará a condensarse (y a produir nubes) cuando, a la misma presión, la temperatura disminuya en 1,2° C. En la figura, «Q» representa el punto de rocío. El número anotado sobre la línea de saturación que pasa por el punto «Q» nos indica que el aire, sobre la superficie del suelo, contiene 10 gr. de vapor de agua por Kg. de aire seco. Hasta los 600 m. de altura, aumentan las diferencias de temperatura respecto del punto de rocío; pero a su vez también se incrementa la cantidad de vapor de agua (punto «R»). El aire, a la altura del punto «S», tan sólo contiene 8,3 gramos de vapor de agua por Kg. de aire seco, pero la pequeña diferencia con respecto del punto de rocío nos señala que el aire en «S» tiene una elevada humedad relativa (90 %). (El punto «S» está separado del punto «C» tan sólo por 1,5 ° C). Entre el punto «S» y el punto «T» el aire es cada vez más seco a medida que aumenta la altura.

Variaciones del gradiente de temperaturas del aire durante el transcurso del día

La tierra se calienta, desde el amanecer, por la acción de los rayos solares. Las capas inferiores del aire son calentadas a su vez por la tierra y, consecuentemente se dilatan, se vuelven más ligeras y finalmente ascienden al ser impulsadas por un factor ajeno. Para obtener resultados realistas, supondremos que la ascensión térmica es adiabática y que el aire sigue ascendiento mientras sea más caliente que el que le rodea. (No se tiene en cuenta la inercia de las masas, ni de las mezclas, ya que sus efectos se neutralizan entre sí). Podemos trazar en el diagrama la ascensión de las masas de aire. Para ello es preciso tomar como punto de partida la temperatura del aire sobre la superficie del suelo. A partir de este punto se traza una paralela a la adiabática seca (que discurre hacia la izquierda de la parte superior), hasta que cruce la curva de gradiente de temperaturas. No ocurre casi nada hasta que el aire adquiere una temperatura de 22° C (punto «A_1»), porque la capa de inversión de 300 m. de profundidad impide la ascensión de la térmica. Pero, a temperaturas del aire superiores, la térmica logra ascender con facilidad, siendo aprovechable para el vuelo sin motor. A 23° C, punto «A_2», la línea adiabática seca se cruza en el punto «T_2» (a 1.500 m. sobre el nivel del mar) con la línea de saturación de 10 gramos de vapor de agua por Kg. de aire seco. Consecuentemente, el aire que ha ascendido (con su contenido de agua) queda saturado en ese punto. Por lo tanto, si el aire siguiera ascendiendo se condensaría formando una nube. Durante este proceso el aire ya no se enfría tan deprisa. Así pues, a partir del punto «T_2», el aire al ascender va formando el cúmulo «W_2», a lo largo de la adiabática húmeda, hasta cruzar el tramo isotérmico de la curva de gradiente de temperaturas, a una altura de 1.750 m. sobre el nivel del mar. Por lo tanto, la temperatura en «A_2» es la que desencadena la formación de los cúmulos. Ahora bien, como la diferencia de temperatura con respecto del punto de rocío es de 1,5 ° C, los cúmulos irán desintegrándose muy lentamente, extendiéndose horizontalmente e impidiendo la penetración de los rayos del sol.

Supongamos que en una zona, en que los rayos solares no han sido absorbidos por las nubes, la temperatura del aire sobre la superficie del suelo fuera de 25° C. La térmica alcanzaría su nivel de condensación a 1.700 m. sobre el nivel del mar (punto «T_3») y, a partir de entonces, el aire ascendería según la adiabática húmeda.

Puesto que el tramo isotérmico «C–D» ha sido superado, y en principio no existe impedimento alguno, se irá formando la gigantesca nube «W_3», cuyas temperaturas descienden, en las grandes alturas, por debajo del límite de los 0° C. Se producirán chubascos y, si las masas de aire mantuvieran su inestabilidad húmeda, se formarán tormentas.

Este ejemplo evidencia la utilidad que supone el conocer la curva de gradiente de temperatura de las masas de aire que dominan la zona de vuelo. La curva refleja, por ejemplo, la temperatura a partir de la cual la térmica alcanza una altura de 800 m. sobre el suelo, que será, en nuestro caso, la altura mínima aprovechable para el vuelo de distancia. (En nuestro ejemplo, esta temperatura es de 22,5° C). La temperatura que desencadena la formación de nubes se obtiene trazando, a partir del punto de intersección (T_2) entre la línea de saturación y la curva de gradiente, la adiabática seca hasta llegar al suelo (A_2). La curva de gradiente puede también proporcionarnos la altura de la base de la nubes, el tamaño de los cúmulos y la probabilidad de formación de zonas nubosas que impidan el paso de los rayos solares.

Las variaciones de la temperatura y de la humedad en función de la altura, representadas por la curva de gradiente de temperaturas del aire, nos pueden determinar gran número de procesos meteorológicos y son, por lo tanto, el fundamento de la predicción del tiempo para el vuelo sin motor. Procesos meteorológicos, tales como el «Fohn de los Alpes», se deducen rápidamente utilizando los valores adiabáticos y la curva de gradientes de temperatura. El piloto de vuelo sin motor debe tener suficientes conocimientos meteorológicos para tomar las medidas consecuentes. Esta es la idea que preside los temas expuestos a continuación.

AYUDAS METEOROLOGICAS, PARA EL PILOTO DE VUELO SIN MOTOR

Determinación del desarrollo de la térmica en función del tiempo

En la zona izquierda de la figura 49 (pág. 128), aparece la curva de gradiente de temperaturas a las cero horas ①. En el transcurso de la mañana las masas de aire próximas al suelo, calentadas por la radiación solar, ascienden en forma de térmicas a lo largo de la adiabática seca, mezclándose entre sí las masas de aire afectadas por la convección. Por ello, la distribución de temperaturas del aire, en los niveles inferiores, se aproxima a la adiabática seca. Las áreas limitadas por la curva de gradiente de las primeras temperaturas y la nueva curva de gradiente, reflejan la energía absorbida por las masas de aire. Esta es la razón de que se denominen áreas de energía.

(Para que lo expuesto sea estrictamente válido es preciso que el papel de diagramas empleado refleje fielmente la áreas de energía, como ocurre con el papel «Tephigramm» o el «Skew T, log–p», siendo este último el utilizado por las fuerzas armadas de la R.F.A.. El diagrama de Stüve, a pesar de no reflejar fielmente las áreas, es suficientemente exacto para nuestros propósitos.)

A cada unidad de tiempo le corresponde una cantidad fija de energía solar, capaz de calentar el aire, que depende de la posición del sol. En ②, se representa la energía que calentó el aire de la superficie, durante las cuatro horas posteriores a la salida del sol, en un día despejado de verano. La superficie comprendida entre la primera curva de gradiente y la adiabática seca (recta de color negro) constituye el área de energía. El triángulo, señalado interiormente con puntos negros, tiene igual superficie, cuando las áreas de los triángulos punteados en rojo y en azul sean las mismas. Por último en ③ está representado el momento de máxima energía del día.

La energía total irradiada depende de la inclinación de los rayos solares y del tiempo de calentamiento. Por lo tanto, es posible utilizar el gradiente de temperaturas para calcular el desarrollo térmico. En efecto, basta para ello con construir sobre un plástico transparente el diagrama termodinámico correspondiente. (Este procedimiento es el utilizado por el centro meteorológico de Hamburgo, por consejo de H. Jaeckisch; los valores han sido calculados por E. Gold, en 1.933).

La figura 50 representa este diagrama para ser empleado sobre el papel adiabático de Stüve; las líneas verticales son isotérmicas. El área de energía, correspondiente a cada período de tiempo, es la superficie limitada por la recta del suelo y la recta adiabática seca inclinada. Si el cálculo se realiza a partir de la salida del sol, las áreas de energía radiadas tendrán forma de triángulos rectángulos. Este es el procedimiento utilizado con más frecuencia, ya que por la mañana tan sólo se dispone de los resultados obtenidos durante la medianoche anterior.

El espesor de la capa de convección atmosférica – es decir, la altura de la térmica – puede determinarse para cualquier momento tras la salida del sol, tal como se expone a continuación:

Se coloca el plástico transparente sobre el diagrama termodinámico, en el que figura la curva de gradiente de temperaturas, de forma que la línea del suelo coincida con la altura del aeródromo. Moviendo hacia los lados el plástico transparente, se le coloca de tal modo que el área de energía (deseada), que figura en el plástico, sea casi tan grande como la superficie irregular limitada por la curva de gradiente de temperaturas, la adiabática seca y la línea del suelo.

La primera intersección, empezando por la parte inferior, entre la adiabática del plástico y la curva de gradiente de temperaturas, señalará la altura de la térmica, en el momento elegido. Esto es precisamente lo realizado en las gráficas ② y ③ de la figura 49. Por supuesto, también es posible calcular la hora en que la térmica alcanzará una altura determinada.

Para el vuelo de distancia, la mínima altura recomendable es 800 m.

La ventaja de este procedimiento radica en la posibilidad de determinar la altura de la térmica en un momento dado (u hora elegida) sin necesidad de tener que medir la temperatura del aire en el aeródromo. Claro está, siempre y cuando las nubes no impidan las radiaciones solares. Estos cálculos sirven además tanto para conocer la hora en que se formará la primera térmica invisible (aprovechable para el vuelo) como para determinar la formación probable de los primeros cúmulos. Otra de las ventajas del procedimiento consiste en que sólo se precisan como datos los que componen la curva de gradiente de temperaturas (que fácilmente pueden obtenerse pidiéndolos por teléfono a la estación meteorológica) y aquéllos que nos sirvan para plasmar el área de energía deseada sobre el plástico. Así resulta innecesario tanto el termómetro como la lectura continuada de las temperaturas.

El termógrafo

El termógrafo registra gráficamente las temperaturas, a lo largo del día. La gráfica de temperaturas del aire, en función del tiempo, facilita la comprensión del proceso de la convección, cuando se cuenta con la curva de gradiente de temperaturas. De todos modos, incluso sin disponer de este gradiente, es posible conocer si la inversión de superficie, ocurrida durante la noche, persiste o ha desaparecido. En efecto, cuando la inversión de superficie obliga a que la capa de convección se estreche, las temperaturas del aire próximas al suelo aumentan rápidamente. Una vez superada la inversión de superficie, la capa de convección crece de tal forma que la energía solar disponible se reparte entre mayores masas del aire. Consecuentemente, las temperaturas del aire próximo al suelo aumentan mucho más lentamente. Podemos observar en el termógrafo cómo, tras un fuerte incremento de temperaturas, aparece un punto a partir del cual disminuye la pendiente de la curva de temperaturas (véase el ejemplo de la figura 51 de la pág. 130). A partir de este punto, en el transcurso del día, resulta posible aprovechar la térmica para el vuelo de distancia. Este momento puede ocurrir unas horas antes de alcanzarse la temperatura que desencadena la formación de cúmulos, que harán visible la térmica.

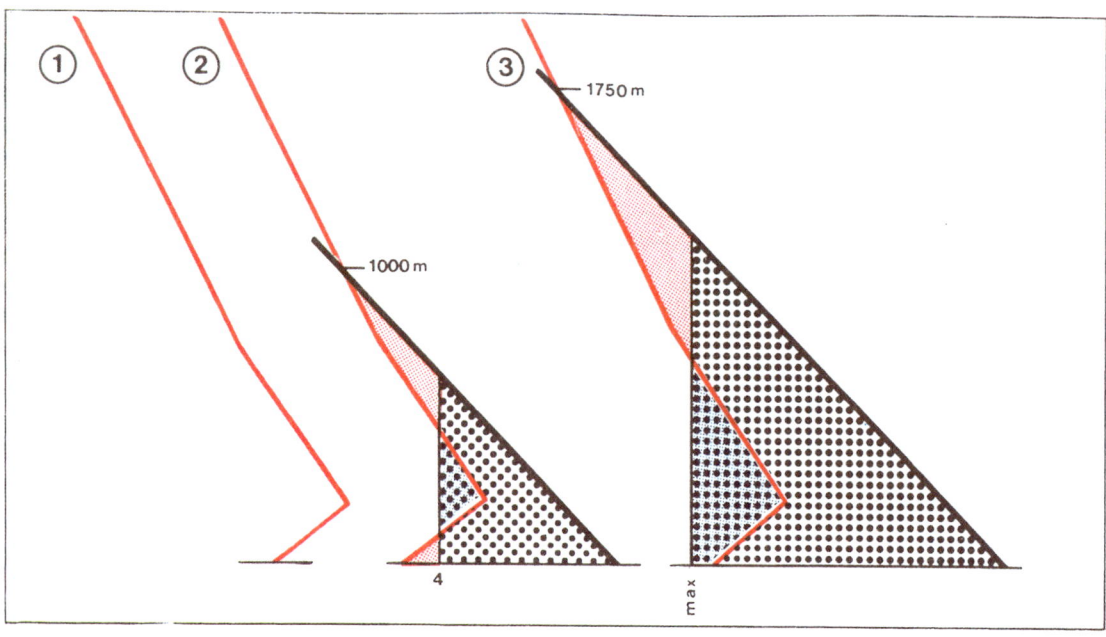

Fig. 49 – Gradiente de temperaturas – Calentamiento – Térmica.

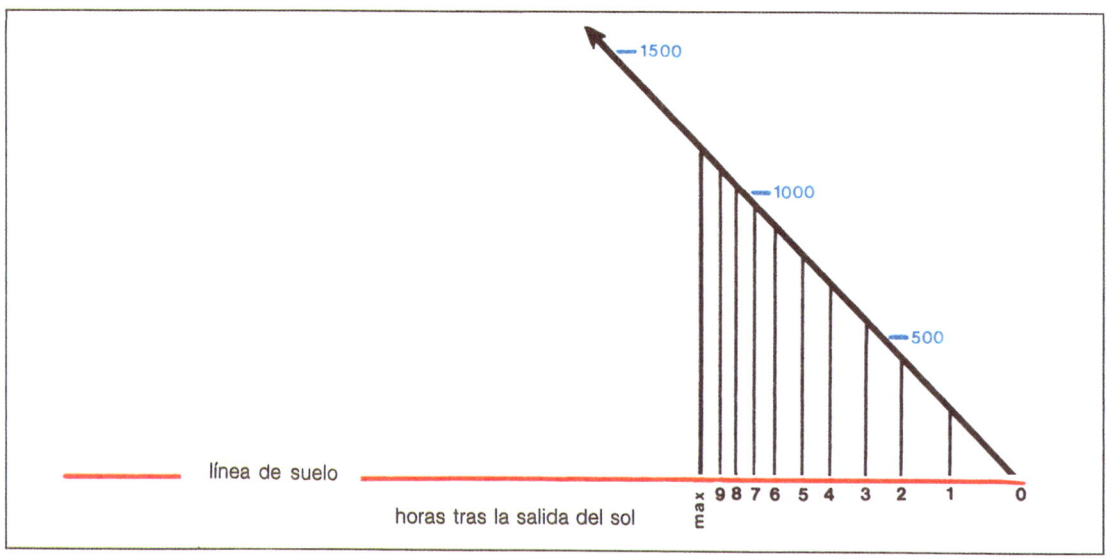

Fig. 50 – Areas de energía. En día soleado de verano; 50° de latitud Norte.

Desgraciadamente el termógrafo es un instrumento caro y que exige mucho cuidado; debe instalarse en una pequeña caseta blanca y bien aireada. De todos modos, el propietario o encargado de un aeródromo debe considerar la conveniencia de adquirir un termógrafo, por las considerables ventajas que supone para el mejor aprovechamiento de las condiciones meteorológicas.

Termómetros húmedo y seco, para conocer el nivel de condensación

Si un aeródromo no contara con un termógrafo, sus funciones podrían realizarse en parte midiendo durante el día las temperaturas del aire y anotándolas sobre una gráfica. Para ello se emplea un termómetro seco ordinario, sujeto a un mango giratorio, al que se hace dar vueltas durante unos minutos, con el fin de evitar errores debidos a la radiación solar. Permite además medir la humedad relativa del aire (psicrómetro). Para ello se añade al manubrio un segundo termómetro, en el que el recipiente del líquido medidor ha sido recubierto por una funda o «calcetín» de tela, que antes de las mediciones ha de humedecerse con agua destilada. Se la hace girar al aire libre, de 3 a 6 minutos, a ser posible en una zona de sombra, hasta que las indicaciones de ambos termómetros sean constantes. En el termómetro húmedo el agua destilada se habrá evaporado. La reacción endotérmica hace que este termómetro señale una temperatura inferior. El hecho de que la vaporización en el aire seco sea mayor que en el aire húmedo, permite conocer la humedad relativa del aire, analizando la diferencia de temperaturas entre ambos termómetros. Sabiendo que las térmicas se alimentan de las capas de aire próximas al suelo, las temperaturas medidas nos permitirán deducir el nivel de condensación y consecuentemente la base de los cúmulos. H. Jaeckisch ha elaborado un diagrama que permite determinar la altura de la base de las nubes en función de aquellas temperaturas. La altura así determinada resulta muy útil, incluso cuando no llegan a formarse cúmulos, ya que nos indica la existencia de una térmica invisible, por debajo de la altura calculada, que no puede seguir ascendiendo por impedírselo las capas de aire estable.

Medición de intensidad del viento de superficie

Hoy día existen diversos y costosos instrumentos para medir la intensidad y dirección del viento. Mientras los instrumentos provistos de tubo de pitot casi no sufren retraso de indicación – siendo considerados como los más adecuados para medir las rachas – los anemómetros convencionales de cuchara quizás resulten más útiles, pues si bien su inercia es mayor, en cambio proporcionan valores medios. Los medidores de viento han de colocarse en zonas libres de todo obstáculo y a una altura de 10 m. Durante las competiciones, el equipo de apoyo en tierra puede perfectamente cumplir su misión, mediante un anemómetro de cuchara, que puede adquirirse en cualquier comercio de aeromodelismo. Su tamaño no es mayor que el de una linterna de bolsillo y puede sostenerse con la mano. Permite, cuando se tiene mucha práctica, calcular con acierto la intensidad del viento. Los datos así obtenidos tienen, sin duda alguna, gran importancia para realizar un aterrizaje seguro; pero carecen de valor durante el resto del vuelo. En efecto, por encima de los 500 m. de altura la intensidad del viento es dos veces superior a la medida en la superficie y además la dirección varía en 20° hacia la derecha. Así pues, los datos obtenidos nos permiten determinar la dirección y sentido del despegue y del aterrizaje, pero sólo nos dan una vaga idea sobre la intensidad y dirección del viento durante la navegación y el planeo final.

La manga de viento, que no ha de faltar en ningún aeródromo, ofrece una información muy similar a la del anemómetro de cuchara. Si en el aeródromo e inmediaciones hubiera varias mangas instaladas, las distintas indicaciones que éstas señalan, orientan al piloto, después del despegue, sobre las térmicas exitentes en el entorno del aeródromo. ¡No olvidemos que el aire de los costados fluye siempre en dirección del punto en que se origina la térmica!

El espejo de nubes, para la medición del viento de altura

La dirección e intensidad del viento a la altura de las nubes, pueden medirse desde el suelo con un espejo de nubes; pero para ello es preciso conocer la altura de la base de las nubes respecto del suelo. El piloto facilita por radio este dato al equipo de apoyo en tierra. El equipo realizará las mediciones (es decir, calculará la dirección e intensidad del viento) antes de iniciar el planeo final, a fin de que el piloto pueda conocer la altura óptima a la que ha de iniciarlo. Ahora bien, para ello es indispensable la presencia de nubes en el cielo. En días de térmicas invisibles, el espejo resulta inútil. En este caso la única solución consiste en realizar la medición mediante globo.

Un simple espejo redondo de bolsillo puede hacer las veces de espejo de nubes. Para ello es preciso una rosa de vientos y señalar sobre el espejo tres círculos, cuyos radios sean de 1 cm., 4 cm. y 7 cm. El visor puede fabricarse con un hilo de acero, un tubito de latón y una antena telescópica de un radio-transistor. El punto de mira, que ha de ser móvil, va colo-

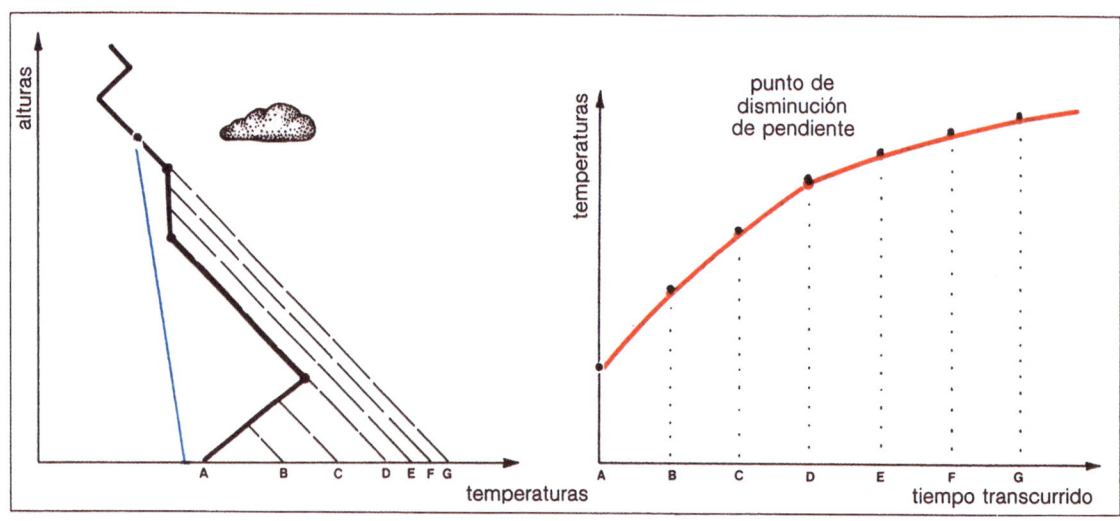

Fig. 51 – Curva de gradiente de temperaturas del aire y aumento de la temperatura en función del tiempo.

cado exactamente a 21,6 cm. por encima del espejo. (En los casos de viento muy fuerte o muy débil, es aconsejable variar la altura del espejo a 10,8 cm. o a 43,2 cm. respectivamente).

PRINCIPIO EN QUE SE BASA LA MEDICION

Sea S la distancia real recorrida por la nube en el cielo y S' la recorrida por la nube sobre el espejo, durante un tiempo t en segundos. Designemos con h' la altura del punto de mira sobre el espejo y con h la altura de las nubes respecto del suelo. (Indudablemente para ser exactos h' debiera de ser la altura a que se encuentra el espejo con respecto del suelo; pero siendo h muchísimo mayor que h', el error relativo es ínfimo).

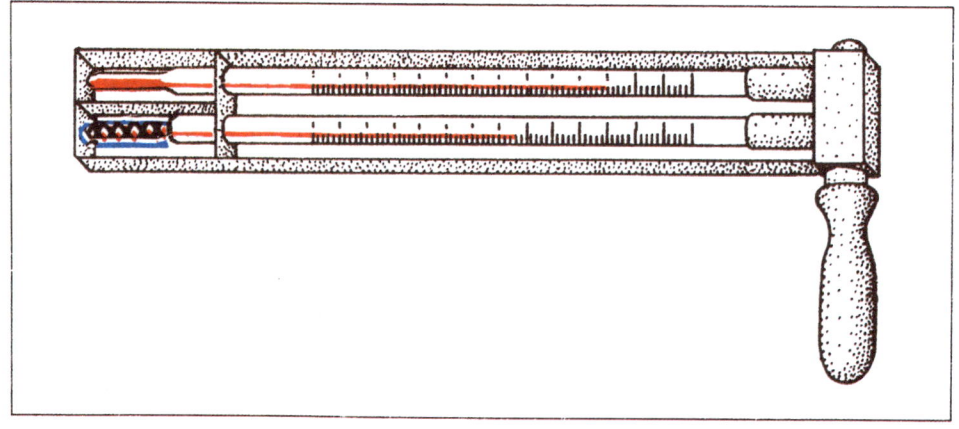

Fig. 52 – Termómetros húmedo y seco para conocer el nivel de condensación.

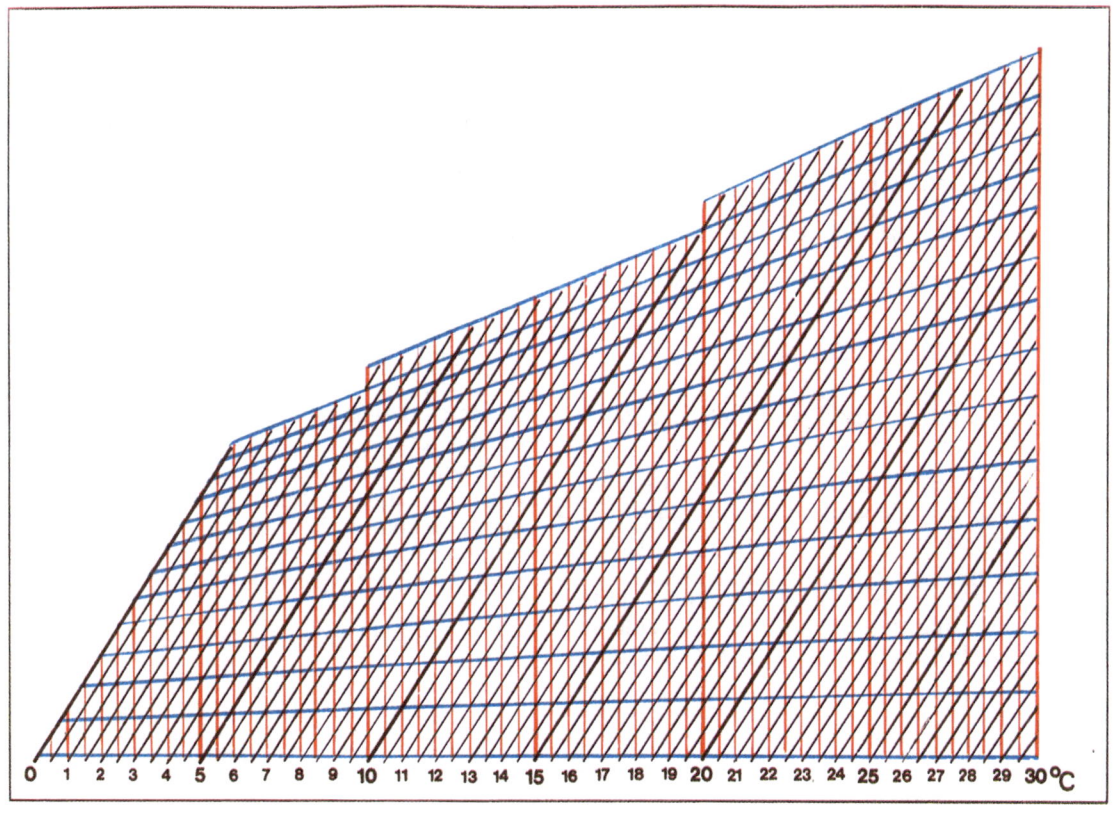

Fig. 53 – Determinación de la altura de la base de los cúmulos. Mediante la temperaturas medidas en superficie (de 1,5 a 2 m.) las intersecciones entre rectas rojas (temperatura en seco) y negras (temperatura en húmedo) indican la altura de la base (rectas azules de altura).

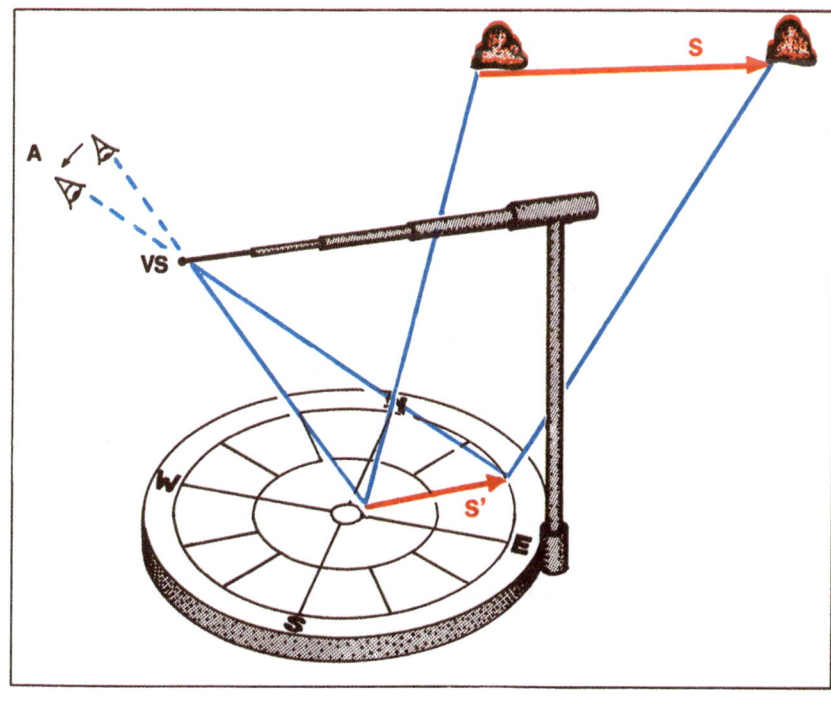

Fig. 54 – El espejo de nubes.

En función de las leyes de reflexión de la luz y de la relación entre figuras geométricas semejantes, se tiene:

$$S/S' = h/h'$$

La velocidad de las nubes (V) es:

$$V = 3,6 \cdot S/t$$

S está expresado en metros, t en segundos y V en km/h.

$$V = \frac{3,6 \cdot S'}{h'} \cdot \frac{h''}{t}$$

S, h, h' están expresados en metros, t en segundos y V en km/h.

En esta fórmula la primera fracción es fija, puesto que sólo depende de las dimensiones utilizadas para la construcción del espejo; mientras que h y t son valores que han de medirse. Si se eligen S' y h' de tal forma que la fracción resultante sea igual a 1, el cálculo se simplifica. Por ejemplo si S' = 6 cm. y h' = nocer el valor real de la velocidad de las nubes. 21,6 cm., la velocidad de las nubes valdrá:

$$V = h/t$$

Si lo cronometrado fuera el tiempo transcurrido en recorrer 1/2 S', entonces la velocidad obtenida debe dividirse por dos, para conocer el valor real de la velocidad de las nubes.

Para ser exactos, lo expuesto hasta ahora demuestra que el espejo de nubes puede ser empleado para calcular la velocidad del viento, cuando la dirección del viento y la del visor coinciden; es decir cuando la nube elegida se acerca o aleja de nosostros, siguiendo nuestra dirección. Las líneas que aparecen en la figura son plenamente válidas, si analizamos su representación en tres dimensiones. Así, por ejemplo, cuando la nube se aleja del plano de la figura (S), su recorrido se refleja en el espejo según S'. Además, el ocular VS del visor, situándolo en tres dimensiones, está realmente por delante del plano de la figura.

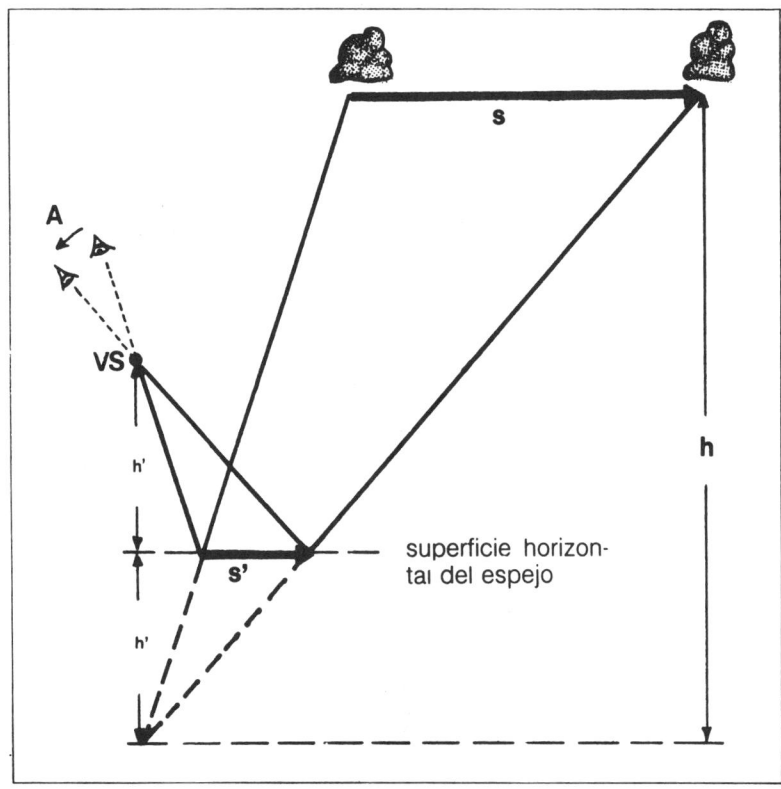

Fig. 55 – Teoría del espejo de nubes. s = distancia recorrida por la nube. s' = distancia recorrida sobre el espejo por la imagen de la nube. h = altura de la nube. VS = ocular del visor. h' altura del ocular sobre el espejo (21,6 cm.). A = ojos.

Ahora bien, incluso entonces la relación

$$S/S' = h/h'$$

sigue siendo totalmente válida, tal como demuestra la figura.

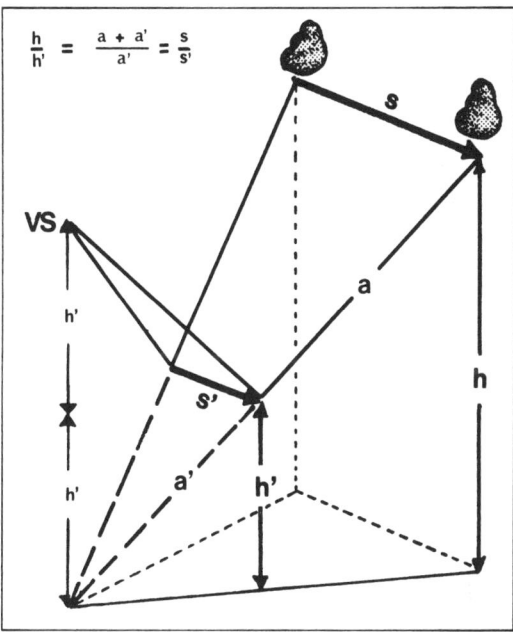

Fig. 56

Errores como consecuencia de la falta de horizontalidad del espejo: Si el espejo no está horizontal no pueden aplicarse las leyes de semejanza, ya que h y h', así como S y S' no son ya paralelos.

PROCESO DE MEDICION

(Altura del visor = 21,6 cm.)

1) El espejo debe colocarse *horizontalmente*. Con la ayuda de un brújula se sitúa el espejo de forma que el *Sur* de su rosa de los vientos señale el *Norte* de la brújula auxiliar. (De esta manera podrá leerse directamente la dirección del viento sobre el espejo).

2) Se orienta el visor de tal forma que *el borde de la nube* aparezca reflejado sobre el *centro del espejo*.

3) Se sitúa el *ocular del visor* de modo que cubra el *centro del espejo* (por lo tanto, sobre la imagen reflejada del borde de la nube).

4) El ocular del visor se mantiene apuntando al borde de la nube. Por lo tanto, *el ocular y el borde de la nube se desplazan en dirección del viento, hacia el borde del espejo*. Con un cronómetro se mide el tiempo empleado por la imagen del borde de la nube en salir del círculo central del espejo y llegar al círculo exterior (6 cm. de recorrido).

5) El punto en que la imagen de la nube corta el círculo exterior, nos indicará la *dirección del viento*

La velocidad de la nube en Km/hora se obtiene aplicando la fórmula siguiente:

$$V_{nube} = \frac{\text{altura de la base de la nube}}{\text{tiempo cronometrado}}$$

La altura de la nube se mide en metros y el tiempo en segundos.

6) Para determinar con exactitud la velocidad del viento y compensar los posibles errores debidos al crecimiento de la nube, es aconsejable realizar dos veces el proceso de medición. En uno de ellos se toma como punto de referencia el *borde de la nube de sotavento* y en el segundo el *borde de barlovento*. El resultado obtenido ha de multiplicarse por el *coeficiente de corrección* (1,3, para nubes jóvenes). Este coeficiente tiene en cuenta el hecho de que las masas de aire ascendentes aún no han adquirido automáticamente la velocidad del viento.

MECANICA DE LA CONVECCION TERMICA

Para el vuelo térmico sería de gran ayuda conocer el punto donde se origina la térmica, cómo ascienden las masas de aire caliente, cómo son las turbulencias que se engendran y donde se sitúan sus centros. Desgraciadamente las investigaciones emprendidas a tal fin tropiezan con aspectos hasta ahora desconocidos. Sin embargo, el meteorólogo Richard Scorer ha logrado sentar las bases en que se apoyan estos estudios. Así, empleando en sus experimentos líquidos de peso y color diferentes, dedujo ciertas normas que, en determinadas condiciones climatológicas, coinciden con los datos obtenidos en los vuelos.

Burbuja térmica ascendente

(Véase figura 57)

Imaginémosnos una masa de aire que asciende sin conexión con el suelo, dividida según capas adiabáticas y libre de posibles cizalladuras originadas por el viento. Esto constituye el supuesto más sencillo de una térmica, que se asemejaría a una anilla de turbulencias. Algo parecido a los anillos de humo que son capaces de lograr algunos fumadores, o a los emitidos por la locomotora de vapor. La anilla de turbulencias durante su ascensión gira al

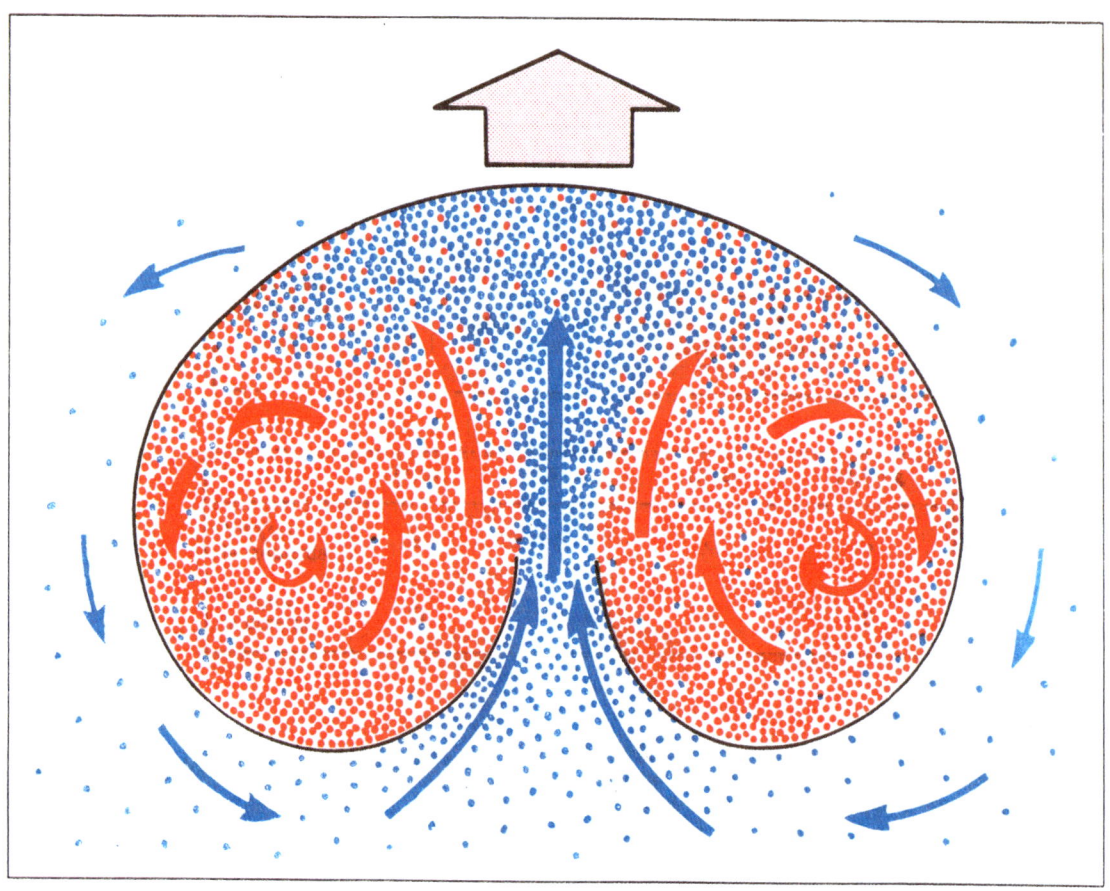

Fig. 57 – La "burbuja" térmica.

mismo tiempo alrededor de su eje. Su mayor movimiento en sentido vertical se produce en el centro, siendo éste incluso más grande que el movimiento ascensional del conjunto de la anilla. A medida que asciende, la anilla absorbe el aire de su entorno hacia el centro de la misma, aumentando así de volumen. El aire absorbido se mezcla con las capas superiores de la masa de aire original, formando pequeñas turbulencias locales.

Un ejemplo paradigmático de convecciones es el toro de turbulencias que se observa en el hongo producido por una explosión atómica en la atmósfera.

La corriente ascendente reproducida en la figura 57 ha sido comprobada experimentalmente y es de fácil comprensión. Desgraciadamente es tan sólo la mera representación simplificada del proceso de una térmica real. En general, la masa de aire caliente ascendente se alimenta, durante poco tiempo, del aire caliente de la superficie. Así puede ocurrir que un velero que vuele a baja altura llegue a conectar con una térmica. Si realmente todas las anillas de turbulencias fueran redondas, el corte transversal de un cúmulo sería siempre circular. Más aún, la zonas de máxima ascensión coincidiría con su centro. Pero ya sabemos que en realidad esto no ocurre. Este modelo ideal va perdiendo consistencia a consecuencia de las cizalladuras que se originan, del calentamiento lateral del sol etc... Sin embargo, a pesar de todo, el modelo de la anilla de turbulencias sigue siendo importante para explicar numerosos problemas, siempre y cuando se le adapte a los factores condicionantes existentes.

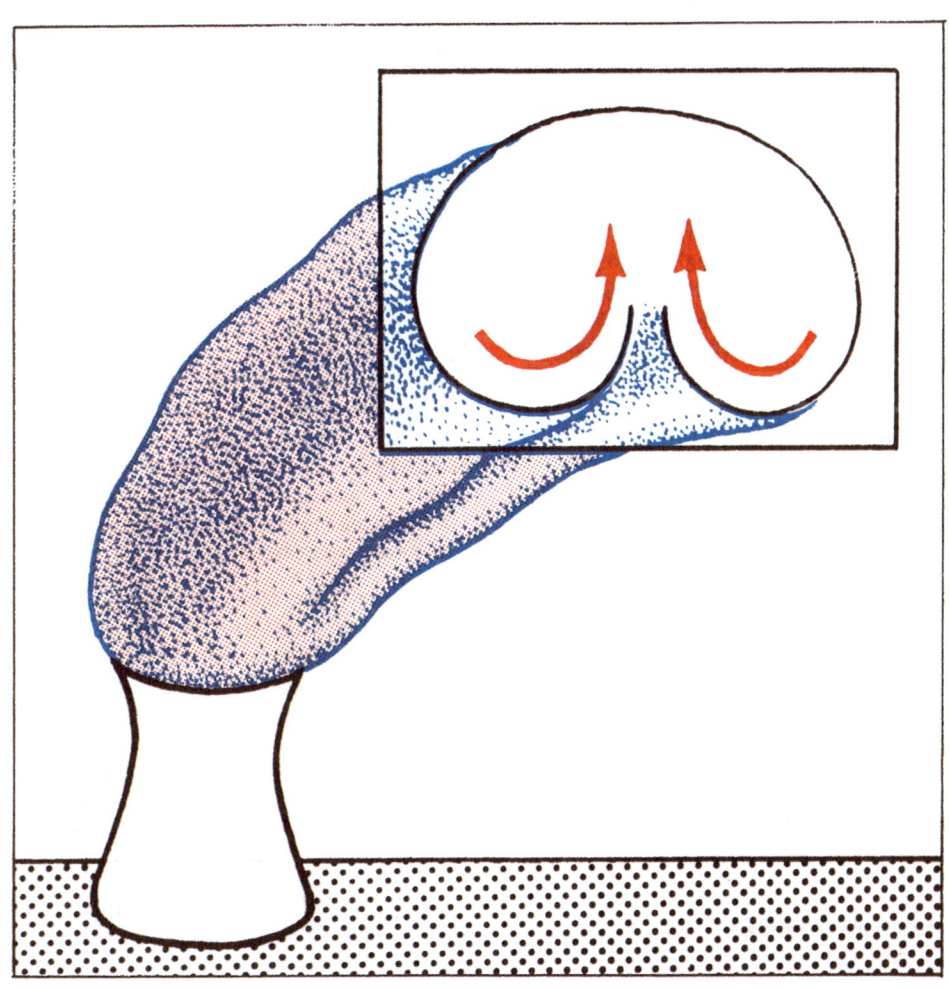

Fig. 58 – Térmica producida por una torre de refrigeración.

Del esquema representado en la figura se deduce claramente cómo en la parte inferior de la burbuja térmica el velero podría fácilmente encontrar el centro, pues las corrientes lo absorben hacia él. Por ello resulta ventajoso volar en círculos por la parte inferior de la térmica, mientras que en las capas superiores las rachas y las corrientes de aire exteriores dificultan el vuelo. Esto también explica el hecho de que los veleros que vuelan en el nivel inferior de la burbuja ascienden con rapidez y son capaces de alcanzar aquellos otros que vuelan lentamente en las capas superiores. De este modo los veleros se van acumulando a partir de cierta altura, y posteriormente ascienden todos juntos con mayor lentitud.

Térmica de fuente fija, con viento

(Véase figura de la pág. anterior)

Las masas de aire caliente que expulsan, en forma de penachos, las torres de refrigeración de ciertas industrias, producen en los días de viento débil unas corrientes y unos movimientos de aire muy semejantes a los observados en el corte transversal de la burbuja térmica. Cuando una térmica dispone de una gran reserva de aire caliente y, al mismo tiempo, el factor desencadenante es constante, siempre se formarán, durante los días de viento débil, gigantescas turbulencias.

Si la turbulencia de una corriente ascendente inclinada fuese mayor que la velocidad de descenso del velero, mejoraremos nuestra situación desplazando constantemente el círculo de vuelo hacia sotavento de la térmica, en lugar de hacerlo hacia barlovento. Esta técnica (tal y como se expone en el párrafo titulado «Búsqueda de térmicas a media altura») permite mantenerse durante más tiempo en el núcleo de las corrientes ascendentes, donde se encuentran las velocidades verticales más altas de la térmica. Aún cuando ambos desplazamientos sean factibles, en general suele recomendarse el desplazarse hacia barlovento.

Mediciones atmosféricas

Antes de que estallara la guerra, en Alemania se llevaron a cabo vuelos experimentales para el estudio de las corrientes conveccionales. Las profundas investigaciones, realizadas durante los años 1.967 y 1.968, por el Observatorio Geográfico de Leningrado, confirmaron y perfeccionaron los resultados obtenidos en Alemania.

En 1.970, Konovalow publicó un proyecto, en el informe OSTIV. En él, clasificaba las corrientes ascendentes en amplias, normales y estrechas, en función de la relación existente entre su diámetro y su intensidad. Con el fin de facilitar su exposición y la valoración de los datos obtenidos, dividió la velocidad vertical por la velocidad máxima de cada corriente ascendente. Con idéntica finalidad dividió la distancia existente entre los puntos de medición (tomados sobre el eje horizontal de la corriente ascendente) por el diámetro. Realizadas estas operaciones, observó la existencia de dos tipos básicos, en cada uno de los tres grupos de corrientes ascendentes. Así, las térmicas de tipo A cuentan con numerosos máximos. La frecuencia de aparición de este tipo de corriente aumenta a medida que la inestabilidad de las capas de aire de superficie va siendo mayor, y dan lugar a corrientes ascendentes de fuerte intensidad. Su diámetro es mayor que el de las corrientes de tipo B, y las turbulencias resultan mayores en los bordes que en el centro. Las corrientes de tipo B (que coinciden con los resultados obtenidos por Scorer) representan las térmicas débiles. Su frecuencia de aparición decrece a medida que aumenta la inestabilidad del aire, por debajo de los 300 m. de altura. Son de pequeño diámetro y muy estrechas cuando su intensidad es relativamente fuerte. Normalmente presentan pocas turbulencias, que suelen ser más fuertes cuanto más próximas del centro.

Ambos tipos de corrientes aparecen simultáneamente. Cuanto mejores sean las condiciones para la formación de térmicas (es decir, cuanto mayor sea la inestabilidad del aire de superficie) tanto mayor serán las probabilidades de que se produzcan corrientes de tipo A. ¡Esto no ha de extrañar a los pilotos con experiencia! Las fuertes corrientes ascendentes suelen tener gran superficie, con varias zonas estrechas de ascensión óptima.

Probablemente no será posible resolver la problemática del perfil de la térmica. No olvidemos que los experimentos de Konovalow fueron realizados prácticamente sin viento. Las influencias del viento, de las cizalladuras,

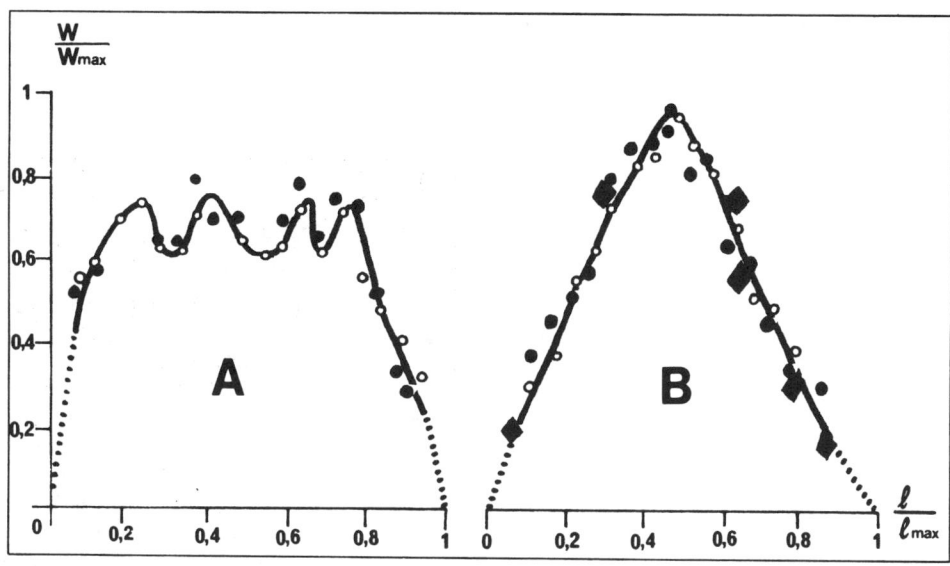

Fig. 59 – Clasificación de las térmicas, según Konovalov (diagrama sin escala). ○ = térmica amplia. ● = térmica normal. ◆ = térmica estrecha. W = velocidad ascensional de las masas de aire. l = anchura de la térmica.

de los elementos topográficos y de otros factores condicionan la estructura de la térmica y son causa de que los resultados de las investigaciones resulten excesivamente complejos. En todo caso, es un hecho evidente la inexistencia de un perfil característico para todas las térmicas. Investigaciones recientes realizadas por el Instituto Meteorológico de la Universidad Libre de Berlín, utilizando un excelente equipo, han confirmado la irregularidad de las térmicas. Averiguaron que las térmicas formadas entre 100 m. y 300 m. de altura están constituidas por varias afluencias de aire, que se unifican al ir ganando altura. Las corrientes ascendentes, evidentemente, no son redondas.

Los datos estadísticos han de analizarse, incluso hoy, con gran precaución. Actualmente puede lograrse una perspectiva de la estructura de una térmica, mediante la filmación en cámara lenta de las nubes o bien observando el vuelo de las aves. Indudablemente, la falta de datos estadísticos fehacientes es un grave problema para el fabricante de veleros. Incluso en el hipotético supuesto de que estos datos existiesen, el piloto, al volar en una térmica distinta de la media, podría verse inmerso en una situación peligrosa. ¡No olvidemos que, en general, no se produce una térmica típica!

CONDICIONES CLIMATOLOGICAS PARA EL VUELO SIN MOTOR, EN EUROPA

W. Georgii estudió las situaciones meteorológicas características de Alemania, en función de su aplicación al vuelo sin motor. Las situaciones expuestas a continuación sirven de ayuda para interpretar los mapas meteorológicos televisados y adaptarlos a las necesidades del vuelo sin motor. Constituyen la base para decidir si conviene o no pedir más información a la estación meteorológica. Ahora bien, como las situaciones meteorológicas suelen a veces ser tan complejas, sólo pretendemos dar una visión global y nunca completa del problema.

Las situaciones climatológicas reales pueden diferir de las que a continuación se exponen, siendo entonces necesaria la consulta meteorológica.

LAS ALTAS PRESIONES

(favorables desde la primavera hasta el verano) (figura 60)

En verano, las altas presiones son causa de térmicas débiles, de una ausencia casi total de grandes nubes, de vientos flojos y de una gran visibilidad. Las térmicas no comienzan normalmente a desencadenarse hasta que el sol ha calentado una inmensa capa de inversión de superficie. En las zonas montañosas, las térmicas aparecen antes. Las altas presiones no suelen ser frecuentes durante los meses idóneos para la práctica del vuelo sin motor, es decir, los meses de primavera y verano. En otoño los rayos solares no logran romper a tiempo la inversión de superficie.

Los vuelos triangulares (en dirección anticiclónica) y los de ida y regreso son los más adecuados para una situación meteorólogica de altas presiones. Las zonas montañosas resultan más ventajosas.

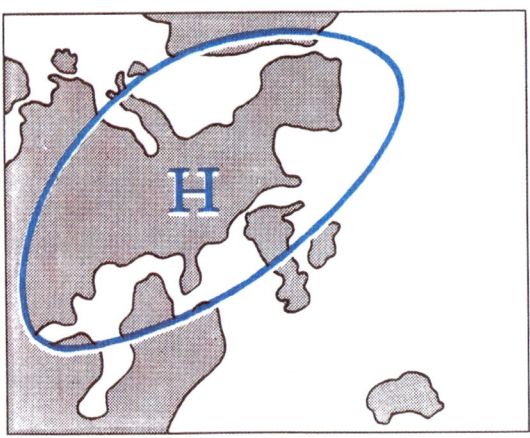

Fig. 60 - H = A (Altas presiones). T = B (Bajas presiones).

SITUACION METEOROLOGICA TRAS EL PASO DE UN FRENTE FRIO

(Viento SO – NO) (figura 61)

Durante la temporada de vuelo sin motor, tras el paso de un frente frío, se producen con frecuencia situaciones meteorológicas muy adecuadas para el vuelo. Su desarrollo, después del paso de un frente de aire frío de procedencia polar, suele ser el siguiente:

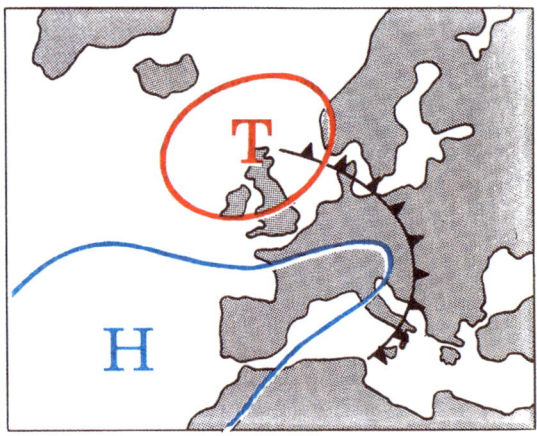

Fig. 61 - H = A (Altas presiones). T = B (Bajas presiones).

El primer día, la presión atmosférica comienza a subir, la visibilidad es excelente, el viento es fuerte y la situación es inestable. En las zonas montañosas se acumulan las nubes y se producen lluvias. Peligran las posibilidades de desarrollo de buenas térmicas, debido a la extensión de las nubes. Poco a poco el tiempo es más estable, el viento amaina, la influencia de las altas presiones se hace más patente y deja de llover.

Esta situación inmediatamente posterior al paso de un frente frío, con fuertes vientos y tendencia a la formación de hileras de corrientes ascendentes, es la adecuada para los vuelos con objetivos determinados, o en las inmediaciones del campo y para los de ida y regreso en sentido del viento.

A medida que las altas presiones se dejan sentir, las condiciones se hacen propicias para el vuelo en triángulo, incluso sobre zonas montañosas.

SITUACION NOROESTE Y ESTE

(figura 62)

(Optima situación durante la primavera, para llevar a cabo vuelos de distancia en la dirección del viento)

Esta situación – que se produce frecuentemente entre mediados de abril y mediados de

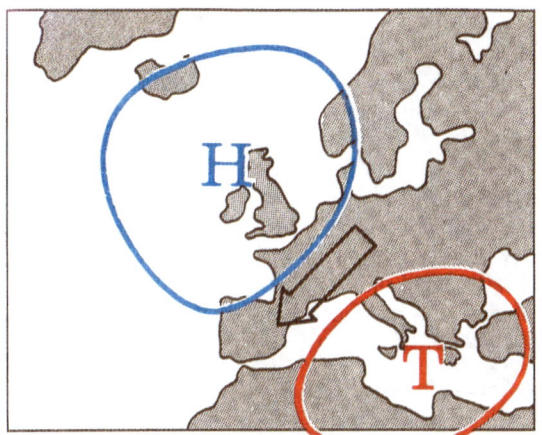

Fig. 62 – H = A (Altas presiones). T = B (Bajas presiones).

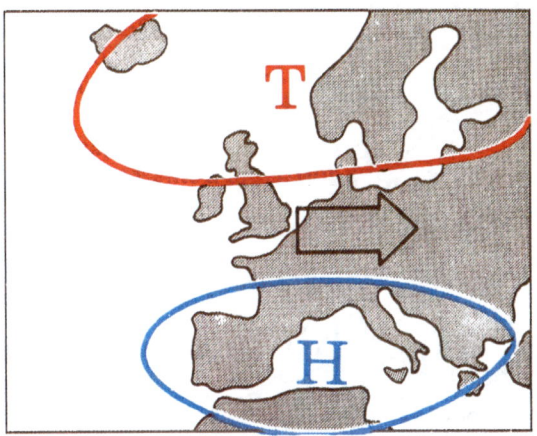

Fig. 63 – H = A (Altas presiones). T = B (Bajas presiones).

junio –ofrece condiciones óptimas para realizar vuelos en dirección Oeste y Suroeste. Los fuertes vientos procedentes del Noreste de Europa traen masas de aire polar. La visibilidad es relativamente buena, y se forman calles de nubes, como consecuencia de la cizalladura del viento. A pesar del fuerte viento, esta inestabilidad atmosférica da lugar a buenas térmicas hasta los 2.000 m. de altura. En el Sur de Alemania (región muy montañosa) la tendencia a formarse grandes zonas de nubes impide el desarrollo de las térmicas. Por el contrario, en la parte Norte de Alemania, caracterizada por las extensas llanuras, las térmicas aparecen pronto y permiten vuelos prolongados. En las zonas montañosas la fuerza del viento aumenta, produciendo efectos de tobera–venturi (ejemplo de ello es el Mistral que sopla en el valle del Ródano).

Esta situación meteorológica parece ser la ideal para realizar largos vuelos de distancia, en dirección Oeste y Suroeste. Son aconsejables los vuelos desde el Norte de Alemania en dirección a Burdeos o, los vuelos desde el Sur de Alemania hacia Marsella, siguiendo el valle del Ródano. En esta situación meteorológica se han logrado todos los vuelos de distancia superiores a los mil kilómetros realizados en Centroeuropa.

SITUACION OESTE

(figura 63)

(Situación muy frecuente, tan sólo aprovechable al producirse un anticiclón)

Esta situación da origen en verano a largos períodos de lluvia. Así, entre la zona de bajas presiones situadas sobre el Mar del Norte y la zona anticiclónica del Mediterráneo, se forma un pasillo recorrido por líneas isobaras y brisa marítima. La única posibilidad de que el tiempo evolucione favorablemente para la práctica del vuelo sin motor reside en que un anticiclón imponga las influencias de las altas presiones. El aire subtropical de la zona de las Azores, por ser térmicamente inestable, puede engendrar buenas térmicas. Sin embargo, las posibilidades del vuelo sin motor pueden verse limitadas, a causa de la tendencia atmosférica a formar grandes zonas de nubes y producir fuertes lluvias y tormentas.

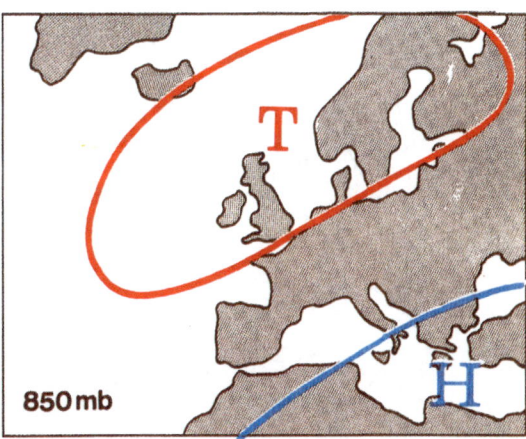

Fig. 64 – H = A (Altas presiones). T = B (Bajas presiones).

En caso de no ocurrir esto último, el anticiclón permitirá realizar vuelos de ida y regre-

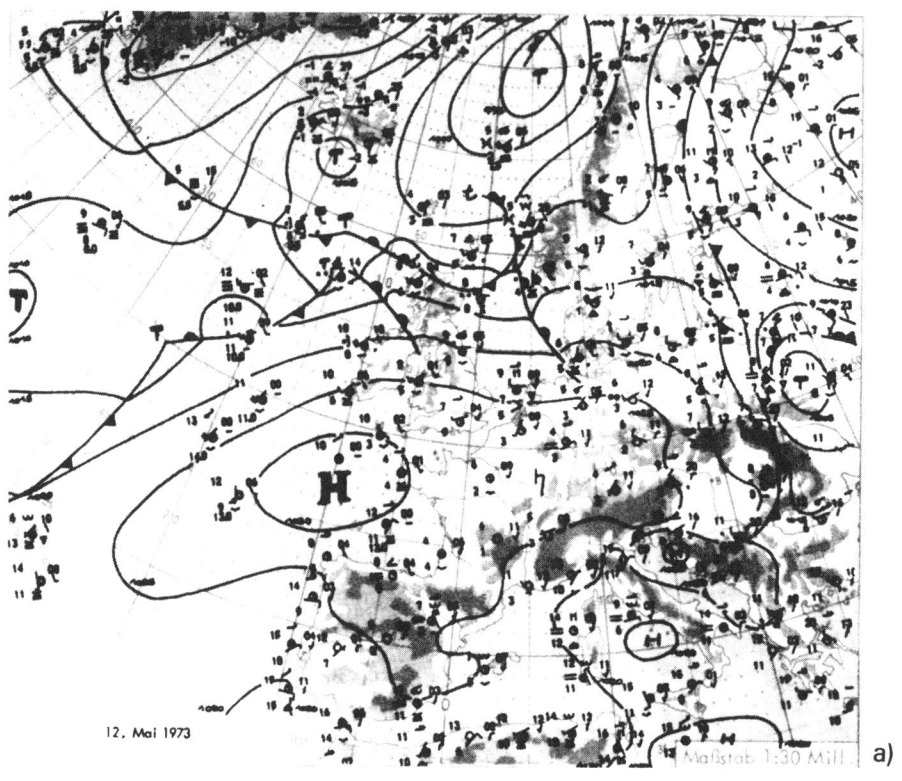

12. Mai 1973   Maßstab 1:30 Mill.   a)

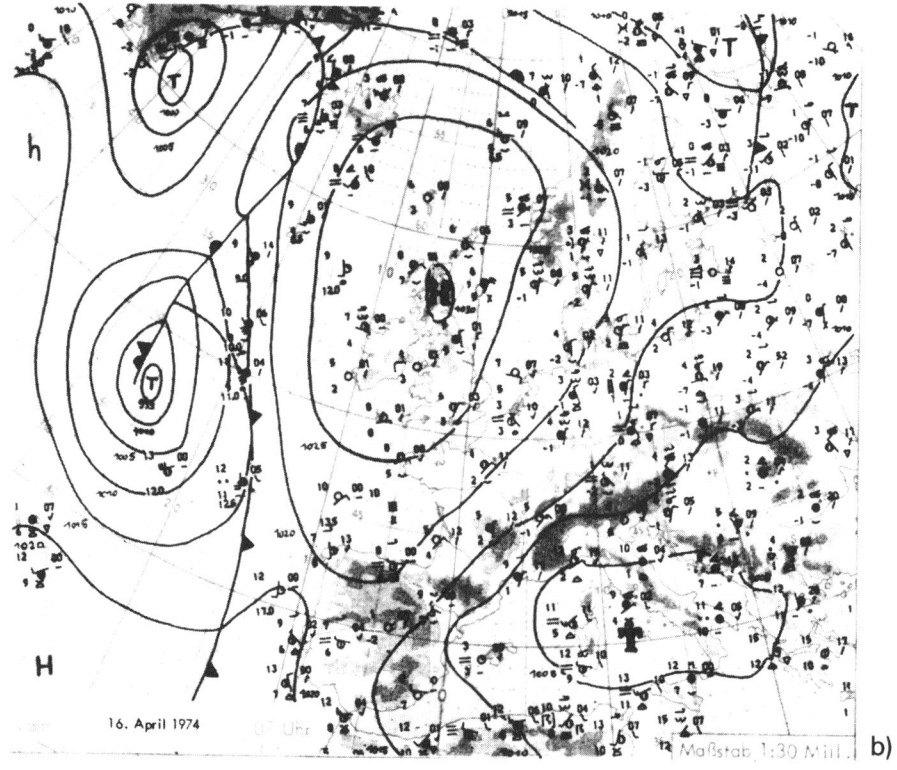

16. April 1974   Maßstab 1:30 Mill.   b)

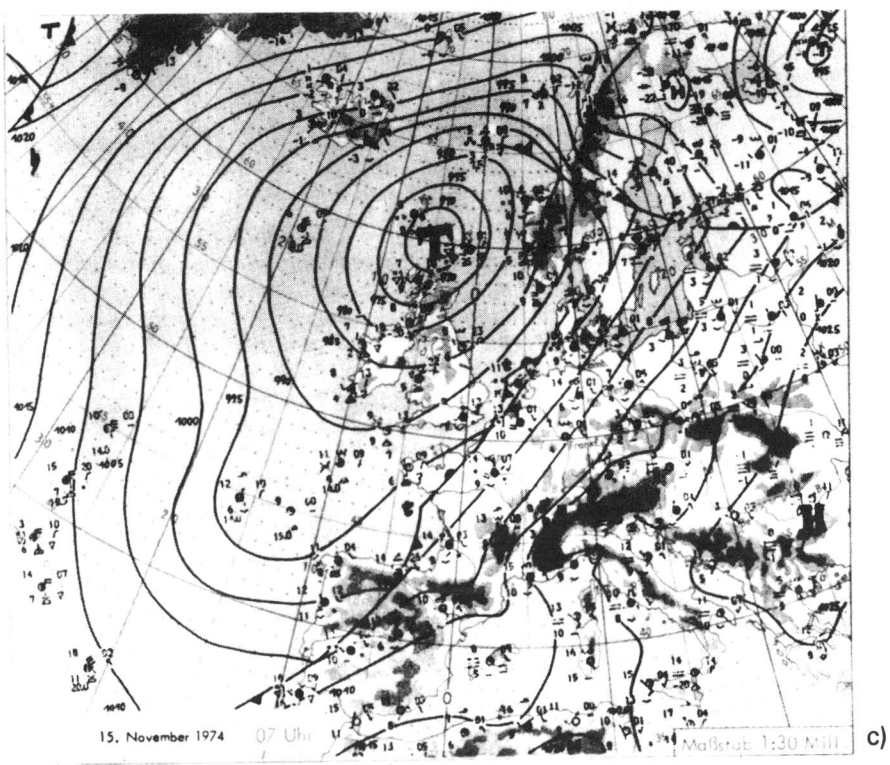
15. November 1974 07 Uhr   Maßstab 1:30 Mill.   c)

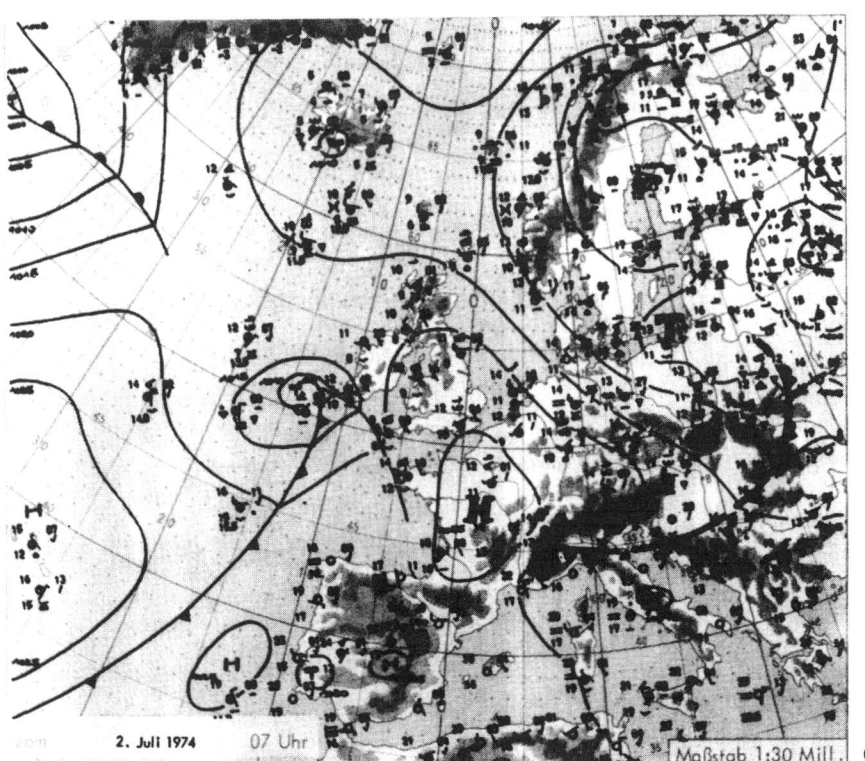
2. Juli 1974 07 Uhr   Maßstab 1:30 Mill.   d)

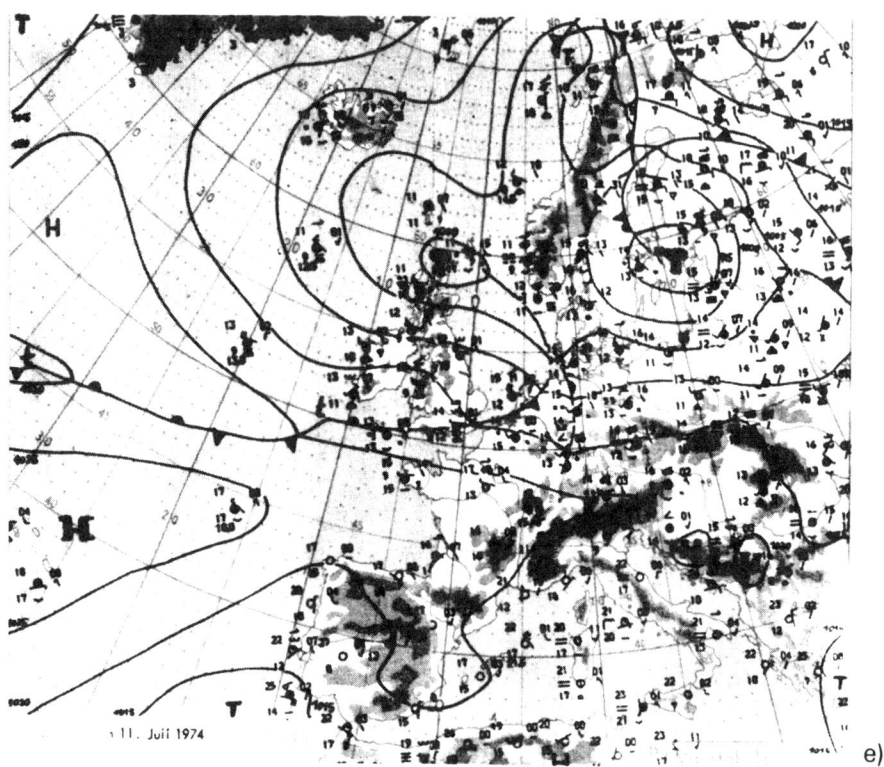
e) 11. Juli 1974

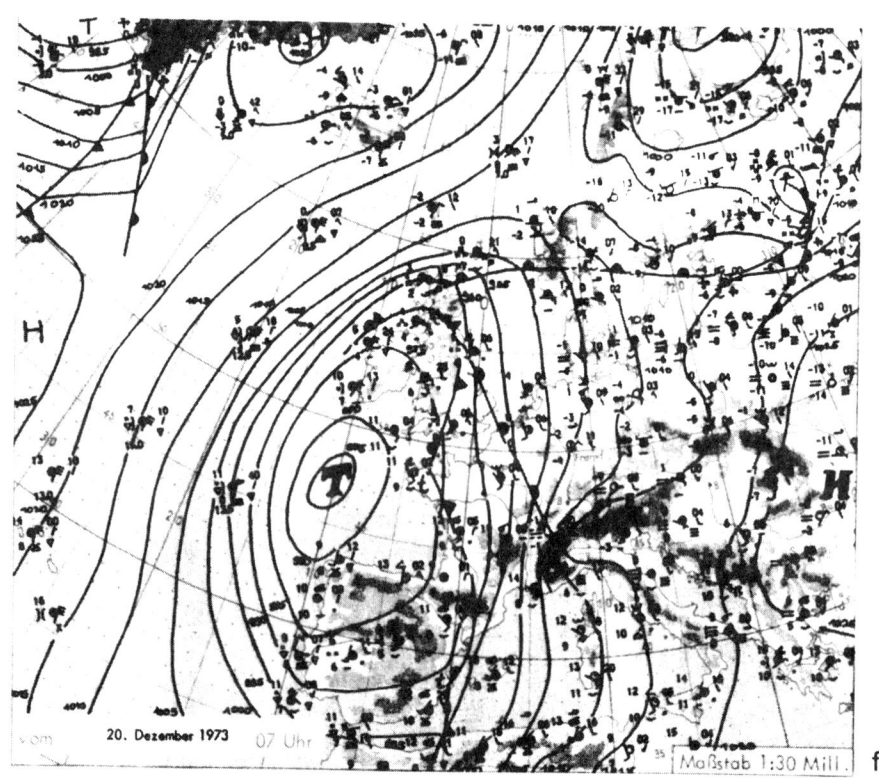
f) 20. Dezember 1973 07 Uhr   Maßstab 1:30 Mill.

so, o tan sólo de ida, en función de las térmicas y del viento. Durante el invierno esta misma situación atmosférica permite óptimos vuelos aprovechando las ondas de montaña, que se extienden de Norte a Sur y se encuentran situadas a todo lo largo del sector de aire cálido.

SITUACION SUROESTE

(tan sólo reconocible en las cartas de 850 mb.) (figura 64)

En verano esta situación ofrece buenas posibilidades de vuelo, pero en esa época es poco frecuente. La distribución de las presiones sobre la superficie del suelo es atípica. Sólo es reconocible sobre las cartas de 850 mb. o sobre las de 500 mb. A consecuencia de la pronunciada cizalladura del viento se suelen formar hileras de térmicas. En verano, el aire cálido subtropical tiende, en estas condiciones, a desencadenar chaparrones y tormentas locales.

En invierno, esta situación meteorológica aparece con más frecuencia engendrando ondas de montaña, en los montes de mediana altura y en los Alpes.

LA SITUACION SUR

(situación típica de los «Fohn de los Alpes») (figura 65)

El reparto de presiones hace que el aire seco y cálido del Sur se dirija hacia el Norte, cruzando los Alpes. Cuando el viento alcanza una

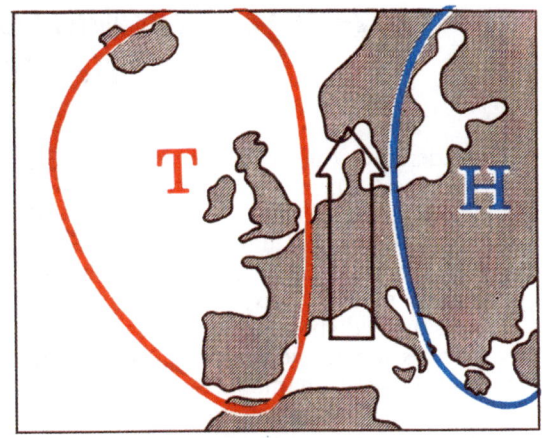

Fig. 65 — H = A (Altas presiones). T = B (Bajas presiones).

intensidad suficiente, se generan ondas de montaña. La época más apropiada para realizar vuelos al norte de los Alpes, aprovechando los «Fohn», es del 9 al 13 de noviembre, del 6 al 14 de diciembre y del 27 al 29 de diciembre.

EJEMPLO DE LAS SITUACIONES
CLIMATOLOGICAS MENCIONADAS

En las páginas 140, 141 y 142 se han reproducido mapas meteorológicos del Servicio Meteorológico Alemán.

a) altas presiones
b) situación Norte
c) situación Suoeste
d) situación climatológica tras el peso de un frente de aire frío
e) situación Oeste
f) situación Sur

INFORMACION METEOROLOGICA PARA VUELOS DE DISTANCIA

Consideramos que la colaboración entre el piloto de vuelo sin motor y las oficinas de información meteorológica no es todavía suficientemente estrecha. Cuando se visita una estación meteorológica se observa la satisfacción que siente el meteorólogo ante nuestro interés, así como su predisposición por coordinar sus predicciones meteorológicas con nuestras necesidades. Desgraciadamente el trabajo rutinario del meteorólogo se adapta difícilmente a nuestros problemas, por lo que adecuarlo al vuelo sin motor le supondría un considerable trabajo adicional. Hemos de reconocer este inconveniente y mostrarles una actitud agradecida. Bastaría para ello con informarles sobre el resultado de sus predicciones, cosa que agradecerán, pues les supone una ayuda. Han de establecerse esas relaciones cordiales, no sólo por agradecimiento, sino también para mantener el fuego sagrado de su colaboración.

Impresos de predicción meteorológica

Gracias a las ideas expuestas, se ha confeccionado, con la colaboración de la Central Meteorológica de Saarbrücken, un impreso de predicciones meteorológicas, basadas en el formato ideado por H. Jaeckisch. Estos impresos están a disposición de quien los necesite, tanto en la estación meteorológica como en el aeródromo. Los días en que se prevé un mayor tráfico de vuelo se avisa por adelantado a la estación meteorológica, con el fin de que disponga de tiempo suficiente y sea posible ofrecer a los pilotos todos los datos necesarios. Así, a las 8,30 de la mañana la estación indica, por teléfono, los datos a colocar sobre los impresos. De esta forma se ahorra tiempo y dinero.

Indudablemente hubiera sido mejor obtener estos datos más temprano, pero no resulta posible, ya que la estación necesita tiempo para elaborarlos y procesarlos. Puede ser provechoso ampliar el impreso para que incluya los valores de la curva de gradiente de temperatura del aire. Finalizada la jornada de vuelo, un piloto experimentado corregirá o confirmará los datos del impreso, informando de ello por teléfono a la estación meteorológica tan pronto como sea posible. Desde que empezó a utilizarse este impreso, los pilotos dejaron de molestar a los meteorólogos con preguntas supérfluas y la colaboración entre ambos se ha estrechado resultando mucho más eficaz.

– El impreso será rellenado por la estación meteorológica, en la medida que conozca los datos –

1) **Situación general**: se describe con pocas palabras la situación atmosférica general (localización de las altas y bajas presiones, frentes importantes).

2) **Factores característicos**: comprende el conjunto de datos, a la hora de realizar la predicción, fruto de la observación y de las mediciones realizadas; son valores totalmente fiables.

Desarrollo posterior: éste, por el contrario, ha de interpretarse en función de la situación meteorológica. Su interpretación y valoración se simplifican cuando el cielo está despejado. Las amplias zonas de nubes, frentes, etc... hacen más difícil e incierta la predicción.

b) **Inversiones**: el tiempo que tarda la inversión de superficie en descomponerse depende de la irradiación solar y del terreno. Por ello, estos datos han de interpretarse como meros puntos de referencia.

e) **Temperatura desencadenante**: se obtiene de la curva de gradiente de temperaturas. Resulta difícil predecir el momento de su aparición, porque depende de la intensidad de los rayos solares. Esto ocurre igualmente con el valor de **máxima temperatura diaria**. **La base de los cúmulos** se obtiene de la curva de gradiente de temperaturas del aire. **La hora de la formación de los cúmulos** también depende de la irradiación solar.

Límite superior de la convección: puede predeterminarse con relativa exactitud, en función del gradiente de temperaturas y de la intensidad de los rayos del sol. Los datos relativos a la posible **térmica** dependen de los valores expuestos y del viento. Sin embargo no resulta fácil obtener datos muy precisos.

3) **Factores especiales**: en esta casilla se expone la posibilidad de tormentas, frentes, grado de certeza de los datos expuestos, posibles variaciones, tendencia de los cúmulos a causar grandes zonas de sombra, calles de térmicas, calles de térmicas invisibles, cizalladuras del viento.

4) **Perspectivas para el día siguiente**: se indican sólo con carácter general.

BOLETIN DE INFORMACION METEOROLOGICA

Elaborado por la estación meteorológica de Saarbrücken – Enscheim para un radio de 100 Km.
Tel. (0 68 93) 20 81 / 20 82   Fecha .... 08,30 horas MEZ
Meteorólogo ....

1) SITUACION GENERAL

2) FACTORES CARACTERISTICOS
a la hora de elaborar la predicción

Desarrollo posterior. Hora en que se han producido las variaciones.

a) VIENTO Altura   suelo 1.000 m. 1.500 m. 2.000 m.

Dirección

Intensidad en Km/h.

b) INVERSIONES   Altura en m.

c) NUBES Altura en m. sobre nivel del mar

Cantidad

Tipo

d) VISIBILIDAD   m.

e) TEMPERATURA DESENCADENANTE   °C   calculada para .... MEZ

TEMPERATURA MAXIMA   °C

BASE DE LOS Cu.   m. sobre nivel del mar   calculada para .... MEZ

LIMITE DE LA CONVECCION   m. sobre nivel del mar   calculada para .... MEZ

TERMICA   ninguna – débil – buena – variable – fragmentada

3) FACTORES ESPECIALES

4) PERSPECTIVAS PARA EL DIA SIGUIENTE

Velocidades de planeo (Sollfahrt)

Se entiende por velocidad de planeo, o «Sollfahrt», la velocidad óptima del vuelo de distancia. Puede determinarse gráficamente o bien matemáticamente, partiendo en ambos casos de un modelo simplificado de vuelo de distancia.

Volar con una velocidad de planeo correcta, puede interpretarse de tres maneras: 1. *planear a lo largo de la mayor distancia posible, partiendo de la altura que se dispone*, 2. volar, entre las corrientes ascendentes con la *máxima velocidad media (= velocidad de crucero)* o 3. variar de tal modo la velocidad de vuelo que se alcance la máxima *velocidad ascensional media*.

La estructuración de este capítulo se basa en esta división tripartita. Tanto para el cálculo como para los ejemplos que se describen, se emplean veleros de la clase standard. Con relativa frecuencia aparecen ejemplos que se refieren concretamente a veleros del tipo ASW 19, por la sencilla razón de que ya existían buenos cálculos sobre el rendimiento de este modelo. La mayoría de los resultados obtenidos son válidos para veleros de características semejantes.

ABREVIATURAS

Unidades geométricas

e = recorrido total del segmento de vuelo
a, b = recorridos parciales

h = altura, ganancia de altura
 − h = pérdida de altura
 h_{25} = altura necesaria para realizar una senda de planeo de 25 km.

E = coeficiente de planeo (recorrido : altura)
 E_g = coeficiente de planeo respecto del suelo

A = escala gráfica relativa a las variaciones de carga alar

FP = senda o trayecto de vuelo
 α = ángulo de inclinación del trayecto de vuelo

Tiempo

t = tiempo de vuelo
 t_1, t_2 = tiempos parciales

Velocidades horizontales

V = velocidad de vuelo ≈ velocidad horizontal del velero, velocidad de planeo (Sollfahrt)
 V_g = velocidad respecto del suelo
 V_1, V_2 = velocidad de los recorridos parciales «a» y «b»

V_R = $V_{crucero}$, velocidad media, velocidad de crucero
 V_{RM} = velocidad de crucero volando según la teoría clásica
 V_{RD} = velocidad de crucero en el vuelo de delfín
 V_{RO} = velocidad óptima y máxima de crucero

Wk = componente horizontal del viento (en el sentido del vuelo)

Velocidades verticales

Wm = desplazamientos verticales de las masas de aire

Ws = «rate» o índice de descenso vertical propio del velero (expresión siempre negativa)

Wf = desplazamiento vertical del velero (positivo o negativo)

Si = «rate» o índice total de descenso vertical del velero = Ws + Wf (expresión siempre negativa)

St = velocidad ascensional del velero = Ws + Wm (expresión siempre positiva)

CURVA POLAR DE VELOCIDADES DEL VELERO

El cálculo para conocer las velocidades idóneas de un velero se basa en la llamada curva polar de velocidades del velero. Esta curva de las prestaciones propias de cada velero puede obtenerse bien directamente del fabricante (generalmente un tanto exagerada) o bien elaborándola nosotros mismos por una serie de mediciones durante el vuelo. La curva polar nos indica, mediante un diagrama, las prestaciones de planeo del velero. Sobre el eje de coordenadas horizontal figuran los valores de la velocidad de vuelo (V). Sobre el eje de coordenadas vertical se representan los valores del índice o «rate» de descenso vertical propio del velero (Ws). La curva polar sólo es válida para una determinada carga alar (G/F), señalada en el diagrama, para una altura concreta (en general, el nivel del mar) y para el vuelo estacionario (es decir, con velocidad constante).

El valor de la carga alar se obtiene dividiendo el peso total del velero (velero + piloto + paracaídas + lastre + etc.) por la superficie de los planos en m^2. Suele venir expresado en Kp/m^2 (kilopondios por metro cuadrado). Una primera precaución antes de utilizar la curva polar es comprobar si la carga alar correspondiente a la curva es aplicable al lastre con que se acostumbre a volar. En efecto, para los veleros con lastre de agua es necesario, para evitar errores de bulto, calcular las curvas polares correspondientes al velero sin lastre, con medio depósito y con el depósito de agua totalmente lleno. Nunca ha de olvidarse que la curva polar varía enormemente en función de la carga alar.

Cuando se pretenda realizar vuelos a grandes alturas, es preciso adaptar la curva polar a los correspondientes índices de enrarecimiento del aire en función de la altura.

VARIACION DE LA CURVA POLAR DE VELOCIDADES, EN FUNCION DE LA CARGA ALAR

Cada vez que cambia el valor de la carga alar, se obtendrá una nueva curva polar. Cuando esto ocurra, puede obtenerse la nueva curva polar de forma rápida y con una exactitud aceptable, ampliándola o contrayéndola totalmente, a partir de su origen. El coeficiente escalar de variación que ha de aplicarse viene dado por la expresión siguiente $\sqrt{\text{nueva carga alar}} : \sqrt{\text{primitiva carga alar}}$ o bien utilizando esta otra expresión : $\sqrt{\text{nuevo peso del velero}} : \sqrt{\text{peso primitivo del velero}}$, que es igualmente válida que la anterior, por no variar la superficie de los planos.

En nuestro ejemplo de la figura 66, la relación o coeficiente escalar es de 3 : 2.

VARIACION DE LA CURVA POLAR DE VELOCIDADES, EN LOS VUELOS A GRAN ALTURA

A grandes alturas, tanto la presión del aire como su densidad son menores. Por lo tanto, para conseguir las mismas fuerzas aerodinámicas es necesario volar a mayor velocidad y, consecuentemente, el avión perderá altura más deprisa. Las coordenadas que definen la curva polar varían en función de la siguiente relación:

$\sqrt{\text{presión atmosférica standard}} : \sqrt{\text{presión atmosférica real}}$, de modo parecido (aunque inverso) a cuando se variaba la carga alar del velero. Para la mayor corrección de esta explicación, conviene decir que el anemómetro está también sometido a los mismos cambios e influencias.

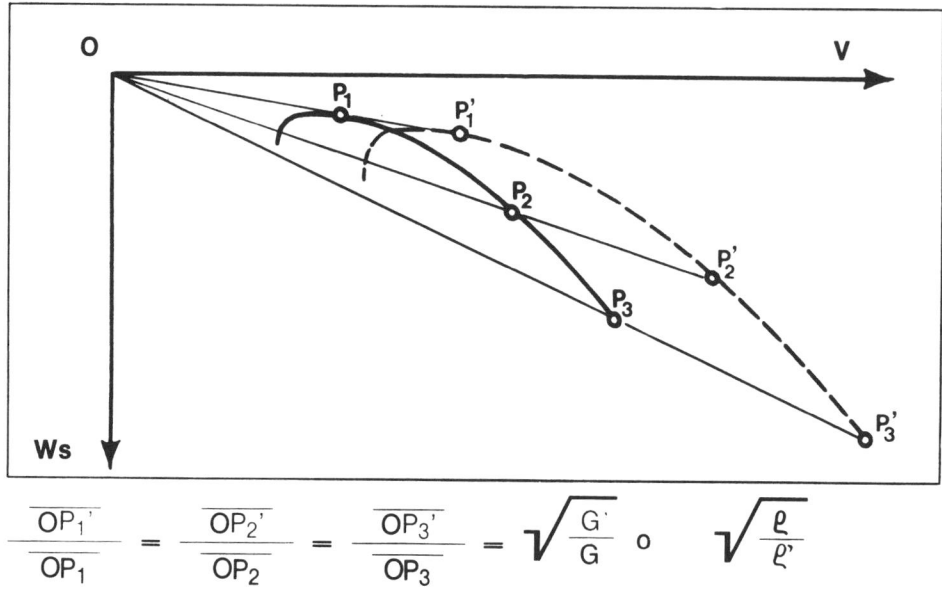

$$\frac{\overline{OP_1'}}{\overline{OP_1}} = \frac{\overline{OP_2'}}{\overline{OP_2}} = \frac{\overline{OP_3'}}{\overline{OP_3}} = \sqrt{\frac{G'}{G}} \text{ o } \sqrt{\frac{\varrho}{\varrho'}}$$

Fig. 66 – Variaciones de la curva polar en función de la carga alar y de la altura de vuelo.

Así pues, se vuela de forma aerodinámica correcta a grandes alturas siguiendo de forma usual las indicaciones del anemómetro. Sin embargo, no hay que olvidar que en realidad volamos a mayor velocidad que la señalada por el anemómetro.

1. VELOCIDADES DE PLANEO (SOLLFAHRT) – COEFICIENTE DE PLANEO

A. Optima senda de planeo, con aire en calma

Lógicamente hallaremos la mejor velocidad de planeo buscando sobre la curva el punto donde resulte más favorable la relación entre la velocidad horizontal (aproximadamente igual a la velociad de vuelo) y el «rate» de descenso vertical. Para hallarlo gráficamente, basta trazar desde el origen de coordenadas la recta tangente a la curva polar. El punto de contacto con ésta es el punto buscado. En la figura 67 de la pág. 150 aparecen tres curvas polares, correspondientes a tres cargas alares distintas. La tangente es la misma para las tres curvas, pero los puntos de tangencia difieren.

En la figura tan sólo aparece señalado el punto tangencial P, que corresponde a la curva polar de 28 Kp/m².

La pendiente negativa de la tangente determina el coeficiente óptimo de planeo. En este caso, para un ASW 19 le corresponde 38 : 1 (recorrido : altura). Es decir, que con una altura de 1.000 m. se lograría recorrere 38 Km. El coeficiente óptimo de planeo es absolutamente independiente de la carga alar. Sin embargo, los veleros ligeros deben volar más despacio, los medios han de hacerlo a 90 km/h y los pesados algo más deprisa, con el fin de mantener este coeficiente y por lo tanto, realizar el mayor recorrido posible.

B. Planeo óptimo con viento horizontal y sin corrientes ascendentes o descendentes, a lo largo del trayecto de vuelo

En todo momento la curva polar sigue siendo válida, respecto de las masas de aire. Hay que tener presente, sin embargo, que los movimientos del aire influirán en la velocidad del velero respecto del suelo. En efecto, ésta disminuirá si el viento es en cara y aumentará cuando sea en cola. Las variaciones, en un sentido o en otro, tendrán el mismo valor absoluto que el del viento. Por lo tanto, en la gráfica de «optimización», la curva polar habrá de desplazarse en función de la intensidad y sentido del viento.

La figura 68 representa las curvas polares correspondientes a un velero del modelo ASW 19, con una carga alar de 28 kp/m^2.

En la gráfica de esta figura, los ejes coordenados de color negro corresponden al caso del viento en calma. Los ejes coordenados de color rojo (no figura el eje horizontal, por la razón que se explicará después) corresponden al supuesto de un viento en cola de 50 km/h y los ejes coordenados en azul (falta igualmente el eje horizontal) corresponden a un viento en cara de 50 km/h.

Para simplificar la figura, en lugar de desplazar la curva polar, se desplazó sólo el origen de coordenadas, lo que viene a ser lo mismo. De ahora en adelante, éste será el procedimiento gráfico que emplearemos. En el caso del viento en cola de 50 km/h, se obtiene un coeficiente de planeo, respecto del suelo, de 60. El velero ha de volar con velocidad inferior a la del viento en calma: volará, por lo tanto, a 80 km/h.

En el caso de viento en cara de 50 km/h, el velero ha de volar con velocidad superior a la del viento en calma, con el fin de poder mantener el óptimo índice de planeo, que en este caso es de 18. El velero debe volar, por lo tanto, a 110 Km/h.

Así pues, no hemos de olvidar que con fuerte viento en cola se ha de volar más despacio que la velocidad correspondiente al planeo óptimo en calma, y más deprisa cuando el viento es de cara.

> Para lograr un óptimo recorrido de planeo, cuando el viento sea en cara, se ajustará el anillo de Mac Cready colocándolo sobre un valor, para el que la velocidad de crucero resultante sea igual a la velocidad del viento en cara.

Todo lo expuesto resulta exacto sólo cuando las masas de aire no se desplazan verticalmente. Esta salvedad será expuesta y explicada cuando se estudie la «velocidad de crucero».

C. Planeo óptimo con viento en calma sobrevolando zonas de corrientes ascendentes y descendentes

Cuando se vuela a través de masas de aire descendentes, se sumará al «rate» de descenso vertical polar del velero la velocidad descendente de las masas. Consecuentemente, la curva polar sufrirá un desplazamiento hacia abajo, igual al valor del movimiento descendente del aire. (Si las masas de aire ascienden, el proceso será el mismo, pero a la inversa).

La figura 69 representa la gráfica correspondiente al mismo modelo ASW 19 (28 kp/m^2). Siguiendo el procedimiento expuesto, se ha desplazado el origen de coordenadas, y no han sido representados los dos nuevos ejes de las abcisas. Cada origen, y cada una de las tangentes trazadas desde éstos, tiene su respectivo color.

En este ejemplo, la óptima velocidad de planeo es de 120 km/h., cuando las masas de aire descienden a 1 m/seg.. La pendiente de la tangente roja señala un coeficiente de planeo de sólo 16. El variómetro indica un valor de descenso de 2,05 m/seg., resultado de sumar la velocidad descendente del aire y el «rate» de descenso vertical del velero.

Veamos lo que ocurre con la tangente azul. ¿Qué nos indica su horizontalidad? Nos señala que si las masas de aire ascendiesen a 0,58 m/seg. compensarían el «rate» de descenso vertical del velero, si volásemos a la velocidad de 73 km/h., pudiendo entonces planear hasta el infinito sin pérdida de altura. Es decir, que cuando la tangente a la curva es horizontal, el coeficiente de planeo del velero es ∞. En estas condiciones, el variómetro indicaría 0 m/seg.. Ahora bien, si las masas de aire ascienden a mayor velocidad, se deberá volar a una velocidad inferior a la del mínimo hundimiento (73 km/h.), para ascender en vuelo rectilíneo según la mayor pendiente posible.

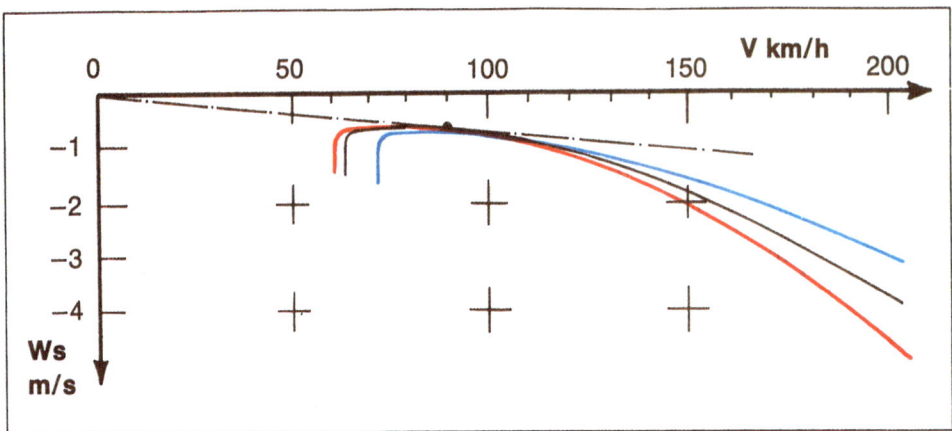

Fig. 67 – Curva polar de velocidades para diversas cargas alares (ASW 19). ──── = 24 Kp./m². ──── = 28 Kp./m². ──── = 36 Kp./m² ─·─·─ = tangente. P = punto de tangencia con la curva polar (28 Kp/m²).

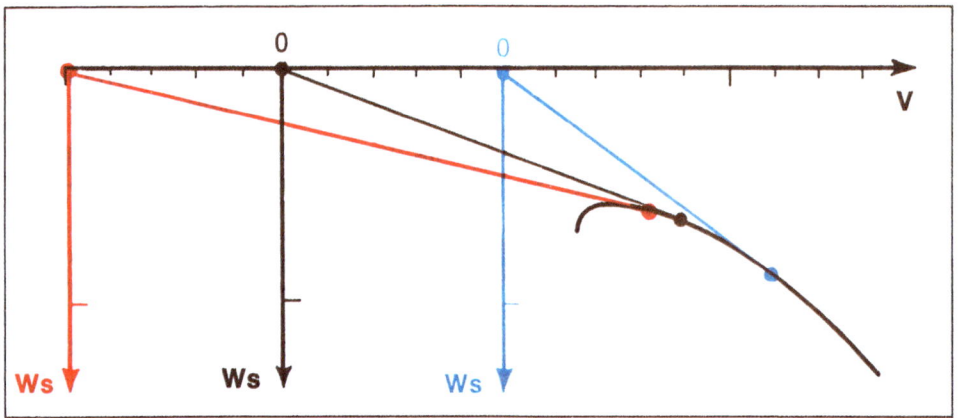

Fig. 68 – Velocidades óptimas de planeo con viento de cola, de cara y en calma. Sistemas de coordenadas y tangentes: ──── = para viento de cola. ──── = en calma. ──── = para viento de cara.

Este ejemplo demuestra que a cada movimiento vertical del aire corresponde una adecuada velocidad de planeo (Sollfahrt). Ahora bien, como la velocidad del velero influye en la velocidad de descenso del mismo, también la velocidad de planeo dependerá del índice de descenso total del velero (= velocidad descendiente de las masas de aire + «rate» de descenso vertical del velero). Por lo tanto, a cada indicación del variómetro corresponde una ve-

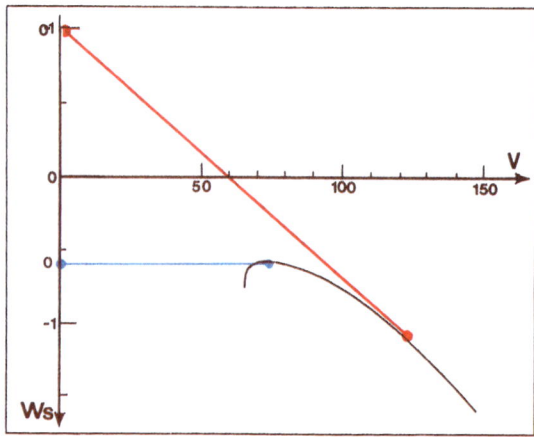

Fig. 69 – Velocidades óptimas de planeo (Sollfahrt), con masas de aire ascendentes y descendentes.

locidad óptima de planeo, que permitirá el planeo más largo posible. Consecuentemente, para volar a la velocidad óptima se coloca un anillo alrededor del variómetro y se señalan sobre el mismo los valores de las velocidades óptimas de planeo. De este modo puede conocerse cuál es la velocidad de planeo más adecuada al movimiento vertical del velero. La forma de fabricar nosotros mismos un anillo semejante, se explicará en la pag. 154. Aún cuando estos anillos se venden en el comercio, con las velocidades ya señaladas, en numerosas ocasiones nos veremos obligados a fabricarlo. Esto ocurre cuando la curva polar elaborada por el fabricante del velero adolece de valores exagerados, especialmente en los que se refiere a la carga alar, que son necesarios rectificar.

2. VELOCIDADES DE PLANEO (SOLLFAHRT) VELOCIDAD DE CRUCERO

El problema que va a ser planteado ahora difiere totalmente del que ha sido expuesto anteriormente y que se refería al cálculo de la senda de planeo más larga posible. Es decir, antes pretendíamos lograr el recorrido óptimo, la mayor distancia. Ahora se trata de conseguir una velocidad: la óptima velocidad de crucero. Dicho de otro modo, interesa conocer a qué velocidad hemos de volar entre térmica y térmica, para obtener la mejor velocidad de crucero posible. Es obvio que a la mayor velocidad de crucero respecto del aire corresponderá también la mayor velocidad respecto del suelo. De modo que, en muchas ocasiones, se prescinde de la componente horizontal del viento.

Esta exposición parte de la base siguiente: cualquier aumento de altura logrado en una corriente ascendente se ha obtenido mediante el vuelo en espiral y, por lo tanto, sin recorrer distancia alguna durante el mismo (vuelo clásico de distancia).

Representación gráfica de las velocidades de planeo (Sollfahrt)

Planeo entre térmica y térmica, con aire en calma

Supongamos que se conoce la velocidad ascendente de la térmica, hacia la que nos dirigimos, y que su intensidad no varía con la altura.

Tratamos de determinar a qué velocidad hemos de volar para alcanzar esta corriente ascendente de intensidad conocida y conseguir la máxima velocidad de crucero (en supuesto de que las masas de aire entre térmicas no sufran ningún desplazamiento vertical).

Lógicamente hemos de volar a mayor velocidad cuanto más intensa sea la corriente ascendente a la que nos dirigimos. Consecuentemente, perderemos una altura que recuperaremos fácilmente durante la ascensión. Claro está que si voláramos con velocidad excesiva, nuestra pérdida de altura llegaría a ser tan grande que el tiempo ganado durante el rápido planeo no sería suficiente para compensar el empleado en recuperar la altura perdida. Por lo tanto, para cada fuerza ascensional ha de existir, y existe, una velocidad óptima de planeo, que dé lugar a la mejor velocidad de crucero.

PRINCIPIO DE «OPTIMIZACION»

La figura 70 muestra que el piloto A ha realizado el vuelo más adecuado. el piloto B perdió mucho tiempo, al planear con excesiva lentitud. El piloto C, a pesar de ser el primero en alcanzar la corriente ascendente, ha perdido mucha más altura que los otros dos, y le es imposible ya compensar esta diferencia. Pero..... ¿cómo averiguar el valor de la velocidad óptima? Se puede recurrir a la fórmula general de la velocidad de crucero:

Ecuación I

$$\frac{V_{crucero}}{V} = \frac{St}{St-Si}$$

en la que:

V = velocidad horizontal de planeo (≈ velocidad de vuelo)

St = velocidad ascensional durante el vuelo en espiral

y en este supuesto:

Si = Ws = «rate» o índice de descenso total del velero (puesto que se estableció que las masas de aire entre térmicas no tenían ningún desplazamiento vertical)
Ws siempre de valor negativo, por tratarse de un movimiento descendente.

Construcción de la gráfica de las velocidades de planeo (Sollfahrt) con aire en calma

En el diagrama de la curva polar de velocidades se anota, sobre la parte positiva del eje de ordenadas, el valor ascensional esperado en la próxima térmica. Desde este punto se traza la tangente a la curva polar. El punto en que esta tangente corta el eje de abcisas señala el valor de la velocidad máxima de crucero. A su vez, el punto de tangencia indica la velocidad de planeo adecuada entre corrientes ascendentes y, al mismo tiempo, la velocidad de descenso vertical del velero.

En el ejemplo de la figura 71, la velocidad ascensional estimada (en la próxima térmica) es de 1 m/seg.. La velocidad de planeo entre térmicas ha de ser de 120 km/h. y el variómetro señala – 1,05 m/seg.. La velocidad de crucero resultante es de 58 km/h.. Esta gráfica coincide con la representada en la figura 69, donde se trataba de determinar el planeo óptimo, con corrientes descendentes.

En ambos supuestos se obtiene la misma velocidad de planeo (120 km/h.), a pesar de que en este último supuesto se volaba con aire en calma, y se calculaba una ascensión de 1 m/seg., mientras que en el anterior se pretendía lograr la senda de planeo más larga, con

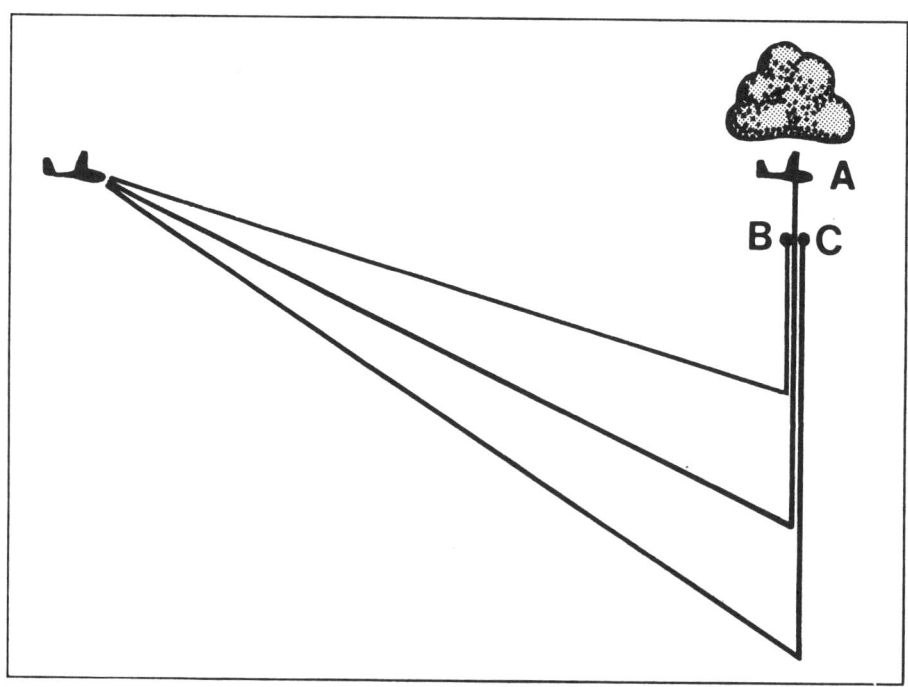

Fig. 70 – Principio de "Optimización".

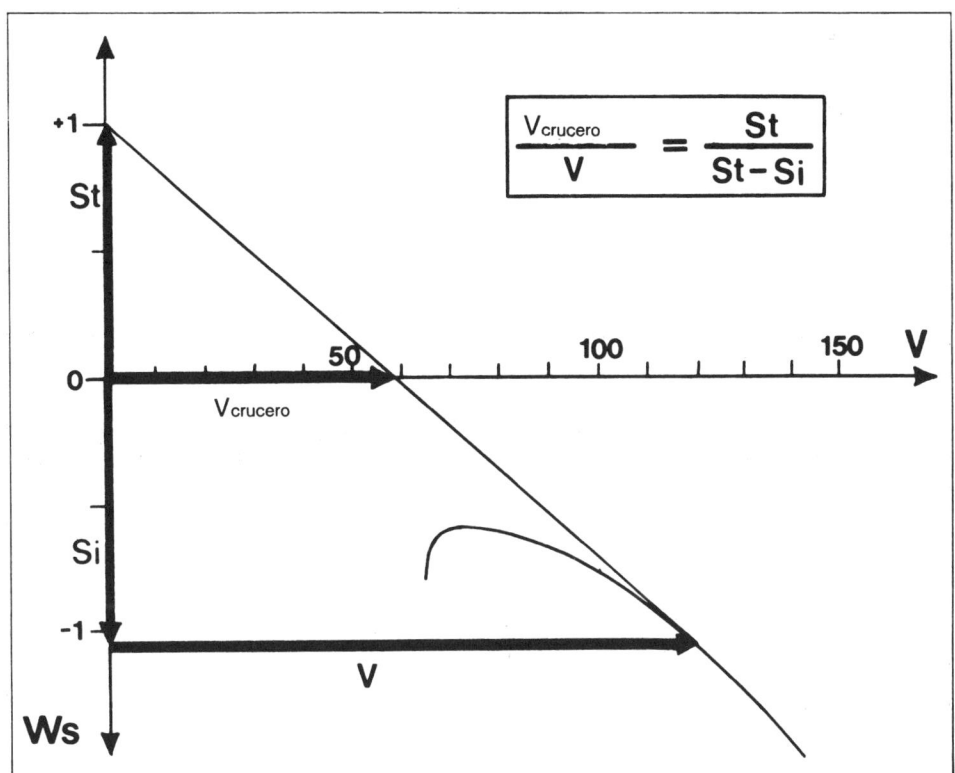

Fig. 71 – Determinación gráfica de la velocidad óptima de planeo con aire en calma. St = velocidad ascendente esperada en la próxima térmica (1 m/s). Si = velocidad de descenso; en este supuesto Si = Ws = –1,05 m/s. V = velocidad de planeo (120 Km/h). $V_{crucero}$ = velocidad de crucero (58 Km./h).

una corriente descendente de 1 m/seg. La indicación del variómetro es diferente en ambos casos, y, concretamente, en 1 m/s, es decir en el valor ascensional estimado de la próxima térmica.

El anillo situado alrededor del variómetro debe ser giratorio, para poder deteminar la velocidad óptima de crucero. Para ello se realiza lo siguiente: *se coloca la marca 0 del anillo sobre el valor de la velocidad ascensional estimada para la próxima térmica. La aguja del variómetro señalará sobre el anillo la velocidad de planeo (Sollfahrt) que corresponde a la velocidad óptima de crucero.*

Planeo entre dos corrientes ascendentes, con masas de aire en movimiento

Supongamos que se conoce la velocidad ascensional de la próxima corriente, y que ésta no varía con la altura.

Si las masas de aire se desplazaran hacia abajo, al «rate» polar de descenso vertical del velero ha de sumarse el valor descensional del aire. De este modo se obtiene el descenso efectivo del velero. Como consecuencia, la curva polar se desplazará hacia abajo un valor igual al descenso de las masas de aire. Por supuesto, podemos representar este cambio desplazando hacia arriba el eje de las abcisas. En la figura 72, teniendo en cuenta que las masas de aire descienden a 0,5 m/seg. y que la próxima corriente ascendente tiene una intensidad estimada de 1 m/seg., se deduce que la velocidad de planeo ha de ser de 139 km/h.

Si las masas de aire, situadas entre las corrientes ascendentes, mantuvieran de forma constante su tendencia a descender, la velocidad de crucero (en un ASW 19) se reduciría a 48 km/h.

El variómetro indicaría – 1,8 m/seg.

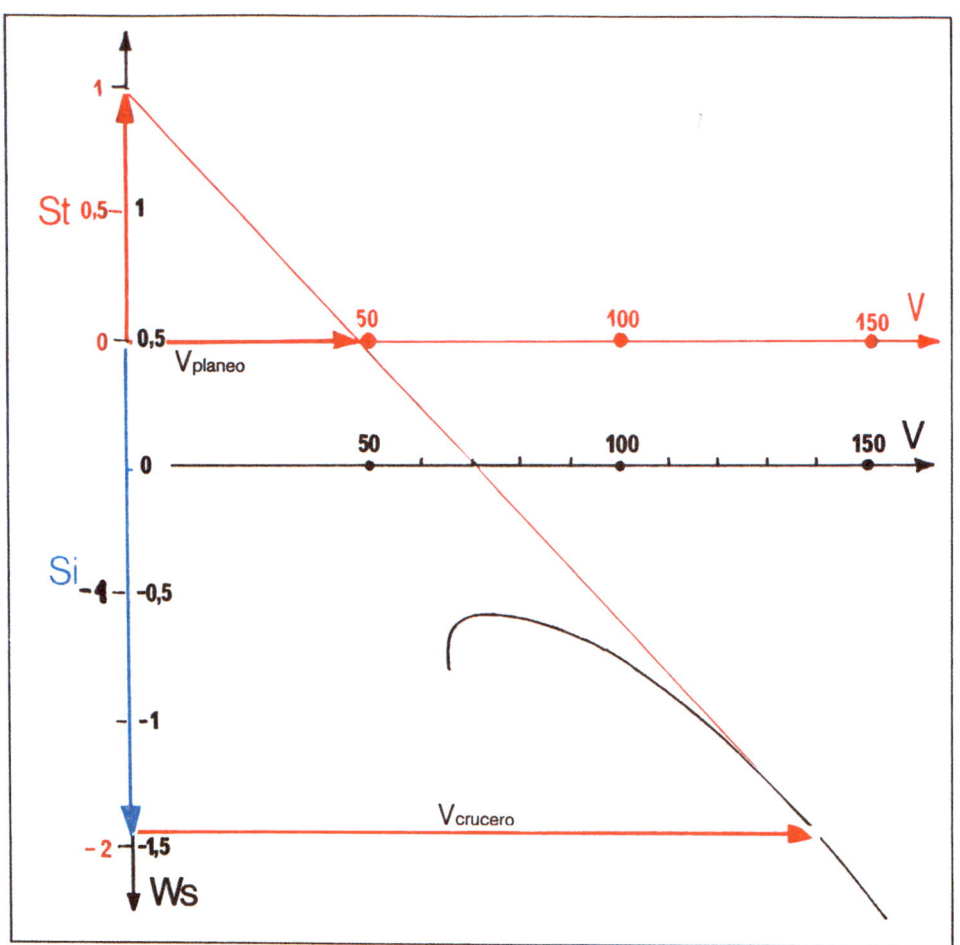

Fig. 72 – Velocidad de planeo (Sollfahrt) con masas de aire descendente. St = velocidad ascendente esperada (1 m/s). Si = velocidad o índice total de descenso vertical del velero (–1,9 m/s); es la suma de la velocidad ascendente de las masas de aire (–0,5 m/s) y el índice de descenso polar propio de velero (–1,4 m/s). V_{planeo} = velocidad de planeo (Sollfahrt) (139 Km/h.). $V_{crucero}$ = velocidad de crucero (48 Km/h.).

Al calcular el valor del planeo óptimo, se obtiene que corresponde a la velocidad de 139 km/h (punto de tangencia), cuando el variómetro indique – 2,8 m/seg. (suma de ordenadas = – 1,8 – 1 = –2,8). Una vez más, la diferencia de indicaciones en el variómetro es de 1 m/seg., valor que corresponde a la intensidad que se esperaba encontrar en la próxima térmica. En consecuencia: *ajustando el anillo a la velocidad ascensional esperada se obtiene también el valor de la velocidad de planeo a la que hemos de volar, incluso cuando las masas de aire se desplacen verticalmente.*

El anillo giratorio, colocado alrededor del variómetro, fue ideado en 1.949 por el piloto de vuelo sin motor Paul B. Mac Cready, vencedor del campeonato del mundo de vuelo sin motor celebrado, en 1.956, en San Yan. Posteriormente (1.978/1.979) siguió siendo noticia por sus trabajos sobre aviones propulsados por fuerza muscular.

CONSTRUCCION GRAFICA DE LA CURVA DE VALORES DEL ANILLO DE MAC CREADY

(véase figuras 73 y 74)

Supongamos que la intensidad de la corriente ascendente esperada es de 0 m/seg.; es decir, que suponemos mantenernos «en un

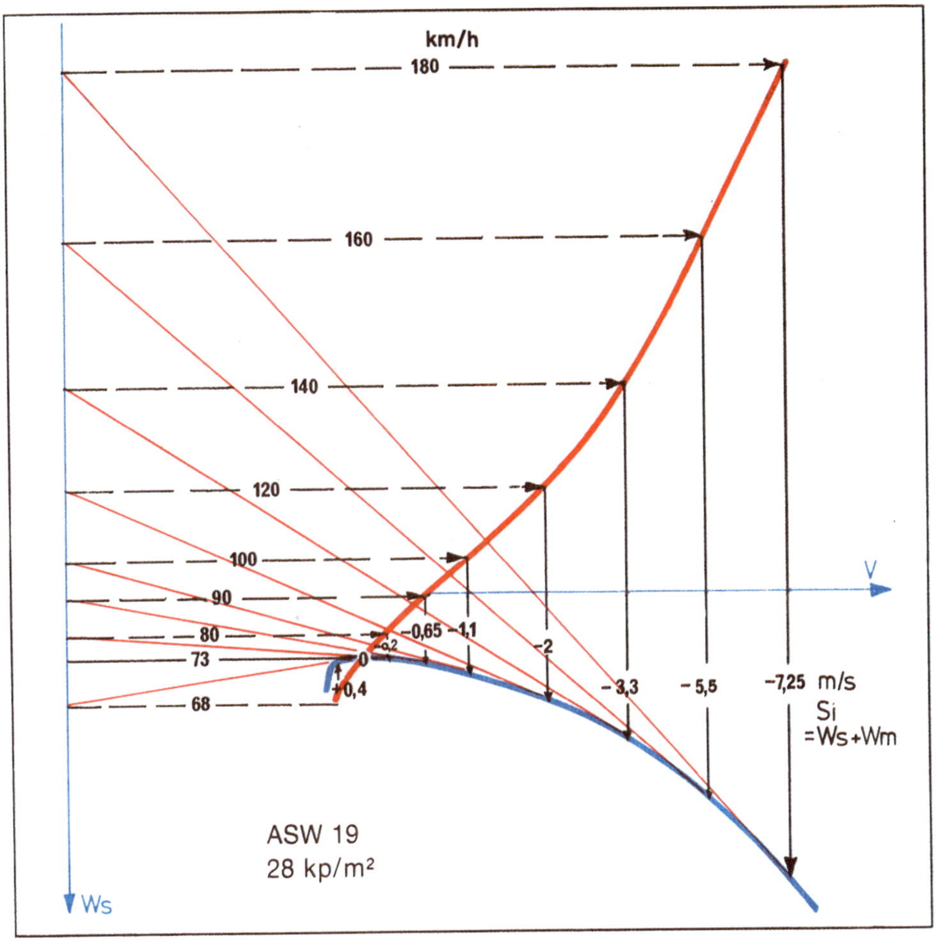

Fig. 73 – Construcción gráfica de la curva de valores del anillo de Mac Cready.

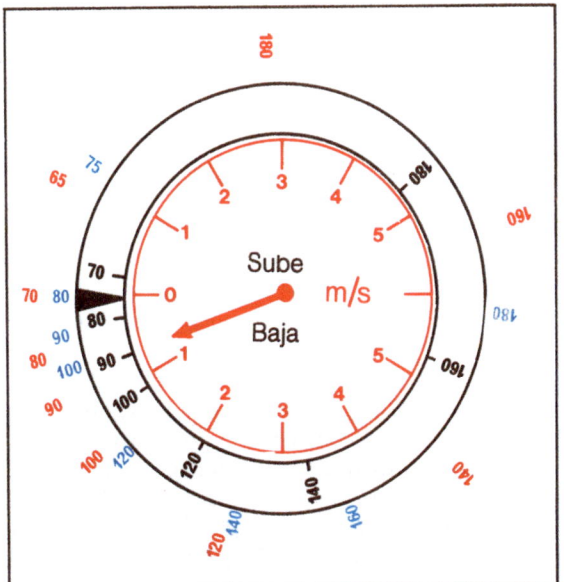

Fig. 74 – Anillo de Mac Cready.

ASW 19, 28 kp/m² Tabla de velocidades de planeo (Sollfahrt) Ascensión esperada en la próxima térmica: 0 m/s.	
Velocidades de planeo (Sollfahrt) V en Km/h	Velocidad descendente en m/s
180	– 7,25
160	– 5,3
140	– 3,3
120	– 2
100	– 1,1
90	– 0,65
80	– 0,2
70	+ 25

Anillo Negro = Anillo de Mac Cready para carga alar de 28 kp/m²
cifras azules = valores para carga alar de 36 kp/m²
cifras rojas = valores para carga alar de 24 kp/m²

cero». Las masas de aire durante el planeo se desplazan verticalmente con intensidad variable.

En la figura 73, la curva polar azul y el sistema de coordenadas del mismo color, corresponden al supuesto de que las masas de aire están en calma. El punto de tangencia, de la tangente trazada a partir del origen de coordenadas azules, tiene por abcisa V = 90 km/h y por ordenada Si = – 0,65 m/seg.. Las líneas negras de trazo discontinuo señalan los ejes de las velocidades V, que corresponden a los distintos desplazamientos verticales del aire. Si a partir del punto de origen de cada uno de los sistemas de coordenadas, que están a lo largo del eje vertical Ws, se trazan coloreadas en rojo las correspondientes tangentes a la curva polar, cada punto de tangencia nos da a conocer sus propias coordenadas (V; Si). Así pues, si por cada valor del posible desplazamiento de las masas de aire se traza la correspondiente tangente a la curva polar, irán obteniéndose los distintos pares de valores (V; Si) que unidos dan por resultado la «curva de velocidades óptimas de planeo» (pintada de rojo)

Así por ejemplo, la tangente que indica como velocidad V = 180 km/h., corresponde al valor de Si = – 7,25 m/seg. (presupone su desplazamiento de las masas de aire a una velocidad descensional de Wm = – 5 m/seg.). Los valores negativos de las ordenadas correspondientes a 160, 140, 120 y 100 km/h., señalan las intensidades descendentes de las masas de aire. A la velocidad de 90 km/h, le corresponde una ordenada de valor cero, es decir, que el aire está en calma.

Cuando las masas de aire ascienden a Wm = + 0,58 m/seg., la velocidad de planeo (Sollfahrt) debe ser de 73 km/h, manteniéndose el velero en cero (Si = 0 m/seg.), es decir, sin pérdida de altura.

Si las masas de aire ascendieran a Wm = 1 m/seg., la velocidad de planeo sería de 68 km/h., y el velero ascendería a Si = + 0,4 m/seg..

Este último caso ofrece un resultado aparentemente contradictorio, ya que, para realizar este cálculo, se ha partido del supuesto de que la ascensión estimada del velero sería de 0 m/seg.. Sin embargo más adelante comprobaremos que esta aparente anomalía tiene especial importancia para el vuelo de delfín.

Todo cambio de la carga alar no sólo desplaza la curva polar de velocidades, sino que también hace variar la distribución de velocidades sobre el anillo de Mac Cready.

En la figura 74 el variómetro aparece dibujado en rojo. Todo lo dibujado en negro representa el anillo de Mac Cready, y el triángulo negro corresponde a su marca o señal de ajuste. En el anillo, los números en negro corresponden a una carga alar de 28 kp/m^2, los azules a una carga alar de 36 kp/m^2 y los rojos a 24 kp/m^2.

Pérdidas debidas a una elección errónea de la velocidad de vuelo

La aplicación de la regla general de velocidad de crucero (ecuación I), permite determinar gráficamente la pérdida debida a una inadecuada elección de la velocidad óptima. La figura 75 muestra dos ejemplos en los que el anillo de Mac Cready fue ajustado pésimamente. En el primer caso, un ascenso espera-

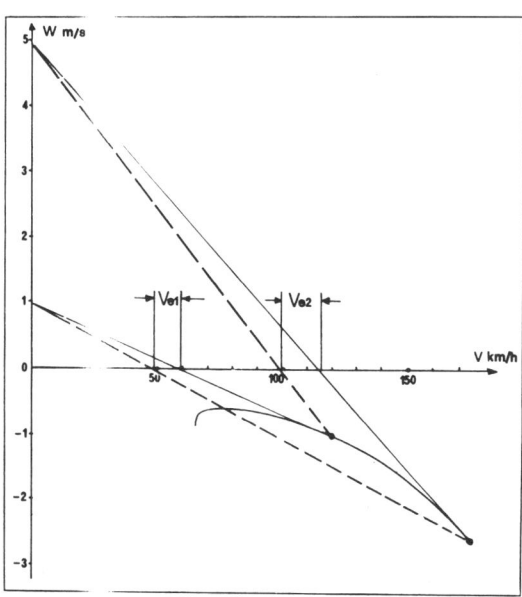

Fig. 75 – Pérdidas originadas por el ajuste incorrecto del anillo de Mac Cready.

do de 1 m/seg., hubiera exigido volar a 120 km/h.. El piloto, sin embargo, mostrando un gran desconocimiento, se lanza a una velocidad de 174 km/h., lo que corresponde al ajuste del anillo a 5 m/seg. A pesar de ello, el error (V_{e1}) tan sólo le supuso una pérdida de 10 km/h en su velocidad de crucero. En el segundo caso, lo correcto hubiese sido colocar el anillo en 5 m/s y volar a 174 km/h; el piloto, excesivamente precavido, ajustó el anillo a 1 m/seg. (120 km/h) perdiendo 15 km/h (V_{e2}) de velocidad de crucero. Ahora bien, si se hubiera mostrado todavía más prudente colocando el anillo en 0 m/seg., el error le hubiera costado la pérdida de 37 km/h.

Estos ejemplos, un tanto exagerados, muestran cómo las pérdidas significativas de la velocidad de crucero se deben únicamente a graves errores en el ajuste del anillo (indicador de velocidades de planeo). Ha de evitarse en lo posible el ajuste en 0, por ser particularmente desfavorable.

Teoría clásica de velocidad de planeo (Sollfahrt) Aspecto matemático de la misma

ANALISIS MATEMATICO DE LA VELOCIDAD MEDIA DE CRUCERO

Magnitudes básicas:

V = velocidad de vuelo rectilíneo

Si = «rate» o índice total de descenso vertical del velero en vuelo rectilíneo (valor negativo)

St = velocidad ascensional del velero durante el vuelo en espiral

Para el cálculo de la velocidad de crucero ($V_{crucero}$) se parte de un tramo de vuelo, constituido por: Planeo + Ascensión. La altura final de vuelo es igual a la inicial.

Durante la senda de planeo el velero pierde una altura «h» y recorre el espacio «e».

La velocidad de crucero:

① $V_{crucero} = \dfrac{e}{t}$

② Tiempo total del vuelo «t»:

$t = t_1 + t_2$ (t_1 = tiempo de planeo; t_2 = tiempo de ascensión)

Pérdida de altura:

③ $-h = t_1 \cdot Si$ (Si = índice de descenso vertical del velero durante el vuelo rectilíneo)

El aumento de altura durante el vuelo ascensional será:

④ $h = t_2 \cdot St$

④a $t_2 = t_1 \cdot \dfrac{-Si}{St}$

Tiempo de planeo:

⑤ $t_1 = \dfrac{e}{V}$

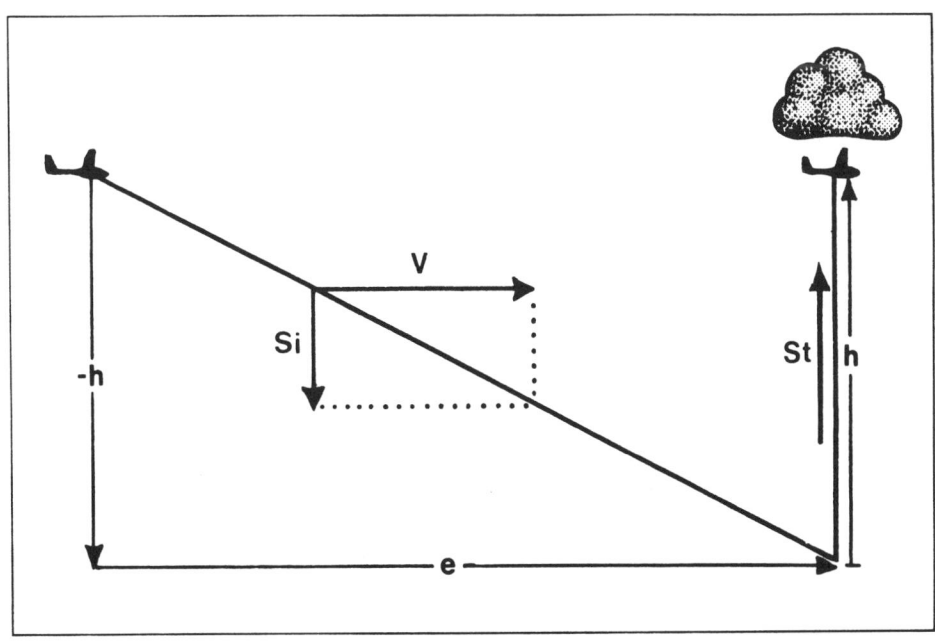

Fig. 76 – Modelo de "clásico" vuelo de distancia.

sustituyendo t_1 en la ecuación ④a:

⑥ $t_2 = \dfrac{e}{V} \cdot \dfrac{-Si}{St}$

sustituyendo los tiempos parciales t_1 y t_2, en la ecuación ②:

$t = \dfrac{e}{V} \left(1 + \dfrac{-Si}{St} \right)$

sustituyendo t en la ecuación ①:

$$\boxed{V_{crucero} = \dfrac{V \cdot St}{St - Si}}$$

Esta expresión resulta totalmente válida para cualquier velocidad de vuelo (V), así como para todo «rate» o índice total de descenso vertical del velero (Si); (que se compone de la suma del «rate» polar de descenso vertical propio del velero Ws y de la velocidad vertical de las masas de aire Wm, que pueden ser ascendentes o descendentes).

La expresión anterior puede transformarse en la siguiente:

Ecuación I =

$$\boxed{\dfrac{V_{crucero}}{V} = \dfrac{St}{St - Si}}$$

pudiendo representarse gráficamente, basándonos en los principios de la Trigonometría (véase figura 77).

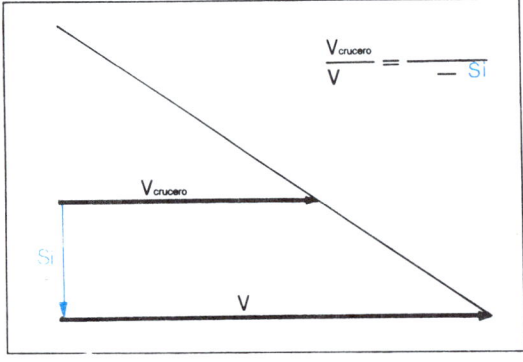

Fig. 77 – Velocidad media de crucero. Semejanza entre figuras geométricas.

DEDUCCION MATEMATICA DE LA ECUACION DE VELOCIDADES DE PLANEO (SOLLFAHRT)

De nuevo partimos del modelo de vuelo de distancia, descrito para la determinación de la velocidad media de crucero.

El tiempo total del tramo de vuelo es:

(1) $t = t_1 + t_2$

t_1 = tiempo de planeo
t_2 = tiempo de ascensión

o bien:

(2) $t = \dfrac{e}{V} + \dfrac{h}{St}$

e = espacio de la senda de planeo
V = velocidad de planeo
h = diferencia de altura
St = velocidad ascensional

La pérdida de altura durante el vuelo de planeo es:

(3) $-h = \dfrac{Ws + Wm}{V} \cdot e$

Ws = rate o índice de descenso vertical propio del velero
Wm = desplazamiento vertical de las masas de aire

El signo negativo es debido a que Ws < 0, y Wm puede ser superior o inferior a cero.

(Ws + Wm) es igual al «rate» total de descenso vertical del velero Si.

Sustituyendo la ecuación (3) en la ecuación (2), se obtiene:

(4) $t = e \cdot \left(\dfrac{-(Ws + Wm)}{V \cdot St} + \dfrac{1}{V} \right)$

Para que este tiempo total sea mínimo, derivamos la ecuación con respecto a «V» e igualamos la derivada a cero:

$\dfrac{dt}{dV} = e \cdot \left(\dfrac{\dfrac{-dWs}{dV} \cdot V \cdot St + (Ws + Wm) \cdot St}{(V \cdot St)^2} - \dfrac{1}{V^2} \right) = 0$

Por ser e > 0, se deduce que:

$- \dfrac{dWs}{dV} \cdot V \cdot St + (Ws + Wm) \cdot St = St^2$

158

Ecuación II =

$$\frac{dWs}{dV} \cdot V = (Ws + Wm) - St$$

Esta expresión constituye la ecuación básica de la velocidad de planeo y es el fundamento teórico del anillo de Mac Cready.

En la ecuación, el término de la derecha significa:

(Ws + Wm) − Ṡt = a la velocidad o «rate» total de descenso vertical del velero durante el planeo (normalmente < 0) menos la velocidad ascensional esperada (St). Por lo tanto, tiene valor negativo.

El término de la izquierda significa:

$V \cdot \frac{dWs}{dV}$ = velocidad rectilínea multiplicada por la pendiente de la curva polar de velocidades, en el punto de velocidad V. Siendo siempre negativa la pendiente de curva polar durante el tramo de planeo, este término de la ecuación también será a su vez negativo.

Esta expresión matemática de la velocidad de planeo queda gráficamente representada por la curva obtenida mediante las tangentes trazadas a la curva polar.

ECUACION MATEMATICA DE LA CURVA POLAR DE VELOCIDADES

Es absolutamente necesario expresar la curva polar del velero mediante una ecuación matemática, tanto para calcular valores óptimos, como para el diseño de las computadoras de a bordo.

La curva polar de velocidades puede fácilmente representarse matemáticamente mediante una ecuación de segundo grado:

Ecuación III =

$$W = aV^2 + bV + c$$

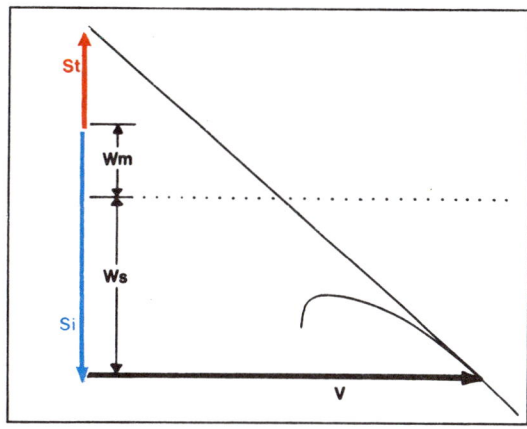

Fig. 78 – Representación gráfica de la ecuación de velocidades de planeo o ecuación de Mac Cready.

Esta ecuación puede resolverse aplicándole los valores de tres pares de coordenadas (V, W) de tres puntos distintos de la curva polar, constituyendo así un sistema de tres ecuación:

$$W_1 = aV_1^2 + bV_1 + c$$
$$W_2 = aV_2^2 + bV_2 + c$$
$$W_3 = aV_3^2 + bV_3 + c$$

Para conseguir que, partiendo de la velocidad óptima de planeo y a lo largo de este tramo, tenga lugar una correspondencia satisfactoria entre las ecuaciones y la curva, Kauer recomienda la elección de los tres pares de coordenadas del modo siguiente: situar el punto 1 (W_1, V_1) en el tramo de mejor planeo, el punto 3 (W_3, V_3) en el tramo de máxima velocidad y el punto 2 (W_2, V_2) en un lugar intermedio.

La resolución del sistema de ecuaciones nos proporciona los valores que determinan la ecuación de la curva polar:

$$Ws = aV^2 + bV + c$$

$$a = \frac{(V_2 - V_3)(W_1 - W_3) + (V_3 - V_1)(W_2 - W_3)}{V_1^2(V_2 - V_3) + V_2^2(V_3 - V_1) + V_3^2(V_1 - V_2)}$$

$$b = \frac{W_2 - W_3 - a(V_2^2 - V_3^2)}{V_2 - V_3}$$

$$c = W_3 - aV_3^2 - bV_3$$

El ejemplo de la figura 79 muestra cómo la ecuación de la curva polar calculada para un ASW 19 según el método expuesto, se corresponde exactamente con la parábola expresada por la ecuación.

Como quiera que los veleros de la clase Standard rara vez alcanzan velocidades de planeo superiores a los 180 km/h, conviene en este caso situar el punto 1 en la parte de velocidad inicial del tramo de mejor planeo, el punto 3 en la velocidad de 180 km/h, y el punto 2 en un lugar intermedio. De este modo se consigue una mayor aproximación.

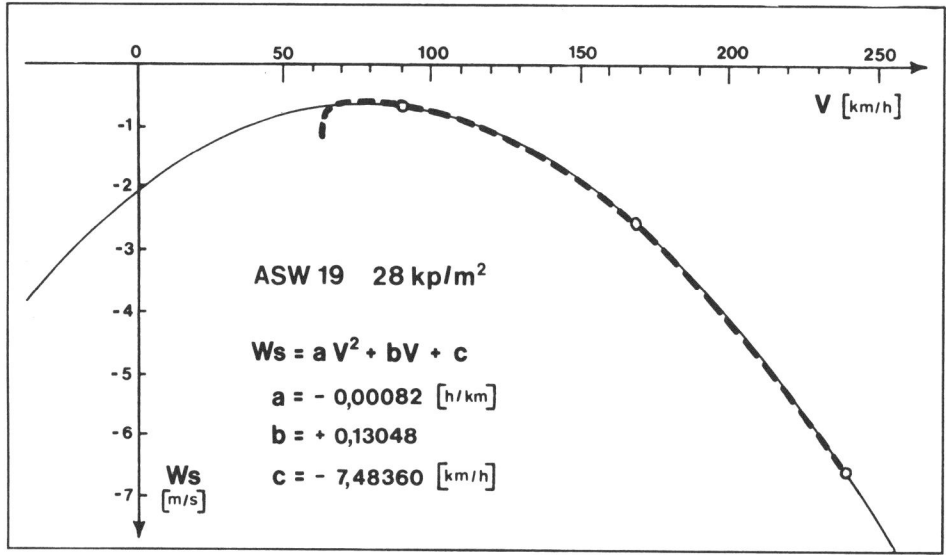

Fig. 79 – Curva polar de velocidades; ecuación de la curva polar.

CALCULO DE LA ECUACION POLAR PARA UNA DISTINTA CARGA ALAR

Cuando la carga alar varía, todos los puntos (P) de la curva polar sufren un desplazamiento, siguiendo una recta que pasa por el origen en función de la relación siguiente:

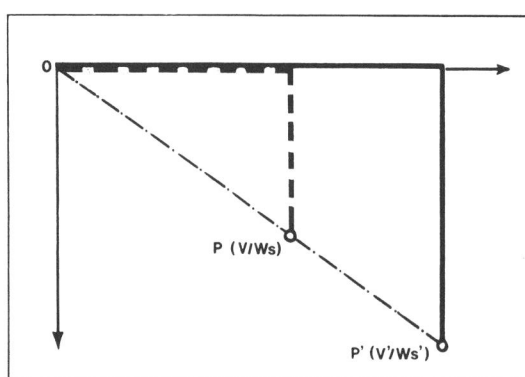

Fig. 80 – Desplazamiento de un punto P de la curva polar, debido a las variaciones de la carga alar.

$\sqrt{\text{nueva carga alar}} : \sqrt{\text{primitiva carga alar}}$

$\dfrac{G}{F}$ = primitiva carga alar, siendo G el peso y F la superficie

$\dfrac{G'}{F}$ = nueva carga alar

$\sqrt{\dfrac{G'}{F}} : \sqrt{\dfrac{G}{F}} = \sqrt{\dfrac{G'}{G}} = A$ (coeficiente de desplazamiento)

$\dfrac{\overline{OP'}}{\overline{OP}} = A$

De acuerdo con las propiedades de las figuras geométricas semejantes:

$\dfrac{V'}{V} = \dfrac{\overline{OP'}}{\overline{OP}} = A$

$V = \dfrac{V'}{A}$

y según la semejanza entre figuras:

$$\frac{Ws'}{Ws} = \frac{OP'}{OP} = A$$

$$Ws = \frac{Ws'}{A}$$

Aplicando estos valores a la ecuación de la curva polar III:

$$\frac{Ws'}{A} = a\left(\frac{V'}{A}\right)^2 + b\frac{V'}{A} + c'$$

$$Ws' = \frac{a}{A} \cdot V'^2 + bV' + Ac$$

por lo tanto:

$$a' = \frac{a}{A}$$

$$b' = b$$

$$c' = Ac$$

Mediante estos valores podrá calcularse la nueva ecuación de la curva polar, cuando varíe el peso del velero.

CALCULO DE LA ESCALA DE VALORES EN EL ANILLO DE MAC CREADY

Kauer demostró cómo es posible calcular la escala del anillo de Mac Cready, aplicando la ecuación de la curva polar ($Ws = aV^2+bV+c$) a la ecuación de Mac Cready (ecuación II).

$$Ws = a.V^2 + b.V + c$$

aplicada a la ecuación II:

$$(2\,a.V + b)\,V = (Ws + Wm) - St$$

El término de la derecha indica la distancia que ha de medirse sobre el anillo, para señalar en él la velocidad V. En el caso de que la ascensión esperada sea de cero, el punto V viene fijado por la siguiente expresión:

Ecuación IV =

$$\boxed{\text{Señal del punto de ajuste} = 2\,a.V^2 + bV}$$

CALCULO DE LA VELOCIDAD OPTIMA DE PLANEO

... aplicando a la ecuación de la curva polar, el valor ascensional esperado St y los desplazamientos verticales de las masas de aire Wm, durante el planeo. De nuevo se aplica Ws (de la ecuación III) a la ecuación de Mac Cready (II), y se despeja V.

Velocidad de planeo (Sollfahrt)

Ecuación V

$$\boxed{V_{planeo} = \sqrt{\frac{c + Wm - St}{a}}}$$

Como quiera que St es siempre positivo, mientras «c» y «a» son siempre negativos, la velocidad de planeo aumentará a medida que crezca la velocidad de descenso de las masas de aire (en cuyo caso Wm es siempre negativo). Si Wm fuera positivo, la velocidad de planeo disminuiría; y si Wm = St entonces:

$$V_{planeo} = \sqrt{\frac{c}{a}}$$ valor correspondiente a velocidad óptima de planeo.

Cuando $Wm = St - Ws_{min}$, (siendo Ws siempre negativo):

$$V_{planeo} = -\frac{b}{2a}$$ siendo por lo tanto igual a la velocidad cuando la velocidad de descenso vertical del velero es mínima.

VELOCIDAD MAXIMA DE CRUCERO

Cuando el vuelo es rectilíneo y el aire en calma, la ecuación V se convierte en la expresión siguiente:

$$V = \sqrt{\frac{c - St}{a}}$$

Aplicando este valor de V, en la ecuación polar (III), se obtiene:

$$Ws = 2c - St + b\sqrt{\frac{c-St}{a}}$$

y sustituyendo este valor de Ws en la ecuación I, obtenemos la velocidad máxima de crucero

Ecuación VI

$$V_{crucero\ ópt.} = \frac{St \cdot \sqrt{\frac{c-St}{a}}}{2St - 2c - b \cdot \sqrt{\frac{c-St}{a}}}$$

EL VUELO DE DELFIN

El vuelo de delfín está constituido por el tramo rectilíneo del vuelo de distancia, cuando éste se realiza según la teoría de la velocidad de planeo.

Al igual que cuando se aplica la teoría «clásica» de velocidad de planeo, se ha de tomar como punto de partida los distintos modelos de distribución de corrientes meteorológicas ascendentes. Cada una de las soluciones que se exponen a continuación son válidas tan sólo para el modelo respectivo. Por este motivo se ha desarrollado uno de los modelos (el modelo 2 del vuelo de delfín) de forma tan generalizada, que responde a todas las particularidades de la teoría de velocidad de planeo. Hoy día los problemas de carácter estacionario están totalmente solucionados. Sin embargo, quedan todavía por resolver los de carácter no estacionario (es decir, aquellas fases del vuelo en que la velocidad varía).

Primer modelo de vuelo de delfín

Desde el punto de vista meteorológico, este modelo se asemeja mucho al vuelo «clásico» de distancia. En efecto, en él las masas de aire, a lo largo del tramo, se desplazan muy débilmente en sentido vertical. Sólo en algún punto aislado ascienden con mayor intensidad; pero son relativamente tan cortos que, si se sobrevolaran en línea recta, proporcionarían insignificantes aumentos de altura.

Este modelo es característico de las calles de térmicas donde, a lo largo de una amplia zona, aparecen pequeños espacios en que las corrientes ascendentes resultan máximas. En las calles de térmicas la circulación del aire es relativamente estable, pues no se encuentran corrientes ascendentes ni en la zona previa ni en la posterior de la calle de nubes. El piloto suele alcanzar la calle de térmicas con poca altura y su propósito es abandonarla en el extremo final con la máxima altura posible; es decir, justo por debajo de la base de nubes. De este modo, podrá sobrevolar con seguridad la zona siguiente carente de corrientes ascendentes. El piloto en este caso no vuela en horizontal. Ha de volar a la velocidad óptima de planeo que le permite recorrer el tramo de vuelo ascendente en el mínimo período de tiempo.

En el planeo final el trayecto de vuelo, para el que ha de determinarse la velocidad óptima, estará inclinado hacia abajo. Se exponen a continuación los cálculos matemáticos y gráficos para obtener los valores óptimos, cualquiera que sea la inclinación de la senda de vuelo:

St = Wf_1 = velocidad ascensional del velero durante el vuelo en espiral

Wf_2 = desplazamiento vertical del velero durante el vuelo rectilíneo

h_1 = altura alcanzada durante el vuelo en espiral

t_1 = tiempo de vuelo en espiral

V = velocidad del vuelo rectilíneo

t_2 = tiempo de vuelo rectilíneo

h_2 = altura alcanzada durante el vuelo rectilíneo

e = recorrido de vuelo rectilíneo

h_1+h_2 = altura total

α = ángulo de inclinación del tramo ascendente

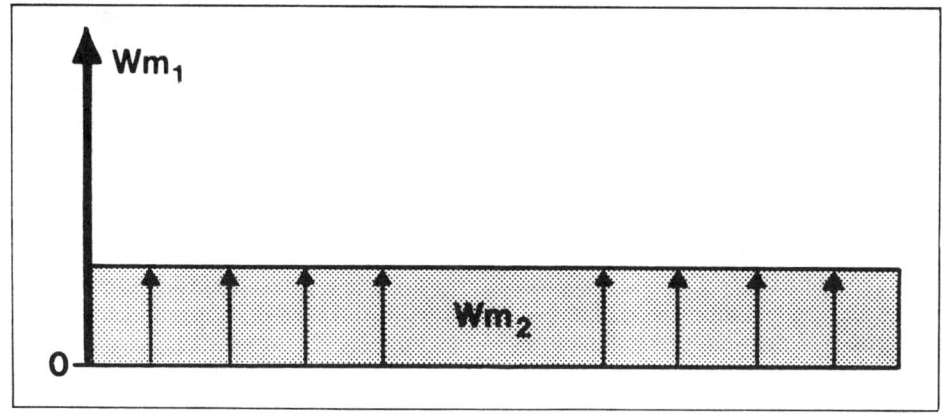

Fig. 81 – Condiciones meteorológicas en el modelo 1. de vuelo de delfín. Wm1 = zona estrecha de fuerte ascensión de las masas de aire. Wm2 = zona extensa de movimiento vertical de las masas de aire.

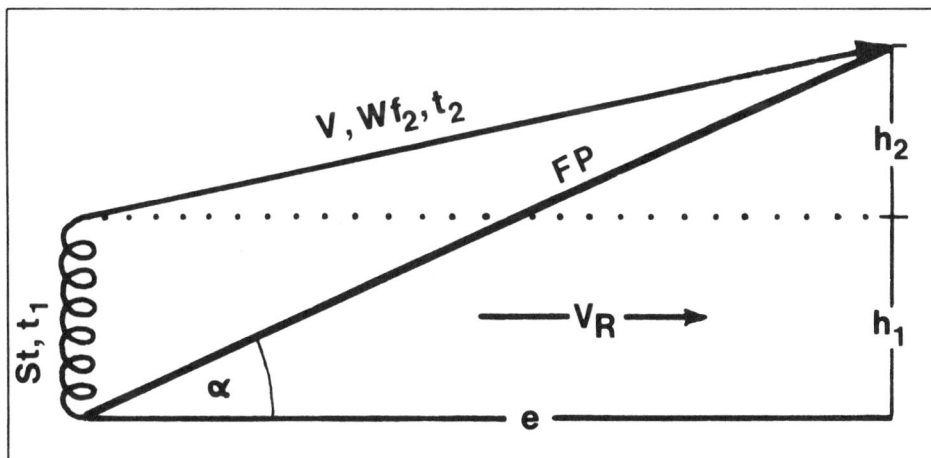

Fig. 82 – Senda de vuelo ascendente; Modelo 1 de vuelo de delfín.

CALCULO GENERAL DE LA VELOCIDAD DE CRUCERO, EN LA SENDA DE VUELO. DETERMINACION GRAFICA DE LAS VELOCIDADES DE PLANEO (SOLLFAHRT)

Basándonos en las expresiones que dan el tiempo de vuelo en espiral

$$t_1 = \frac{h_1}{St}$$

el tiempo de vuelo rectilíneo

$$t_2 = \frac{h_2}{Wf_2} = \frac{e}{V}$$

y el valor de la inclinación de la senda de vuelo

$$tg\,\alpha = \frac{h_1 + h_2}{e}$$

se obtiene la velocidad de crucero en la senda de vuelo (V_{RF}):

$$V_{RF} = \frac{St \cdot V}{St - Wf_2 + V \cdot tg\,\alpha}$$

Esta expresión algebráica puede transformarse en la siguiente, válida para cualquier inclinación de la senda de vuelo:

Ecuación VII =

$$\boxed{\frac{V_{RF}}{V} = \frac{St}{St - Wf_2 + tg\,\alpha \cdot V}}$$

En realidad, esta ecuación no es más que la generalización de la ecuación I, ya que Wf_2 tiene el mismo significado que Si en la ecuación I.

Ambas son resultado del desplazamiento vertical de las masas de aire y del índice polar de descenso vertical propio del velero, durante el vuelo rectilíneo. Si $\alpha = 0$, $V \cdot tg\, \alpha = 0$. Así pues, la ecuación I es precisamente un caso concreto de la ecuación VII. De este modo semejante a la ecuación I – aunque más laborioso – la ecuación VII puede representarse mediante una figura geométrica que, en función de las leyes de semejanza, permite determinar gráficamente la velocidad de crucero óptima.

En la figura 83 (a) aparecen en línea negra y gruesa las figuras semejantes. Las líneas discontinuas corresponden a la integración de aquéllas en el diagrama de la curva polar de velocidades, tal como aparecen en la figura 83 (b), para el supuesto de velocidad óptima.

En esta última figura se observa como, mediante el trazado de las tangentes, puede determinarse la velocidad de planeo, incluso cuando la senda de vuelo está inclinada. La ve-

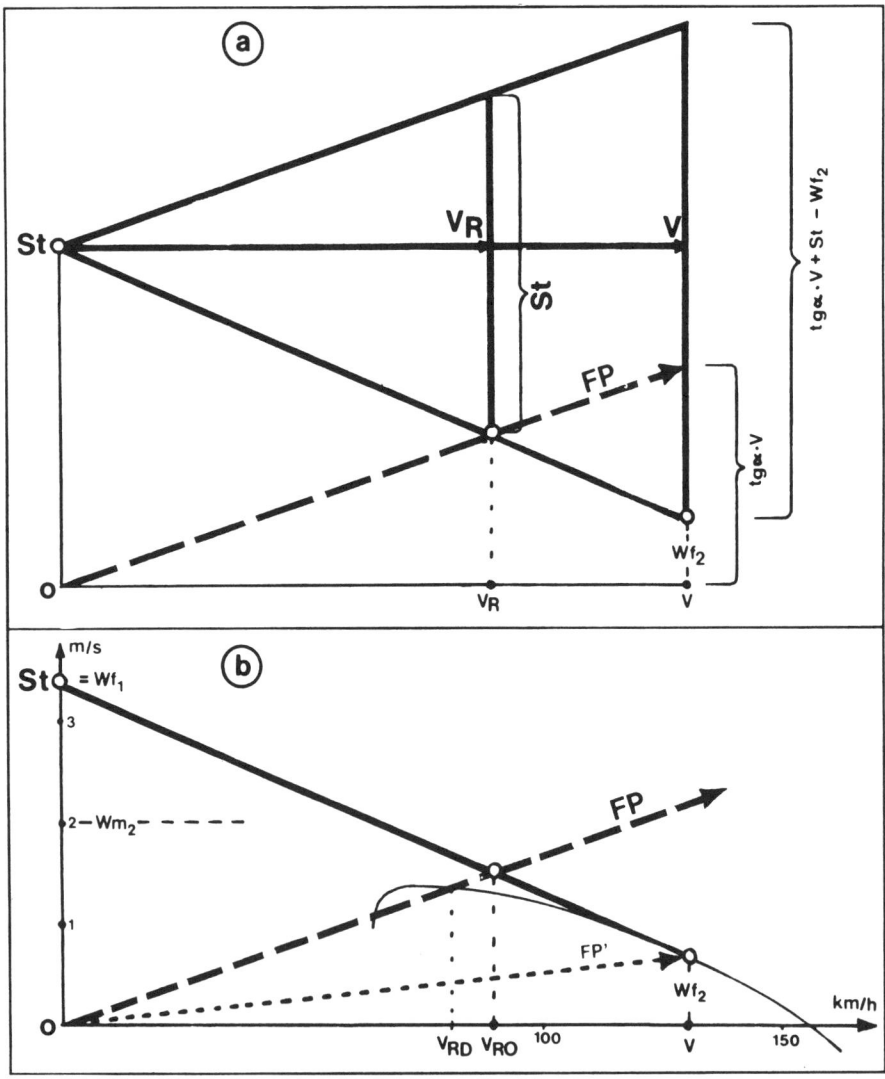

Fig. 83 – Velocidad de crucero en senda óptima de vuelo; Aplicación de la relación de semejanza de las figuras.

locidad óptima de planeo viene señalada por el punto de tangencia entre la curva polar, desplazada en un valor igual a Wm_2, y la tangente trazada desde St (velocidad ascensional del velero en el vuelo en espiral). La intersección entre la tangente y la senda de vuelo (F P) da a conocer el valor de la velocidad óptima de crucero (V_{RO}) (al proyectar el punto de intersección sobre el eje horizontal).

En el ejemplo de la figura, durante el vuelo rectilíneo la velocidad ascensional del velero es Wf_2. La recta FP', que une el origen de coordenadas con el punto (V, Wf_2), representa la senda de vuelo rectilíneo; siendo su inclinación inferior a la de FP, que representa la senda de vuelo deseada. Por lo tanto, al volar con velocidad V se produce un déficit de altura, respecto de la senda de vuelo deseada. Este déficit de altura ha de ser compensado mediante el vuelo ascensional en espiral Wm_1.

Ahora bien, si por el contrario en lugar de volar durante el vuelo rectilíneo con la velocidad de planeo V, el piloto hubiese elegido una velocidad inferior V_{RD}, no se habría producido esta pérdida de altura.

En este caso resulta innecesario el vuelo ascensional en espiral, consiguiéndose un vuelo de delfín rectilíneo y perfecto. Resulta obvio que la velocidad V_{RD} es inferior a V_{RO}. Conclusión: el piloto que elija una velocidad que le permita recorrer su senda de vuelo sin necesidad de vuelo en espiral habrá realizado un vuelo de delfín puro; pero, en cambio, su velocidad de crucero habrá disminuido.

DEMOSTRACION MATEMATICA

Puede demostrarse en este caso la validez gráfica del trazado de tangentes. Derivando la ecuación VII, e igualando la derivada a cero, se obtiene:

$$\frac{d\,Ws_2}{dV} \cdot V = Wf_2 - St$$

siendo

$$Wf_2 = Wm_2 + Ws_2$$

Esta expresión resulta idéntica a la ecuación II, de la pág. 159, ya que $Wm_2 + Ws_2$ representa la suma de desplazamientos verticales durante el vuelo rectilíneo. Esto demuestra que son aplicables tanto las velocidades óptimas de planeo del modelo 1 de vuelo de delfín, como las del vuelo «clásico» de distancia. Así pues, el anillo de Mac Cready conserva toda su validez en el vuelo de delfín y, por lo tanto, ha de ajustarse sobre la velocidad ascensional alcanzable durante el vuelo en espiral. Esto, a su vez, demuestra que la «optimización» en el vuelo de distancia «clásico» es tan sólo un caso concreto de la «optimización» generalizada de la velocidad de crucero en la senda de vuelo.

RELACION ENTRE LOS TIEMPOS DE VUELO EN ESPIRAL Y RECTILINEO

Para lograr valores óptimos de vuelo es preciso conocer el tiempo volado en espiral. Este valor depende de la relación entre tiempos de vuelo en espiral y rectilíneo:

Ecuación VIII =

$$\frac{t_1}{t_2} = \frac{V - V_{crucero}}{V_{crucero}}$$

Analizando el gráfico, se ve como la senda de vuelo deseada (FP) divide a la tangente, trazada desde St a la curva polar, en dos segmentos proporcionales a los dos tiempos parciales.

ANALISIS GRAFICO DE LOS DISTINTOS SUPUESTOS,
MODELO 1 DE VUELO DE DELFIN

Tres son los elementos fundamntales para el análisis de los distintos supuestos: la curva polar desplazada según el valor Wm_2, la senda de vuelo FP y la velocidad ascensional St. La figura 84 sólo expone el supuesto de un planeo horizontal, cuya analogía resulta válida tanto para los supuestos de que la senda de vuelo sea ascendente como descendente.

Supongamos una corriente ascendente aislada que eleva el velero, durante el vuelo en espiral, con una velocidad ascendente = 3 m/seg.. Ahora bien, a lo largo del resto de la senda de vuelo los desplazamientos verticales de las masas de aire Wm_2 varían en cada uno de los supuestos (aumentando del ③ al ⑦), con el fin de analizar así cada uno de los casos más característicos.

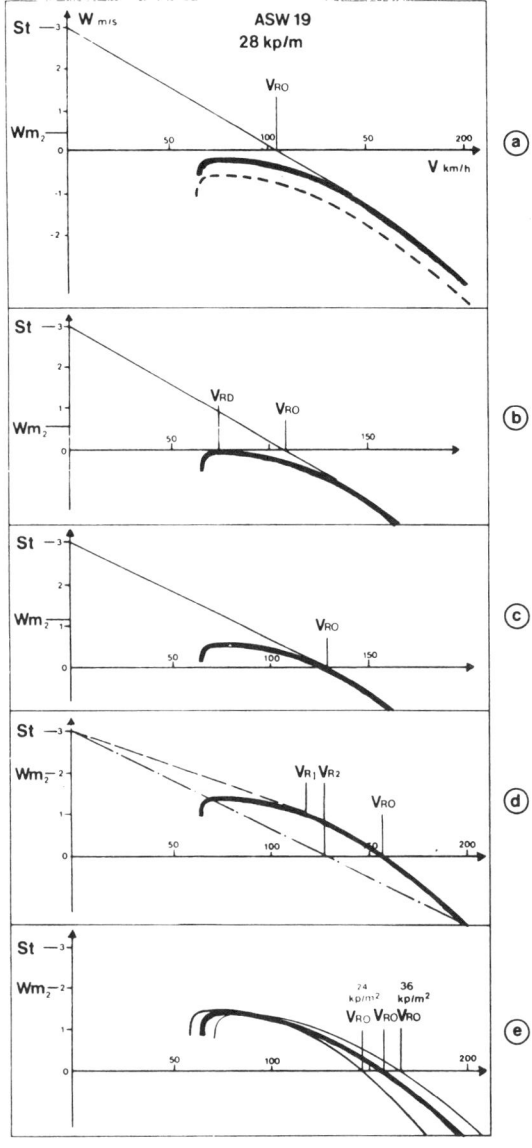

Fig. 84 – Planeo horizontal.

ⓐ La extensa ascensión de las masas de aire Wm_2 es inferior al «rate» mínimo de descenso vertical del propio velero. Supongamos que Wm_2 es de 0,4 m/seg.. La curva polar original (señalada por la línea de trazos) queda por lo tanto desplazada hacia arriba en 0,4 m/seg. (la nueva curva polar resultante está señalada con línea más gruesa). La intersección de la tangente (trazada desde St a la nueva curva polar) con el eje de abcisas (V) señala el valor de la velocidad óptima de crucero V_{RO}. No resulta posible realizar un vuelo de delfín puro.

ⓑ En este supuesto, el valor de Wm_2 es igual al «rate» mínimo polar de descenso vertical propio del velero (0,58 m/seg.). La velocidad óptima de crucero se obtiene del mismo modo que en ⓐ. Es posible el vuelo de delfín puro, sin pérdida de altura, realizándolo a la velocidad V_{RD} (que para un velero de la clase ASW 19 es de 73 km/h). En este caso, la velocidad óptima de crucero, según la teoría clásica, (cuyo valor es de V_{RO} = 108 km/h), resulta muy superior a la del vuelo de delfín.

ⓒ En este supuesto, Wm_2 = 1,2 m/seg. resulta el «rate» polar de descenso vertical del velero, lo que permite el vuelo rectilíneo sin pérdida de altura, ajustando el anillo de Mac Cready al valor de St. A pesar de ajustar el anillo sobre un valor tan elevado (3 m/seg.), el desplazamiento ascendente de las masas de aire impide la pérdida de altura. Se hace innecesario, por lo tanto, el vuelo en espiral. En este supuesto el vuelo de delfín se produce automáticamente, como un caso particular del vuelo «clásico».

ⓓ El desplazamiento ascendente de las masas de aire Wm_2 es superior al «rate» de descenso vertical del velero, como resultado del ajuste del anillo sobre el valor St. Al volar de acuerdo con el anillo de Mac Cready o de una variómetro de velocidades de planeo (Sollfahrt), resultará un «planeo ascendente» a la velocidad V_{R1}. En cambio, si se volara a gran velocidad (por ejemplo a 200 km/h.) se alcanzaría una nueva velocidad de crucero V_{R2}, siendo la pérdida de altura compensada por la velocidad ascendente St. De modo análogo a los casos anteriores, el valor de la velocidad óptima de crucero V_{RO} será lo señalado por el punto de intersección entre la curva polar y el eje de abcisas (V), (que en este caso es a su vez la senda horizontal de planeo), como resultado de ajustar el anillo a una velocidad superior a St (a 5 m/seg., en lugar de 3 m/seg.).

ⓔ Influencia de la carga alar en el vuelo de delfín: cuanto mayor sea la carga alar, tanto mayor será la velocidad de crucero, en el vuelo de delfín. Este hecho significa, en la práctica, la conveniencia de una mayor carga alar al volar en hileras de corrientes ascendentes.

MODELO 2 DE VUELO DE DELFIN (VALIDO PARA TODAS LAS SITUACIONES)

Antony Edwads, basándose en los resultados obtenidos del modelo 1 de vuelo del delfín, desarrolló uno nuevo, válido para todos los modelos de velocidades de crucero utilizados hasta entonces. Vimos anteriormente como el anillo de Mac Cready podía aplicarse al modelo 1. Con este modelo 2 se amplía el campo de aplicación del anillo. Por lo tanto resulta válido para todos aquellos modelos en los que se elige libremente tanto la distribución de las corrientes ascendentes como las alturas de las máximas corrientes que han de volarse en espiral.

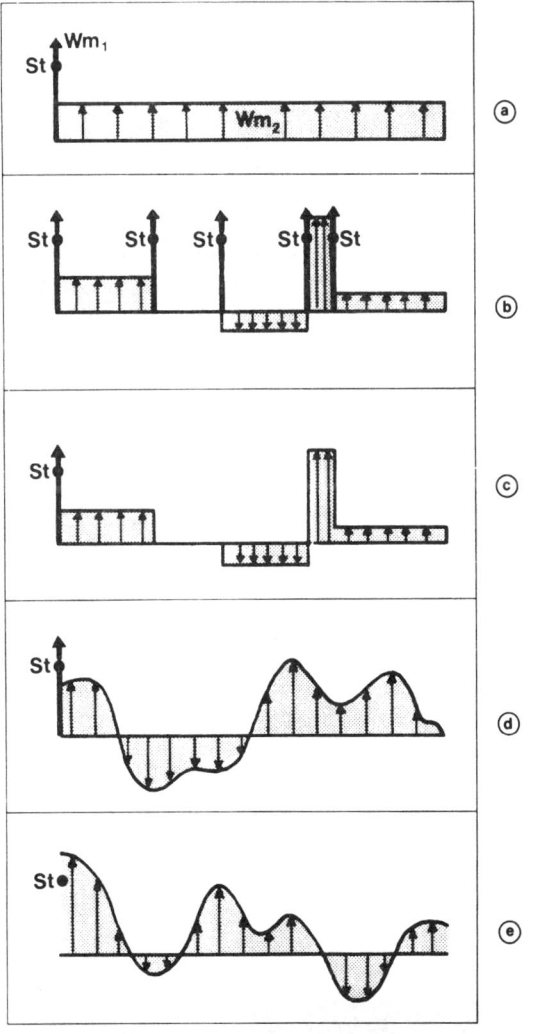

Fig. 85 – Generalización escalonada del modelo 1.

GENERALIZACION ESCALONADA DEL MODELO 1

La figura 85 muestra los diferentes pasos que conducen a la generalización del modelo 1. Este análisis escalonado (pasos o fases desde ⓐ hasta ⓔ) demuestra como los resultados obtenidos en el modelo 1 son válidos también para el supuesto ⓔ de la figura 85. El valor de St, en estos modelos de distribución de corrientes ascendentes, corresponde a la velocidad ascendente que es capaz de adquirir un velero durante el vuelo en espiral, cuando está situado óptimamente.

Antony Edwards, en su análisis, supone que las corrientes ascendentes Wm_1 tienen un valor mínimo. En tales casos el anillo de Mac Cready debe ajustarse sobre el valor de la ascensión final (que a su vez debe de coincidir con el valor de la ascensión inicial) y no con el valor de ascensión medio. La regla de velocidades de planeo es totalmente válida en el vuelo de delfín. En el modelo 2, la generalización resulta tan patente que prácticamente engloba todos los modelos estacionarios de vuelo de distancia. Evidentemente este modelo puede demostrarse de forma analítica, pero la representación gráfica, que se expone, resulta más fácil de entender y conduce a los mismos resultados.

VELOCIDAD OPTIMA EN EL MODELO 2 DE VUELO DE DELFIN

Basada en el modelo 2 de vuelo de delfín, resulta válida la siguiente ampliación de la regla de velocidades de planeo:

> Vuélese ajustando el anillo de Mac Cready al más alto valor posible que nos permita realizar la senda de vuelo deseada, bien en vuelo rectilíneo o según la siguiente regla: «valor de la ascensión final» = valor de ajuste del anillo para vuelo rectilíneo = «ascensión inicial».
>
> Se entiende por «ascensión final» la velocidad media de ascensión en el último círculo del vuelo en espiral. El término «ascensión inicial» corresponde a la velocidad de ascensión del primer círculo en la próxima térmica, una vez fijado su centro.

Esta regla indica que el anillo de Mac Cready ha de ajustarse según el valor de ascenso del vuelo en espiral. El resultado será un vuelo de distancia «clásico», en el que se alternan vuelos rectilíneos, más o menos largos, con vuelos de espiral. Si este vuelo no supone ninguna pérdida de altura con respecto de la senda de vuelo deseada, nos encontraremos ante un vuelo de delfín puro. Si, por el contrario, como consecuencia del ajuste del anillo, resulta un exceso de altura respecto de la senda de vuelo deseada, el anillo habrá de ajustarse a un valor mayor, hasta que desaparezca el exceso de altura.

La figura 86 representa una hilera de térmicas, con apoyo de nubes. Los valores inscritos en los círculos corresponden a las indicaciones del variómetro de energía total de un velero, pilotado de forma óptima. Los números sin círculo indican posibles valores ascensionales, al margen del óptimo recorrido de vuelo. El piloto, después de ajustar el anillo sobre el valor 0,5 m/seg., recorre la senda de planeo hasta alcanzar el punto A, que corresponde a la parte inferior de la primera térmica, donde efectivamente encuentra una intensidad de 0,5 m/seg. Su propósito es alcanzar el extremo final de la calle de nubes (punto B), consiguiendo la máxima altura.

De este modo fija el trayecto o senda de vuelo AB. Para obtener una velocidad óptima, en el vuelo de ese tramo, debe aprovechar la primera térmica hasta alcanzar la altura que le permita cumplir la regla de la velocidad de planeo. Durante el vuelo en espiral, el piloto observará cómo inicialmente aumenta la velocidad ascendente, hasta un momento en que comienza a disminuir.

En nuestro caso el piloto que realiza un vuelo óptimo, abandonará la térmica cuando el valor de su ascensión final, al que habrá de ajustar el anillo (3 m/seg.), le permita alcanzar la próxima térmica a una altura en que el valor ascensional inicial de ésta sea igual (3 m/seg.). Tras enderezar el velero, al dar por terminado el vuelo en espiral, la aguja del variómetro sube hasta 3,2 m/seg., durante unos instantes. Esta pequeña variación podrá hacernos creer que la velocidad de planeo era inferior al índice de descenso vertical del velero. Sin embargo, no es así. Se debe a que en ese momento el «rate» de descenso vertical del velero es inferior al que tenía durante el vuelo en espiral. La próxima térmica, que el piloto ha de aprovechar volando en espiral, será reconocible cuando la aguja del variómetro, en el transcurso del vuelo rectilíneo, indique un valor superior a 3 m/seg. Finalmente el piloto abandonará esta segunda térmica cuando, en su ascensión final, la velocidad ascendente se haya reducido a 2 m/seg. El piloto ajustará

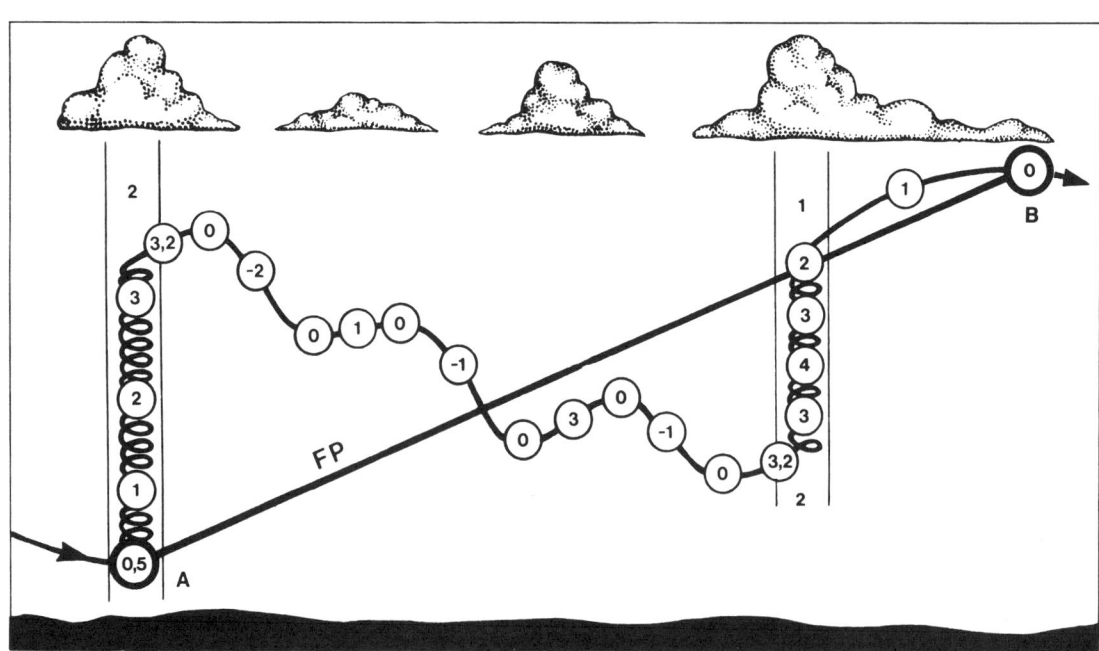

Fig. 86 – Ejemplo de vuelo óptimo entre dos puntos.

de nuevo el anillo a este valor, que precisamente es el que (de acuerdo con la regla de velocidad de planeo) le ha de permitir alcanzar el punto B.

IMPORTANCIA DE LA REGLA AMPLIADA
DE VELOCIDADES DE PLANEO

En los vuelos de competición o de altas prestaciones, la aplicación de la ampliación de la regla de velocidad de planeo resulta decisiva para aumentar la velocidad de crucero. No sólo porque nos indica la velocidad a que hemos de volar, sino también por señalarnos con exactitud cuáles son las térmicas que han de aprovecharse, volando en espiral, y cuales han de desecharse. El hecho de basarse en los valores de la ascensión final e inicial, obliga al piloto a tener en cuenta el alcance del velero, al realizar sus cálculos.

La regla ampliada de velocidad de planeo constituye el elemento decisivo para la determinación del planeo final. En efecto, el último vuelo en espiral es precisamente el que debe alcanzar la altura que, mediante el ajuste del anillo a la velocidad ascendente final, ha de permitirnos llegar hasta la meta.

Variaciones de velocidad para adecuar la velocidad de vuelo a la velocidad de planeo (Sollfahrt)

El velero, al atravesar las masas de aire, frena el desplazamiento vertical de las mismas, restándolas energía. Cuando los desplazamientos son ascendentes, este fenómeno resulta tanto más efectivo cuanto mayor sea la carga g. Teóricamente un velero podría también aprovechar los desplazamientos descendentes, disminuyendo su energía mediante una carga g negativa. Este concepto es prácticamente irrealizable por motivos aerodinámicos.

W. Gorisch calculó – en el supuesto de un velero ideal que volase sin rozamiento alguno (coeficiente de planeo igual a infinito) – el valor del intercambio energético entre el velero y las masas de aire:

Ecuación IX =

$$\frac{dE}{dt} = M\,ng \cdot W_m$$

$\frac{dE}{dt}$ representa la variación de energía por unidad de tiempo; «g» es la gravedad; W_m representa el desplazamiento vertical de las masas de aire; M es la masa del velero y «n» la carga.

Se supone, al realizar este cálculo, que el sentido del movimiento vertical de las masas de aire coincide con la dirección y sentido de la fuerza gravitatoria.

Consecuencia de este supuesto es, por ejemplo, considerar que «n» es, durante el vuelo en espiral, la componente vertical de la carga g.

La ecuación IX muestra la influencia directa que tiene la carga g, en el intercambio de energía. De ello se deduce el consejo siguiente:

> Vuélese con elevada carga g en las corrientes ascendentes y disminúyase en las corrientes descendentes.

La aplicación de este consejo resulta tanto más provechosa cuanto mayor sea la velocidad. Por razones de orden aerodinámico, la carga g, cuando es elevada y la velocidad aumenta, da lugar a una relación favorable entre el coeficiente de sustentación y el coeficiente de resistencia del aire. Por el contrario, un coeficiente de sustentación pequeño da lugar a un desventajoso coeficiente de resistencia. Para evitar esta situación no ha de volarse con una carga inferior a 0,5 g. Tan sólo cuando la velocidad del velero sea muy baja, podrá reducirse la carga g, pero sin llegar nunca a ser negativa.

La Universidad Técnica de Braunschweig experimentó vuelos rectilíneos a través de masas de aire en movimiento, tratando de descubrir el pilotaje óptimo, desde la perspectiva no estacionaria de la velocidad de planeo (Schanzer, Henningsen, Schürmann).

Para este estudio se utilizó una computadora, originalmente programada para la seguridad del tráfico de vuelo, basada especialmente en el intercambio de energía entre las masas de aire y el avión. Tras adaptar el programa a las características del velero (utilizando un SB 11) se simuló un vuelo de distancia, con distintos modelos de situaciones meteorológicas tomadas al azar. La computadora señaló los valores óptimos de vuelo. A continuación, se dió entrada en la computadora al conjunto de datos correspondientes a un vuelo no óptimo a realizar por un piloto. La máquina calculó con exactitud el trayecto de vuelo, las velocidades, las cargas g, etc.

Comparando los valores del vuelo óptimo señalados por la computadora con los correspondientes al vuelo realizado por el piloto, se obtuvo, por primera vez, una visión realista y exacta de los vuelos con variación de velocidad. Ahora bien, es preciso tener en cuenta que los resultados son únicamente válidos para los modelos de situación meteorológica elegidos durante la investigación. Tampoco ha de olvidarse que los resultados calculados sólo corresponden al tipo de velero escogido, por lo que no pueden generalizarse aplicándolos a todo los vuelos sin motor.

Un dato interesante, revelado por los cálculos, se refiere a que un velero que volara a través de una corriente ascendente manteniendo fijo el timón de profundidad, aprovecharía mejor la energía del aire que un segundo velero que volara anteniéndose exactamente a las indicaciones del anillo (que es lo que todo piloto trata siempre de conseguir).

El trayecto de vuelo óptimo es muy complejo. Se compone de fases en las que la velocidad aumenta notablemente, al acercarse a las corrientes ascendentes, y en las que es necesaria una gran carga g en la zona de máxima intensidad de las térmicas, etc... Estas velocidades difícilmente podrían realizarse en la práctica y tan siquiera serían aconsejables, ya que cualquier error de pilotaje acarrearía pérdidas importantes. Parece más sencillo llevar a la práctica un vuelo óptimo sin necesidad de mover el timón de cola y estudiar los resultados. En semejante velero podrían realizarse variaciones de velocidad, estudiándose los pequeños cambios de carga g engendrados por la acción de las masas de aire. Estas variaciones, a su vez, dependerían del tipo de velero y de la situación de su centro de gravedad. En páginas anteriores se dedujeron de estos resultados reglas de pilotaje para las situaciones intermedias o de transición.

3. VELOCIDADES DE PLANEO (SOLLFAHRT) – VELOCIDAD ASCENDENTE

Durante mucho tiempo no se supo cómo había de variarse de velocidad en las corrientes ascendentes irregulares, con el fin de lograr una máxima velocidad ascendente media. Tan sólo durante estos últimos años (F. Winter, M. Dinger) parece haberse solucionado este problema. Se comprobó que el anillo de Mac Cready seguía teniendo plena validez para el cálculo de la velocidad ascendente óptima. Para ello es preciso ajustar el anillo sobre el valor de la ascensión media alcanzable. Ahora bien, la aplicación práctica de esta regla es mínima. En efecto, el piloto, durante el vuelo rectilíneo, trata de alcanzar una óptima velocidad de crucero y no de ascensión. Esta es la razón de no exponer gráfica ni analíticamente el desarrollo y solución de este problema. De este análisis se obtienen ciertas conclusiones para el vuelo circular en térmicas irregulares, que pueden tener importancia para la técnica general del vuelo en espiral. Teniendo además en cuenta la influencia de la carga g durante las variaciones de velocidad, se deducen ciertos consejos para el vuelo en térmicas irregulares.

Los consejos que a continuación se exponen han de interpretarse más bien como simples recomendaciones para volar y fijar el centro de las térmicas turbulentas. Las maniobras descritas sólo podrán realizarlas con éxito los pilotos que tengan un perfecto dominio del velero. Estos ejercicios se realizarán únicamente cuando no haya otros veleros en el entorno.

El ya mencionado «vuelo de tambaleo», en el que se fija el centro de la térmica mediante virajes discontínuos, mejora la velocidad ascendente, mediante variaciones de la velocidad, de la componente vertical de la carga g y mediante el aprovechamiento idóneo de la distribución de las corrientes ascendentes.

> **Consejo para el vuelo en térmicas irregulares**
>
> CUANDO AUMENTA EL DESPLAZAMIENTO VERTICAL DE LAS MASAS DE AIRE
>
> (Se incrementa la presión del piloto sobre el asiento, sube la aguja del variómetro de energía total y aumenta la velocidad)
>
> Simultáneamente: aumentar la componente vertical de la carga g, disminuir la velocidad, reducir la inclinación transversal, disminuir la velocidad angular y aumentar el radio de giro del trayecto circular.
>
> CUANDO DISMINUYE EL DESPLAZAMIENTO VERTICAL DE LAS MASAS DE AIRE
>
> (Disminuye la presión del piloto sobre el asiento, baja la aguja del variómetro de energía total y disminuye la velocidad).
>
> Simultáneamente: disminuir la componente vertical de la carga g (nunca por debajo de 0,5 g), aumentar la velocidad, dar mayor inclinación transversal, aumentar la velocidad angular y reducir el radio de giro del trayecto circular.
>
> Ha de prestarse atención a los movimientos del timón:
> – vuélese sin derrape o resbale, evitando situaciones de entrada en pérdida (cuando la carga g es < 1, disminuye el riesgo de entrar en pérdida al volar a velocidad inferior a V_{min}).
>
> El vuelo «de tambaleo» ha de ser más pronunciado:
> – cuanto mayor sea la irregularidad de la térmica
> – cuanto menos aguda sea la curvatura de la curva polar del velero, en el tramo de menor descenso vertical
> – cuanto mayor sea el dominio del piloto sobre el modelo de velero utilizado

VUELO CIRCULAR Y VUELO DE CRUCERO CON LASTRE DE AGUA

FUERZAS EN EL VIRAJE

La carga alar es mayor en el vuelo circular que en el vuelo rectilíneo, debido a la fuerza centrífuga. El valor de la fuerza centrífuga es función del radio de giro y de la velocidad del velero. Cuanto menor sea el radio de giro y mayor la velocidad, tanto más aumentará la fuerza centrífuga. La fuerza centrífuga es horizontal y empuja el velero hacia afuera. Al mismo tiempo, el peso del velero es una fuerza perpendicular que se ejerce hacia abajo. La acción de estas dos fuerzas da lugar a una fuerza resultante R.

La fuerza aerodinámica de sustentación A debe ser, durante el vuelo circular uniforme, del mismo valor que la fuerza resultante R, pero de sentido contrario. La inclinación transversal del velero, que ha de ser perpendicular a la fuerza resultante, nos indica indirectamente el valor de la fuerza centrífuga, así como la aceleración que soporta el velero (que en nuestro ejemplo es de R:G = 2,3 g.). Para contrarrestar esta aceleración, la fuerza aerodinámica de sustentación ha de ser mayor que la necesaria en el vuelo rectilíneo. Esto es únicamente posible aumentando la resistencia, lo que a su vez se traduce en un aumento del «rate» o velocidad de descenso vertical del velero. Consecuentemente, en el vuelo circular las velocidades lineales nada significan, siendo preciso calcular una nueva curva polar para esta modalidad de vuelo.

CURVA POLAR DE INCLINACION TRANSVERSAL DEL VELERO

En el vuelo circular una inclinación transversal determinada (por ejemplo de 45°), con su correspondiente carga g (que en nuestro caso es de 1,4 g.) sólo puede corresponder a dos situaciones de vuelo: a volar con un pequeño radio de giro y baja velocidad, o bien a un gran radio de giro y gran velocidad. Anotando sobre un diagrama los diferentes valores que alcanza el «rate» de descenso vertical del velero, en función de los distintos radios de giro, se obtiene el cuadro siguiente (figura 88):

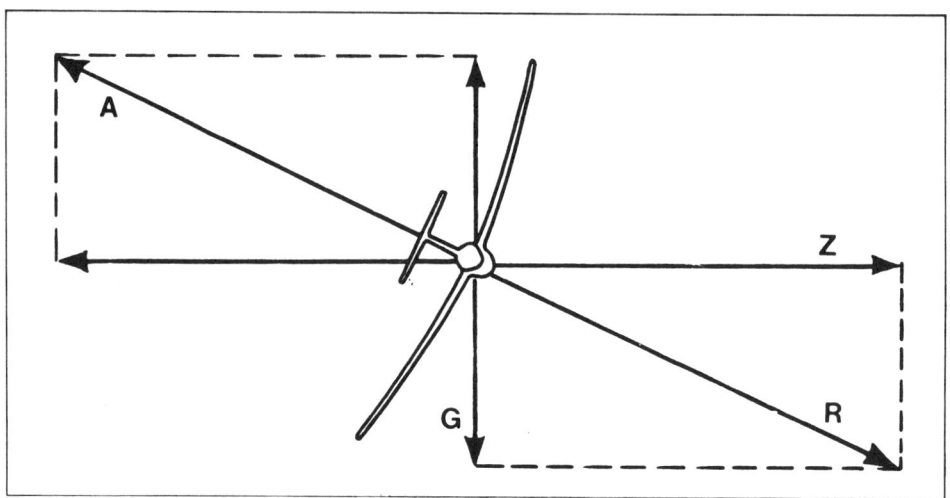

Fig. 87 – Diagrama de fuerzas en el vuelo circular. Z = fuerza centrífuga. G = fuerza del peso. R = fuerza resultante de Z y G. A = fuerza de sustentación opuesta a R.

A los pequeños radios de giro les corresponden valores elevados de C_A (coeficiente de sustentación). A medida que disminuye el radio de giro, aumenta el valor de C_A, hasta que se alcance un valor máximo (en el ejemplo de la figura, el radio correspondiente es de 47 m.). En general, los «rates» o velocidades de descenso vertical del velero son superiores a los que se producen en el vuelo rectilíneo.

CURVA POLAR DE VUELO CIRCULAR

Dibujando en un diagrama un conjunto de curvas polares correspondientes a distintas inclinaciones transversales del velero, la envolvente de las mismas constituye la «curva polar de vuelo circular». Esta curva polar nos indicará la inclinación transversal, la velocidad del velero y la velocidad de descenso vertical más favorable para un determinado radio de giro. Estos datos que proporciona la curva son los valores correspondientes al óptimo vuelo circular. La figura 89 nos muestra cómo los pequeños radios de giro exigen elevadas velocidades de vuelo y altos valores de C_A (y consecuentemente un mayor ángulo de ataque).

LA INFLUENCIA DEL LASTRE

Durante el vuelo rectilíneo, el peso del velero constituye una desventaja cuando se vuela a baja velocidad, mientras que resulta muy

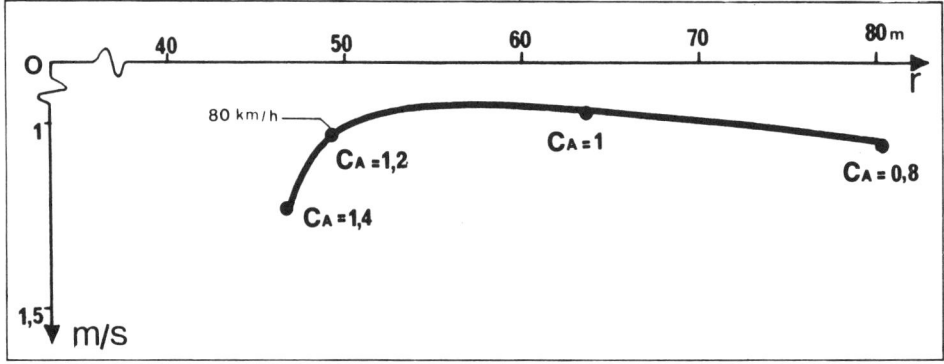

Fig. 88 – Curva polar para una inclinación transversal de 45° (velero tipo ASW 19, G:F = 28 Kp/m^2).

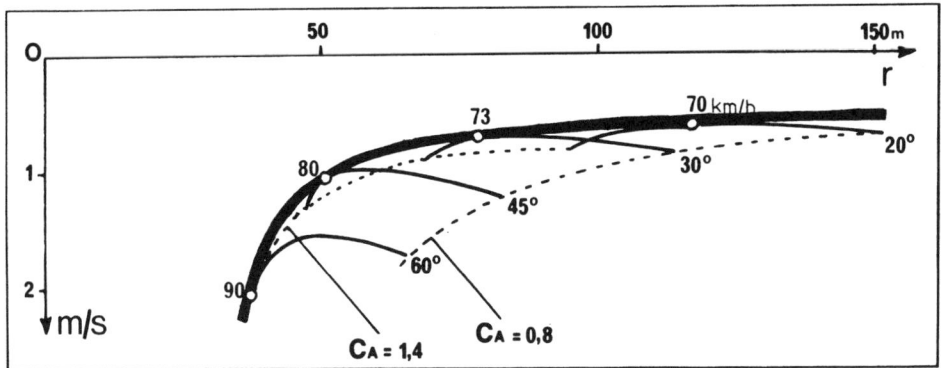

Fig. 89 – Curva polar de vuelo circular. (velero tipo ASW 19, G:F = 28 Kp/m^2).

favorable a grandes velocidades. Ahora bien, durante el vuelo circular un aumento de carga disminuye las prestaciones del velero. Cuando el radio de giro es grande, las pérdidas originadas por un exceso de peso resultan mínimas, pero al disminuir el radio de giro aumentan rápidamente. Cuanto más pesado sea el velero, tanto más deprisa se alcanzará el valor máximo de C_A, a medida que disminuye el radio de giro.

A partir de este momento ya no resulta posible volar con un radio de giro menor. En la figura 90, por debajo del eje horizontal «r», se han trazado tres curvas polares de vuelo circular, correspondientes a un velero ASW 19, con 24, 28 y 36 kp/m^2 de carga alar.

PERFIL DE LA TERMICA – VELOCIDAD
ASCENDENTE – VELOCIDAD DE CRUCERO

Si se lograra conocer la distribución de las masas de aire ascendentes en el seno de una térmica, sería posible reducir la curva representativa de las velocidades ascendentes de la térmica (o perfil de la térmica), sumando sus valores a los negativos de la curva polar de velocidades descendentes en el vuelo circular. De este modo podría determinarse con exactitud la máxima ascensión posible, así como el diámetro del círculo. Por desgracia (o quizás afortunadamente) las corrientes ascendentes no tienen una estructura simple, ni forma circular, ni tampoco es posible hablar de un perfil regular de las mismas. Sin embargo, el diseño de los veleros suele calcularse en función de unos perfiles de térmicas, que han sido estandarizados. A su vez, las caracteríticas del diseño determinan la velocidad de crucero del velero, en función de los valores de la velocidad ascendente, en las distintas situaciones climatológicas, y de los perfiles de las térmicas. Sin lugar a duda esto no resulta muy ortodoxo, pero – como algunos argumentan – de algún modo se ha de contar con un punto de partida.

En función del grado de realismo de este punto de partida, los fabricantes han logrado diseñar veleros que alcanzan excelentes resultados en el vuelo en térmicas débiles, pero que desgraciadamente ofrecen ciertas deficiencias en el vuelo rápido, o viceversa. Así pues, la difícil tarea de los fabricantes de velero es lograr un término medio.

Cuando se construyó el D 36 (Akaflieg Darmstadt) el problema fue analizado bajo una óptica diferente. Se realizó una encuesta entre pilotos de competición para conocer con qué ángulo de inclinación transversal solían volar en espiral. La respuesta fue casi unánime: 40° de inclinación transversal (valor altísimo, casi irreal). De este hecho se dedujo que las corrientes ascendentes tenían, por término medio, un gradiente equivalente a un aumento de la velocidad ascensional de 0,015 m/seg., por cada metro de aproximación hacia el centro de la térmica (partiendo del supuesto de que aquellos grandes pilotos volaran de forma óptima). Basándose en esos resultados, se construyó un importante número de veleros, con materiales sintéticos, que resultaron francamente buenos, pese a no haberse tenido en cuenta las características del vuelo de delfín.

A pesar del dudoso valor práctico de la suma de curvas: perfil de la térmica + curva polar de vuelo circular, la figura 90 puede facilitar el conocimiento de las prestaciones de un velero en el vuelo ascendente.

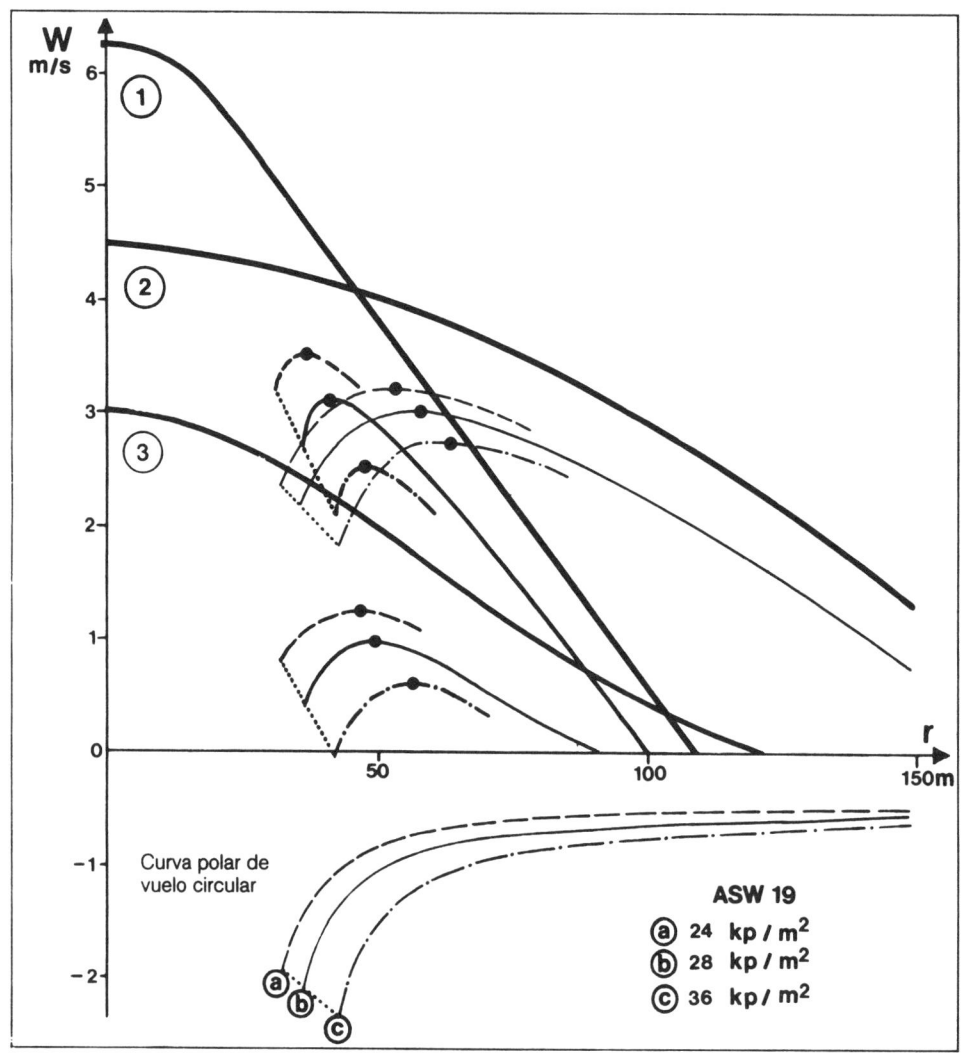

Fig. 90 – Curva del perfil de la térmica, curva polar de vuelo circular y curva resultante de la suma de ambas.

Se han elegido tres perfiles de térmicas diferentes:
① Térmica de fuerte intensidad
② Térmica de gran anchura
③ Térmica débil

Para el vuelo en estas térmicas se han tomado tres veleros standard ASW 19 con las siguientes cargas alares:

Ⓐ = 24,   Ⓑ = 28,   Ⓒ = 36 kp/m².

Para cada uno de ellos se determina su óptima velocidad ascendente y sus respectivas velocidades de crucero, en vuelo «clásico».

Cada uno de los puntos de la curva resultante (de la suma del perfil de la térmica con la curva polar de vuelo circular) señala el valor de la máxima velocidad ascendente alcanzable. Trazando, a partir de estos puntos, las tangentes a la correspondiente curva polar de vuelo rectilíneo (en la figura 91) las velocidades de crucero podrán leerse, como de costumbre, sobre el eje de abcisas V.

Los resultados obtenidos son los siguientes:

	Ⓐ 24 kp/m²	Ⓑ 28 kp/m²	Ⓒ 36 kp/m²
① Térmica de fuerte intensidad	95 km/h	98 km/h	95 km/h
② Térmica de gran anchura	93 km/h	94 km/h	100 km/h
③ Térmica débil	65 km/h	58 km/h	50 km/h

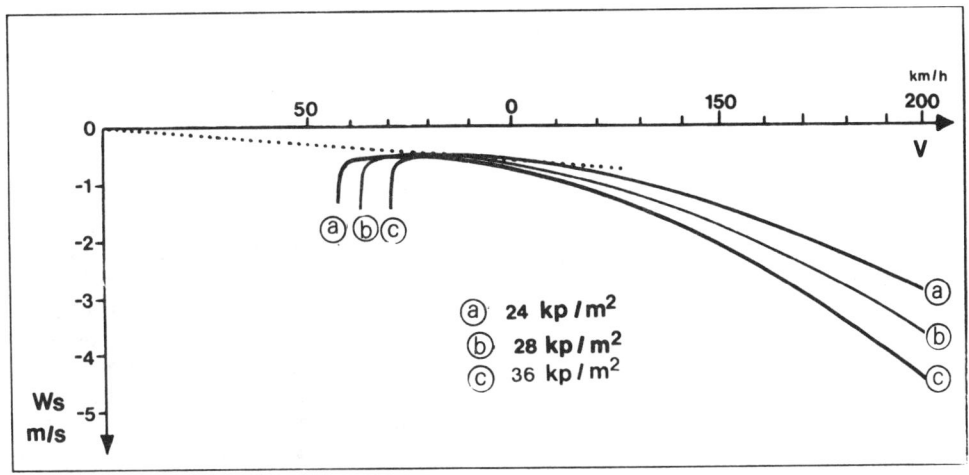

Fig. 91 – Curvas polares para el vuelo rectilíneo.

Al analizar estos resultados se observa cómo la segunda térmica no sólo es ancha, sino también de fuerte intensidad. Así, su velocidad ascendente es de 3 m/seg., casi idéntica a la de la térmica de gran intensidad. Se deduce además, que, en esta última, pese a ser la de mayor intensidad, el velero © no es el que alcanza mayor velocidad. Es tan desventajosa esta térmica para este velero, que su velocidad resulta idéntica a la del velero Ⓐ, que si bien no planea tan rápidamente, es el que mejor asciende en la térmica estrecha. Pero es precisamente el velero Ⓑ el que, en esta térmica intensa, alcanza la mayor velocidad. Sin embargo, la térmica ancha, gracias a su fuerte intensidad, es la que ofrece más ventajas al velero ©. La térmica débil elegida es también estrecha; de aquí las fuertes diferencias que se observan en sus velocidades ascendentes.

El velero más pesado asciende a una velocidad de 0,6 m/seg., precisamente la mitad de la velocidad ascendente de Ⓐ. Ahora bién, también habrá entre ellos fuertes diferencias entre sus respectivas velocidades de crucero.

Aún cuando estos ejemplos no son muy típicos, nos muestran claramente lo siguiente:

> No basta tener en cuenta la intensidad de la térmica para elegir la carga alar óptima (lastre de agua). En esta elección la mayor o menor anchura de la térmica constituye un elemento decisivo. Si nos vemos obligados a volar en espiral con una fuerte inclinación transversal, se ha de tener en cuenta que el lastre de agua resulta más perjudicial para la ascensión que si voláramos en círculo con un gran radio de giro. La ventaja de volar con o sin lastre de agua depende de la intensidad de la corriente ascendente, de su anchura y de su distribución interna.
>
> Cuando se trata de vuelos de competición, lo aconsejable es mantener el lastre mientras éste no suponga una diferencia de ascensión negativa, respecto de nuestros competidores. Tan pronto como, durante el vuelo ascendente, notemos esa desventaja, es preciso soltar el lastre en parte o en su totalidad. Por supuesto, la suelta de lastre sólo puede realizarse durante el vuelo rectilíneo, y estando seguros de no perjudicar a los demás pilotos.

PLANEO FINAL

CALCULO DE LOS VALORES INICIALES

Para la construcción de un calculador de planeo final – cualquiera que sea el modelo – es preciso conocer el coeficiente de planeo del velero con respecto del suelo, que corresponde a los distintos ajustes del anillo y a las diversas componentes del viento. Se supone que, durante el planeo final, los efectos de las masas de aire ascendentes y descendentes se equilibran. Esta es la razón de que la curva polar con aire en calma sea la que da a conocer los valores de las velocidades de planeo y del «rate» de descenso vertical del velero. La curva polar que se emplee ha de ser realista, es decir, calculada para la carga alar y la altura de vuelo, con las que solemos volar normalmente. El cálculo de los valores iniciales se realizará, una vez más, trazando las tangentes.

Generalmente, para la construcción de un calculador de planeo final, se prepara previamente una tabla de valores en la que se anotan los diferentes coeficientes de planeo con respecto del suelo (Eg). En algunos tipos de calculadores (como por ejemplo en el de Stöcker) es preciso calcular, al mismo tiempo, la altura de vuelo necesaria (h) para recorrer una determinada distancia (25 km. en nuestro ejemplo).

Se copia la tabla de valores expuesta en la figura 92, rellenando la columna de la izquierda con los valores que se obtienen de la curva polar. Se calculan también los valores, correspondientes a las columnas «1 : Si · 3,6» y «90.000 Si», que facilitarán el trabajo posterior. A continuación, partiendo de los valores de V, se va rellenando la columna Vg. Los valores restantes pueden determinarse fácilmente con una calculadora de bolsillo.

En función del tipo de calculador que querramos fabricar, se determinan los valores «Eg» y «h 25», para anotarlos sobre la tabla de valores.

FABRICACION DE UN CALCULADOR DE PLANEO FINAL «STÖCKER» (EN EL REVERSO: EL CALCULADOR DE CORRECCION DE DERIVA)

Para fabricar un calculador de Stöcker se necesita un disco (el tipo de material es indiferente) de 22 cm. de diámetro. Sobre el borde exterior de ambas caras se coloca una rosa de los vientos.

A continuación se prepara un disço de plástico transparente de 21 cm. de diámetro. Sobre el mismo se trazan y dibujan las espirales, tal y como aparecen en las figuras 93 y 94 (no se trata de espirales de Arquímedes, como Stöcker propuso en un primer momento). Las espirales han de colocarse de forma que corten cualquier radio en segmentos de igual magnitud. Los números señalan la altura en cientos de metros es decir, 12 equivale a 1.200 m. de altura. A continuación se prepara una regla giratoria, que nos servirá de «cursor». Sobre uno de sus lados se marcan, cada dos centímetros, una serie de puntos. Estos dos centímetros, entre punto y punto, equivalen a 5 km.. Por lo tanto, la distancia entre el centro y el punto más alejado es de 25 km..

La cuadrícula que ha de colocarse bajo las espirales difiere según el tipo de velero. Por ello, no se dibuja sobre el disco, sino sobre un papel que luego ha de pegarse sobre el dorso. De este modo, cambiando el papel cuadriculado, el mismo calculador podrá adaptarse a otro tipo de velero. Las componentes del viento se representan mediante círculos. Los valores ascendentes y descendentes, anotados previamente en la tabla, se señalarán sobre el calculador del modo siguiente: para cada valor ascendente St, de la última corriente, se determina el valor de la altura «h 25» que corresponde a cada componente del viento. A continuación se gira el cursor, de tal modo que el punto que indica la distancia de 25 km. quede situado sobre la espiral que señala la altura «h 25».

Sobre la otra mitad del cursor se marcan los índices o velocidades ascendentes (o descendentes) correspondientes a los distintos círculos de la componente del viento. Sobre el disco de la base, es decir, el que no es transparente, se pega un mapa, a escala 1:250.000, de tal modo que el aeródromo (objetivo de nuestro vuelo) coincida con el centro del disco y con la orientación de la rosa de los vientos.

Resulta de gran utilidad práctica colocar, al dorso del calculador de Stöcker, un calculador de corrección de deriva (cuya función ya fue expuesta en la primera parte de este libro). Tal

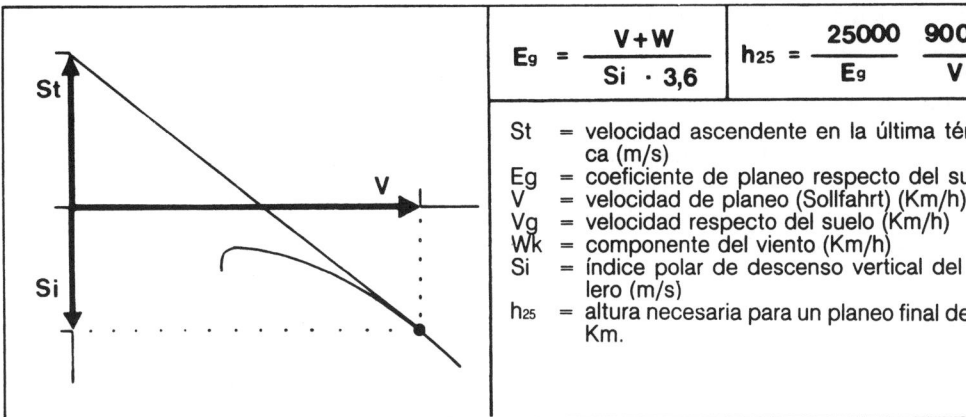

$$E_g = \frac{V+W}{Si \cdot 3{,}6} \qquad h_{25} = \frac{25000}{E_g} \quad \frac{90000\,Si}{V+W_k}$$

St = velocidad ascendente en la última térmica (m/s)
Eg = coeficiente de planeo respecto del suelo
V = velocidad de planeo (Sollfahrt) (Km/h)
Vg = velocidad respecto del suelo (Km/h)
Wk = componente del viento (Km/h)
Si = índice polar de descenso vertical del velero (m/s)
h25 = altura necesaria para un planeo final de 25 Km.

St	V	Si	1:Si·3,6	90000Si		W_k							
						−40	−30	−20	−10	0	+10	+20	+30	+40
0					Vg									
					Eg									
					h25									
0,5					Vg									
					Eg									
					h25									
1					Vg									
					Eg									
					h25									
2					Vg									
					Eg									
					h25									
3					Vg									
					Eg									
					h25									
4					Vg									
					Eg									
					h25									
5					Vg									
					Eg									
					h25									
6					Vg									
					Eg									
					h25									

Fig. 92 – Tabla de valores de planeo final.

como muestra la figura 93, ha de tomarse un papel milimetrado sobre el que han de trazarse círculos concéntricos y radios, señalando sobre los mismos los valores correspondientes. Esta hoja se recorta en forma de círculo de 20 cm. de diámetro y se pega sobre otro disco de plástico transparente de 21 cm. de diámetro; éste, a su vez, es fijado al dorso del calculador de Stöcker, de forma que pueda girar.

EMPLEO DEL CALCULADOR DE PLANEO
FINAL DE STÖCKER

I. Datos conocidos: Posición de vuelo, velocidad ascendente, componente del viento.

   Incógnitas:
   a) distancia de la meta
   b) rumbo hasta la meta
   c) altura necesaria para el recorrido de planeo final
   d) coeficiente de planeo respecto al suelo

1) Se gira el cursor hasta hacer que su recta se sitúe sobre el punto de la cuadrícula correspondiente a los valores conocidos: velocidad ascendente y componente del viento.

2) Se gira el disco de plástico transparente (junto con el cursor) hasta que la recta del cursor señale nuestra posición.

a) Nuestra distancia al aeródromo vendrá señalada por los puntos marcados sobre el cursor.

b) El rumbo a seguir hasta el aeródromo queda señalado por la rosa de los vientos.

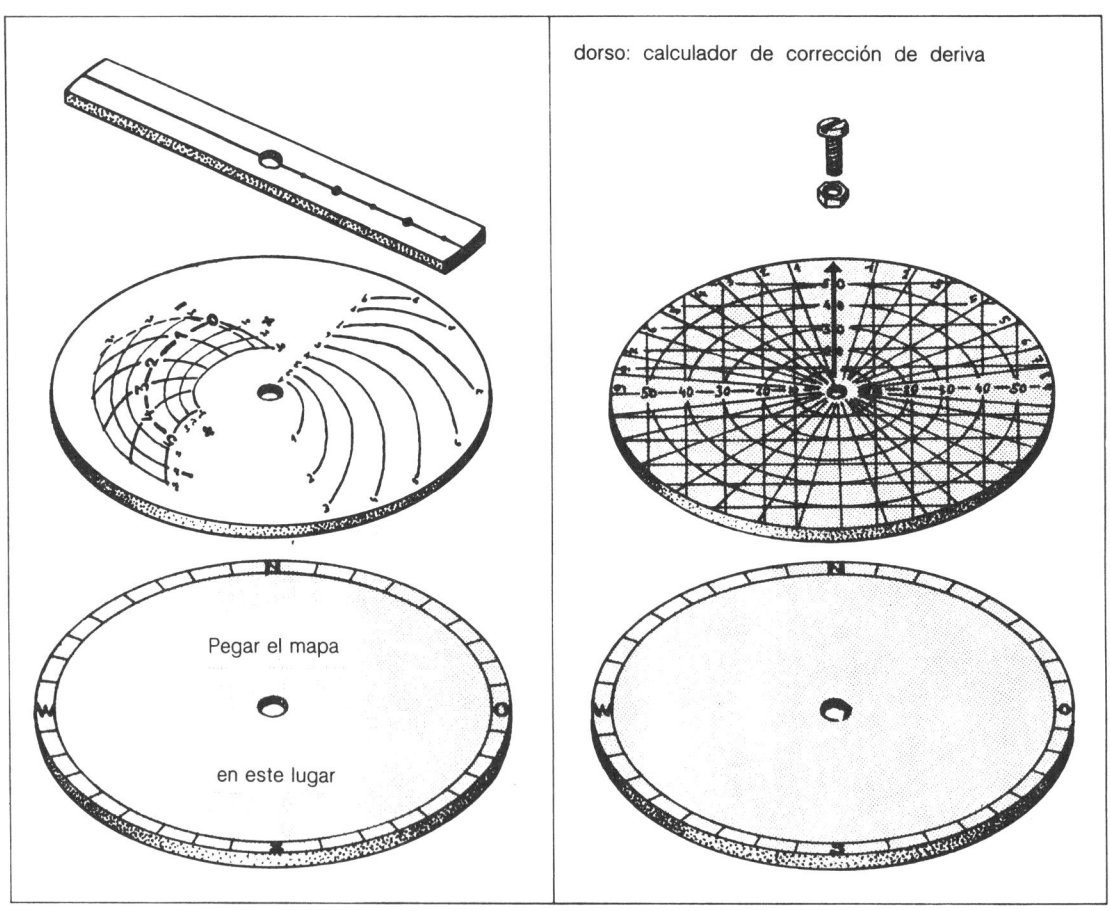

Fig. 93 – Calculador de planeo final según Stöcker.

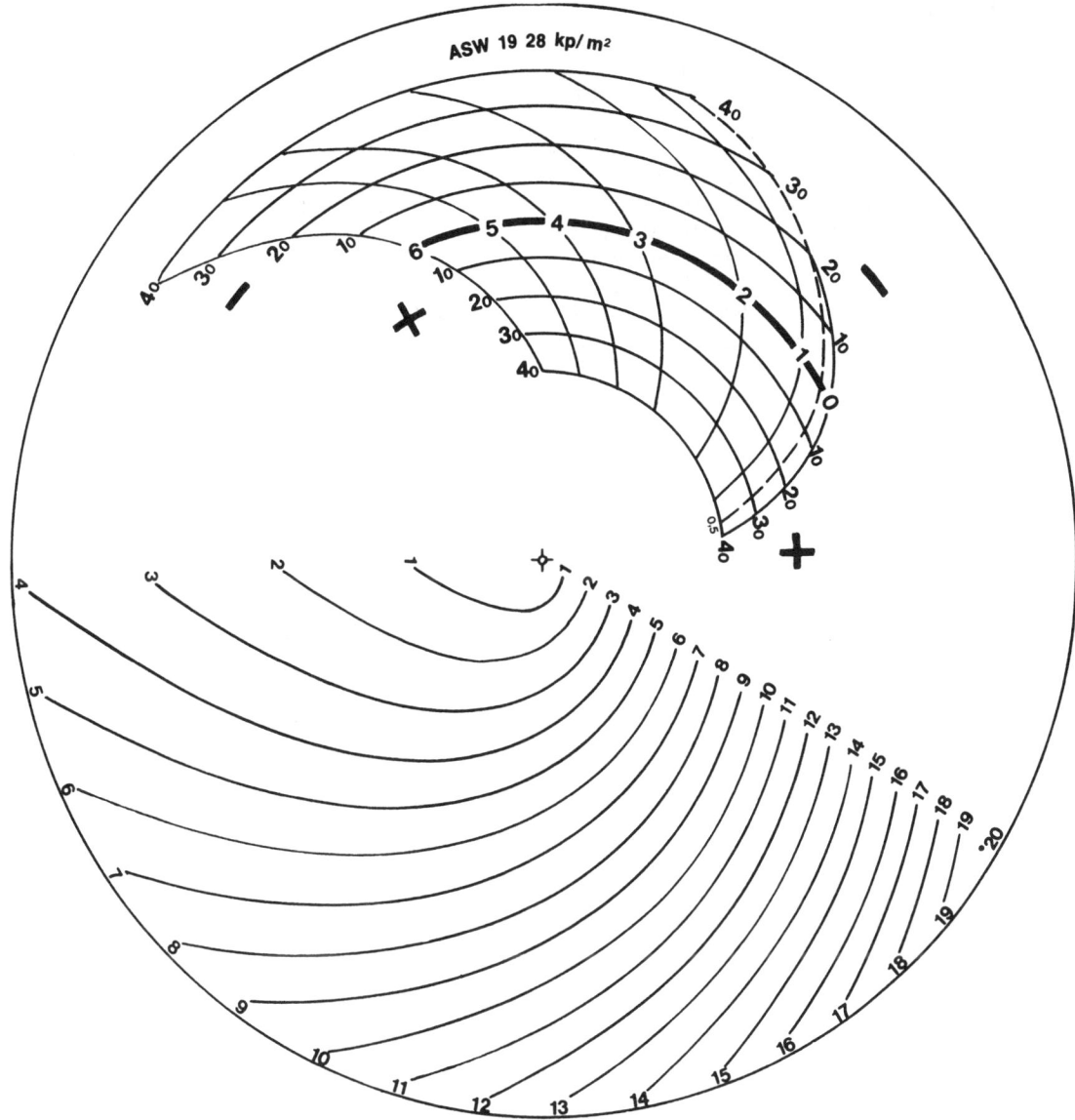

Fig. 94 – Disco de plástico transparente del calculador de Stöcker.

c) La altura necesaria para el recorrido del planeo final estará indicado por la espiral que pase sobre nuestra posición de vuelo.

d) El coeficiente de planeo con respecto del suelo viene señalado por la intersección entre la recta del cursor y la espiral de los 1.000 m.

II. Datos conocidos: posición, altura, componente del viento

Incógnitas: valor sobre el que ha de ajustarse el anillo de Mac Cready.

1) Se gira el disco de plástico transparente, de tal forma que la espiral (correspondiente a nuestra altura de vuelo) quede situada sobre nuestra posición.

2) Se gira el cursor hasta colocarlo sobre nuestra posición de vuelo.

El valor óptimo para el ajuste del anillo podrá leerse sobre la cuadrícula, en el punto de intersección de la recta del cursor y de la componente del viento.

III. Para aquellas posiciones de vuelo distantes de la meta más de 25 km., será preciso el empleo de cartas a escala 1:500.000 (las alturas señaladas por las espirales deben multiplicarse por dos) o bien realizar las mediciones de distancia directamente sobre la carta de navegación que se esté utilizando. Gracias a la escala de distancias marcada sobre el cursor, el calculador sigue siendo útil para hallar los valores deseados. Tiene la ventaja de que, para distancias inferiores a los 25 km., el piloto no necesita utilizar la carta de navegación, lo que permite una mayor concentración. Una vez que el calculador ha sido ajustado correctamente, se puede controlar constantemente si nuestra altura de vuelo coincide con la altura correcta para el planeo final, sin necesidad de tener que ajustar de nuevo el calculador.

Equipamiento

INSTRUMENTOS

Se expone a continuación un resumen gráfico de los instrumentos de a bordo, con el fin de dar una visión esquemática de los mismos y la posibilidad de compararlos con intrumentos similares.

Dada su importancia, las dudas referentes a los variómetros serán tratadas separadamente más adelante.

La representación de los restantes instrumentos se limita a lo esencial.

Estudio individual de cada instrumento

(El número que aparece, entre paréntesis, junto al nombre de algunos instrumentos, indica el número de la figura que le corresponde en esta visión esquemática de conjunto).

La lanita o indicador de derrape

La lanita ha de instalarse sobre la parte de la cúpula de menos curvatura, donde resulta bien visible. (Conviene señalar este punto mediante un trozo de cinta adhesiva o con rotulador indeleble al agua). La lanita nos indica si se vuela correctamente o por el contrario si el velero derrapa o resbala. La inclinación lateral de la lanita suele ser superior al ángulo real de derrape o resbale del velero.

Maniobras de corrección cuando la lanita se incline: accionar el timón de dirección en sentido contrario a la inclinación de la lanita y/o accionar el timón de alabeo en el mismo sentido que la inclinación de la lanita. Al caer en barrena, la lanita siempre señala hacia el interior. Todo velero debe estar equipado con esta ayuda.

La bola

La bola señala la dirección de la fuerza resultante que actúa sobre el velero. Durante la caída en barrena normalmente suele – aunque no siempre – desplazarse hacia afuera. Es un instrumento de reacción lenta y, por lo tanto, inadecuado para el vuelo sin motor.

Nivel de albañil

Indica la dirección de la resultante de las fuerzas a que está sometido el velero, pero en sentido contrario a las indicaciones de la bola. Reacciona rápidamente y constituye un buen instrumento adicional para el vuelo sin visibilidad, siempre que el líquido en su interior contenga un anticongelante.

Maniobra de corrección cuando el velero derrape o resbale: accionar el timón de dirección en sentido contrario al desplazamiento de la búrbuja de aire y/o accionar el timón de alabeo en el mismo sentido que el desplazamiento de la búrbuja (es decir, igual que con la lanita).

Altímetro (1)

El altímetro se basa en la medición de la presión atmosférica, mediante una cápsula aneroide elástica. La escala de alturas está calibrada de acuerdo con las condiciones atmosféricas standard. Mediante el botón selector puede ajustarse su escala.

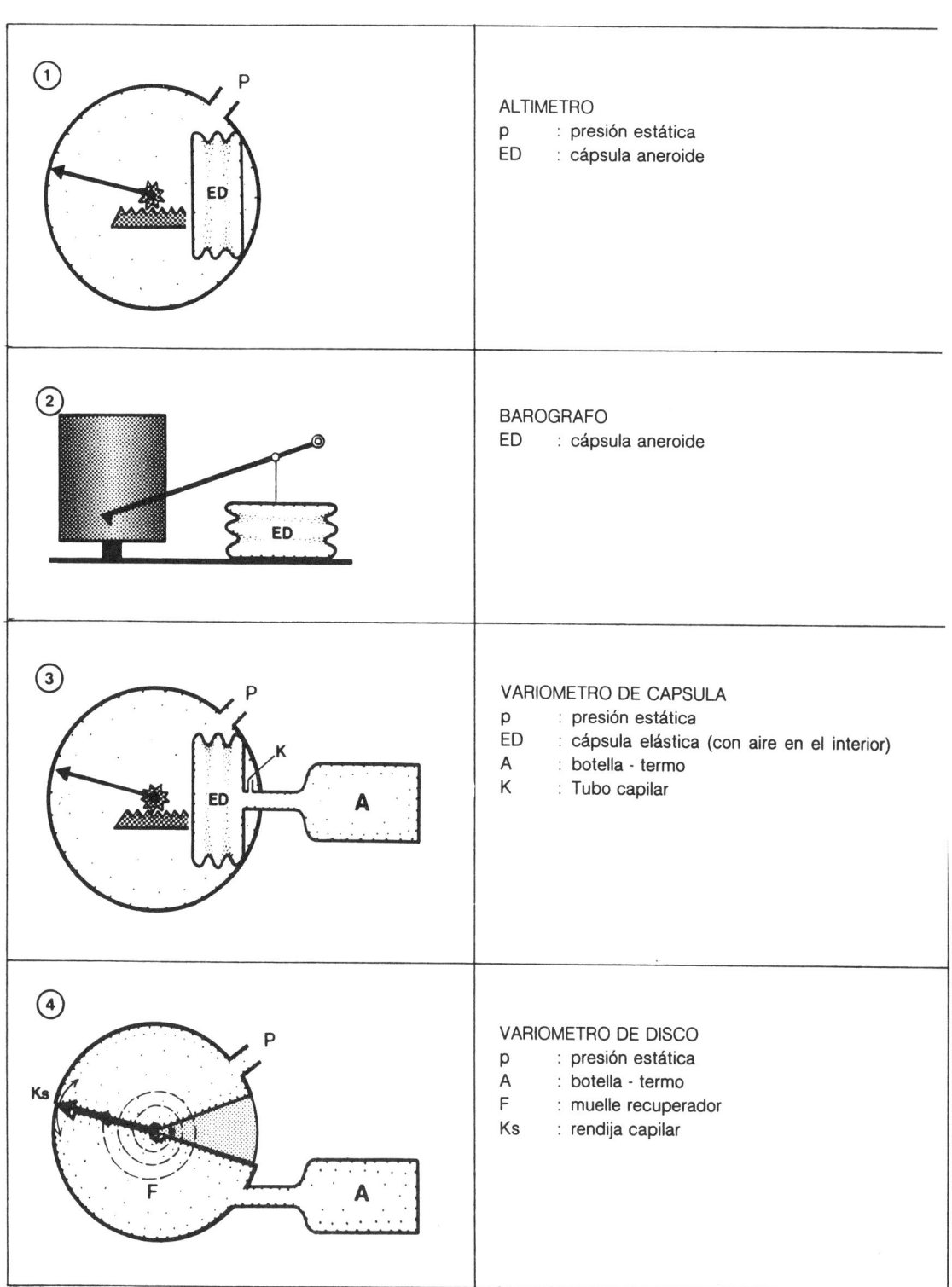

Fig. 95 – Visión esquemática de conjunto

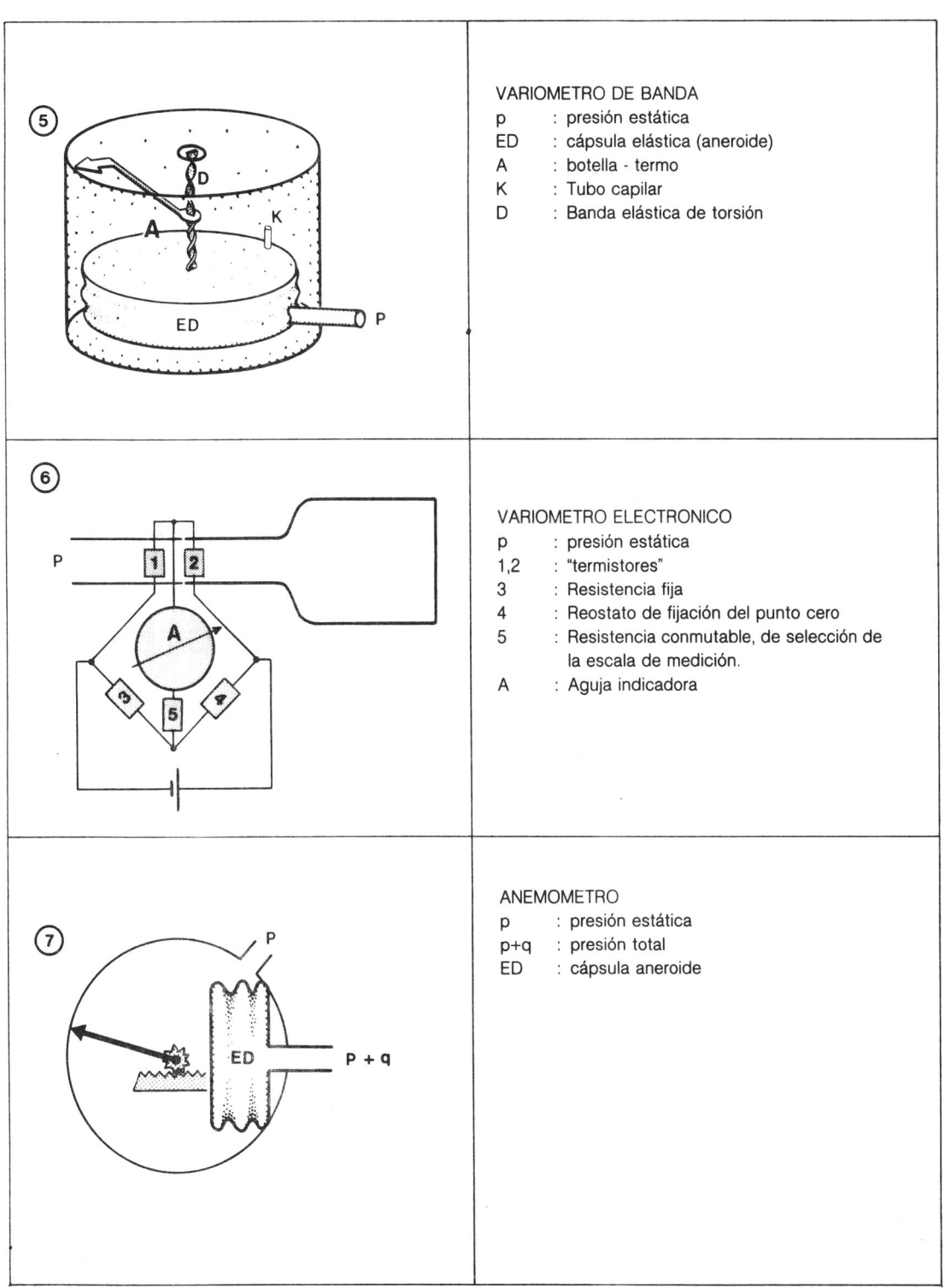

Fig. 95 – Visión esquemática de conjunto (cont.).

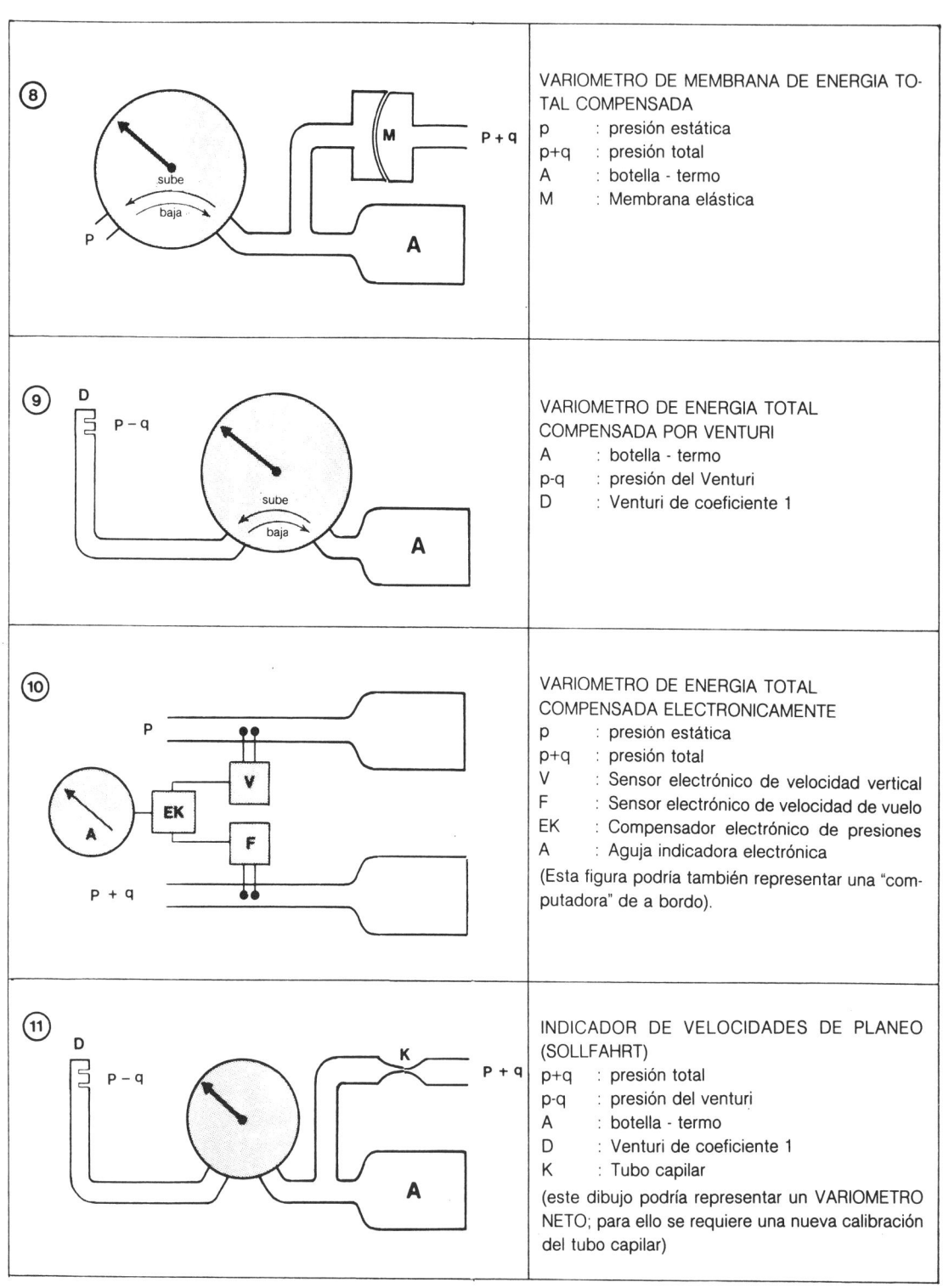

Fig. 95 — Visión esquemática de conjunto (cont.).

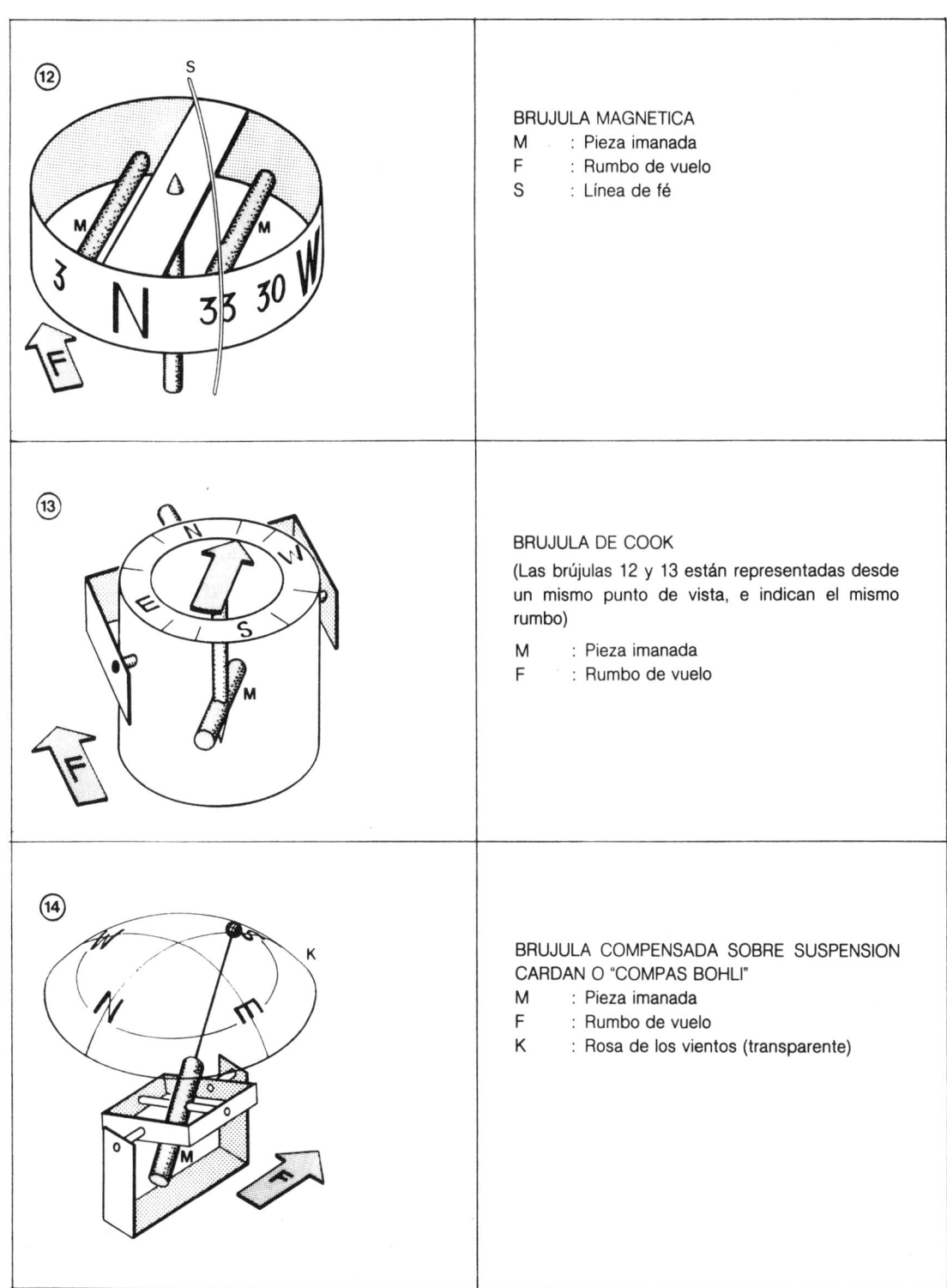

BRUJULA MAGNETICA
M : Pieza imanada
F : Rumbo de vuelo
S : Línea de fé

BRUJULA DE COOK
(Las brújulas 12 y 13 están representadas desde un mismo punto de vista, e indican el mismo rumbo)
M : Pieza imanada
F : Rumbo de vuelo

BRUJULA COMPENSADA SOBRE SUSPENSION CARDAN O "COMPAS BOHLI"
M : Pieza imanada
F : Rumbo de vuelo
K : Rosa de los vientos (transparente)

Fig. 95 – Visión esquemática de conjunto (cont.).

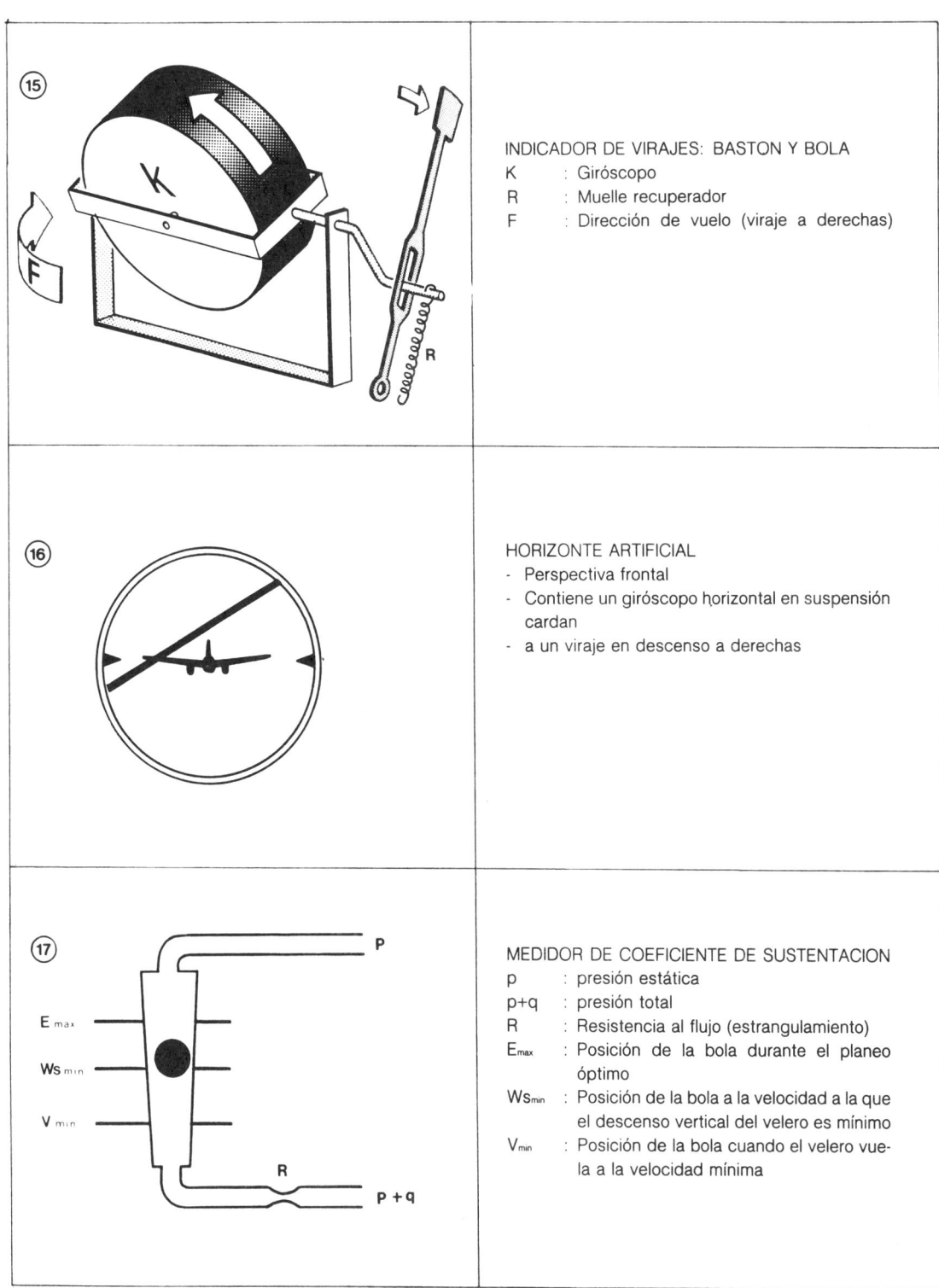

INDICADOR DE VIRAJES: BASTON Y BOLA
K : Giróscopo
R : Muelle recuperador
F : Dirección de vuelo (viraje a derechas)

HORIZONTE ARTIFICIAL
- Perspectiva frontal
- Contiene un giróscopo horizontal en suspensión cardan
- a un viraje en descenso a derechas

MEDIDOR DE COEFICIENTE DE SUSTENTACION
p : presión estática
p+q : presión total
R : Resistencia al flujo (estrangulamiento)
E_{max} : Posición de la bola durante el planeo óptimo
Ws_{min} : Posición de la bola a la velocidad a la que el descenso vertical del velero es mínimo
V_{min} : Posición de la bola cuando el velero vuela a la velocidad mínima

Fig. 95 – Visión esquemática de conjunto. (cont.).

Altímetro con anillo móvil

El anillo va instalado a semejanza del de Mac Cready, constituyendo una escala de alturas adicional, ajustable a determinados valores. Es de gran ayuda en el vuelo de distancia, así como para el cálculo de los puntos de viraje y del planeo final.

Barógrafo (2)

Traza gráficamente la curva de presiones del aire, en función del tiempo. Los barógrafos de «humo» registran las presiones sobre una hoja de aluminio ahumada, siendo más exactos que los de tinta. Ahora bien, todavía resultan más exactos los barogramas obtenidos mediante un barógrafo perforador, que cada 6 segundos traza una marca sobre un papel especial; pero es un instrumento muy caro y delicado.

Anemómetro (7)

Mide la diferencia de presiones existente entre la presión total, tomada en el tubo de pitot, y la presión estática.

$P_{total} - P_{estat.} = P_{dinámica}$ ó

$(p + q) - p = q$

La escala del anemómetro está señalada en km/h. o en nudos, y está ajustada a los valores de la presión standard a nivel del mar.

Variómetros (3, 4, 5, 6, 8, 9, 10, 11)

El término «variómetro» significa «medidor de variaciones» y así es, de un modo general como hemos de considerar su funcionamiento. Ahora bien, si no especifica qué variaciones mide, la definición resulta ambigua. Con el fin de aclarar este concepto, a continuación vamos a diferenciar los variómetros, según el tipo de variaciones que midan:

---

a) Indicador de velocidad vertical
(3, 4, 5, 6) (= variómetros no compensados)
mide las variaciones de altura del velero por unidad de tiempo

b) Variómetro de energía total
(8, 9, 10) (= variómetro de energía total compensada)
mide las variaciones de la energía total del velero por unidad de tiempo

c) Variómetro Neto (11)
(= variómetro de energía total compensada)
mide el desplazamiento vertical, ascendente o descendente, de las masas de aire

d) Variómetro de velocidades de planeo (Sollfahrt) (11)
(= indicador de velocidades de planeo de Brückner)
señala la óptima velocidad de planeo, en función de la intensidad esperada en la próxima térmica

---

Estos cuatro instrumentos miden cosas distintas, a pesar de que su componente principal – el mecanismo que realiza las mediciones – sea muy similar.

La clase de mediciones que cada uno de ellos lleva a cabo depende de la modalidad de conexión realizada y de ciertos elementos adicionales. El variómetro funciona, en principio, según el siguiente mecanismo: utiliza, para medir las variaciones de presión, un volumen de aire determinado (que se introduce en la llamada «botella-termo»). Para ello este volumen de aire dispone de una apertura capilar. De este modo puede medirse directamente la diferencia entre la presión del volumen de aire utilizado y la procedente del tubo capilar (Variómetros de disco, de cápsula, de banda). Esta medición puede realizarse también de modo indirecto, aprovechando la diferencia de flujo que existe entre el aire procedente de la botella y del tubo capilar (por ejemplo, por enfriamiento de una resistencia en el variómetro electrónico).

a) Indicador de velocidad vertical

Los variómetros ordinarios, cuyo empleo fue muy generalizado en épocas anteriores y en los que la botella-termo tenía una conexión directa con la presión estática, son indicadores de velocidad vertical. Miden pues, la velocidad ascendente y descendente del velero en metros por segundo (o en pies/minuto, o en nudos). Ahora bien, teniendo en cuenta que la velocidad descendente del velero es función del «rate» de descenso vertical propio del velero (Ws) y del desplazamiento vertical de las masas de aire (Wm), sus mediciones tienen un carácter relativo, por lo que suelen calificarse de variómetros «brutos». Pero además, el vuelo ascendente o descendente del velero, que nos señala este tipo de instrumento, no sólo depende de las características del velero y de los desplazamientos de las masas de aire, sino también y principalmente de los movimientos de timón de profundidad. Esto explica los enormes saltos de aguja, cuando se realizan maniobras de corrección de altura, durante el vuelo térmico. El moderno vuelo sin motor exige frecuentes variaciones de velocidad, por lo que las mediciones de este tipo de variómetro no permiten deducir conclusiones exactas, como por ejemplo, la situación de una térmica.

Así pues, los indicadores de velocidad vertical pertenecen al pasado. Sin embargo, se ha mencionado este instrumento por dos razones: en primer lugar, porque desgraciadamente forman parte todavía del equipamiento de algunos veleros de enseñanza y de entrenamiento básico. En segundo lugar, porque es precisamente en estos instrumentos donde puede exponerse con mayor claridad el principio en que se funda el funcionamiento de los distintos tipos de variómetros:

Variómetro de cápsula (3)

Funciona mediante una cápsula aneroide. Reacciona con gran lentitud. Si es particularmente lento –aspecto que puede conseguirse mediante una resistencia de flujo– puede emplearse como indicador de la ascensión media con mayor sencillez que la computadora de a bordo. Por lo demás, también ha perdido todo interés para el vuelo sin motor.

Variómetro de banda (5)

Se basa en el funcionamiento del variómetro de cápsula. Sin embargo, difiere el procedimiento de transmisión de fuerzas. La fuerza se aplica, sin rozamiento alguno, a una banda elástica de torsión directamente acoplada a una aguja indicadora muy ligera. De este modo se logra una indicación rápida y exacta.

Variómetro de disco (4)

El flujo de aire procedente de la botella–termo se aplica a una lámina metálica, móvil alrededor de un eje y unida a un sensible muelle recuperador. Constituye el variómetro más corrientemente utilizado.

Variómetros electrónicos (6)

Existen varios tipos diferentes de variómetros electrónicos. Los más utilizados están constituidos por dos resistencias eléctricas (hilo caliente o NTC) en serie, colocadas en el tubo que conduce a la botella–termo. El flujo procedente de la botella–termo enfría de forma distinta cada una de las resistencias, pues una de ellas va colocada a la sombra de la otra. La diferencia de resistencias originada es conectada a la aguja indicadora, a través de un puente. La ventaja de este instrumento reside en su rápida reacción y en la posibilidad de conectarse a un generador de audio (variómetro acústico). A estos instrumentos se les conoce con el nombre de variómetro de hilo caliente, variómetro de sonda metálica, variómetro NTC o variómetros–termistores.

Un segundo tipo de variómetro electrónico funciona según el principio del variómetro de cápsula, midiéndose electrónicamente la deformación de la misma. Otro grupo de variómetros está constituido por los que carecen de botella–termo (variómetro sensor de presión) y funcionan a base de un altímetro electrónico. Caculan el tiempo electrónicamente, de tal modo que obtienen directamente los valores ascendentes y descendentes.

Estos instrumentos, por señalar sus mediciones electrónicamente, pueden emplearse (conectados a un anemómetro electrónico) como parte integrante de la computadora de a bordo.

b) **Variómetros de energía total**
(Variómetros de energía total compensada)

El indicador de velocidad vertical señala las variaciones en la altura de vuelo, es decir, que indica las variaciones de la energía potencial. Por el contrario, un variómetro de energía total señala las variaciones de la energía total del velero. Se entiende por energía total la suma de la energía potencial (energía en función de la altura) y la energía cinética (energía en función de la velocidad):

$$E_{total} = E_{pot} + E_{cin}$$

La gran ventaja de los variómetros de energía total consiste en que no señalan las transformaciones de energía ($E_{pot} \rightleftarrows E_{cin}$) que se producen al tirar o empujar la palanca de mando.

Por lo tanto, este instrumento da a conocer – con independencia de las variaciones de velocidad debidas a los movimientos de la palanca – si el velero gana energía como consecuencia de haber penetrado en una corriente ascendente.

Así pues, este instrumento facilita enormemente la búsqueda de zonas con corrientes ascendentes, que ofrecen la posibilidad de incrementar la energía del velero. La particularidad de que estos variómetros no reaccionen ante los simples cambios de velocidad, los hace especialmente aptos para colocar a su alrededor un anillo de Mac Cready.

Existen varios procedimientos para compensar la energía y convertir los variómetros ordinarios en variómetros de energía total.

1. VARIOMETROS DE MEMBRANA, DE ENERGIA TOTAL COMPENSADA (8)

La influencia de la velocidad, sobre el instrumento, tiene lugar aplicando la presión total sobre una membrana elástica.

Del tubo de pitot (toma de presión total) se deriva un tubo hasta el anemómetro, que hace vibrar la membrana (M) en función de la presión dinámica. De este modo, al aumentar la velocidad, la membrana empuja el aire hacia el interior del variómetro. Al disminuir la velocidad se invierte el proceso.

Como quiera que el extremo de la membrana, opuesto al tubo de pitot, está directamente conectado a la botella-termo, un aumento de velocidad hará que la aguja suba. Por el contrario, una disminución de la velocidad hará que la aguja baje. Si la membrana del variómetro ha sido exactamente calibrada, los efectos de la velocidad sobre la misma son tan intensos que neutralizan las indicaciones que pudiera engendrar un descenso del velero, como consecuencia de un aumento de la velocidad (o de una recuperación de altura producida por una disminución de velocidad). De este modo, el variómetro sólo señala las variaciones de energía total.

Lógicamente este sistema sólo funciona correctamente cuando la membrana cumple con las características de elasticidad y **tamaño** exigidos, y a su vez, si está ajustada al volumen de la botella-termo.

La mayoría de los compensadores que se encuentran en el mercado no cumplen estos requisitos y se desajustan con el tiempo. Los compensadores de membrana sólo funcionan correctamente a la altura de vuelo a la que fueron ajustados y calibrados. También surgen dificultades cuando, en el montaje del variómetro, la presión total (presión total → compensador → botella-termo → aguja indicadora) ha sido tomada a partir de un punto distinto del que corresponde a las variaciones de altura (presión estática → instrumento/aguja indicadora). En efecto, si una de las señales llega al instrumento antes que la otra, se producen distorsiones de indicación que requieren un nuevo ajuste, mediante resistencias al flujo (véase pág. 213). La membrana sólo es capaz de compensar simultáneamente un flujo; es decir, que no puede trabajar con más de un variómetro.

2. COMPENSACION POR VENTURI (9)

La toma del variómetro va conectada a un Venturi. La depresión que éste engendra neutraliza el incremento de presión estática que se produce al aumentar la velocidad descendente del velero (que a su vez ha sido causada por un incremento de la velocidad de vuelo). Esto se produce porque el Venturi ocasiona una disminución de la presión. Así, para que este efecto neutralizador sea exacto, el Venturi debe ejercer la presión siguiente:

$$P_D = p - q$$

(p = presión estática; q = presión dinámica).

El Venturi, por lo tanto, ha de tener un coeficiente de «–1» (es decir, una presión negativa). Los cálculos siguientes demuestran lo expuesto:

(ρ = densidad del aire)

Para la transformación, teóricamente ideal, de energía cinética (E_{cin}) en energía potencial (E_{pot}), o viceversa, la expresión siguiente resulta válida:

$$- m \cdot g \cdot dh = \frac{1}{2} m \, d(V^2)$$

siendo dh la variación de la altura y de d(V²) la variación cuadrática de la velocidad.

$$-g \cdot dh = \frac{d(V^2)}{2}$$

dado que $dq = \frac{\rho}{2} \cdot d(V^2)$ resulta:

$$-\rho \cdot g \cdot dh = dq$$

$$-g \cdot dh = \frac{dq}{\rho}$$

De acuerdo con la «ecuación Hydrostática», resulta:

$$dp = -\rho \cdot g \cdot dh$$

Por lo tanto:

$$dp = dq$$
$$dp - dq = 0$$

Esta última expresión es únicamente válida para las transformaciones de energía sin pérdidas ($E_{cin} \leftrightarrow E_{pot}$).

En este último supuesto, un variómetro que tan sólo señalara variaciones del valor total de la suma de ambas energías ($E_{cin} + E_{pot}$), no estaría influido por las transformaciones de energía.

Esto es lo que precisamente ocurre cuando el Venturi tiene un coeficiente de −1. Con mayor claridad que con los cálculos matemáticos, se explica a continuación el efecto compensador del Venturi:

Durante un vuelo horizontal a velocidad constante (sólo posible en el vuelo sin motor con la ayuda de corrientes ascendentes) la presión en el variómetro procedente del Venturi es de p − q (depresión). El variómetro indicará cero, puesto que en las dos tomas se produce la misma depresión.

Una pérdida de altura producirá un aumento de p, si la velocidad no varía. El variómetro indicará «descenso», puesto que aumenta la presión medida p − q. Un aumento de velocidad, manteniendo constante la altura (sólo posible con la ayuda de corrientes ascendentes), hará que aumente q, lo que se traduce en una disminución de la presión medida p − q. El aire procedente de la botella-termo circula a través del variómetro, indicando la aguja que la energía total aumenta («sube»). Si esta variación de la aguja fuera igual que el descenso de la aguja, correspondiente al incremento de la velocidad, se habrá obtenido la compensación de energía total deseada.

Resumiendo: la aguja indica los cambios de energía total, independientemente de las variaciones de velocidad.

Debido a que en este procedimiento las tomas de velocidad y del aire tienen lugar en un mismo punto del Venturi, resulta innecesaria la compensación de tiempos. El tamaño de la botella-termo puede elegirse libremente, dentro de unos amplios márgenes, y el Venturi funciona sin error a cualquier altura. Este sistema tiene además la ventaja de que un solo Venturi puede compensar varios variómetros. Puesto que la instalación en el velero de un variómetro de velocidades de planeo (Sollfahrt) requiere esta compensación, cabe la posibilidad de compensar los variómetros «ordinarios» mediante un solo Venturi.

Estas ventajas son la razón de que la mayoría de los veleros de alta competición vayan equipados de un Venturi, pese a la resistencia aerodinámica que engendra y a la pérdida de estética y elegancia que supone su instalación.

La compensación por Venturi es muy fiable, y funciona ilimitadamente sin problemas. No son caros y, después de haber elegido el lugar idóneo de su emplazamiento, su instalación es relativamente sencilla.

LUGAR DE EMPLAZAMIENTO DEL VENTURI

Incluso un Venturi ajustado al valor −1, no garantiza una compensación exacta. El lugar de su emplazamiento sobre el velero puede engendrar perturbaciones que causan distorsiones en el Venturi.

Así por ejemplo, resulta absolutamente inadecuado instalar el Venturi en los planos o en las proximidades de la cúpula. Teóricamente los lugares más adecuados son las áreas delanteras de fuselaje (muy sensibles y poco estéticas) las zonas de fuselaje por detrás de los planos (muy sensibles) y las partes posteriores del fuselaje (sensibles a las corrientes transversales), en las que el aire no corre ni más deprisa ni más despacio que el propio velero. En esta zona el punto más adecuado, por ser el menos sensible, está situado en la parte superior del plano vertical (de deriva), a unos 60 cm. por delante del mismo. Lo más acertado es informarse a través del fabricante del velero o dejarse aconsejar por pilotos expertos que utilicen el mismo tipo de velero.

① Poco aconsejable, obstaculiza la corriente laminar (poco aerodinámico), gran sensibilidad del ángulo de incidencia y de derrape, poco estético.

② Aumenta el resbale como consecuencia de las corrientes laminares, los planos influyen negativamente en el venturi, resultados normalmente insuficientes.

③ Zona adecuada (de 1 a 1,5 m. detrás del borde de salida de los planos); en los veleros que disponen de flaps se producirán muy probablemente perturbaciones.

④ Punto de instalación menos problemático. Posible inconveniente: efecto de inercia de la columna de aire en el tramo vertical del tubo de conducción.

DISTINTOS TIPOS DE VENTURI

Para lograr una compensación óptima, el Venturi debe cumplir los requisitos siguientes:

- el coeficiente del Venturi ha de ser en lo posible independiente del ángulo de derrape
- el coeficiente ha de ser en lo posible independiente del ángulo de incidencia (o de ataque)
- el coeficiente ha de ser independiente de la velocidad de vuelo
- el coeficiente ha de ser variable, a fin de lograr una mejor adecuación al lugar del velero donde se instale

A continuación se exponen los tipos de Venturi más empleados:

① **Venturi de Irving**, fue empleado hace mucho mucho tiempo por algunos buenos pilotos, incluso antes de que la mayoría de los pilotos de competición conocieran la importancia de la compensación de energías. Desde entonces han aparecido modelos mejores y más pequeños. (Este Venturi fue ideado en 1948 por Frank Irving).

② **Venturi de Althaus**, ofrece poca resistencia al viento, pero es muy sensible a los ángulos de derrape y de incidencia. Su coeficiente puede adaptarse variando el tubito de depresión.

③ **Venturi de Hüttner**, sensible a los ángulos de derrape y de incidencia, con un coeficiente de difícil adaptación.

④ **Venturi de la Academia de Braunschweig**, poco sensible al derrape; adaptable cerrando más o menos el tubo en el extremo que da salida al disco (disminuyendo el efecto de compensación); relativamente difícil de construir.

⑤ **Venturi de Nick**, muy fácil de construir; pero no logra alcanzar el coeficiente −1, razón por la que no puede ser instalado en cualquier parte del velero; poco sensible a las situaciones de resbale e independiente del ángulo de incidencia.

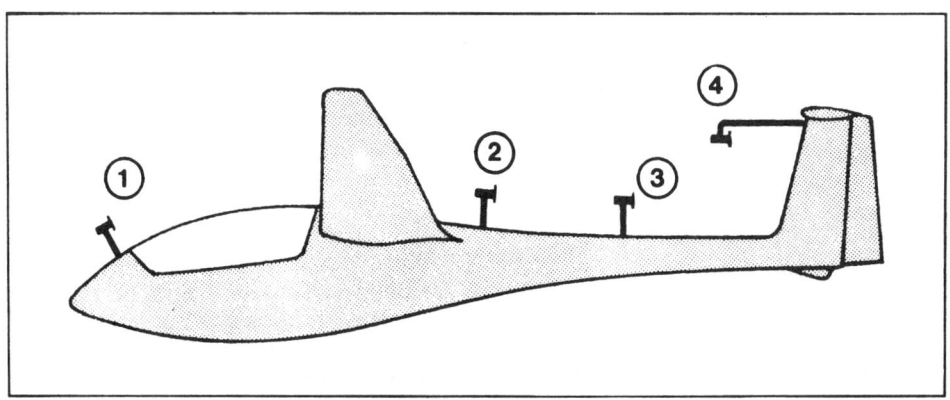

Fig. 96 – Posibles puntos de instalación de Venturi.

⑥ **Venturi de doble muesca**, (desarrollado por von Bardowicks, Akaflieg Hannover), es casi tan sencillo de construir como el de Nick; poco sensible a la situación de resbale, independiente del ángulo de incidencia; se ajusta prolongando el tramo final del tubo: cuanto mayor sea «a», tanto mayor será el efecto de compensación del Venturi.

La figura 98 muestra las dimensiones aconsejables para construir un Venturi de doble muesca.

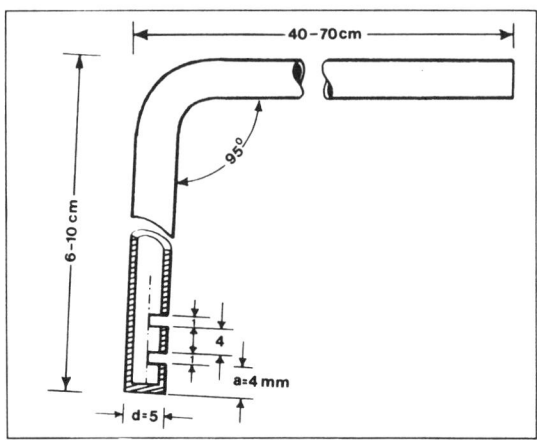

Fig. 98 – Venturi de doble muesca.

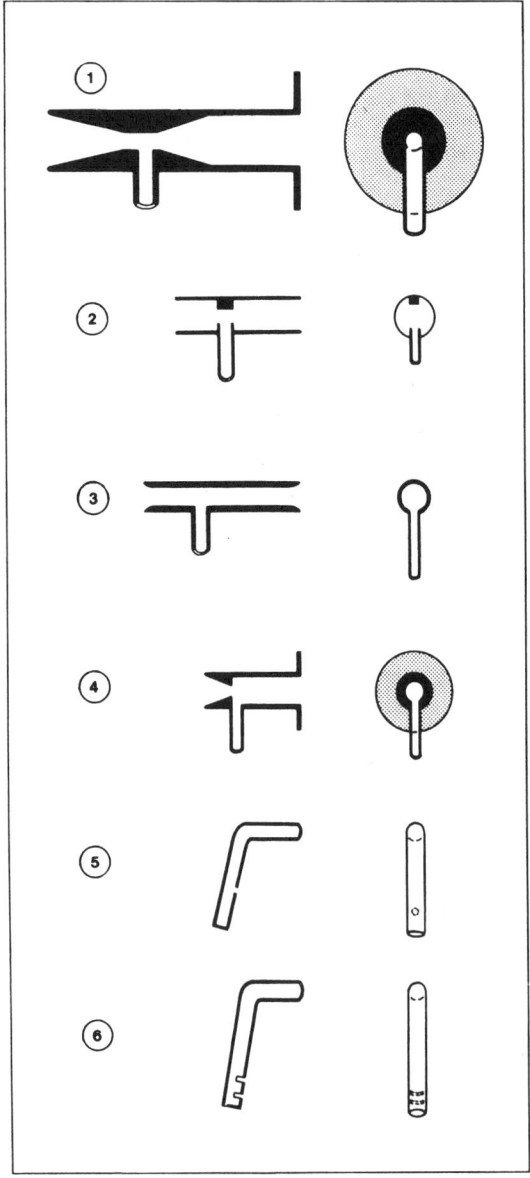

Fig. 97 – Cortes transversales y longitudinales de los diferentes tipos de Venturi.

COMPROBACION DEL VENTURI

A continuación se expone el procedimiento para realizar una primera comprobación del Venturi, sean cuales sean las condiciones meteorológicas: en el anemómetro de control F_2 se cierra la conexión de presión estática St, que va a conducir al Venturi, de tal forma que la conexión M (de la presión medida) sigue conectada con la presión estática p. Conectado el sistema de este modo, el anemómetro F_2 debe indicar la misma velocidad que señale el anemómetro F_1. Esto, sin embargo, tan sólo es válido cuando la presión estática pueda ser tomada sin error alguno, cosa que desgraciadamente no suele ocurrir en la mayoría de los veleros.

En lugar de realizar esta comprobación en vuelo, puede llevarse a cabo en un túnel aerodinámico, siempre y cuando la presión estática pueda tomarse sin error alguno.

Si la indicación del anemómetro de control no fuera suficiente, será debido a que a su vez la depresión en el Venturi es insuficiente (infracompensación). Si por el contrario indicara demasiado, se deberá a que el Venturi produce una sobrecompensación. (La aguja del anemómetro de control ha de ser previamente comparada con la del anemómetro F_1, por ejemplo, soplando. Por ello es preciso unir las conexiones de presión medida M, de ambos anemómetros).

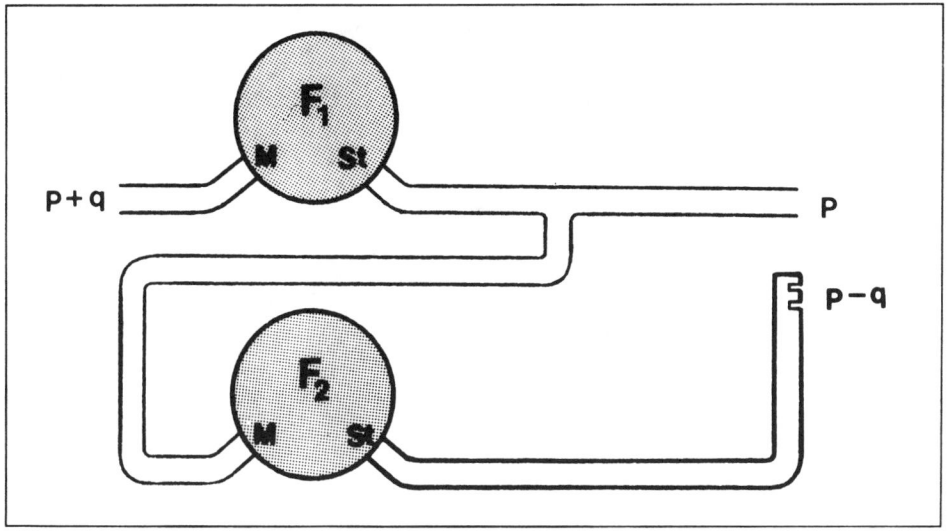

Fig. 99 – Comprobación del Venturi. F_1, F_2 = anemómetros. M = conexión de la presión medida. St = conexión de presión estática. p–q = presión de Venturi. p+q = presión total. p = presión estática.

COMPARACION ENTRE LAS INDICACIONES DEL VARIOMETRO Y LOS VALORES DE LA CURVA POLAR

Una vez realizada la primera comprobación del venturi, se han de llevar a cabo chequeos en vuelos con aire en calma. Durante los mismos ha de acelerarse el velero desde la velocidad mínima hasta altas velocidades. Es importante que la comprobación se realice en un trayecto de vuelo rectilíneo, en senda de planeo descendente. Si la compensación fuera correcta, el variómetro y el anemómetro, durante el proceso de aceleración, deben señalar pares de valores que coincidan con los correspondientes a la curva polar de velocidades del velero. Por ejemplo: 120 km/h. – 1 m/seg.; 170 km/h. – 2 m/seg.; 190 km/h. – 3 m/seg. Al decelerar el velero desde la máxima velocidad alcanzada hasta la mínima en vuelo rectilíneo han de obtenerse los mismos pares de valores de la curva polar, pero esta vez en orden invertido.

INDICACIONES DE UN VARIOMETRO DE ENERGIA TOTAL CON COMPENSACION DESAJUSTADA

La figura 100 muestra las indicaciones de un variómetro sobrecompensado y de un variómetro infracompensado (débil compensación). Un variómetro infracompensado tiene las mismas características que las de un indicador de velocidad vertical no compensado.

Durante el tiempo necesario para lograr el aumento de velocidad $V_1 \rightarrow V_2$, se observa sobre la gráfica un descenso demasiado fuerte (línea continua). Al disminuir la velocidad $V_2 \rightarrow V_1$, las indicaciones erróneas se sitúan en la zona de ascensión (línea discontinua).

Las sobrecompensaciones también son causa de errores, pero invertidos con respecto de los anteriores.

$V_1 \rightarrow V_2$ indicación errónea en sentido ascendente (línea discontinua)

$V_2 \rightarrow V_1$ indicación errónea errónea en sentido descendente (línea continua)

Si tras realizar varias comprobaciones hubiéramos detectado la existencia de una infracompensación, o de una sobrecompensación, debe ajustarse el Venturi en la forma que corresponda. Cuando se trate de un Venturi de doble muesca, la infracompensación se ajusta limando el extremo del tubo (es decir, acortándolo) y la sobrecompensación alargando el tubo (por ejemplo con zinc). Normalmente bastarán modificaciones de décimas de milímetro. Este ajuste se comprobará realizando un nuevo vuelo de chequeo.

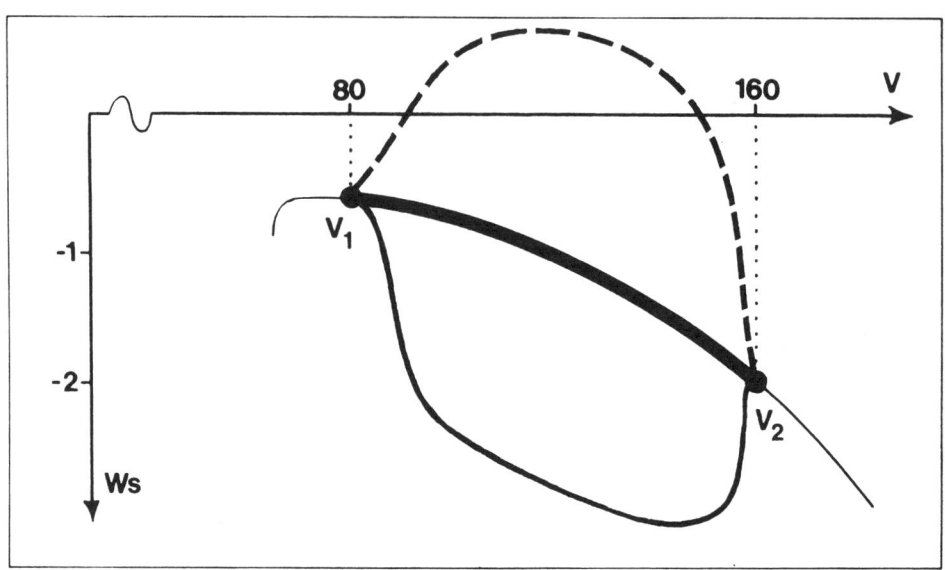

Fig. 100 – Comprobación de la compensación, durante el vuelo. Las líneas discontinua y continua indican los valores de un variómetro mal compensado.

3. VARIOMETRO DE ENERGIA TOTAL COMPENSADA ELECTRONICAMENTE (10)

Está constituido por dos variómetros electrónicos (basados en el variómetro ⑥) conectados en forma diferente. El variómetro 1 va conectado a la presión estática p, y funciona como un indicador de velocidad vertical. Dispone de una doble calibración, es decir, mide las variaciones con respecto al tiempo de 2 $P_{estática}$.

El variómetro 2 va conectado a la presión total (p + q) y, por lo tanto, funciona como un «variómetro de altura – velocidad». Tiene una calibración negativa, es decir, mide las variaciones en el tiempo de $-(p + q)$.

Ambos valores combinados miden las variaciones en el tiempo de p – q (puesto que 2p $-p - q = p - q$) al igual que en un variómetro compensado por Venturi.

c) Variómetros Netos

1) VARIOMETRO NETO DE ENERGIA TOTAL NO COMPENSADA

Indica el desplazamiento vertical (ascendente y descendente) de las masas de aire (¡no del velero!) mientras la velocidad del velero es constante.

Para obtener esta indicación «neta», el «rate» de descenso vertical propio del velero Ws ha de ser compensado de forma que quede eliminado de la medición. Para ello ha de tenerse en cuenta que, dentro de la zona de óptimo planeo, el «rate» de descenso vertical del velero aumenta en función del cuadrado de la velocidad. Basándose en que la presión dinámica también crece según el cuadrado de la velocidad, podrá emplearse esta presión dinámica para eliminar de la medición el efecto del «rate» de descenso vertical del velero, en todo el sector de velocidades.

Para aclarar este principio, imaginemos que un velero vuela en aire en calma. A consecuencia de su propio «rate» de descenso vertical Ws, la presión estática aumenta constantemente. En un variómetro ordinario la presión estática hace que el aire pase desde el instrumento de medición a la botella–termo. La aguja señala «descenso».

Si, mediante un tubo capilar adecuado, se lleva directamente desde el punto de toma de presión total (p + q) hasta la botella–termo un volumen de aire igual al que normalmente se extrae de la presión estática del variómetro, la presión en la botella–termo aumentará igualando la presión estática del aire exterior. A través del variómetro no circulará aire y, por lo tanto, la aguja indicará cero. Esto es lo que ocurre cuando el desplazamiento vertical de las masas de aire es nulo. De este modo, un variómetro «bruto» se transforma en variómetro «neto». Incluso si las masas de aire se despla-

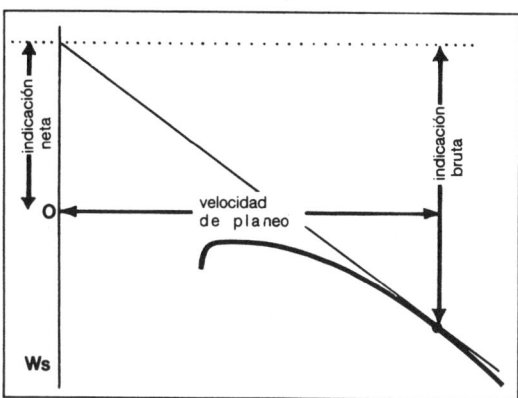

Fig. 101 – Diferentes indicaciones del variómetro.

zan verticalmente, las indicaciones del variómetro neto siguen diferenciándose de las del variómetro «bruto», precisamente en el montante del «rate» de descenso vertical propio del velero. Por lo tanto, el variómetro neto indicará el movimiento vertical de las masas de aire.

CALIBRACION DEL TUBO CAPILAR

Resulta obvio, después de lo expuesto, que lo verdaderamente importante reside en la cantidad de aire que, desde la toma de presión total y a través del tubo capilar, le llega a la botella-termo. Cuanto más estrecho y largo sea el tubo capilar, tanto menor será el efecto de compensación. Por ello, el tubo capilar, ha de calibrarse con toda exactitud. Los tubos capilares varían según los tipos de velero y en función de la capacidad de la botella-termo.

Puesto que la presión dinámica aumenta en función del cuadrado de la velocidad, el efecto de compensación del capilar también será cuadrático; es decir, que estará representado gráficamente según una parábola. La parábola que más se asemeja a la curva polar de velocidades, se empleará como base para la calibración del tubo capilar.

Para evitar la incomodidad que supone trazar, sobre un mismo diagrama, la parábola y la curva polar de velocidades, aconsejamos realizarlo del modo siguiente:

Sobre el eje de abcisas, en lugar de colocar los valores de la velocidad (V), se colocan los que corresponden al cuadrado de la velocidad (V^2). De este modo la curva polar de velocidades se transforma en casi una recta. A su vez, la parábola se transforma en una recta y ambas pasan por el origen de coordenadas. La figura 103 nos muestra el eje (V^2), sobre el que aparecen los valores de $\sqrt{V^2}$, es decir, de V. La curva polar de un ASW 19 (28 Kp/m^2) se ha transformado en una recta. Una recta de calibración correctamente trazada (discontinua en la figura) que pasa por el origen de coordenadas, indicará los valores correspondientes a la calibración del tubo capilar (por ejemplo: 160 km/h. – 2 m/seg.).

2) VARIOMETRO NETO DE ENERGIA TOTAL COMPENSADA (11)

El variómetro neto de energía total compensada señala los desplazamientos ascendentes y descendentes de las masas de aire, incluso cuando varía la velocidad de vuelo del velero.

El variómetro neto es útil siempre que sean exactas sus indicaciones sobre los deplazamientos ascendentes y descendentes de las masas de aire, incluso con variaciones en la velocidad de vuelo. Esto puede lograrse fácilmente, pues basta conectar el variómetro con el Venturi, en lugar de conectarlo con la presión estática. Ahora bien, siendo la presión en un Venturi igual a p – q y la presión total en el tubo capilar igual a p + q, la diferencia de presiones en el tubo capilar se habrá duplicado; será preciso calibrar el tubo capilar en forma distinta. Si no se hubiera variado el procedimiento de calibración, la recta de calibración se obtendrá dividiendo por dos los valores de Ws. Gráficamente está representada por la línea de trazos y puntos en la figura 103.

ERRORES DE INDICACIONES DEL VARIOMETRO NETO, CAUSADOS POR LA CURVA DE CALIBRACION

Los errores de calibración – inevitables en cualquier variómetro neto – coinciden con las diferencias que aparecen entre los valores de la curva polar de velocidad y la recta de calibración. Así por ejemplo, para un ASW 19, cuando la velocidad sea inferior a 88 km/h., los valores que indica el variómetro son inferiores al movimiento real de las masas de aire, porque la curva polar no ha sido totalmente compensada. Entre 90 y 160 km/h. el variómetro indica valores ascendentes superiores a

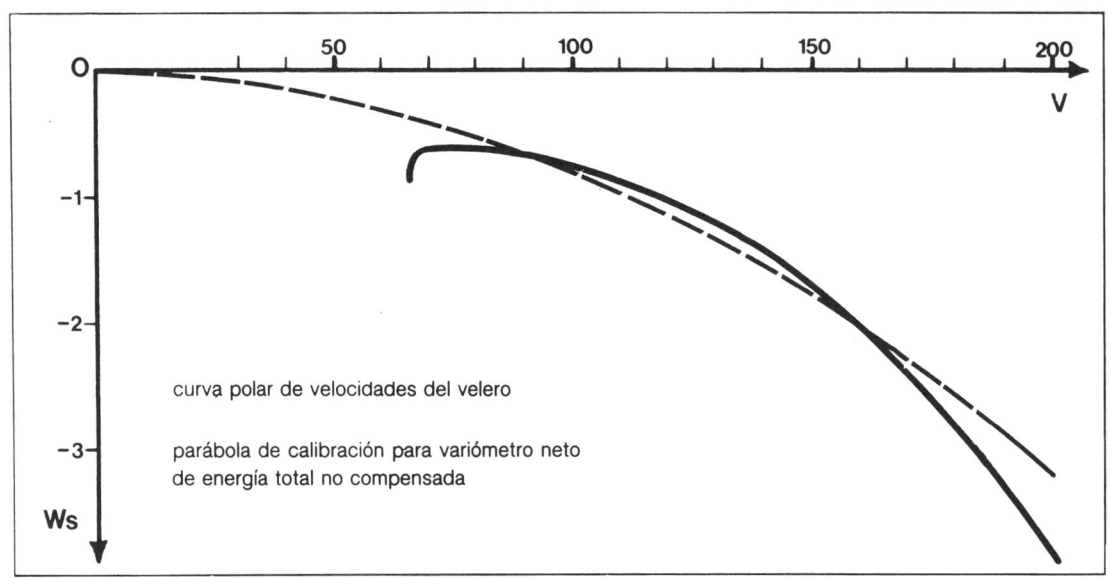

Fig. 102 – Calibración del tubo capilar (ASW 19, 28 Kp/m^2).

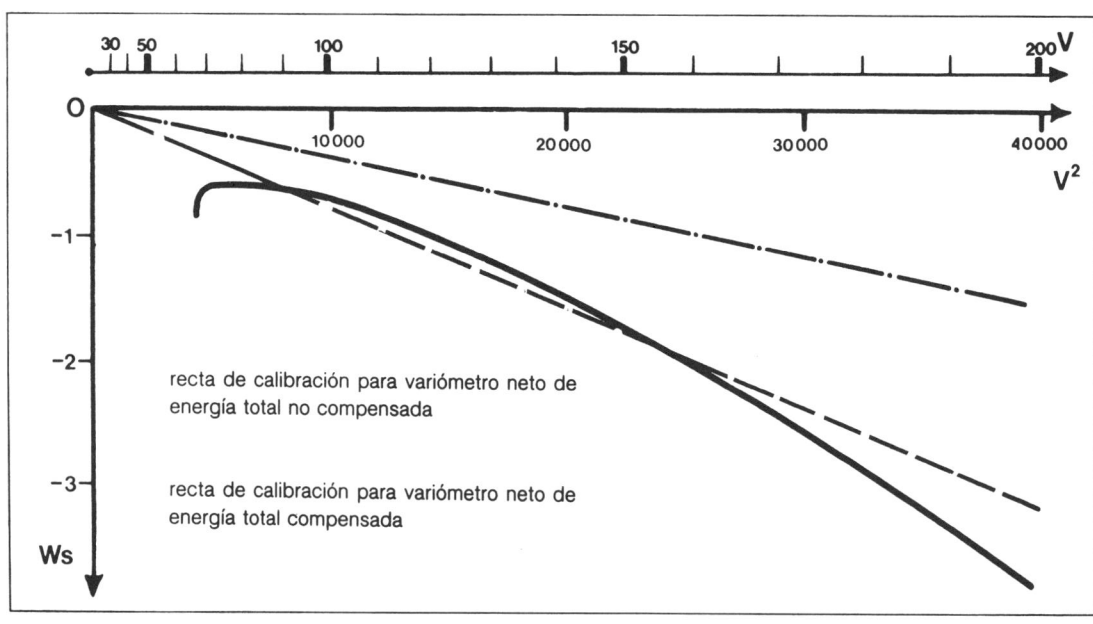

Fig. 103 – Valores de calibración en el diagrama cuadrático.

los reales. Por encima de los 160 km/h. el variómetro señala valores inferiores a los reales. En un ASW 19, estos errores de indicación para velocidades comprendidas entre 80 y 170 km/h. son inferiores a 15 cm/seg. Son pues prácticamente inapreciables por lo que el empleo del variómetro neto no resulta peligroso.

PROCESO DE CALIBRACION DEL TUBO CAPILAR

Simulemos un vuelo sin pérdida de altura (en realidad el velero se encuentra en tierra mientras se realiza la calibración).

Este vuelo sólo resulta posible cuando la fuerza ascendente de las masas de aire equilibra el «rate» polar de descenso vertical propio del velero. Por lo tanto, un variómetro neto indicará «sube». Se sopla mediante un tubo en la toma de presión total, hasta que el anemómetro señale el valor deseado. Una vez que la aguja del variómetro deje de oscilar y que la aguja de anemómetro se quede fija en el valor deseado, un variómetro neto exactamente calibrado ha de señalar un valor ascendente que, colocado sobre la recta de calibración, corresponde a la velocidad simulada. En el caso del variómetro neto de energía total no compensada, de un velero ASW 19, cuando el anemómetro señale 160 km/h., el variómetro debe indicar una velocidad ascendente de + 2 m/seg.. Si hubiéramos empleado un variómetro neto de energía total compensada, su indicación correcta sería la mitad del supuesto anterior, es decir de 1 m/seg. Esto se explica por no haber simulado la depresión del Venturi. Resulta útil emplear como tubo capilar los de vidrio utilizados en medicina o los tubos capilares de los termómetros, cuando el diámetro de éstos sea 0,3 mm.. Si el valor de la velocidad ascendente resulta demasiado pequeño se ha de acortar el capilar hasta lograr una indicación perfecta. Así, en un variómetro neto compensado, la capacidad de la botella–termo es de 0,45 l. y la longitud del tubo capilar varía entre 8 y 15 cm. Cuando el volumen de la botella–termo es superior al valor señalado, el tubo capilar deberá ser inferior. Una vez calibrado el tubo capilar, en función de un par de valores (velocidad – velocidad ascendente), el tubo queda calibrado para todos los valores restantes. Vemos pues, que la calibración del tubo capilar es bastante sencilla.

ANILLO DE MAC CREADY PARA UN VARIOMETRO NETO

Los pares de valores coordenados («rate» polar de ascenso vertical neto – velocidad de

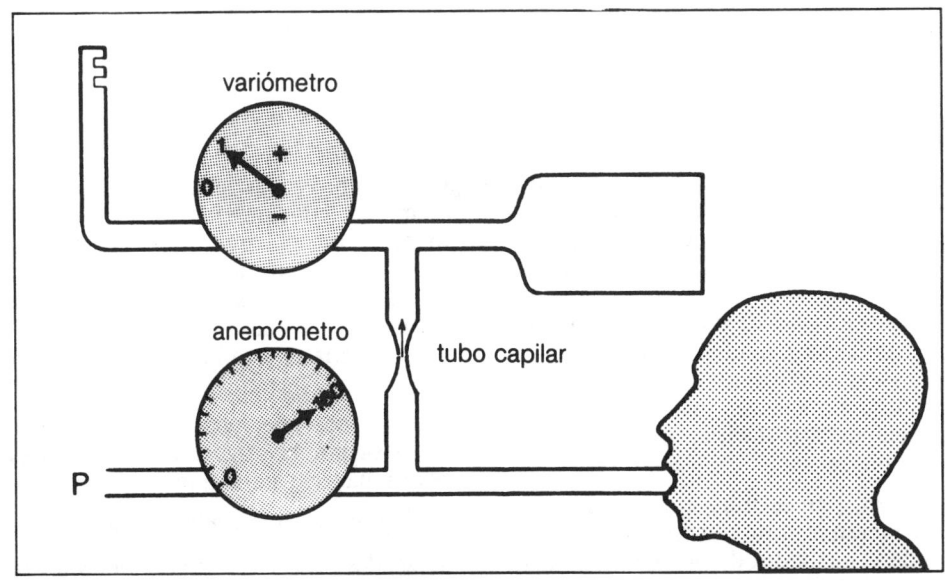

Fig. 104 – Calibración de un variómetro neto de energía total compensada.

planeo) de un variómetro neto, se obtienen de la curva polar de velocidades, de modo semejante a lo expuesto en la página 155. Así los valores de la velocidad vertical (ascendente o descendente) coinciden con los valores Wm de la figura 73; es decir que estos valores se miden a partir del origen de coordenadas y no desde la curva polar. El valor cero de la velocidad descendente neta (= velocidad óptima de planeo) se convierte en el punto de ajuste del anillo, que durante el vuelo ha de ser colocado sobre el valor de la velocidad ascendente esperada (ascensión «bruta»).

VENTAJAS E INCONVENIENTES

La calibración de un variómetro neto se basa en la curva polar de vuelo rectilíneo. Por lo tanto, cuando el velero no vuele de acuerdo con esta curva polar las indicaciones de la aguja no coincidirán exactamente con el movimiento vertical de las masas de aire. Esto habrá de ocurrir cuando se adopten posiciones de vuelo poco correctas, cuando los planos estén húmedos o sucios, cuando se varíe la carga alar o durante el vuelo circular.

Si el tubo capilar no logra compensar el creciente «rate» polar de descenso vertical del velero, el variómetro neto señalará valores más o menos deplazados, en dirección «baja». Así pues, la utilidad del variómetro neto queda limitada al vuelo rectilíneo sin resbale, lo que supone un grave inconveniente.

Quizás este variómetro facilita la comprensión de los procesos meteorológicos. Otra ventaja consiste en la posibilidad de leer sobre el anillo la velocidad de planeo adecuada, al penetrar en una zona de corrientes descendentes. Por el contrario, al aumentar la velocidad la aguja de un variómetro «bruto» de energía total – a semejanza de la curva polar – seguirá descendiendo causando por lo tanto un aumento de la velocidad de planeo. Este mismo proceso es aplicable cuando el velero se adentre en una zona de corrientes ascendentes. De todos modos, en general, parece dudosa la conveniencia de transformar un variómetro en un variómetro neto.

Ahora bien, parece muy conveniente – y exige un esfuerzo mínimo – construirse un variómetro de velocidades de planeo (Sollfahrt), basándose en los mismos principios que el variómetro neto.

d) Variómetro de velocidades de planeo (Sollfahrt) (11)

(= indicador de velocidades de planeo, según Brückner)

El variómetro de velocidades de planeo de energía total compensada indica la adecuada velocidad ascendente que corresponde a una determinada velocidad de planeo. (En sentido estricto este instrumento debería llamarse «variómetro de velocidad ascendente estimada de energía total compensada»).

Para comprender mejor el funcionamiento de este instrumento es muy aconsejable leer detenidamente la descripción del variómetro neto.

Pese a que el variómetro neto y el variómetro de velocidades de planeo indican cosas diferentes, su construcción es semejante, diferenciándose únicamente en la calibración del tubo capilar.

FUNCIONAMIENTO Y CALIBRACION

A cada velero le corresponde, para lograr un planeo óptimo, una determinada velocidad de planeo. En la figura 105 aparece en trazo continuo la curva de velocidades de planeo en función de la velocidad ascendente esperada en la próxima térmica que en este caso es de 0 m/seg.. (Obsérvese que las divisiones del eje de velocidades de planeo son cuadráticas). Los valores que aparecen en ésta coinciden con los valores de ajuste del anillo de Mac Cready expuestos en la figura 74.

De acuerdo con la definición que de este instrumento se ha dado, en este ejemplo deberá indicar constantemente 0 m/seg., independientemente del punto en que nos encontremos sobre la curva de velocidades de planeo. Así pues, es preciso reajustar dicha curva de forma que a cualquier velocidad de planeo corresponda una indicación de 0 m/seg.

La curva de velocidades de planeo es «sustituida» por una recta de aproximación, que no pasa por el origen de coordenadas. ¿Qué podrá hacerse para que pase por el origen?

Este proceso se realiza en dos fases:

1) se desplaza en la escala del variómetro el punto 0, a lo largo de la zona de descenso, en un valor que corresponde al punto de in-

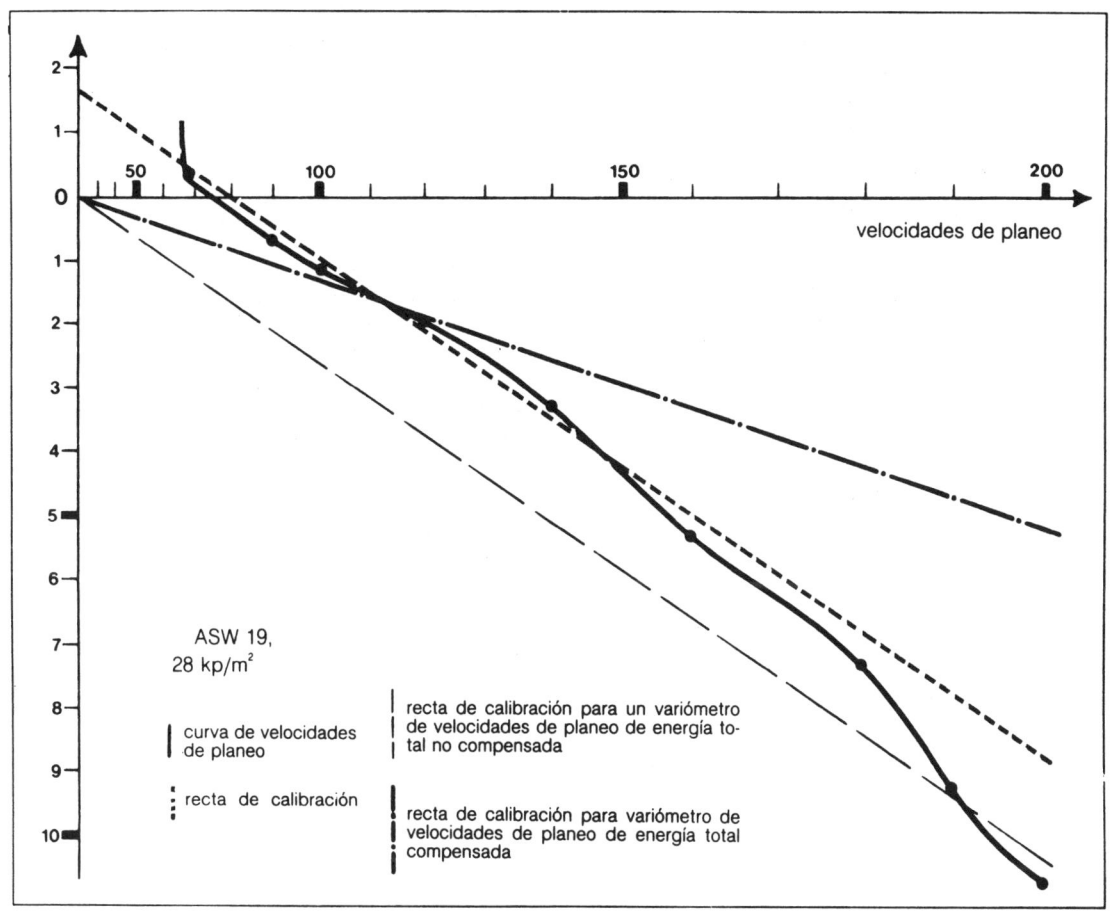

Fig. 105 – Curva de velocidades de planeo. Valores para la calibración de un variómetro de velocidades de planeo (Sollfahrt). (Diagrama cuadrático).

tersección entre la recta de aproximación y el eje vertical de ordenadas (que en este caso es de −1,6 m/seg.). Este desplazamiento del punto cero puede llevarse a cabo en cualquier variómetro de disco, sacando con cuidado el cristal frontal mediante la ruedecilla central de ajuste. Si se prefiere, el fabricante puede realizar este ajuste. Cuando el tipo de variómetro no permita realizar de forma sencilla este desplazamiento de la escala, se procede a colocar una escala externa, que contenga los valores de las velocidades ascendentes estimadas. Mediante este decalaje del punto «O», se habrá logrado desplazar la recta de aproximación (línea a trazos largos) haciéndola pasar por el origen de coordenadas.

2) esta línea de trazos puede compensarse a cero mediante un tubo capilar correctamente calibrado, al igual que se hizo con el variómetro neto. Para que el variómetro de velocidades de planeo siga siendo válido durante el vuelo – incluso cuando varíe la velocidad – ha de conectarse al Venturi de energía total, calibrándolo a la mitad de los valores, que corresponden sobre la línea de trazos y puntos. (Así por ejemplo, a la velocidad de 167 km/h. la aguja del variómetro señalará 3,6 m/seg. Esto equivale, cuando se haya desplazado la escala, a 3,6 − 1,6 = + 2 m/seg., que es la velocidad ascendente esperada).

El proceso de calibración es igual al descrito para el variómetro neto.

– *Si la descripción del procedimiento de calibración no fue suficientemente clara, la si-*

guiente lo aclarará. Para llevar a cabo la calibración, simularemos una vez más un vuelo sin pérdida de altura. Soplamos por el tubo hasta lograr una velocidad de planeo determinada que, durante el vuelo real, sólo se lograría con la velocidad ascendente estimada. En un ASW 19 resulta que para una velocidad de 167 km/h., sin pérdida de altura, el valor de la velocidad ascendente esperada es de 5,6 m/seg. (recta de aproximación de trazo largo). Por haber desplazado el cero de la escala, el variómetro indicará −1,6 m/seg. El tubo capilar debe producir un desplazamiento ascendente en la aguja de: 5,6 + 1,6 = 7,2 m/seg. Esto exige un ajuste de calibración igual a la mitad del valor indicado por la aguja (3,6 m/seg.) ya que no se simuló la depresión del Venturi. Por haberse desplazado la aguja en 3,6 m/seg., el variómetro señalará el valor de + 2 m/seg. (como consecuencia de haber desplazado el «O» en −1,6 m/seg.).

Los instrumentos más adecuados para ser utilizados como variómetros de velocidades de planeo, son aquellos cuyo margen de mediciones va de 8 a 10 m/seg. También son aceptables los que sólo llegan a 5 m/seg.. Los antiguos variómetros ultrasensibles que disponen de una botella-termo de gran capacidad, pueden utilizarse reduciendo en 1/4 su volumen. Así por ejemplo, un variómetro de disco con un margen de medición de 2 m/seg. – de poca utilidad – puede convertirse en un excelente variómetro de velocidades de planeo ampliando su margen de mediciones a 8 m/seg.

ERRORES DEL VARIOMETRO DE VELOCIDADES DE PLANEO (SOLLFAHRT), COMO CONSECUENCIA DE LA CALIBRACION

Los errores de indicación se producen cuando la recta de aproximación no coincide con la curva de velocidades de planeo. Por ejemplo, en el caso de un ASW 15 para las velocidades de planeo comprendidas entre los 68 km/h. y los 180 km/h., ¡los errores son inferiores a 4 km/h! Son pues tan insignificantes que no afectan a la velocidad de crucero. Incluso un error de 15 km/h., en la zona de los 200 km/h sigue siendo aceptable.

EL VARIOMETRO DE VELOCIDADES DE PLANEO (SOLLFAHRT), DURANTE EL VUELO:

1) RECTILINEO

Al volar a la velocidad óptima, la aguja indica constantemente el valor ascendente esperado, independientemente de las variaciones de la velocidad de planeo. Si la aguja señalara por debajo de ese valor, será debido a que se vuela demasiado despacio. Si, por el contrario, indicara un valor de velocidad de ascenso superior al esperado, la razón residirá en una excesiva velocidad de vuelo.

Si la aguja se mantuviera por encima del valor ascendente esperado a pesar de volar a la velocidad en la que el índice de descenso vertical es mínimo, lo aconsejable es iniciar el vuelo en espiral. Si se tuviera conectado un indicador de audio, se tratará de mantener constante el tono, eligiendo durante el vuelo rectilíneo la velocidad más adecuada.

Cuando baje el tono, ha de empujarse la palanca de mando.

Si el tono sube, debe tirarse de la palanca y si el tono siguiera siendo demasiado alto, pese a volar a la velocidad a la que el descenso vertical es mínimo, habrá de iniciarse el vuelo en espiral.

Lo más aconsejable es utilizar un indicador de audio de doble tonalidad, constante y entrecortado. Ha de ajustarse de tal forma que el límite entre el tono constante y el entrecortado coincida con el valor de la velocidad ascendente esperada.

2) EN ESPIRAL

Durante el vuelo en espiral el variómetro de velocidades de planeo pierde su razón de ser. En esta situación se precisa un instrumento de energía total compensada, que nos indique los valores ascendentes o descendentes, como por ejemplo un variómetro «bruto» de energía total compensada. Este instrumento permite fijar el centro de la térmica y determinar su intensidad. Pero, ¿en qué se diferencian las indicaciones de un variómetro de velocidades de planeo de un variómetro «bruto» de energía total compensada?

Las diferencias son las siguientes: en primer lugar, el desplazamiento del punto cero en el variómetro de velocidades de planeo. Segundo, la distinta indicación de la aguja, como consecuencia del flujo de aire que recorre el tubo capilar. Ambas diferencias son causa de un error en las indicaciones, precisamente opuesto al representado por la recta de aproximación relativa a la calibración del variómetro de velocidades de planeo expuesta en la figura 105. Para mayor claridad, en la figura 106 se ha ampliado la zona que corresponde a las velocidades a las que suelen volarse las térmicas. Así puede observarse como a la velocidad de 78 km/h. un variómetro de velocidades de planeo correctamente calibrado indica el mismo valor que señala un variómetro «bruto» de energía total. Entre 78 y 90 km/h. el variómetro de velocidades de planeo indica una velocidad ascendente excesiva (hasta 0,5 m/seg.). En la parte correspondiente a las velocidades inferiores a 78 km/h. y hasta la velocidad mínima de vuelo, las velocidades señaladas por el variómetro de velocidades de planeo son demasiado bajas (hasta de 0,5 m/seg.). La parte correspondiente a las velocidades de vuelo hasta los 90 km/h., comprende todos los vuelos circulares óptimos hasta una inclinación transversal máxima de 60° (para un ASW 19, 28 kp/m^2).

Si se desea emplear el variómetro de velocidades de planeo (Sollfahrt) durante el vuelo en espiral, conviene colocar la recta de calibración, siempre que sea posible, de tal forma que corte al eje horizontal sobre la velocidad a la que normalmente se suele volar en espiral. Este es, pues, un procedimiento para poder seguir utilizando el variómetro de velocidades de planeo durante el vuelo en espiral; pero, claro está, sólo para la velocidad de calibración del variómetro señalará la velocidad ascendente real. La mejor solución consiste en colocar una válvula que permita cerrar la conexión del tubo capilar con el variómetro. De este modo el variómetro de velocidades de planeo se convierte en un variómetro «bruto» de energía total (será preciso además una nueva escala de valores, debido al desplazamiento del cero). Los veleros de la clase «open» y 15-m. son adecuados para la instalación de esa válvula en los flaps, de tal modo que, cuando éstos se coloquen en la posición adecuada al vuelo en espiral, el instrumento trabaje como un variómetro y, cuando los flaps se coloquen en la posición adecuada para el vuelo rectilíneo, el instrumento señale velocidades de planeo. Este procedimiento resulta muy cómodo para el piloto.

VENTAJAS E INCONVENIENTES DE UN VARIOMETRO DE VELOCIDADES DE PLANEO (SOLLFAHRT)

Con independencia del problema que plantea el vuelo en espiral (que puede solucionarse instalando una válvula de cierre hermético en el tubo capilar) las desventajas del variómetro de velocidades de planeo son las mismas de que adolecen los variómetros de energía total, el anillo Mac Cready y el anenómetro. Corresponden estas desventajas a errores de altura, de aceleración así como a los debidos a las variaciones de la carga alar. El variómetro de velocidades de planeo puede adaptarse fácilmente a los cambios de carga alar,

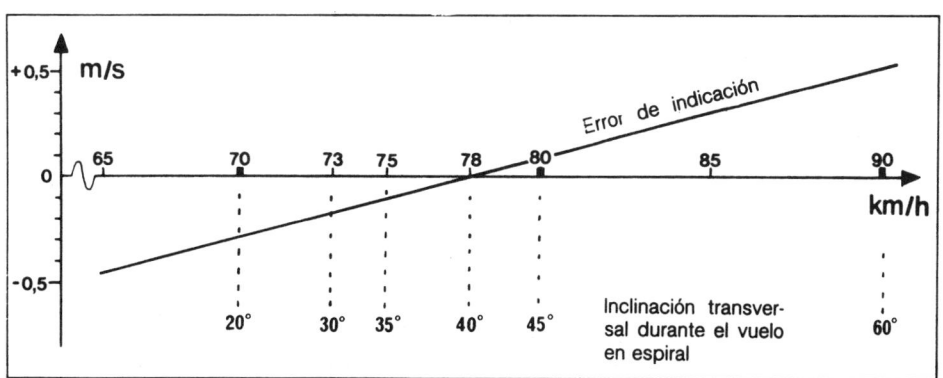

Fig. 106 – Errores de indicación durante el vuelo en espiral causados por el empleo de un variómetro de velocidades de planeo como si se tratase de un variómetro de energía total. (ASW 19).

instalando una válvula conmutada y selectora, conectada a diversos tubos capilares calibrados correctamente (claro está sin tener en cuenta el insignificante reajuste que supone el desplazamiento del cero).

La gran ventaja de este instrumento reside en que, durante el vuelo, puede realizar el cometido de dos instrumentos: actuar como variómetro de energía total con anillo de Mac Cready y como anemómetro.

Basta entonces un vistazo para controlar si la velocidad de vuelo es correcta.

El anemómetro puede instalarse fuera del campo visual del piloto, puesto que únicamente será utilizado durante el despegue y el aterrizaje, y quizás en alguna otra situación especial.

La feliz idea en que se funda el variómetro de velocidades de planeo se debe al físico Egon Brückner. Fue precisamente él quien desarrolló el variómetro; desconocía que ya había sido propuesto por Paul Mac Cready.

El variómetro de velocidades de planeo (Sollfahrt) ha sido tan ventajoso para el vuelo sin motor, como lo fue anteriormente el anillo de Mac Cready. En primer lugar, ha de comprenderse su funcionamiento. Sólo entonces su construcción resultará de gran sencillez.

CONEXION DEL TUBO CAPILAR CON LA PRESION ESTATICA EN LUGAR DE LA PRESION TOTAL

Tanto el variómetro neto de energía total compensada como el variómetro de velocidades de planeo, pueden conectarse de modo diferente. Si se conecta el capilar con la presión estática (p) en lugar de hacerlo con la presión total (p + q) (véase figura 95 (11)), durante el vuelo la diferencia de presiones entre los extremos del tubo capilar será igual a q (presión dinámica). En este caso el variómetro ha de calibrarse al igual que las figuras 102 y 103, pero con la siguiente diferencia: el tubo capilar debe ajustarse a valores enteros, y no a la mitad de los mismos, señalados por la recta de aproximación. En este tipo de variómetro los tubos capilares son más cortos y dos veces más sensibles que en el Venturi de compensación. Pero la toma de presión estática está sometida a mayores errores que la toma de presión total.

Computadoras de a bordo

La electrónica ha abierto nuevas posibilidades al vuelo sin motor que nunca hubiera podido lograr la mecánica. Con las pequeñas calculadoras de bolsillo puede solucionarse cualquier problema matemático. Este aspecto es de gran interés, pues a su vez la teoría del vuelo de distancia ha progresado de tal forma que los problemas de «optimización» de valores quedan rápidamente resueltos con la ayuda de estas calculadoras. Tanto el instrumento, es decir, la calculadora o computadora, como la ciencia, es decir, la teoría, han alcanzado paralelamente un alto nivel. El piloto sólo ha de escoger la información precisa y la computadora, previamente programada adecuadamente, le facilitará la solución. La computadora memoriza datos (por ejemplo: prestaciones del velero, velocidades, componentes del viento, rumbo del vuelo, carga g) que en todo momento pueden utilizarse como parámetros para el cálculo de otros valores.

El gran desarrollo de estos instrumentos podría parecerle a un lego, en vuelos de competición, un tanto peligroso para la figura del piloto, ante el temor de que su función degenere al igual que la del cosmonauta que sólo se guía por los resultados de la computadora. La computadora facilita al piloto los cálculos necesarios para determinar la velocidad óptima de planeo final, la corrección de deriva, el vuelo de estima, la posición adecuada de los flaps, etc... pero la visión de conjunto de la situación de vuelo, la toma de decisión en función del tiempo, la búsqueda de corrientes ascendentes, la fijación del centro de térmicas, la táctica del vuelo, etc., es decir, todo aquello que da interés al vuelo sin motor, sigue estando a cargo del piloto. Por la sencilla razón de que a bordo no existe ninguna computadora que tenga unos ojos capaces de estimar, a 5 km. de distancia, la masa de aire ascendente bajo el próximo cúmulo. Ni tampoco hay una computadora dotada de oídos, capaz de tomar decisiones tácticas en función del diálogo por radio entre los demás competidores.

El piloto es muy superior a la computadora. Quien no comprenda que la computadora sólo es un mero instrumento corre el riesgo de dejarse guiar por una máquina ciega y sorda. Esto podría conducirle a resultados desafortunados a pesar de que los fabricantes de estas máquinas tratan de proteger a sus clientes con informaciones adecuadas sobre sus posibilidades y manejo. Desde el punto de vista técnico la máquina adolece de los mismos errores que los otros instumentos de a bordo, ya que los valores medidos por éstos no son suficientemente exactos. Las tomas de presión (estática, total y de presión del Venturi) están sometidas a numerosos elementos perturbadores que imposibilitan su exactitud. Por lo tanto, por muy bien que funcione la computadora, sus resultados serán inexactos. Esta afirmación es válida para cualquier tipo de computadora de a bordo. Es decir, para todas aquellas que procesan datos facilitados por los medios destinados a la toma de presiones barométricas, para las que se basan en el efecto de enfriamiento producido por el flujo de la botella-termo, para las de compensación electrónica (también sometida a los efectos perturbadores de la toma de presión estática), así como para cualquier otro instrumento compensado por Venturi.

Decidir si tiene o no sentido intalar a bordo una costosa computadora, exige un análisis en el que participe el piloto que haya de utilizarla en vuelo. Opino que la computadora a bordo resulta ventajosa tan sólo después de que el piloto domine la teoría del vuelo de distancia y, en particular, los cálculos de optimización. De lo contrario, estas máquinas constituyen una carga adicional para el piloto. En esta cuestión juega y jugará una importancia decisiva la facilidad de manejo y comprensión que logren dar los fabricantes a sus instrumentos.

Brújulas (12, 13, 14)

ERRORES DE BRÚJULA

Las líneas de fuerza del campo magnético terrestre no coinciden con la dirección geográfica Norte-Sur. La *declinación o variación* magnética es diferente según sea el lugar de la tierra y viene señalada sobre las cartas aeronáuticas para tenerla en cuenta al calcular el rumbo. La *inclinación* magnética es debida a la curvatura de las líneas de fuerza hacia los polos magnéticos terrestres (en Alemania es de 68°). Es causa de *errores de viraje* que varían según el tipo de brújula y la posición de vuelo. Por *desviación* se entiende las variaciones que sufre la brújula debidas a campos magnéticos creados por cuerpos metálicos próximos a la misma. Puede neutralizarse instalando la brújula en un lugar idóneo o bien compensándola. Si esto no pudiera realizarse de modo satisfactorio, es necesario elaborar un tabla o gráfica de desviaciones, que ha de tenerse bien visible en el panel de instrumentos.

ERRORES DE VIRAJE

(= error debido a la inclinación)

En la siguiente explicación no se tiene en cuenta la declinación ni la desviación, considerándolas iguales a cero. Para neutralizar los errores de viraje se idearon la brújula de Cook y la brújula compensada sobre suspensión cardan o «compás bohli».

Brújula de Cook (13)

El soporte de la brújula va fijado sobre el eje horizontal del velero, pero puede girarse a mano alrededor de este eje, estando la brújula suspendida libremente. Sin embargo, la pieza imantada sólo puede girar alrededor del eje vertical. A fin de que la aguja sólo pueda moverse sobre el plano horizontal, es preciso preocuparse constantemente de mantener el velero horizontal (con la ayuda del horizonte artificial en el caso de vuelo sin visibilidad). De este modo, durante el vuelo circular estacionario no se producen errores.

El compás Bohli (14) tiene la ventaja de que la pieza imantada puede siempre colocarse en el sentido de las líneas de fuerza del campo terrestre. Para que sus lecturas sean correctas, tanto el cuerpo de la brújula como la rosa de los vientos han de estar horizontales. Para ello este compás va instalado a lo largo del eje longitudinal del velero, pudiendo girarse a mano alrededor del mismo. La pieza imantada va suspendida libremente, lo que tiene la ventaja de facilitar la determinación de la posición del velero durante el vuelo sin visibilidad, incluso si el cuerpo de la brújula no estuviera en posición horizontal. Cuando se emplea correctamente, no produce error de viraje alguno.

Otras brújulas (12)

Las restantes brújulas (dado que el centro de gravedad está por debajo del punto de suspensión) sólo pueden mantenerse horizontales en el vuelo estacionario rectilíneo y producen errores de viraje en función de su posición de vuelo.

1) VUELO RECTILINEO

Supongamos que se vuela con rumbo Norte:

– Vuelo horizontal:

la aguja magnética está situada horizontalmente y es arrastrada por la componente horizontal R_h (en el campo magnético terrestre), cuyo valor es muy inferior al de la fuerza magnética total R_m.

– al empujar la palanca de mando

la rosa de los vientos se inclina inicialmente hacia abajo: la componenete horizontal aumenta.

– al tirar de la palanca de mando

la rosa de los vientos se inclina en sentido contrario: la componente horizontal disminuye (indicación inestable) hasta alcanzar el ángulo crítico de 22°, en que se iguala a cero. Si se siguiese tirando de la palanca, la brújula comenzaría a señalar el Sur.

– movimiento de balanceo: alabeo a la izquierda

mientras la rosa de los vientos sigue los movimientos de balanceo, la componente vertical R_v tira de la aguja hacia abajo y hacia la izquierda. La rosa de los vientos se desplaza, por lo tanto, hacia la derecha, adelantándose (aproximadamente 30°).

– alabeo a derechas

da lugar a indicaciones erróneas, deplazadas hacia el Oeste.

Vuelos con rumbo Sur, Oeste, Este

Cuando se tira o empuja de la palanca de mando y cuando se realizan movimientos de balanceo, se engendran errores similares debidos a causas semejantes. Para no enervarse ante la diversidad de estos errores, conviene siempre recordar que la atracción que sufre la aguja imantada es constantemente hacia el Norte y hacia abajo (Hemisferio Norte).

Véanse, para mayor claridad, las tablas de la página siguiente.

En los rumbos intermedios son válidos los errores descritos para rumbos principales (N,S,E,O), aún cuando resultan más débiles.

Para evitar estos errores hay que acostumbrarse, después de realizar virajes alrededor de los ejes longitudinal y transversal, a esperar unos 5 segundos hasta que la rosa de los vientos se estabilice (horizontalmente). A partir de este momento es posible leer el rumbo que señala la brújula sin error alguno.

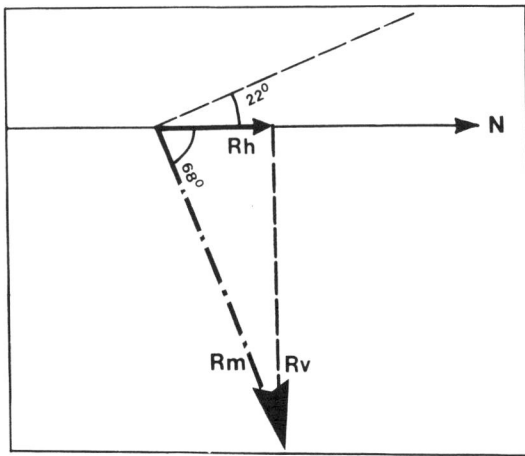

Fig. 107

2) VUELO CIRCULAR (VIRAJES)

Durante el vuelo circular uniforme, la rosa de los vientos se sitúa perpendicularmente a la resultante de las fuerzas de gravedad y centrífuga. La intensidad de la fuerza direccional, que arrastra la aguja, es función del ángulo que forma la fuerza del campo magnético terrestre R_m con el plano de giro de la aguja.

Cuando el ángulo de inclinación transversal del velero alcanza 22°, durante el vuelo a la izquierda, la indicación Este resulta excesivamente estable, y la aguja se queda quieta demasiado tiempo.

El Norte es indicado demasiado tarde.

En el Oeste la indicación resulta absolutamente inestable.

Al señalar el Sur, la brújula se adelanta.

Indicaciones de la brújula, durante el vuelo rectilíneo

Rumbo	N	S	E	O
empujando la palanca	R	(R)	la rosa hacia la izquierda → N	la rosa hacia la derecha → N
tirando de la palanca	(R)	R	la rosa hacia la derecha → S	la rosa hacia la izquierda → S
alabeo a izquierdas	la rosa hacia la derecha → E	la rosa hacia la izquierda → E	(R)	R
alabeo a derechas	la rosa hacia la izquierda → O	la rosa hacia la derecha → O	R	(R)

(R) = fuerza direccional inestable (rosa inestable)

R = fuerza direccional estable (rosa estable)

Cuando se desee obtener indicaciones correctas, sea cual sea la dirección del vuelo, no debe volarse en círculo con excesiva inclinación transversal. A la velocidad de 80 km/h., un viraje de un minuto (6°/seg.) requiere una inclinación transversal de 13° (menor que el ángulo crítico).

VIRAJE DE UN ANCHO DE BASTON

Las indicaciones de la brújula se muestran en la tabla inferior.

Durante el vuelo con visibilidad normal, han de recordarse los puntos que se señalan a continuación.

1) La indicación Norte siempre retrasada, la Sur siempre adelantada.

2) En los virajes a izquierdas la indicación Este es siempre estable; mientras que en los virajes a derechas son estables las indicaciones Oeste.

3) Enderezamiento: rumbo Norte, sacar el viraje adelantándolo rumbo Sur, sacar el viraje retrasándolo.

(en rumbos Norte y Sur 30°; en rumbos intermedios con menores adelantamientos o retrasos)

giro a izquierdas:

rumbo	E	N	O	S
indicación de la aguja	estable	retraso 30°	inestable	adelanto 30°

giro a derechas:

rumbo	O	N	E	S
indicación de la aguja	estable	retraso 30°	inestable	adelanto 30°

Correcciones durante el vuelo entre nubes: las correcciones según la variación de rumbo deseada son: un segundo de golpe de timón (de 1 ancho de bastón) produce una variación aproximada de 10°. Cinco segundos de viraje coordenado (cuéntese el tiempo en voz alta) produce una variación de 30°.

VIRAJE DE DOS ANCHOS DE BASTON

A una velocidad de 80 km/h. un viraje de 12°/seg. requiere una inclinación transversal de aproximadamente 26° (valor superior al del ángulo crítico).

- Viraje a izquierdas: El Este que aparece después del Sur es correcto.
- Viraje a derechas: El Oeste que aparece después del Sur es correcto.

La rosa de los vientos ha de girar hacia la izquierda en los virajes a la izquierda y hacia la derecha en los virajes a la derecha.

ENDEREZAMIENTO DE RUMBO

Cronometrar un segundo (= 12°) a partir de una indicación correcta (Este u Oeste) (véase tabla inferior) o bien: disminuir la velocidad de giro a una ancho de bastón y luego salir del viraje.

Viraje a la izquierda:

Rumbo	E	N	O	S
Indicación de la aguja:	E estable	→ N	→ E	→ S → E

recuperación rápida de la brújula

Viraje a la derecha:

Rumbo	O	N	E	S
indicación de la aguja:	O estable	→ N	→ O	→ S → O

recuperación rápida de la brújula

	Inicio	7,5 seg.	15 seg.	22,5 seg.
Viraje a la izquierda:	E	N	O	S
Viraje a la derecha:	O	N	E	S

Indicador de viraje: bastón y bola (15)

La precisión giroscópica es causa de una desviación del bastón cuando el velero gira alrededor de su eje vertical. Cuando el velero vira, incrementando lentamente su inclinación transversal, al principio aumenta la desviación del bastón del indicador de viraje hasta que comienza a disminuir a partir de un cierto ángulo de inclinación transversal. Teóricamente, en el caso extremo, que correspondería a una inclinación transversal de 90°, al no existir giro alrededor del eje vertical, el indicador de viraje debería señalar cero, no acusando la variación de rumbo.

Este hecho puede confundir a los pilotos con poca experiencia de vuelo entre nubes, cuando realizan virajes de gran inclinación transversal; pues lo veleros modernos de altas prestaciones alcanzan rápidamente la máxima carga alar permitida.

Medidor del coeficiente de sustentación (16)

En 1975 el norteamericano Daniel Altstatt dió a conocer un instrumento de gran sencillez, diseñado por él, para la medición del coeficiente de sustentación (C_A).

PRINCIPIO BASICO DE MEDICION

Supongamos que durante el vuelo el ángulo de ataque se mantiene constante y por lo tanto también el coeficiente de sustentación (C_A) –; el valor de la fuerza de sustentación (A) será directamente proporcional a la presión dinámica (q):

$$A = q \cdot C_A \cdot F$$

La fuerza de sustentación, a su vez, determina la fuerza que ejerce el cuerpo del piloto sobre el asiento, durante el viraje.

Coloquemos una bola en un recipiente en forma de embudo, a cuya parte inferior ha sido conectada una corriente de aire, de intensidad proporcional a la presión dinámica. De este modo se logrará hacer que la bola flote en el aire. Mientras no varíe el coeficiente de sustentación de la bola, ésta se mantendrá flotando en un mismo punto, con independencia de los cambios de velocidad o de aceleración. Así pues, la posición de la bola indica, en cada momento, el valor del coeficiente de sustentación, determinando a su vez el ángulo de ataque.

CONSTRUCCION Y CALIBRACION

El medidor del coeficiente de sustentación es un instrumento de fácil construcción: búsquese, en una tienda de intrumentos de laboratorio, un medidor de aforo de aire (suele ser un recipiente de vidrio con forma de embudo, que incluye una serie de pequeñas bolas, semejantes al antiguo variómetro de Cosim). Se conecta la parte superior del medidor de aforo a una toma independiente de presión estática y la parte inferior a una toma independiente de presión total (tubo de pitot).

Estas conexiones han de ser independientes de las correspondientes a los restantes instrumentos, pues de lo contrario se perturbarían las restantes mediciones.

Para realizar una primera calibración del medidor de coeficiente de sustentación conectemos su toma de presión total a un anemómetro. Soplando simularemos la velocidad mínima de vuelo. Intercalemos, delante del medidor, una resistencia al aire (un estrangulamiento del tubo de alimentación) de tal forma que la bola se mantenga flotando en la parte inferior del medidor de aforo.

Para realizar una calibración más exacta, durante el vuelo, será preciso volar a la velocidad mínima (justo antes de entrar en pérdida), a la velocidad, a la que el descenso vertical del velero es mínimo, y a la velocidad de planeo óptima. En cada una de estas situaciones se señalará la posición en que la bola se mantiene (V_{min}, WS_{min}, E_{max}).

Tanto al calibrar el instrumento, como en el momento de su empleo, es preciso tener en cuenta que las marcas o señales relativas a la posición de la bola dependen del peso del velero (lastre de agua).

EL MEDIDOR DEL COEFICIENTE DE SUSTENTACION DURANTE EL VUELO

Si se prescinde de los efectos perturbadores durante el viraje debidos al peso del velero, a las variaciones del coeficiente de Reynolds y a las del flujo asimétrico del aire sobre los planos, este instrumento señala con exactitud el coeficiente de sustentación en cada momento.

Esta información, de carácter aerodinámico, es de gran importancia durante el vuelo. Tan pronto como el velero penetra en una zona de corriente ascendente, el descenso de la bola del medidor y el aumento de presión del cuerpo sobre el asiento nos permite reconocer la existencia de la térmica mucho antes que el variómetro. Pero la gran utilidad de este medidor reside en el vuelo circular, con gran inclinación transversal, en zonas de térmicas irregulares. Tratando de mantener constante el máximo coeficiente de sustentación, podrán evitarse errores de pilotaje. En semejantes situaciones el anemómetro resulta de muy poca ayuda. También resulta útil cuando se vuela a velocidad de planeo óptima, pues podrán evitarse, al empujar la palanca de mando, coeficientes de sustentación bajos y poco favorables. Igualmente al tirar de la palanca podrá evitarnos situaciones de «High-Speed-Stall».

Durante los vuelos de enseñanza, el medidor del coeficiente de sustentación constituye un elemento de seguridad adicional. Las situaciones de encabritamiento pronunciado, de resbale y de vuelo en barrena pueden evitarse, sin excesivas o innecesarias grandes velocidades, manteniendo la bola por encima del valor máximo de sustentación. Indudablemente en estas situaciones un indicador acústico resultaría aun más eficaz.

Probablemente la mayor ventaja de este instrumento consiste en que descubre vicios o resabios de pilotaje y ayuda a corregirlos. Incluso cuando, después de un prolongado período de entrenamiento, no nos fijemos en este instrumento, seguirá siendo un elemento muy importante para los vuelos de enseñanza y de entrenamiento.

Errores de indicación en los instrumentos neumáticos

Altímetro y barógrafo

Las indicaciones del altímetro y del barógrafo, por medir presiones barométricas, dependen de las condiciones atmosféricas. Así, por ejemplo, cuando la presión atmosférica disminuye por aproximarse una baja presión, o cuando el velero se dirige hacia bajas presiones, estos instrumentos medirán una presión inferior. El altímetro señalará demasiada altura, sin embargo nos encontraremos más cerca del suelo de lo que parece.

El aire caliente tiene mayor volumen que el aire frío. Para una misma presión de superficie, la densidad del aire será mayor en invierno que en verano. A su vez, la presión del aire disminuye lentamente con la altura. Durante los días cálidos volaremos a mayor altura que la indicada por el altímetro, ya que éste ha sido calibrado a la presión atmosférica standard (15°C, nivel del mar).

> El error de indicación del altímetro, calibrado a la presión atmosférica standard, es aproximadamente de un 1 %, por cada 2,8°C de desviación de la temperatura media standard.

La altura real de vuelo es:

$$h = ha + \frac{ha}{100} \cdot 0{,}36 \, (t - ts)$$

siendo:

h = altura real
ha = altura indicada por el altímetro
t = temperatura media del aire entre el suelo y la altura h
ts = temperatura standard del aire

Sabemos que en las competiciones se exige sobrevolar la puerta de salida por debajo de los 1.000 m. de altura.

La altura que señale el altímetro dependerá de la distribución de temperaturas en la atmósfera. Supongamos que el aire hasta los 1.000 m. de altura está estructurado según una adiabática seca (cosa que normalmente suele ocurrir en el vuelo térmico y cuando la base de los cúmulos está por encima de 1.000 m.). Es posible calcular, para cada aeródromo, sea cual sea su altura, la temperatura para la que (t − ts) es igual a cero. En este caso h = ha, es decir, que el error de indicación del altímetro es cero. Esta temperatura puede calcularse aproximadamente, determinando en primer lugar la temperatura de la atmósfera O.A.C.I. a 500 m. de altura. Obtenida ésta, se calcula la temperatura del aire que resulta al descender a lo largo de la adiabática seca, hasta la altura del aeródromo.

El altímetro indicará sin el menor error los 1.000 m., cuando a las siguientes alturas de aeródromo les corresponden estas temperaturas:

Altura del aeródromo	Temperatura
0 m.	16°C
500 m.	13°C
1.000 m.	10°C
1.500 m.	7°C
2.000 m.	4°C
2.500 m.	1°C
3.000 m.	−2°C

Cuando la temperatura medida en el aeródromo difiera de la señalada, se producirán errores en la indicación del altímetro. Si el aire estuviera más caliente, el altímetro indicaría valores inferiores al real; por el contrario, si fuera más frío, el altímetro señalará una altura superior a la real.

En función de la fórmula expuesta anteriormente, se señalan a continuación las indicaciones del altímetro al sobrevolar los 1.000 m. de altura de puerta de meta:

(t −ts)	ha 1.000 m.
− 10°C	1.037 m.
− 5°C	1.018 m.
0°C	1.000 m.
+ 5°C	982 m.
+ 10°C	965 m.
+ 15°C	949 m.
+ 20°C	933 m.
+ 25°C	917 m.
+ 30°C	903 m.

Por lo tanto, en las competiciones, la salida de meta debe efectuarse por debajo de las alturas que acabamos de señalar.

Anemómetro

El anemómetro es un medidor de presiones. A gran altura la densidad del aire disminuye; esto hace que el anemómetro mida una presión dinámica inferior y, por lo tanto, que indique a su vez una velocidad menor que la real.

A una misma altura, el aire cálido tiene una menor densidad que el aire frío. De este hecho resulta que la temperatura del aire es decisiva en las indicaciones del anemómetro. La velocidad real de vuelo se obtiene a partir de la velocidad señalada por el anemómetro, del modo siguiente:

$$V = Va \sqrt{\frac{\rho_o}{\rho}}$$

siendo: V = la velocidad real
Va = la velocidad señalada por el anemómetro
ρ = densidad real del aire
ρ_o = densidad del aire, cuando se calibró el anemómetro (generalmente atmósfera standard, nivel del mar, 1.013 mb., 15°C).

En la figura 120 se reproduce el diagrama que contrasta la velocidad real de vuelo y la velocidad indicada por el anemómetro. Así pues, reproduce las magnitudes de los errores de indicación. Este diagrama suele colocarse

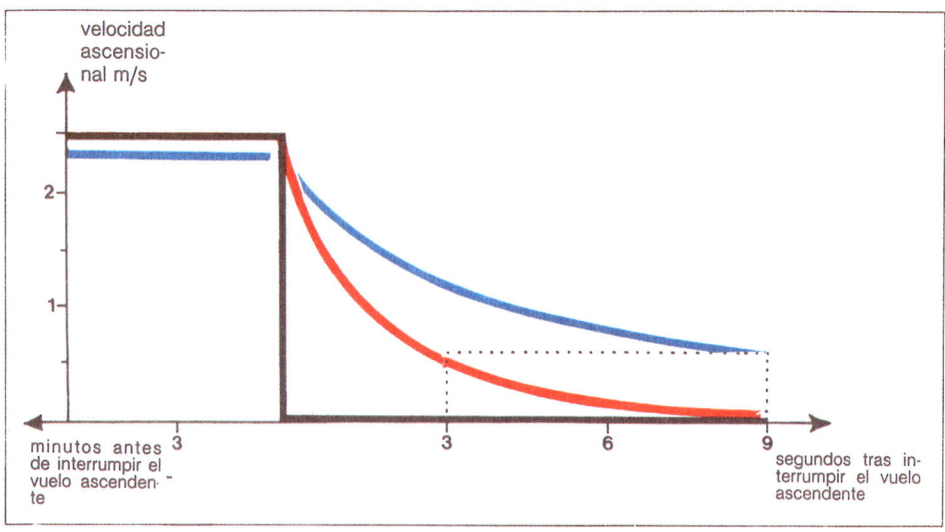

Fig. 108 – Indicaciones del variómetro con y sin compensación de temperatura. ▬▬ = velocidad ascendente real. ▬▬ = velocidad ascendente indicada por el variómetro de temperatura no compensada. ▬▬ = velocidad ascendente indicada por el variómetro de temperatura compensada. (Resultados obtenidos por Wolf Elber).

en el reverso de la «tabla para hallar el velero en la carta».

Para completar este tema queda por señalar que la aerodinámica del velero se comporta tal y como indica el anemómetro. Por lo tanto, en general se volará correctamente cuando a gran altura nos comportemos de acuerdo con las indicaciones del anemómetro. La velocidad real es un valor teórico que, si bien es intrascendente en el vuelo lento, resulta de gran importancia cuando se vuela a la máxima velocidad (peligro de vibraciones).

Variómetro

VARIACIONES DE INDICACION DEBIDAS A CAMBIOS DE TEMPERATURA DEL AIRE DE LA BOTELLA-TERMO

La expansión del aire contenido en la botella-termo (frente a la inferior presión exterior) se traduce en el variómetro en una indicación de «sube». Como consecuencia se produce un enfriamiento casi adiabático del aire de la botella. A su vez, este enfriamiento reduce la expansión del aire de la botella. Por lo tanto, el variómetro indica un valor inferior al real. Finalizado el tramo de vuelo ascendente, en un primer momento la aguja del variómetro no vuelve a la posición cero. Esto se debe a que las paredes de la botella-termo, al no haber llegado a enfriarse, calientan el aire interior. Así, el aire dentro de la botella-termo vuelve a expansionarse, siendo la causa de que el variómetro siga indicando «sube». Todo este proceso tarda en desarrollarse unos veinte segundos, retrasando y falseando la indicación del variómetro.

Esta anomalía puede superarse de forma sencilla y elegante: basta para ello con colocar en cada botella-termo, de 3 a 5 pañitos de «lana de acero». Se consigue de este modo que la temperatura del aire del interior de la botella se mantenga constante, quedando así resuelto el problema. El variómetro habrá mejorado en rapidez y exactitud. Si se renunciara a realizar esta sencilla operación, con mayor razón ha de renunciarse a cualquier variómetro de alta precisión (como por ejemplo el electrónico) pues serían ganas de tirar dinero. La figura 108 de la pág. anterior nos muestra las indicaciones de un variómetro con y sin compensación de temperaturas.

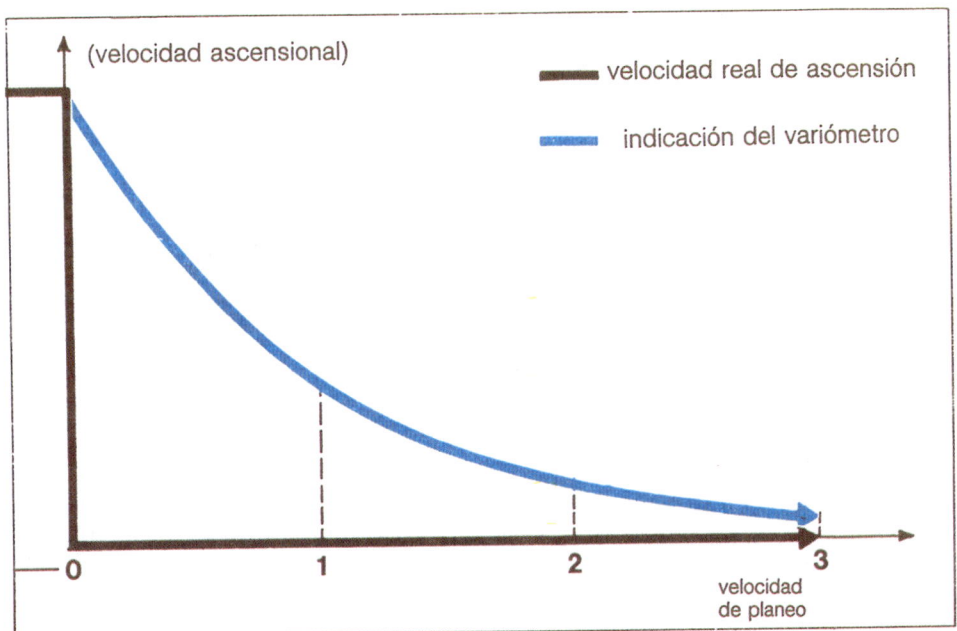

Fig. 109 – Retraso en la indicación del variómetro. La pendiente de la curva refleja la velocidad de reacción de la aguja.

El variómetro en el que no se colocaron los pañitos de «lana de acero» tardará nueve segundos en señalar lo que el otro variómetro (de temperatura compensada) realiza en tres. Este último resulta tres veces más rápido que el primero. Esta compensación de temperaturas resulta aún más llamativa cuando se aplica a variómetros, que de fábrica, ya disponen de una rápida indicación.

RETRASO EN LA INDICACION DEL VARIOMETRO

Incluso después de compensada la temperatura, los variómetros siguen indicando con retraso las variaciones de velocidad ascendente. Se entiende por retraso el tiempo que necesita un instrumento, tras un cambio brusco, para medir con exactitud las variaciones ocurridas, con un margen de error $1/e = 0,368$. Dicho de otra forma, indicando como mínimo el 63 % de la variación total ocurrida. En sentido estricto el instrumento no logra nunca indicar el valor exacto de la variación. En efecto: al 37 % restante habría que aplicar también el margen de error de 63 %, y así sucesivamente hasta el infinito. La figura 109 muestra la curva de retraso de las indicaciones del variómetro.

Cuanto más rápidas sean las indicaciones del variómetro, tanto menor será el retraso. El variómetro de cápsula tiene un mayor retraso que el variómetro de disco. Los variómetros de construcción similar – que sólo se diferencian en la escala de valores y en la capacidad de la botella–termo – muestran entre sí similares retrasos de indicación. En los variómetros de disco, la rapidez de indicación depende fundamentalmente de la mayor o menor rigidez del muelle recuperador.

Pequeños retrasos de indicación permiten al piloto reaccionar con mayor rapidez. Sin embargo, un retraso muy pequeño en una aguja demasiado pesada engendra vibraciones y un excesivo nerviosismo del instrumento. Los variómetros «ópticos» y relativamente lentos pueden emplearse durante el vuelo, si llegamos a acostumbrarnos a considerar sus indicaciones como mera información adicional (junto a un variómetro de indicación rápida).

Siempre es necesario acostumbrarse a los intrumentos de a bordo; pero más aún cuando se pretende llevar a cabo vuelos de altas prestaciones.

INFLUENCIA DE LAS RACHAS SOBRE EL VARIOMETRO

Las pequeñas turbulencias que se producen generalmente en la parte superior de las térmicas invisibles, son registradas por el variómetro de energía total, como cortos aumentos o disminuciones de energía. Por ello, las rachas horizontales pueden ser confundidas con masas de aire ascendente. Hasta el momento no exite medio alguno para neutralizar estas enervantes oscilaciones de la aguja (con la excepción de algún filtro, que indirectamente aumenta los retrasos del instrumento). Sin embargo, el efecto producido por las rachas puede no ser tan negativo ya que, desde el punto de vista del vuelo sin motor dinámico, puede facilitar ciertas maniobras ventajosas.

ERRORES DEL VARIOMETRO DEBIDOS A LA ALTURA

Los variómetros, de acuerdo con el procedimiento de medición utilizado, pueden clasificarse en variómetros de medición de volumen y variómetros de medición de masas.

Variómetros de medición de volumen

Estos variómetros, tales como el variómetro de cápsula, el de banda, el de disco, y el variómetro electrónico basado en el funcionamiento del de cápsula, no presentan errores de altura. En ellos, sea cual sea la altura del vuelo, un mismo volumen de aire recorre el tubo capilar cuando se mantiene constante la velocidad ascendente. Por lo tanto, estos variómetros indican la ascensión geométrica. Sin embargo, cuando se realizan vuelos según la teoría de la velocidad de planeo, estos variómetros producen errores relativos a la velocidad de planeo, mientras se vuela a gran altura.

Variómetros de medición de masas

Estos variómetros miden la masa de aire que sale (debida al enfriamiento que engendra la corriente de aire de la botella–termo). Un mismo volumen de aire tiene una masa menor cuando su densidad disminuye. Estos variómetros (la mayoría de los variómetros electrónicos se basasn en este principio) dan lugar, a gran altura, a errores en la medición de la velocidad, ascendente o descendente, indicando valores inferiores a la velocidad vertical real. Esto ocurre también cuando las temperaturas son elevadas, pues disminuye la densidad del aire. El valor de la velocidad vertical real partiendo de las indicaciones del variómetro se obtiene mediante la siguiente fórmula:

$$W = Wa \cdot \frac{\rho o}{\rho}$$

siendo: W = la velocidad vertical real

Wa = la velocidad indicada por el variómetro

ρ = la densidad del aire, cuando fue calibrado el instrumento

ρo = la densidad real del aire

Esta fórmula recuerda la expuesta anteriormente, relativa a los errores de indicación del anemómetro. Sólo se diferencia en la raíz cuadrada que afecta a la relación de densidades en el anemómetro. Consecuentemente, estos variómetros engendran errores en el cálculo de la velocidad de planeo. No teniendo en cuenta la influencia de las temperaturas sobre el variómetro, la figura 110 refleja los errores de indicación del anemómetro y del variómetro.

VARIACIONES DE INDICACION EN EL
VARIOMETRO DE ENERGIA TOTAL, CAUSADAS
POR LA ACELERACION DEL VELERO (CARGA G)

Al tirar con fuerza de la palanca de mando durante el vuelo, se aumenta la carga que ha de soportar el velero. Hasta ahora sólo debía soportar su propio peso, pero a partir de este momento aumenta la fuerza de sustentación y en la misma medida la aceleración (o carga – g). Pero cuando esto ocurre, se producen pérdidas de energía. Aquel golpe de timón no sólo aumentó la fuerza de sustentación, sino también la resistencia.

Durante el planeo el velero, sea cual sea su velocidad, pierde una determinada cantidad de energía por unidad de tiempo. El valor de esa pérdida es igual al producto del peso del velero por la velocidad vertical de descenso. Si sustituyéramos el peso del velero por 1, la curva polar de velocidades quedaría representada por la curva polar de energía total.

Un aumento en la carga g produce un incremento de pérdida de energía, que da lugar a una curva polar de energía total diferente.

Así pues, las indicaciones de un variómetro de energía total, que mide los cambios en la energía total del velero, están en función de su aceleración (o carga g). Se exponen a continuación dos ejemplos durante el vuelo, a la velocidad de planeo correcta. En el primero, el velero se adentra en una corriente ascendente, mientras que en el segundo sale de la misma (compárese con la figura 111).

Se observa que al penetrar en la corriente ascendente las variaciones de la carga g son más pronunciadas que al abandonarla. La figura 112 muestra las indicaciones de un variómetro de energía total, en perfecto estado de funcionamiento, en estos supuestos. Al tirar de la palanca (2g) la aguja baja. Ahora bien, cuando durante el vuelo ascendente la carga se reduce a 1 g., la aguja vuelve a situarse sobre los valores de la curva polar de origen, disminuyendo a medida que se reduce la velocidad del velero. Al empujar la palanca (0,5 g.) la aguja del variómetro sube rápidamente hasta situarse, cuando alcanza la carga 1 g., sobre los valores de la curva polar de origen.

Estos saltos de la aguja no corresponden a errores de indicación del variómetro, pero resultan molestos para volar a la correcta velocidad de planeo. Así por ejemplo, al penetrar en una corriente ascendente únicamente podrá medirse con exactitud su intensidad, mediante un variómetro de energía total compensada, cuando se vuele de forma que la carga del velero sea aproximadamente de 1 g.

Mientras el ángulo de planeo o el ángulo de vuelo ascendente sean constantes (incluso variando la velocidad de vuelo) no habrá desviación de la aguja, puesto que el valor de la carga g es de alrededor de 1 g.

SINCRONIZACION DE INDICACIONES EN EL
VARIOMETRO DE ENERGIA TOTAL

Todo sistema de compensación que, a diferencia del Venturi, no mida en un mismo punto las variaciones de velocidad y de altura, requiere un ajuste en el tiempo, es decir, una sincronización. De este modo, un incremento de velocidad no afectará a la aguja del variómetro, ni antes ni después del correspondiente

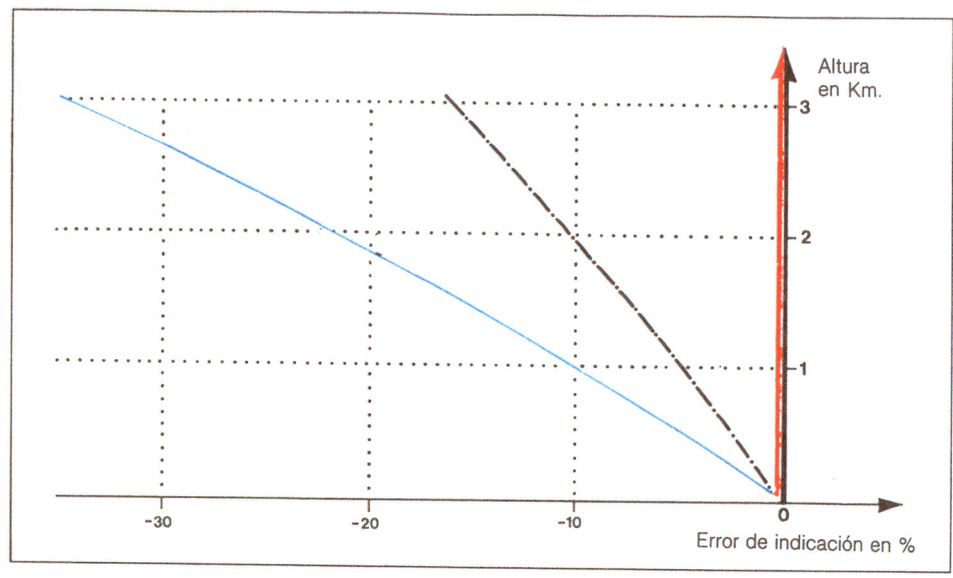

Fig. 110 – Porcentajes de los errores de indicación del anemómetro y variómetro. —·—·— = error de indicación del anemómetro. ——— = variómetro medidor de volumen (sin error alguno). ——— = variómetro medidor de masas.

aumento de la velocidad vertical de descenso. Esto se consigue instalando en el conducto adecuado una resistencia al flujo de aire (por ejemplo, mediante un estrangulamiento de 1 mm. y de longirud variable). Desgraciadamente, sólo durante el vuelo es posible verificar si la compensación realizada es correcta. Para ello, en la zona de aire estable y tranquilo se acelera el velero, accionando con gran sensibilidad la palanca de mando. Un variómetro ideal indicaría, durante la aceleración, los mismos valores de velocidad vertical de descenso que la curva polar de velocidades del velero.

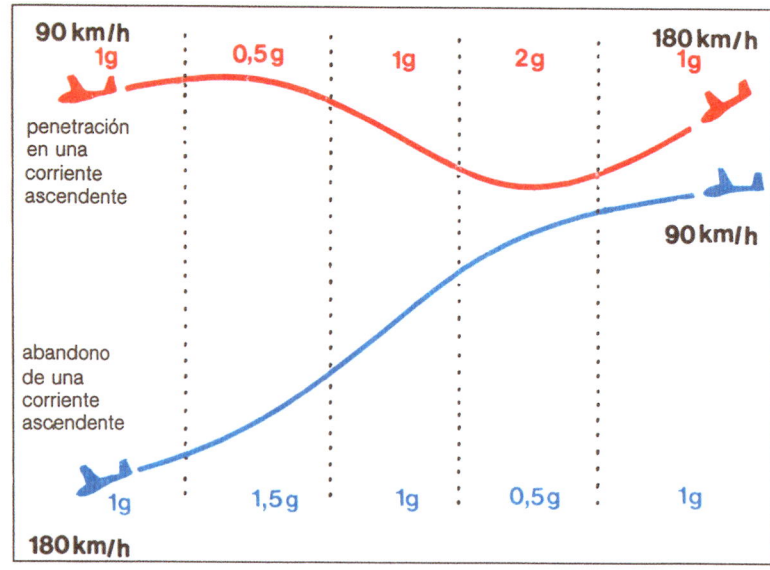

Fig. 111 – Cargas – g en la velocidad de planeo correcta.

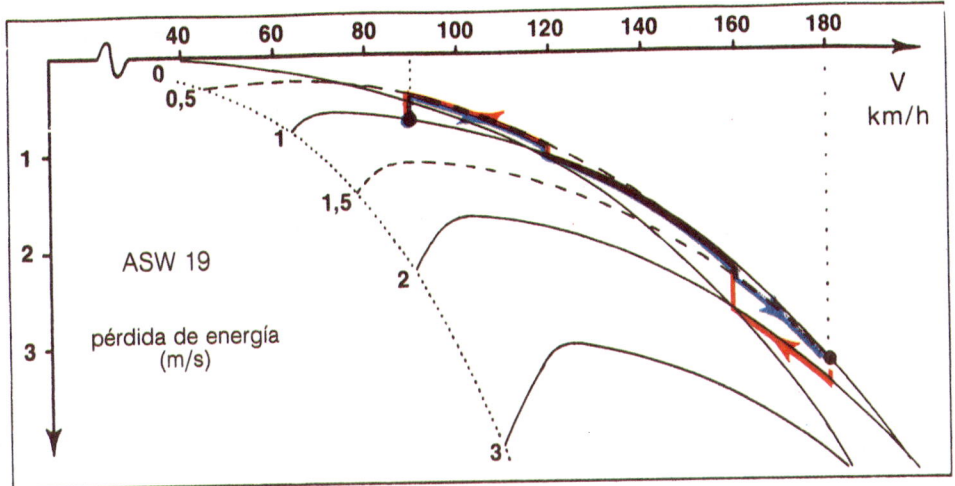

Fig. 112 – Indicaciones de un variómetro de energía total a velocidades de planeo correctas (ejemplo). ----- = Curvas polares de energía total para diferentes cargas – g. ⬅ = penetración en la corriente ascendente. ➡ = abandono de la corriente ascendente.

Así por ejemplo, en un ASW 19, al aumentar la velocidad $V_1 = 80$ km/h. a $V_2 = 160$ km/h., indicará un incremento de velocidad vertical de descenso de 0,6 a 2,4 m/seg. Si la sincronización no se hubiera logrado, la indicación de variación de velocidad habría afectado al variómetro demasiado pronto y éste comenzaría señalando que se asciende para, unos instantes después, indicar una velocidad vertical de descenso superior a la real. Una deceleración del velero daría lugar a los mismos errores, pero en orden inverso (curva roja de la figura 114. Este error puede ser superado instalándo adecuadamente una resistencia al flujo Rv. Los efectos que causan las señales demasiado rápidas, consecuencia de una variación de altura, son precisamente los contrarios a los descritos (curva azul de la figura 114), resultando posible la sincronización cuando la resistencia al flujo del aire Rh sea correcta.

De nuevo, para comprobar si la resistencia del flujo de aire es la correcta, debe realizarse un vuelo de prueba en aire en calma. La sincronización del variómetro es difícil y requiere tiempo, puesto que sólo puede llevarse a cabo en aire en calma.

Esta es la razón por la que la mayoría de los pilotos prefieren los variómetros compensados mediante Venturi, ya que tanto los errores en la toma de presión dinámica como los que engendran la toma de presión estática influyen muy negativamente en las indicaciones del instrumento.

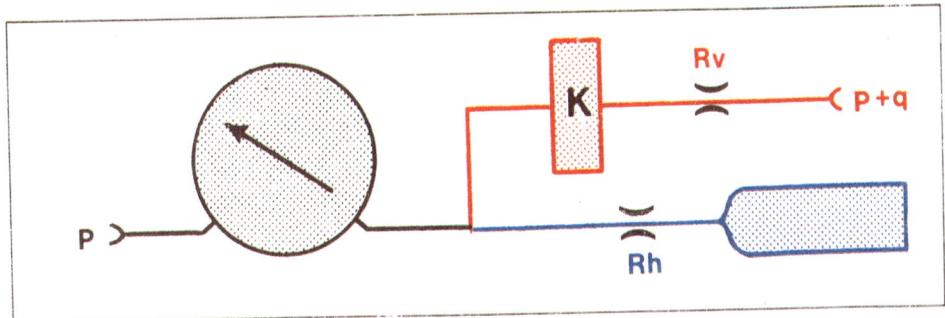

Fig. 113 – Sincronización de un variómetro de membrana de energía total compensada. K: compensador. Rv: resistencia al flujo para sincronizar las indicaciones de velocidad. Rh: resistencia al flujo ante la botella-termo (sincronización de las indicaciones de altura).

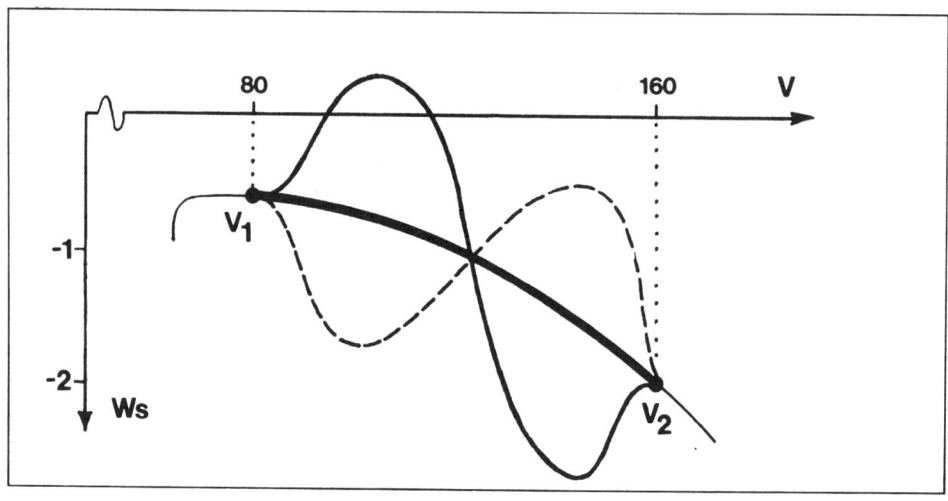

Fig. 114 – Indicación de un variómetro defectuosamente sincronizado. ▬ = indicación correcta del variómetro al variar la velocidad. ──── = indicación de velocidad excesivamente rápida (compensación); auméntese la resistencia Rv al flujo. - - - - = indicación de Variación de altura excesivamente rápida (presión estática) auméntese la resistencia Rh al flujo.

Instalación de los instrumentos de a bordo

El esquema de la figura 115 ofrece una visión de conjunto de los instrumentos de a bordo, que facilita lo expuesto a continuación sobre su instalación en el velero.

Conexión esquemática de los instrumentos neumáticos

La correcta instalación de los instrumentos de a bordo desde un principio, evita la posibilidad de cometer equivocaciones que se traduzcan en mediciones erróneas, y ahorran muchas molestias. Para conseguir una buena visión de conjunto es conveniente el empleo de tubos de distintos colores. De no ser posible, los tubos transparentes pueden diferenciarse mediante cintas adhesivas coloreadas, del modo siguiente:

- conductos a presión estática: transparentes
- conductos a presión total (p + q): verde
- conductos conectados al venturi (p − q): rojo
- conductos conectados a la botella–termo: amarillo

Se exponen a continuación unas sugerencias a tener en cuenta durante la instalación de los instrumentos:

- No olvidar los pañitos de «lana de acero», para la compensación de temperaturas en el interior de la botella–termo.
- Procurar que todos los tubos sean lo más cortos posible: se reducen los retrasos y mejora la exactitud de las mediciones.
- Cuando sean muchos los tubos que han de conectarse a la presión estática, resulta muy aconsejable conectarlos todos a un «bote distribuidor» (construido con una lata cilíndrica a la que se sueldan los diferentes tubos). Este procedimiento resulta más eficaz que la conexión en «T» de los tubos, por disminuir posibles interferencias.
- Los variómetros electrónicos de gran sensibilidad precisan, generalmente, que sus conexiones a la presión estática sean propias e independientes.
- Si la toma de presión total no pudo ser instalada desde un primer momento, de tal forma que el agua de lluvia no pudiera llegar a los instrumentos, habrá de colocarse un separador de agua (basta para ello con conectar una lata en el punto más bajo del conducto). Esta precaución también es válida para el resto de los intrumentos.
- El Venturi ha de instalarse en el borde delantero del plano vertical y separado del mismo unos 60 cm. Puede también colocarse por delante del estabilizador de cola. Doblando el Venturi, de forma que cuelgue de 2 a 3 cm., por debajo de su tubo–soporte, se evita que el agua de la lluvia pueda llegar a los instrumentos. Los demás lugares del velero (entre los planos y la cola), donde también es posible instalar el venturi, suelen estar sometidos a mayores perturbaciones. El lugar de instalación del venturi suele ser idéntico para todos los veleros del mismo modelo; es aconsejable, por tanto, recabar información del fabricante.
- En los variómetros de velocidades de planeo (Sollfahrt) es necesario colocar un filtro

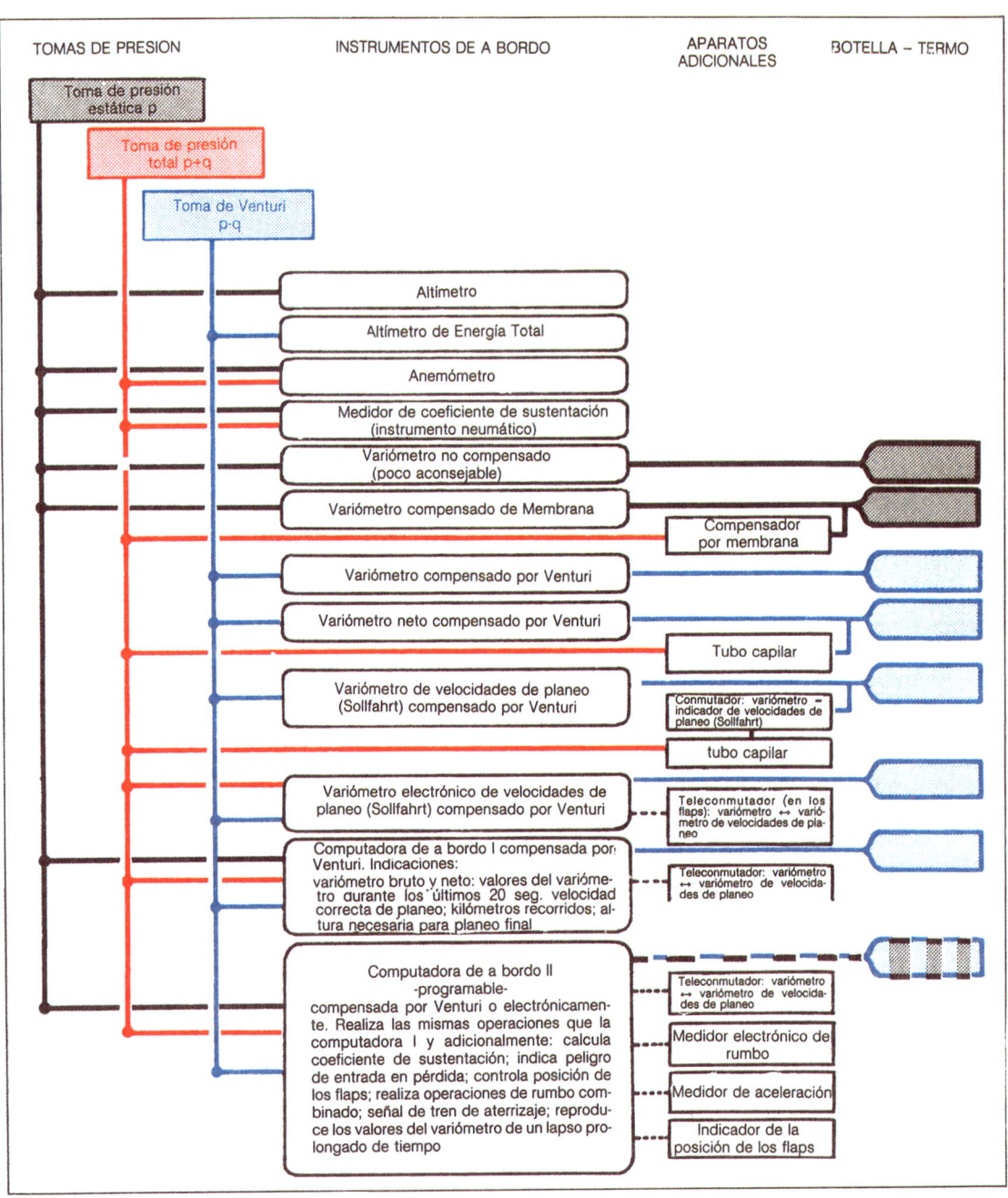

Fig. 115 – Esquema de conexiones entre instrumentos neumáticos.

entre la presión y el tubo capilar, para evitar la entrada de polvo en el instrumento.

A tal fin, pueden emplearse filtros de gasolina (adquiribles en los comercios de repuestos para automóviles). También las resistencias al flujo del aire (estrangulamiento en los tubos), destinadas a la sincronización de las mediciones, deben disponer de un pequeño filtro.

- Debido a que los filtros consituyen resistencias al flujo del aire, resulta conveniente instalarlos antes de la calibración del tubo capilar o de las resistencias de sincronización (de lo contrario, será necesario realizar una nueva calibración).
- Todo instrumento provisto de giróscopo ha de instalarse de forma que, durante la posición normal de vuelo, esté absolutamente horizontal y coincida con la dirección del vuelo. En caso contrario se producirán errores de indicación durante los virajes.

Comprobación de los instrumentos de a bordo

Para verificar la estanqueidad de los instrumentos, basta en general con crear la presión deseada soplando o aspirando cuidadosamente con la boca. Sin embargo, cuando se pretende comprobar los valores de calibración de los intrumentos, este sencillo procedimiento ya no es posible. Se requiere entonces una pequeña bomba que permita dosificar con precisión el flujo de aire, tanto para aumentar como para disminuir la presión. Las bombas de membrana vibrante son en este caso muy adecuadas, pues evitan en los instrumentos de a bordo los rozamientos de carácter mecánico. Lo más aconsejable es construirse, uno mismo, una bomba de vacío semejante, que nos permita verificar la estanqueidad y calibración de los instrumentos. Estas bombas son un elemento imprescindible que no debería faltar en el taller de todo club de vuelo sin motor.

Fabricación de la bomba de vacío

Materiales: una pequeña bomba con dosificador de flujo de aire de las utilizadas en peceras; un carburador provisto de chiclé de los empleados en los motores diesel de aeromodelismo, un tubo de latón y soldador de plata.

La pequeña bomba estará provista de una toma de succión adicional. El carburador se acopla al tubo de latón, de forma que pueda utilizarse como dosificador y como válvula de cierre. Mediante un tubo elástico de PVC (cloruro de polivinilo) la toma de succión o, en su caso, la toma de presión, se une con el tubo de latón. Con una aguja calentada al rojo vivo se perfora un pequeño agujero en el tubo elástico, para evitar que, al funcionar la bomba, estando cerrada la válvula, se produzca una sobrepresión accidental.

Para el cierre hermético tanto del tubo de prueba, como de los otros tubos y de la toma de presión, se precisan: tubos cerrados por uno de sus extremos (soldados mediante calor), pegamento y tubos estrechos (que entren exactamente dentro de los tubos de los intrumentos del velero). Se necesitan además: largos tubos de goma de PVC-blando y conexiones en forma de «T» o de «X». Para el cierre hermético de los intrumentos que llevan cristales, se recortan chapas de acero, que se hacen encajar sobre los cristales de los instrumentos. Por último, se ha de tener grasa para conseguir que los intrumentos sean estancos.

PROCEDIMIENTO DE EMPLEO DE LA
BOMBA DE VACIO

Conexión de las presiones:

1. Elegir entre la toma de presión o de succión de la bomba (según el caso)
2. Ajustar el dosificador: en «poco aire»
3. Cerrar el dosificador fino
4. Poner la bomba en funcionamiento
5. Abrir lentamente el dosificador fino y regurlarlo

Prueba de estanqueidad:

1. Cerrar el dosificador fino
2. Parar la bomba de vacío

Desconexión y equiparación de presiones:
Abrir lentamente el dosificador fino.

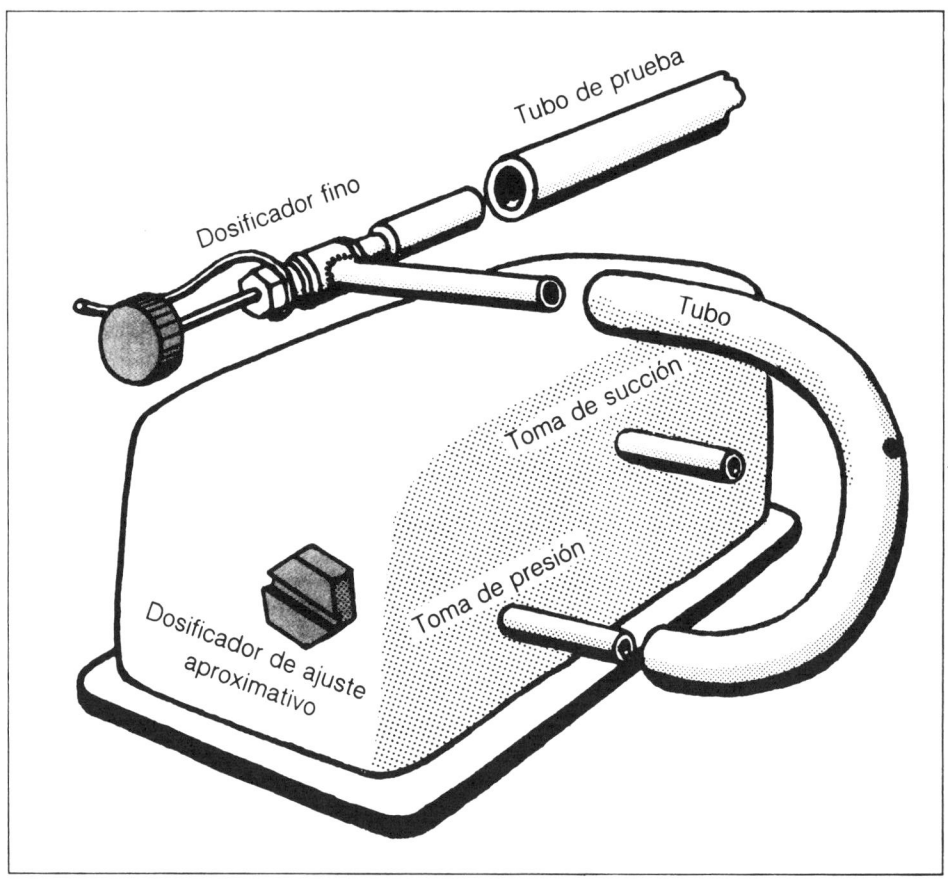

Fig. 116 – Bomba de vacío. Material para su construcción: bomba de pecera, carburador, tubo de latón, tubo de PVC.

Control de estanqueidad de los instrumentos

Esta comprobación forma parte de la revisión anual de los instrumentos. Debe realizarse además siempre que se instalen o varíen los instrumentos de a bordo, así como antes de toda competición. Para ello un anemómetro (cuyo hermetismo haya sido previamente comprobado) puede servir de manómetro. Cuando la comprobación se realice mediante sobrepresión, la toma de presión se conecta al instrumento que se va a verificar. Cuando la comprobación sea mediante depresión, la toma de presión estática del anemómetro de control se conectará al instrumento.

Puede considerarse como suficiente la estanqueidad del conjunto de instrumentos y tubos cuando, tras las pruebas de sobrepresión, de depresión y de cerrar la válvula, el anemómetro de control señale 200 km/h. sin el menor retroceso de la aguja durante 10 segundos. Si no ocurriera así, será preciso, mediante comprobaciones parciales, ir delimitando la zona causante, hasta encontrar la fuga. Estas fugas suelen presentarse en las conexiones de los tubos, en los cristales de los instrumentos, en las membranas de compensación o en la botella-termo y, con menor frecuencia, en los mismos tubos o en la conexión de éstos con el cuerpo del instrumento.

Los variómetros compensados por Venturi son muy sensibles a la falta de estanqueidad, ya que funcionan durante el vuelo bajo la depresión engendrada en el Venturi. La mínima falta de estanqueidad da lugar a mediciones muy incorrectas. El tubo capilar del variómetro de velocidades de planeo exige un cuidado especial. Igualmente, algunos compensadores electrónicos y todos los compensadores de membrana requieren una estanqueidad absoluta. Por el contrario, la conexión del anemómetro con la presión dinámica resulta menos sensible a las faltas de estanqueidad. Lo mismo le ocurre al altímetro, que es totalmente insensible frente a la falta de hermetismo, ya que funciona casi a la perfección con la presión de la cabina.

El control de la totalidad de instrumentos de a bordo puede realizarse en cuatro fases (Estúdiese el esquema de conexiones entre instrumentos neumáticos). (Figura 115)

I. COMPROBACION DEL ANEMOMETRO–MANOMETRO

1. Soplar por la toma de presión. Cerrar el conducto cuando la aguja señale 200 km/h. Comprobar si durante 10 segundos la aguja se mantiene inmóvil sobre este valor.
2. Repetir la comprobación, mediante succión de la toma de presión estática.
3. Abrir el anemómetro normalmente.

II. PRESION ESTATICA (CONEXIONES – P)

Se lleva a cabo en todos aquellos instrumentos que normalmente van conectados a la presión estática, como el altímetro, el anemómetro, el variómetro compensado por membrana con botella–termo, los variómetros no compensados, la computadora de a bordo y el medidor del coeficiente de sustentación.

1. Cerrar las aberturas de presión estática. En la computadora de a bordo se cierran las conexiones con la presión total y con el Venturi. En el medidor del coeficiente de sustentación, soltar el extremo del tubo conectado a la presión total.
2. Introducir en las tomas de presión estática las conexiones en forma de T, uniéndolas a la bomba de vacío.
3. Inciar lenta y cuidadosamente el proceso de vacío mediante succión, mientras se controla constantemente la aguja del variómetro compensado por membrana o la del variómetro no compensado

(Atención: los variómetros mecánicos y principalmente el variómetro de banda son especialmente sensibles a los cambios bruscos de presión).

4. Cerrar los conductos cuando el anemómetro indique 200 km/h. y comprobar, durante 10 segundos, si la aguja se mantiene invariable.
5. Dejar que el aire entre de nuevo, controlando constantemente el variómetro.
6. Intercambiar los tubos del anemómetro. Repetir el mismo proceso (puntos 2 a 5) mediante succión.
7. Abrir las conexiones cerradas y quitar las conexiones en T.

III. SISTEMAS CON TOMAS DE PRESION VENTURI (CONEXIONES P – Q)

Compuestos de: Venturi, variómetro de energía total, botella–termo, tubo capilar del variómetro de velocidades de planeo, altímetro de energía total y computadora de a bordo.

1. Cerrar herméticamente el Venturi. Sacar el extremo del pitot del tubo capilar del variómetro de velocidades de planeo. Cerrarlo herméticamente. Cerrar las conexiones de la computadora con la presión total y con la presión estática.
2. Colocar una conexión en forma de cruz en el tubo que va desde el Venturi al panel de instrumentos. Las salidas libres de esta conexión se conectan a la bomba (toma de succión) y al extremo de presión estática del anemómetro de control.
3. Iniciar lenta y cuidadosamente el proceso de vaciado mediante succión, mientras se controla constantemente la aguja del variómetro. Comparar las indicaciones de los diversos variómetros compensados por Venturi.
4. Cerrar el conducto cuando el anemómetro de control indique 200 km/h.. Las agujas de los variómetros volverán a señalar cero, mientras que la del anemómetro se mantendrá invariable.
5. Con suma precaución dejar entrar el aire de nuevo, mientras se controlan constantemente los variómetros y se comparan sus mediciones.

6. Abrir las conexiones tapadas y quitar la conexión en forma de cruz. Dejar las tomas y conexiones en su posición normal.

IV. SISTEMAS CON TOMAS DE PRESION TOTAL (CONEXIONES P + Q)

Constituidos por anemómetros, tubo capilar del variómetro de velocidades de planeo (Sollfahrt), compensador de membrana, computadora de a bordo.

1. Soltar el tubo capilar, por el extremo conectado al variómetro, tapándolo herméticamente. Cerrar la toma de presión total. En la computadora cerrar herméticamente las conexiones con la presión estática y el Venturi. En el medidor del coeficiente de sustentación, soltar el extremo del tubo conectado a la presión total. Cerrar herméticamente el extremo libre de este conducto.

2. Conectar mediante una conexión en T, la bomba de vacío con la presión total.

3. Dar presión hasta que la aguja del anemómetro señale 200 km/h.. Cerrar las conexiones y comprobar la estanqueidad del sistema. Por último, dejar salir la presión.

4. Destapar las conexiones cerradas, dejando las tomas en su posición normal.

Comprobación de la calibración correcta de los instrumentos neumáticos

CALIBRACION DEL ALTIMETRO

Se emplea, como instrumento de control, un barómetro de mercurio. Se conectan el altímetro y el barómetro a la bomba de vacío, mediante una conexión en T. Mientras la bomba aspira, se comparan las mediciones del altímetro (calibrado a la atmósfera standard de 1013 mb.) con las del barómetro. Si el altímetro estuviera correctamente calibrado, se obtendrían los siguientes valores:

Altura (en km.)	Presión (en mb.)	Presión en (mm. de Hg.)
0	1013	760
1	899	674
2	795	596
3	701	526
5	540	405
8	356	267
10	264	198
12	193	145

CALIBRACION DEL VARIOMETRO

Como instrumentos de control se utilizan un altímetro y un cronómetro. Se une la conexión a la presión estática del variómetro con el altímetro, mediante una conexión en «T». A su vez ésta se une a la toma de succión de la bomba de vacío. Mientras la bomba está en marcha se abre lentamente la válvula de dosificación, tratando de mantener constante la aguja del variómetro sobre el mismo valor. Como consecuencia de histéresis de temperaturas, no se iniciarán las mediciones hasta pasados unos dos minutos de inmovilidad de aguja.

Se procede a la lectura comparada de la altura ganada durante 100 segundos con las indicaciones del variómetro. De este modo, mediante un vaciado contínuo por succión, se controlarán los diversos valores de la velocidad ascendente. Por último, se cierra la válvula y se desconecta la bomba.

Abriendo lentamente la válvula se permite la entrada de aire en el sistema. Así, de forma análoga, se controlarán los valores de la velocidad vertical descendente.

Un procedimiento muy sencillo consiste en comparar varios variómetros, construidos para una misma capacidad de la botella-termo. Se conectan los variómetros entre sí, en serie, sin sus correspondientes botellas-termo. De este modo, un mismo flujo de aire, originado por la bomba, pasará a través de todos ellos. Se comparan a continuación las mediciones de los variómetros. El inconveniente de este procedimiento radica en que sólo puede controlarse la parte instrumental del variómetro y no en su totalidad, ni tampoco puede verificarse el estado de la botella-termo.

Si se quisiera verificar el variómetro como unidad completa, deben unirse las conexiones de presión estática y proceder al vaciado mediante succión. No se han de iniciar las comprobaciones, hasta que pasen dos minutos en que la aguja se mantenga constante sobre el mismo valor, para, de esta manera, neutralizar el efecto de histéresis de las temperaturas. Si se observaran pequeños errores durante la comprobación, éstos pueden corregirse variando la capacidad de la botella-termo. Un aumento de capacidad (sacando un poco el tapón de la botella) origina una medición mayor en el variómetro y una disminución de su capacidad se traduce en una medición de menor valor.

Errores en la determinación de las velocidades de planeo (Sollfahrt) debidos a la altura

Un error de altura en las indicaciones del instrumento, no tendría importancia en el vuelo a distancia, si no fuera porque repercute en la determinación de la velocidad de planeo correcta. Para volar a una velocidad correcta de planeo a gran altura y, por lo tanto, con aire de menor densidad, es preciso un análisis completo de la problemática. El problema que se plantea volando a gran altura es que no son sólo las indicaciones del variómetro y del altímetro las que varían, sino también la aerodinámica del velero.

a) Variaciones de las prestaciones del velero

Independientemente de los pequeños errores debidos a las variaciones del coeficiente de Reynolds, tanto la velocidad rectilínea como la velocidad vertical de descenso del velero dependen de un mismo factor:

$$\sqrt{\frac{1}{\rho}}$$

(en que ρ = densidad del aire).

Por lo tanto, cuanto menor sea la densidad del aire, tanto mayores serán la velocidad del velero y su velocidad vertical de descenso. Sin embargo, el ángulo de planeo se mantendrá constante.

b) Anemómetro

Como las variaciones de la curva polar coinciden exactamente con los errores de indicación del anemómetro (véase pag. 209), resulta aerodinámicamente correcto pilotar de acuerdo con los valores señalados por el anemómetro, incluso a gran altura, pese a que la velocidad real geométrica sea mayor a la indicada.

c) Variómetro

Todo resultaría más sencillo si los errores del variómetro coincidieran con los del anemómetro; todo encajaría perfectamente: no serían valores geométricos exactos, pero la velocidad de planeo resultaría correcta. Desgraciadamente esto no es así.

En la figura 117 se muestran las desviaciones de indicación que sufren los diversos tipos de variómetro, con respecto de los valores señalados por el anemómetro (que generalmente son más bajos).

Consecuentemente, las indicaciones tanto del variómetro medidor de volumen como del variómetro medidor de masa producen errores en la determinación de la velocidad de planeo.

¿Es nuestra velocidad de vuelo excesivamente alta o baja, al volar a gran altura?

La respuesta a esta pregunta depende de los instrumentos utilizados a bordo. A continuación se expone un supuesto real: un ASW 19, con una carga alar de 28 kp/m^2, vuela a 2.500 m. de altura. La curva polar de velocidades del velero variará de modo semejante a un aumento en la carga alar del velero de 28 a 36 kp/m^2. Supongamos que el velero a 2.500 m.

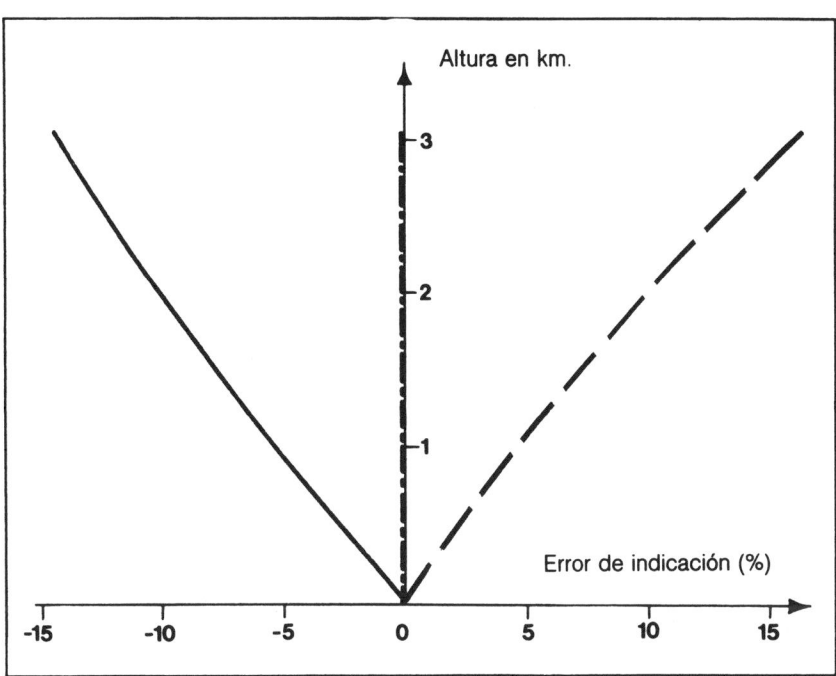

Fig. 117 – Comparación entre errores de indicación del variómetro y del anemómetro. —·—·— = indicación del anemómetro. – – – – = anemómetro medidor de volúmen. ——— = anemómetro medidor de masas.

de altura asciende con regularidad a una velocidad de 3 m/seg. ¿qué indicarán los instrumentos de a bordo?

a) Instrumentos de a bordo: variómetro de disco, anillo de Mac Cready y anemómetro.

La velocidad ascendente de 3 m/seg. es indicada correctamente. Por el contrario, el anemómetro señala una velocidad inferior a la real, que obliga al piloto a volar excesivamente deprisa. Durante el trayecto en aire estable, entre dos térmicas, el anemómetro indica una velocidad de 162 km/h., mientras que la velocidad real es de 185 km/h.. Los cambios originados en la curva polar hacen que la velocidad vertical de descenso sea de 2,4 m/seg., indicando el anillo una velocidad de planeo de 162 km/h. Sin embargo, la velocidad óptima de planeo es de 173 km/h., que correspondería en el anemómetro a una velocidad de 150 km/h.

> A gran altura los variómetros mediadores de volumen dan lugar a que se vuele con velocidad excesiva.

b) Instrumentos de a bordo: variómetro electrónico de termistores, anillo de Mac Cready y anemómetro.

La velocidad ascendente de 3 m/seg. es indicada erróneamente por el variómetro, que señala tan sólo 2,35 m/seg. Ajustando el anillo de Mac Cready a esta velocidad, la velocidad óptima de planeo sería, en la zona de aire estable, de 144 km/h., que en realidad corresponde a una velocidad de 163 km/h. A esta velocidad le corresponde una velocidad vertical de descenso de 1,75 m/seg., que el variómetro erróneamente indicaría como de 1,4 m/seg. Así pues, como consecuencia del ajuste del anillo de Mac Cready a la velocidad ascendente (pero errónea) de 2,35 m/seg., ha resultado como velocidad óptima de planeo 144 km/h., cuando realmente la velocidad óptima de planeo que hubiera correspondido es la señalada en el anemómetro como de 150 km/h.

> A gran altura los variómetros medidores de masas dan lugar a que se vuele demasiado lentamente.

En la práctica, cuando se vuela siguiendo las indicaciones del anillo de Mac Cready, basta con conocer la tendencia de los instrumentos y, en función de la misma, volar a una mayor o menor velocidad que la que nos señalan los instrumentos. Aquellos que se obsesionan con la exactitud, se verán obligados a construir

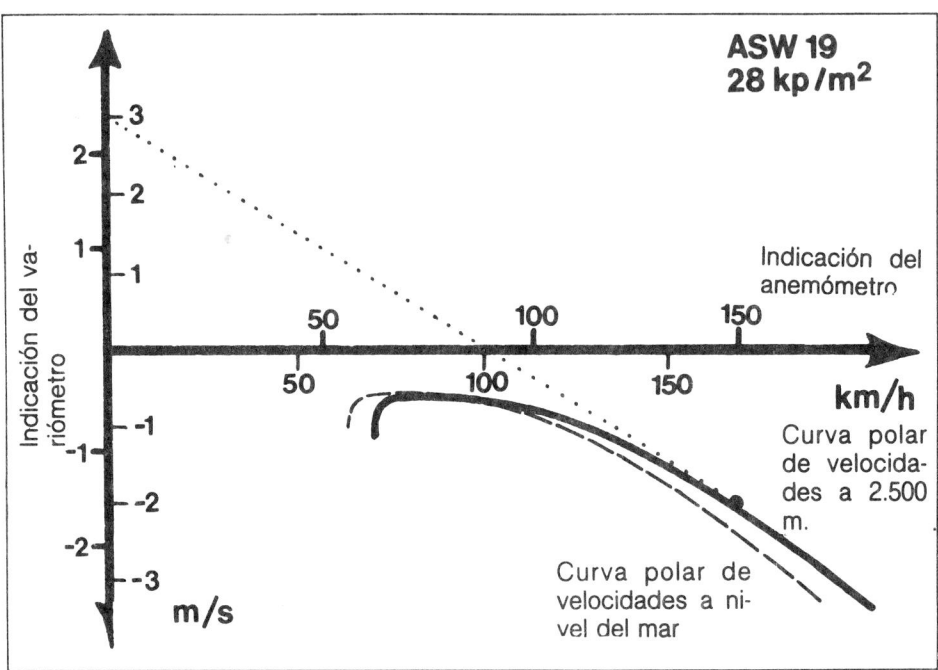

Fig. 118 – Determinación de la velocidad de planeo (Sollfahrt) altura de vuelo 2.500 m (OACI).

anillos distintos para cada una de las diferentes alturas. Los valores de estos anillos se obtendrán de las curvas polares correspondientes a cada altura, marcándose los ejes coordenados V y Ws en función de las indicaciones erróneas de los instrumentos.

c) Instrumentos de a bordo: variómetro de velocidades de planeo (Sollfahrt)

Los factores que, a gran altura, influyen en los errores de indicación del variómetro de velocidades de planeo, no se limitan a las variaciones que se originan en la curva polar de velocidades del velero y en la curva polar de velocidades de planeo. En el variómetro de velocidades de planeo, el flujo del aire que recorre el tubo capilar depende directamente de la velocidad a la que se vuela. Así pues, al planear a través de zonas de aire inestable el flujo variará, incluso cuando la aguja del variómetro de velocidades de planeo se mantenga constante.

El flujo que recorre el propio variómetro depende del desplazamiento que se haya dado al valor cero, así como de la intensidad estimada para la próxima térmica. Durante la senda de planeo, a través de aire inestable, el flujo se mantiene invariable. Ambos flujos, a gran altura, están sometidos a variaciones que causan errores muy complejos en las indicaciones del variómetro.

En función de algunos ejemplos, comprobados matemáticamente, se exponen a continuación una serie de sugerencias para el vuelo a gran altura, con variómetro de velocidades de planeo (Sollfahrt).

1. *Determinar la velocidad de ascenso – en las corrientes ascendentes – mediante un variómetro del mismo tipo que el utilizado para calcular la velocidad de planeo. Es decir: emplear dos variómetros de medición de volumen, o dos variómetros de medición de masas. De lo contrario, se originarán errores de bulto al calcular la velocidad óptima de planeo.*

2. *Cuanto mayor sea la velocidad vertical de descenso, en el vuelo rectilíneo, tanto mayor será el error (en exceso) de la velocidad de planeo indicada.*

d) Instrumento de a bordo: computadora de a bordo

Desde hace algún tiempo se han desarrollado computadoras de a bordo que calculan la velocidad de planeo, integrando la corrección de errores debidos a la altura de vuelo. Las indicaciones variométricas carentes de todo error causado por la altura, no son imprescindibles en el vuelo sin motor; ya que por sí solas no podrían garantizar que la velocidad de planeo estuviera a su vez libre de todo error.

Por ello, antes de decidir la compra de este instrumento, es aconsejable una lectura concienzuda de las expliaciones impresas dadas por el fabricante.

Anexo 1

TABLA PARA HALLAR LA POSICION DEL VELERO EN LA CARTA

En la figura 119 aparece el anverso de esta tabla. Sobre la parte superior figuran las distancias en kilómetros, que corresponden a una carta de escala 1:500.000 (para cartas de escala 1:250.000, basta dividir por dos las distancias señaladas). En la parte superior derecha, figuran las velocidades del viento de 10 a 40 km/h. Más abajo aparece la escala de velocidades reales del velero (de 100 a 260 km/h.).

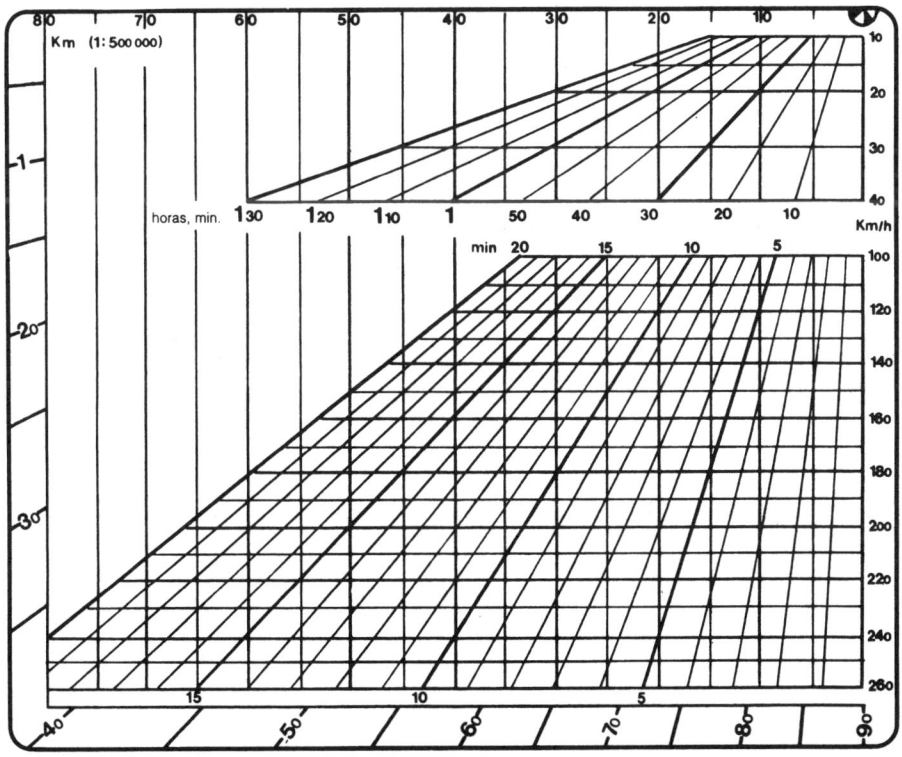

Fig. 119 – Anverso: Tabla para hallar el velero en la carta (Escala 1:1, adaptado a una carta de escala 1:500.000).

El conjunto de rectas inclinadas, que van desde la parte inferior izquierda hacia la parte superior derecha, indican el tiempo de vuelo manteniendo un rumbo determinado.

Determinar la posición del velero: colóquese la tabla sobre la carta, de modo que el cero quede sobre el punto que corresponda a la última posición conocida del velero.

A continuación localícese el «punto de viento» haciendo girar la tabla hasta que coincida con la dirección del viento (márquese el ángulo girado, sobre el borde exterior) y anótese la distancia recorrida (en función del tiempo de vuelo transcurrido y de la intensidad del viento).

Colóquese ahora el cero sobre el «punto de viento», y repítase el mismo proceso para determinar la dirección del vuelo y la velocidad de vuelo real respecto al aire. Basándonos en el tiempo de vuelo, se determina la posición actual de vuelo.

Para convertir la velocidad de vuelo indicada en la velocidad real de vuelo, se utiliza el reverso de la tabla (véase figura 120). Este diagrama relaciona, en función de la altura de vuelo, la velocidad real de vuelo con la velocidad indicada.

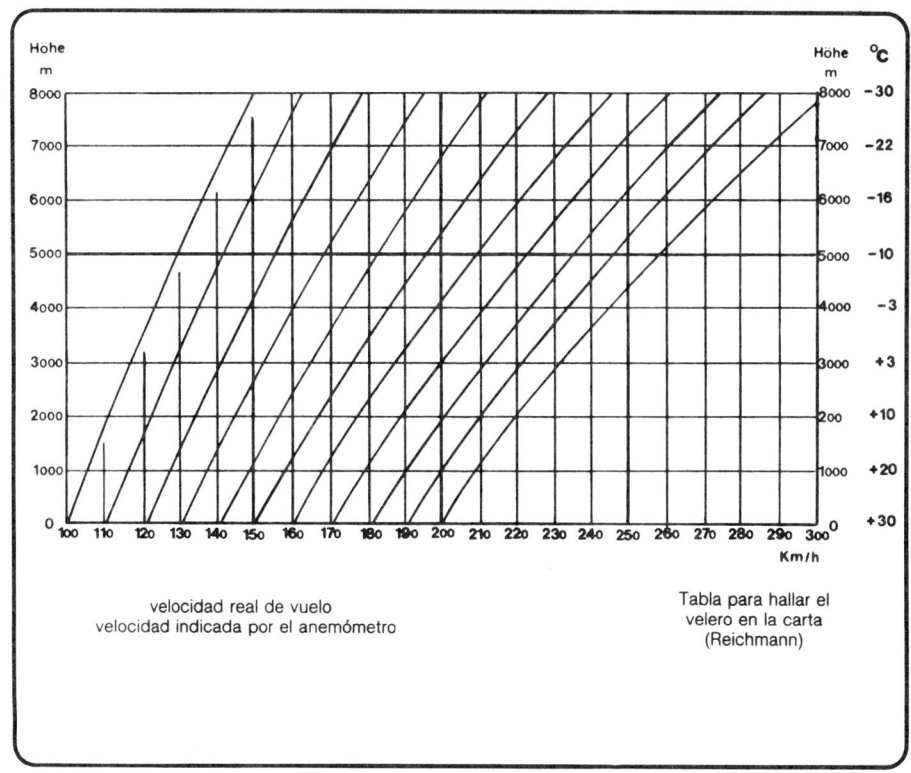

Fig. 120 – Reverso: Velocidad real de vuelo según la altura.

Anexo 2

SOPORTE DE LA CAMARA FOTOGRAFICA

El soporte de la cámara fotográfica, representado en las figuras 121 y 122, está compuesto de una lámina de aluminio, de 2 mm. de grueso, más una serie de piezas de sujeción. Estas últimas han de ser colocadas de tal forma que la cámara quede perpendicular (90°) a los costados del velero. Sólo en esta posición resulta posible realizar durante el vuelo tomas fotográficas en las que aparezca parte de uno de los planos del velero en la esquina superior de las mismas. Para realizar la toma se apunta la cámara, inclinando para ello el velero hasta que el punto de viraje quede alineado con el plano, momento en el que se acciona el disparador de la cámara. El disparador es accionado mediante una palanca que, doblada asimétricamente, permite, cuando se llevan dos cámaras, disparar una antes que la otra. La cámara va fijada al soporte mediante una tuerca que, a su vez, fija la palanca al disparador. Si se monta un disparador a distancia, se obtiene una ventaja que facilita el empleo de las cámaras.

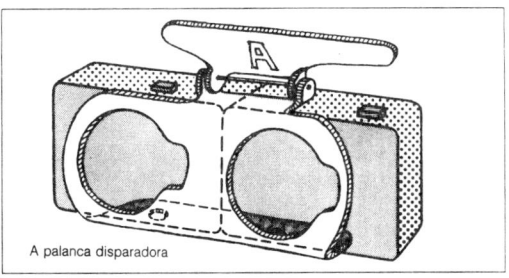

Fig. 121 – Soporte para dos cámaras fotográficas Instamatic.

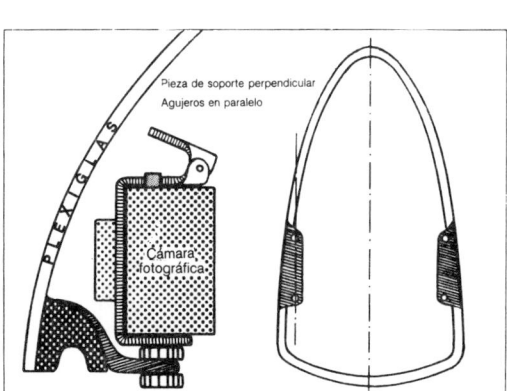

Fig. 122 – Sujeción de la cámara mediante soporte sobre el borde de la cabina.